MATEMATICA GENERALE

Teoria e Pratica con Quesiti a Scelta Multipla

VOLUME 1

Logica - Insiemistica - Combinatorica - Insiemi Numerici

Alfio Giarlotta - Silvia Angilella

MATEMATICA GENERALE

Teoria e Pratica con Quesiti a Scelta Multipla

VOLUME 1

Logica - Insiemistica - Combinatorica - Insiemi Numerici

Seconda Edizione

IUSTITIAM COLIMUS
G. Giappichelli Editore

VIA PO, 21 - TEL. 011-81.53.111 - FAX 011-81.25.100

http://www.giappichelli.it

ISBN/EAN 978-88-921-0985-8

Stampa: Stampatre s.r.l. - Torino

Ai nostri genitori

«La matematica è senza macula d'errore e certissima per sé.»
Dante Alighieri
(poeta, scrittore e politico, 1265-1321)

«O studianti, studiate le matematiche, e non edificate sanza fondamenti.»
Leonardo da Vinci
(pittore, scultore, scienziato, architetto, ingegnere, inventore e scrittore, 1452-1519)

«L'anima dell'uomo ha tre chiavi che aprono tutto: la cifra, la lettera, la nota. Sapere, pensare, sognare.»
Victor Hugo
(poeta, drammaturgo, scrittore e statista, 1802-1885)

«Dio creò i numeri naturali, tutto il resto è opera dell'uomo.»
Leopold Kronecker
(matematico e logico, 1823-1891)

«Io esorto a studiare matematica pur chi si accinga a divenire avvocato o economista, filosofo o letterato; perché io credo e spero che non gli sarà inutile saper bene ragionare e chiaramente esporre.»
Alessandro Padoa
(matematico, 1868-1937)

«Per quanto i profani sorridano, e non sempre con simpatica amabilità, della frequenza con la quale i matematici parlano di bei teoremi, di procedimenti dimostrativi eleganti e di trattati che si leggono come romanzi, per chi la coltiva con passione e con successo, il pregio migliore della matematica non consiste nell'immensa utilità sociale delle sue applicazioni – negar la quale, di fronte allo spettacolo della civiltà moderna poggiantesi sempre più ampiamente sui progressi della fisica, della chimica e della meccanica, sarebbe lo stesso che negar la luce del sole – ma nel fatto che talune delle sue più elevate teorie, quando siano contemplate nel loro insieme, nel loro armonico dispiegarsi in sistemi coerenti e compatti, di quella veramente ferrea coerenza e di quella veramente solida compattezza di cui sarebbe vano cercare esempi più imponenti in altri campi dello scibile umano, danno tale un'impressione di alta e pura bellezza quale sono capaci di suscitare le più ispirate poesie e le pagine di musica più potentemente suggestive.»
Luigi L. Cavalli-Sforza
(genetista e scienziato, 1922-....)

Indice

Prefazione

Scopo

Questo è il primo libro di una collana di quattro volumi di Matematica Generale. Questi testi costituiscono un tentativo di abbinare teoria e pratica della matematica in un connubio inscindibile. Infatti, un inusuale numero di esempi accompagna ciascuna nozione teorica introdotta, e, viceversa, gli esercizi svolti costituiscono spesso un'occasione per presentare in un modo diverso alcuni aspetti della teoria. Lo schema utilizzato per gli esercizi è quello dei quesiti a risposta multipla, in quanto ritenuto più idoneo a testare l'apprendimento dei concetti e delle metodologie introdotti.

DESTINATARI. I destinatari naturali di tali libri sono gli studenti universitari impegnati nel conseguimento di una laurea che richieda una formazione matematica propedeutica all'apprendimento di altre discipline. In particolare, alcuni argomenti ed esercizi sono strutturati *ad hoc* per gli studenti di corsi di laurea in discipline economiche.

Tuttavia, nonostante l'organizzazione di questi volumi sia ispirata ad obiettivi didattici, il lettore potenziale non appartiene necessariamente alla categoria degli studenti che aspirino esclusivamente al superamento dell'esame di matematica. Invero, questi quattro testi sono teoricamente utilizzabili anche da chi desideri ottenere una panoramica, ancorché generica ed incompleta, sulle modalità di formalizzazione simbolica di alcuni concetti astratti aventi natura quantitativa.

OBIETTIVI. Lo scopo auspicato di questi volumi è principalmente quello di fornire al lettore:

- un ausilio alla preparazione *teorica* per il superamento della prova orale di matematica, mediante la presentazione schematica degli argomenti di teoria nonché di alcune nozioni complementari;

- un ausilio alla preparazione *pratica* per il superamento della prova scritta di matematica, mediante la presentazione e lo svolgimento di quesiti a scelta multipla relativi ai vari argomenti di teoria.

Un terzo obiettivo - forse più recondito ma a nostro avviso tutt'altro che ultroneo - è quello di fornire al lettore un *modus cogitandi* alternativo, utile nell'interpretazione di concetti e nella soluzione di problemi che richiedano un approccio sistematico ed una forma simbolica di pensiero. A tal fine abbiamo tentato di organizzare la trattazione come un *corpus* di conoscenze omogeneo ed articolato al tempo stesso, enfatizzando le connessioni tra i tanti concetti presentati, che, ove possibile, sono stati collocati in un contesto (matematico e non) più ampio, al fine di evidenziarne la portata generale. Talvolta abbiamo anche inserito alcuni brevi riferimenti storici nella trattazione di alcuni argomenti (soprattutto nelle note a piè di pagina),[1] nella conclamata convinzione che la conoscenza della genesi e dell'evoluzione dei concetti matematici possa costituire un ausilio alla comprensione delle loro modalità di formalizzazione.

I quattro volumi sono ben lungi dall'essere esaustivi per una preparazione adeguata dello studente. Infatti, a parte la quasi totale mancanza di dimostrazioni – con qualche sporadica eccezione, presente solo al fine di illustrare il concetto stesso di dimostrazione nelle sue molteplici e svariate manifestazioni – che già ne intaccherebbe inevitabilmente la completezza *per sé*, sono tanti gli argomenti di teoria su cui abbiamo dovuto necessariamente essere sintetici, onde evitare di distogliere il lettore dagli obiettivi primari sopra menzionati. Si rimanda pertanto ad un testo di Matematica Generale per una trattazione completa e dettagliata degli argomenti di teoria.

Tuttavia, nel perseguimento di un obiettivo di integrazione reciproca tra teoria e pratica, abbiamo arricchito l'esposizione con inusuali spiegazioni relative alla *ratio* per cui ed al *modus* in cui alcuni concetti matematici vengono rappresentati mediante determinate nozioni espresse in linguaggio simbolico, nella malcelata speranza che ciò possa rendere meno criptica (e, conseguentemente, meno spiacevole) una materia tradizionalmente ostica. Inoltre, limitatamente agli argomenti che si prestano per la loro stessa natura a degli approfondimenti non eccessivamente tecnici – quali calcolo combinatorio, matrici, applicazioni economiche, etc. – abbiamo aggiunto alcuni complementi di teoria ai contenuti solitamente presentati in un corso di Matematica Generale, al fine di consentire al lettore una più ampia visione del *corpus* di metodologie e strumenti propri di alcune branche della matematica.

---

[1] Le note storiche relative alla vita degli scienziati, artisti, politici e letterati menzionati nel testo sono disponibili in rete, su *Wikipedia* oppure all'indirizzo *www-history.mcs.st-and.ac.uk* sul sito della *University of St. Andrews* (Scozia). Per una raccolta di aforismi inerenti la matematica, si veda, ad esempio, il sito personale di Gabriele Martufi.

ARGOMENTI. I tradizionali argomenti di Matematica Generale sono trattati nei quattro volumi come segue:

Vol. I: logica elementare, insiemi e funzioni, calcolo combinatorio, insiemi di numeri reali;

Vol. II: algebra elementare, disequazioni, matrici, sistemi lineari, elementi di metrica, rette nel piano, successioni, serie, strutture algebriche, applicazioni economiche;

Vol. III: funzioni reali di una variabile reale, limiti, continuità, derivabilità, teoremi fondamentali del calcolo differenziale, studio di funzioni, integrali indefiniti e definiti, applicazioni economiche;

Vol. IV: coniche, funzioni reali di più variabili reali, funzioni implicite, funzioni omogenee, estremi liberi e vincolati di funzioni di più variabili, integrali multipli, equazioni differenziali, applicazioni economiche.

Per quanto riguarda le modalità di studio dei quattro volumi, si consiglia la lettura degli argomenti di teoria e lo svolgimento dei relativi esercizi proprio nell'ordine in cui essi sono presentati. In particolare, il Capitolo 1 del Volume I – contenente elementi di logica – è fondamentale per una corretta interpretazione di tutte le nozioni matematiche presentate in questi testi.

Tuttavia, al fine di rendere proficuo anche uno studio non sequenziale, financo caotico, degli argomenti presentati, abbiamo cercato di rendere i capitoli all'interno di ciascun volume relativamente indipendenti da quelli che lo precedono. In ogni caso, vista la naturale interdipendenza di tutte le nozioni matematiche, si consiglia al lettore uno studio sistematico e sequenziale dei testi, in quanto un'adeguata comprensione delle nozioni presentate in alcuni capitoli è indissolubilmente legata a quella di alcune nozioni presentate in capitoli (e volumi) precedenti.

Infine, avvertiamo il lettore che in alcuni capitoli si sono utilizzati nozioni e risultati relativi a capitoli (o volumi) successivi: in tali casi, è preferibile una lettura a più riprese, al fine di poter meglio comprendere le connessioni tra i vari concetti.

Struttura

Questo primo volume è composto da una prefazione e da quattro capitoli di teoria e pratica. Ciascuno dei quattro capitoli è suddiviso in due parti: teoria e pratica. Nella parte teorica di ciascun capitolo si danno tutte le nozioni fondamentali per lo svolgimento degli esercizi, nonché alcuni complementi di teoria. La parte pratica contiene i relativi esercizi, provvisti di risoluzione completa o talvolta di suggerimenti per il loro svolgimento. Le risposte esatte a tutti i quesiti senza svolgimento sono raccolte alla fine del libro.

<u>TEORIA</u>. Questo libro è essenzialmente autocontenuto. Infatti, la Parte 1 dei Capitoli 1-4 contiene, in forma sintetica e schematica, tutte le nozioni ed i risultati necessari per lo svolgimento degli esercizi. In alcuni casi abbiamo preferito rimandare ad un testo di Matematica Generale per una trattazione completa dei relativi argomenti di teoria, al fine di evitare che una dettagliata esposizione teorica finisse per distogliere il lettore dagli scopi precipui di questi testi.[2] A parziale compensazione delle eventuali lacune teoriche, l'introduzione di nuovi concetti è accompagnata da un copioso numero di esempi illustrativi. Consigliamo al lettore un attento studio delle nozioni preliminari di teoria di ogni capitolo prima di affrontare i relativi esercizi.

Le ultime sezioni di alcuni capitoli contengono dei complementi di teoria, che trattano argomenti appena più sofisticati. Tali complementi di teoria sono rilevanti per chi voglia approfondire i relativi argomenti, nonché avere una visione d'insieme più completa ed organizzata della materia. Tuttavia, la loro mancanza non compromette in alcun modo l'adeguatezza di una preparazione teorica finalizzata alla risoluzione degli esercizi. Pertanto, tali sezioni "speciali" possono anche essere evitate in una prima lettura. Per distinguerle dalle sezioni "ordinarie", le sezioni contenenti complementi di teoria sono marcate con un asterisco. Seguendo la stessa *ratio*, abbiamo marcato con un asterisco anche alcuni (rari) risultati e dimostrazioni che richiedono nozioni complementari e/o ragionamenti tecnicamente complessi o di natura astratta. Anche in tal caso, la loro lettura può essere omessa senza che ciò pregiudichi la comprensione delle nozioni teoriche fondamentali. Infine, sono marcati con un asterisco anche i pochi esercizi che richiedono nozioni complementari.

<u>PRATICA</u>. La Parte 2 dei Capitoli 1-4 contiene i quesiti a scelta multipla. Tali quesiti sono organizzati come segue, relativamente al loro (i) numero, (ii) tipologia, (iii) difficoltà, (iv) svolgimento e (v) eventuale suggerimento.

(i) Numero. Il numero dei quesiti di ogni capitolo è un multiplo di tre, ma varia da capitolo a capitolo, essendo maggiore nei capitoli in cui la tipologia degli argomenti trattati è più ampia e variegata. Dei $3n$ esercizi proposti in ciascun capitolo, i primi n sono svolti per esteso, mentre i rimanenti $2n$ sono lasciati per esercizio al lettore. Per questi ultimi, si forniscono talora alcuni

[2] Lo schema di presentazione degli argomenti di teoria utilizzato in questi volumi è basato sul seguente testo: S. Greco, B. Matarazzo, S. Milici, *Matematica Generale*, Ed. Giappichelli, 2010.

suggerimenti utili alla loro risoluzione; in ogni caso, tutte le loro risposte sono raccolte alla fine del libro.

Consigliamo al lettore di tentare innanzitutto di risolvere i primi n quesiti, confrontando attentamente i propri svolgimenti con quelli contenuti nel testo. Gli esercizi senza svolgimento dovrebbero essere affrontati in una seconda fase di studio.

(ii) Tipologia. Gli esercizi sono nella forma di quesiti a scelta multipla, con una sola risposta corretta tra le cinque risposte presentate. Nella maggior parte dei casi, si demanda al lettore la determinazione dell'asserzione VERA oppure dell'asserzione FALSA tra le cinque asserzioni elencate alla fine del quesito. Per gli esercizi che richiedono nozioni e risultati presenti in capitoli precedenti o successivi, talvolta si evidenzia tra parentesi il capitolo di riferimento, nonché il volume, se diverso da questo.

(iii) Difficoltà. Ogni esercizio è marcato con un livello (approssimativo e soggettivo) di difficoltà, che varia da [1⋆] a [9⋆] e il cui significato è il seguente:

[1⋆] : facile
[3⋆] : abbastanza facile
[5⋆] : di difficoltà media
[7⋆] : abbastanza difficile
[9⋆] : difficile.

Il significato dei livelli di difficoltà [2⋆], [4⋆], [6⋆] e [8⋆] si può agevolmente determinare per *interpolazione*: ad esempio, il livello [4⋆] sta per "di difficoltà leggermente inferiore alla media". La maggior parte dei quesiti dei quattro volumi presenta un livello di difficoltà compreso tra [3⋆] e [7⋆]. I primi n esercizi (con svolgimento) sono presentati in ordine crescente di difficoltà; lo stesso ordinamento è rispettato anche per i rimanenti $2n$ esercizi (senza svolgimento).

Il livello dei quesiti si riferisce sia alla loro difficoltà concettuale che alla lunghezza del loro svolgimento. Ne segue che soltanto particolari esercizi – in genere richiedenti sia un rilevante sforzo concettuale che un calcolo abbastanza articolato – sono classificati come quasi difficili o difficili (di livello [8⋆] o [9⋆]).

Si noti che il livello di difficoltà dei quesiti non è relativo all'argomento trattato, bensì assoluto. Pertanto, in capitoli che trattano argomenti che per loro natura sono di relativa semplicità concettuale, raramente si va oltre un livello di difficoltà [6⋆], e gli eventuali esercizi di livello maggiore o uguale a [7⋆] spesso richiedono un calcolo computazionale relativamente complicato. Al contrario, in sezioni che trattano argomenti più complessi, sono presenti con maggiore frequenza esercizi di una certa difficoltà (da [7⋆] a [9⋆]).

Si noti infine che anche la tipologia delle risposte può contribuisce a modulare la difficoltà di un quesito. Infatti, in alcuni casi risulta più facile determinare l'unica risposta esatta scartando le risposte errate.[3]

(iv) Svolgimento. Gli svolgimenti dei primi n esercizi di ogni capitolo sono spesso completi e dettagliati, talvolta perfino prolissi. Relativamente ai quesiti che si trovano in prossimità della fine di ogni capitolo, le spiegazioni diventano meno meticolose di quelle dei precedenti esercizi, in quanto si preferisce lasciare al lettore l'onere di colmare le (comunque piccole) lacune espositive/interpretative. Negli svolgimenti si possono citare nozioni o risultati del capitolo di appartenenza, nonché di capitoli precedenti o successivi. Nel caso in cui si citino fatti relativi a capitoli successivi, consigliamo al lettore di affrontare l'esercizio a più riprese.

(v) Suggerimento. Al fine di rendere quanto più graduale possibile l'adattamento del lettore alla tipologia di quesiti presentati, questo testo contiene anche dei suggerimenti per alcuni (ma non tutti gli) esercizi senza svolgimento. Tali suggerimenti, che sono raccolti alla fine di ogni capitolo immediatamente dopo gli svolgimenti dei primi n esercizi, dovrebbero essere consultati soltanto dopo che il lettore si sia seriamente cimentato nel tentativo di risolvere gli esercizi corrispondenti.

Ringraziamenti

Gli autori ringraziano Salvino Giuffrida e Benedetto Matarazzo per un'attenta lettura del testo e per alcuni utili suggerimenti. Gli eventuali errori e le inevitabili sviste presenti in questo volume sono comunque da attribuire esclusivamente agli autori, che se ne assumono la piena responsabilità. Si ringraziano inoltre Giuseppe Angilella e Stefania Giarlotta per l'elaborazione del progetto grafico relativo alla copertina del libro. Gli autori ringraziano infine tutti i lettori che volessero contribuire a migliorare questo testo, segnalando la presenza di errori o sviste, nonché suggerendo modalità di presentazione del suo contenuto che rendano più efficace l'apprendimento della materia.

[3] Al riguardo si vedano, ad esempio, le considerazioni finali fatte nella presentazione della soluzione dell'Esercizio 3.15 nel Capitolo di Calcolo Combinatorio.

Capitolo 1

Elementi di Logica

«Né la contraddizione è indice di falsità né la coerenza è segno di verità.»
Blaise Pascal (matematico, fisico, filosofo e teologo, 1523 -1662)

«Noi non diamo leggi all'intelletto né assegnamo leggi alle cose in base al nostro giudizio, piuttosto raccogliamo e descriviamo come degli scriba pieni di fede quelle leggi che sono nate nella voce della Natura e sono da questa stessa proclamate.»
Georg F.L.P. Cantor (matematico, 1845 -1918)

«L'esperienza resta naturalmente l'unico criterio per utilizzare una costruzione matematica per la fisica; ma è nella matematica che si trova il principio veramente creatore.»
Albert Einstein (fisico, 1879 -1955)

«È stato confrontandomi con gli enigmi che ci circondano e considerando e analizzando le osservazioni da me fatte, che sono giunto alla matematica. Sebbene mi possa davvero considerare digiuno di esperienza e consuetudine con le scienze esatte, spesso mi sembra di avere molte più cose in comune con i matematici che con i miei discepoli artisti.»
Maurits C. Escher (artista e grafico, 1898 -1972)

«Il matematico gioca un gioco in cui egli stesso inventa le regole. Il fisico gioca un gioco in cui le regole sono fornite dalla Natura. Ma, con il passare del tempo, diventa sempre più evidente che le regole che il matematico trova interessanti sono quelle che la Natura ha scelto.»
Paul A.M. Dirac (fisico e matematico, 1902 -1984)

1.1 Teoria

In questo capitolo si forniscono alcune nozioni basilari di logica matematica. La trattazione dell'argomento è volutamente semplificata (nonché, a volte, necessariamente imprecisa) nel tentativo di mantenere l'esposizione ad un livello quanto più elementare possibile. L'obiettivo è quello di fornire al lettore alcuni strumenti necessari ad affrontare in modo sistematico lo studio degli argomenti di Matematica Generale. Pertanto, si accennano soltanto alcune nozioni fondamentali di logica matematica, come quelle di *sintassi* (ossia le regole di composizione) e di *semantica* (ossia il significato) di un *linguaggio simbolico*. Inoltre, si utilizzano in modo intuitivo alcune nozioni matematiche elementari, quali quelle di insieme, elemento, appartenenza, numero, etc. (Tali nozioni saranno trattate in modo più formale nel Capitolo di Insiemistica.)

La comprensione delle nozioni esaminate in questo capitolo è necessaria per una solida formazione matematica. Questa è la ragione per cui dedichiamo molto spazio (anche se manca un altrettanto ampio rigore formale) alla trattazione di alcuni concetti che vengono utilizzati in modo sistematico nei quattro volumi, accompagnandoli con molti esempi illustrativi delle loro modalità di applicazione. La conoscenza del significato di *connettivo logico*, *quantificatore*, *definizione*, *dimostrazione*, *teorema*, *assioma*, *condizione necessaria e sufficiente*, *controesempio*, etc. è un prerequisito imprescindibile per la comprensione di tutti i concetti matematici, nonché per una loro corretta conversione in nozioni formali mediante l'utilizzo di un linguaggio simbolico.

Avvertiamo il lettore che, per motivi di spazio nonché in relazione agli obiettivi precipui di questi testi, si è spesso privilegiato un approccio intuitivo alle nozioni di logica piuttosto che una loro rigorosa trattazione formale. Infatti, sarebbe necessario un intero volume per descrivere, peraltro in modo non approfondito, le problematiche connesse alla formalizzazione simbolica di alcuni concetti. Il famoso (nonché famigerato) **paradosso del mentitore** illustra in modo lapidario le difficoltà che si nascondono negli anfratti di una trattazione logica di carattere formale: la locuzione "*Questa frase è falsa*" è vera o falsa?[1]

[1] Esistono varie versioni del paradosso del mentitore, elaborate da **Eubulide di Mileto** (IV secolo A.C.), **Aristotele** (IV secolo A.C.), **Diogene Laerzio** (II secolo D.C.), **Jean Buridan** (1292-1360), **Miguel de Cervantes** (1547-1616), **Philip Jourdain** (1879-1919). La versione originaria del paradosso è attribuita al filosofo **Epimenide di Creta** (VI secolo A.C.). Il paradosso del mentitore può essere "risolto" in vari modi: possibili soluzioni sono state proposte da tanti studiosi, ad esempio Aristotele, **Crisippo** (III secolo A.C.), **Guglielmo di Ockham** (1288-1349), Jean Buridan, etc. Tali soluzioni richiedono a volte il ricorso a nozioni teoriche di una certa complessità concettuale, quali quelle di *metalinguaggio*, *logiche temporali*, *logiche a più valori*, etc.

1.1.1 Sintassi

Gli elementi di un linguaggio simbolico sono i seguenti:

- **alfabeto**: un insieme finito di simboli;
- **stringhe**: le sequenze finite di elementi dell'alfabeto;
- **termini**: le stringhe aventi una particolare forma e a cui si decide di attribuire rilevanza semantica;
- **formule o proposizioni logiche**: le sequenze finite di termini ottenute mediante connettivi logici e quantificatori.

A titolo di esempio, consideriamo come linguaggio simbolico la "lingua italiana". In questo caso si ha:

- alfabeto: l'insieme $\{a, b, c, \dots, z\}$;
- stringhe: tutte le sequenze finite di simboli dell'alfabeto, ad esempio "ahshalat", "apoftegma", "abbcccddddeeeee", "mementoauderesemper";
- termini: tutte le stringhe che sono presenti in un dizionario della lingua italiana (ed in testi specialistici);
- formule: le sequenze finite di parole formate secondo le regole grammaticali della lingua italiana, ad esempio "apoftegma", "il sole beve automobili", "Catania è la capitale del Brasile".

Si noti che ai fini della formazione delle formule si prescinde totalmente dal loro significato nonché dal loro valore di verità.

1.1.2 Connettivi e quantificatori

I connettivi e i quantificatori sono utilizzati per "creare nuovo dal vecchio". Specificamente:

- i connettivi sono degli "operatori" che si usano per ottenere formule nuove da formule preesistenti, elaborandole in vario modo; essi hanno come oggetto una formula (connettivi *unari*) o due formule (connettivi *binari*);[2]

[2] Il concetto di "operatore" unario, binario, ternario, etc. è trasformato in nozioni logico-matematiche secondo modalità che dipendono dal campo in cui esso viene applicato. Ritroveremo tale concetto, formalizzato in modi diversi, nella trattazione di: (i) *insiemi* (unione, intersezione, differenza, prodotto cartesiano, potenza di insiemi); (ii) *funzioni* (somma, prodotto, differenza, quoziente, composizione di funzioni); (iii) *matrici* (somma, differenza, prodotto, inversione, trasposizione); (iv) *strutture algebriche* (operazione binaria interna, operazione binaria esterna); etc.

- i quantificatori si utilizzano per ottenere formule nuove da formule preesistenti mediante l'utilizzo di "variabili"; tali variabili possono assumere valori in un determinato "universo".

I connettivi e i quantificatori utilizzati sono i seguenti:

- **connettivi unari**: *negazione* "$\neg$";
- **connettivi binari**:
  - *unione logica* "$\vee$" (informalmente detta "o"),
  - *intersezione logica* "$\wedge$" (informalmente detta "e"),
  - *implicazione* "$\Rightarrow$",
  - *doppia implicazione* o *equivalenza* "$\Leftrightarrow$";
- **quantificatori**:
  - *esistenziale* "$\exists$" (leggasi: "esiste almeno un"),
  - *universale* "$\forall$" (leggasi: "per ogni").

A rigore dovremmo distinguere tra **logica proposizionale** (che usa i connettivi ma non i quantificatori), **logica del primo ordine** (che utilizza anche i quantificatori, anche se con certe limitazioni), **logica del secondo ordine** (che utilizza i quantificatori in modo più ampio), etc. Tuttavia, per semplificare la trattazione, eviteremo qualsiasi esplicito riferimento a tale distinzione.

Illustriamo con un esempio la costruzione di nuove formule da formule preesistenti mediante l'utilizzo di connettivi. Se A e B sono due formule, allora da esse si possono creare nuove formule come segue:

- $\neg A$, $\neg B$, $A \wedge B$, $B \wedge A$, $A \vee B$, $B \vee A$, $A \Rightarrow B$, $B \Rightarrow A$, $A \Leftrightarrow B$, $B \Leftrightarrow A$
- $\neg(\neg A)$, $\neg A \Rightarrow B$, $((A \Leftrightarrow B) \Rightarrow A) \Rightarrow (\neg A \wedge \neg(\neg(\neg B)))$
- $((A \Rightarrow A) \Rightarrow (A \Leftrightarrow A)) \Rightarrow A$, $B \vee ((A \vee B) \Leftrightarrow (A \wedge \neg B))$.

Si noti che l'uso delle parentesi è necessario per determinare l'ordine in cui i connettivi binari sono utilizzati: ad esempio, le due formule "$(A \Rightarrow A) \Rightarrow A$" e "$A \Rightarrow (A \Rightarrow A)$" sono diverse.

Nel caso della lingua italiana, dalle proposizioni logiche "Peter abita a Toronto" e "il potere logora chi non lo possiede" si possono creare le nuove formule "Peter abita a Toronto *e* il potere logora chi non lo possiede" oppure "*se* Peter abita a Toronto, *allora* il potere logora chi non lo possiede", etc. Il fatto che alcune di tale formule non abbiano alcun significato nel senso comune è al momento irrilevante, in quanto ci stiamo occupando di sintassi e non di semantica.

Formule generiche in cui sono presenti i quantificatori sono le seguenti

$$\forall x \in X \;\; P(x) \tag{1.1}$$

$$\exists x \in X \;\; P(x) \tag{1.2}$$

che si leggono, rispettivamente:[3]

(1.1) "comunque si prenda un elemento x appartenente all'insieme X, vale $P(x)$"

(1.2) "esiste un elemento x appartenente all'insieme X per cui vale $P(x)$".

In tali formule, $P(x)$ è un'asserzione, espressa in linguaggio simbolico, che predica dell'elemento/variabile x (appartenente all'insieme/universo X). Per alcune formule in cui è presente il quantificatore esistenziale, talvolta si usa la notazione " $\exists!$ " che si legge: "esiste esattamente un".

Nel caso della lingua italiana, le seguenti proposizioni logiche utilizzano i quantificatori, nonostante ad una prima lettura non ci sia alcun riferimento esplicito ad essi:

(a) "tutti gli uomini sono mortali"

(b) "esiste una tigre di colore viola".

Una formalizzazione simbolica delle proposizioni (a) e (b) rivela che la (a) è di tipo (1.1), mentre la (b) è di tipo (1.2). Invero, denotati con U l'insieme degli uomini, con T l'insieme delle tigri, con $M(u)$ il predicato che sta per "u è mortale", e con $V(t)$ il predicato che sta per "t è viola", la (a) e la (b) si scrivono, rispettivamente:

(a′) $\forall u \in U \;\; M(u)$

(b′) $\exists t \in T \;\; V(t)$.

Si noti che la naturale (*sic*!) ambiguità (nonché ricchezza) della lingua italiana – ed in generale di tutti i linguaggi non simbolici – non consente un'immediata traduzione simbolica di tutte le asserzioni formulabili. Ad esempio, per poter scrivere in modo simbolico l'asserzione

(c) "un uomo è più intelligente di una scimmia"

[3] Il simbolo "$\in$" si legge "appartenente a"

occorre prima capire quale sia il suo vero significato, ossia se si intenda (magari ironicamente):

(c1) "qualche uomo è più intelligente di qualche scimmia", oppure

(c2) "qualche uomo è più intelligente di tutte le scimmie", oppure

(c3) "tutti gli uomini sono più intelligenti di tutte le scimmie", oppure

(c4) "tutti gli uomini sono più intelligenti di qualche scimmia",

visto che la (c1), la (c2), la (c3) e la (c4) hanno un'attribuzione semantica completamente diversa.[4] Denotato con S l'insieme delle scimmie e con $I(u, s)$ il predicato "u è più intelligente di s", le asserzioni (c1), (c2), (c3) e (c4) si scrivono, rispettivamente:

(c1′) $\exists u \in U \quad \exists s \in S \quad I(u, s)$

(c2′) $\exists u \in U \quad \forall s \in S \quad I(u, s)$

(c3′) $\forall u \in U \quad \forall s \in S \quad I(u, s)$

(c4′) $\forall u \in U \quad \exists s \in S \quad I(u, s)$.

1.1.3 Semantica

I **valori di verità** che una formula può assumere sono "vero" ("V") oppure "falso" ("F").[5] I valori di verità delle formule composte in cui sono presenti connettivi logici dipendono dai valori di verità delle proposizioni logiche che le compongono secondo la seguente **tavola di verità**, ove A e B sono arbitrarie proposizioni logiche:

[4] Poiché stiamo trattando la sintassi del linguaggio, non avremmo dovuto scomodare la sua semantica, ma lo facciamo nel tentativo di rendere l'esempio meno oscuro.

[5] Per la precisione, esistono anche casi in cui il valore di verità di una formula non è esattamente 0 (ossia "F") oppure 1 (ossia "V"), potendo essere un qualunque numero tra 0 e 1. Si pensi, ad esempio, ad una proposizione del tipo "Gianfranco è alto". Se Gianfranco è alto 1.55m oppure 1.95m, allora la locuzione ha valore di verità, rispettivamente, 0 (ossia "F") e 1 (ossia "V"). Tuttavia, se Gianfranco è alto 1.75m, allora la locuzione in esame avrà probabilmente un grado di verità parziale, situazione codificata mediante un numero compreso tra 0 e 1. L'accurato esame dei casi in cui il valore di verità di una formula logica è "sfuocato" costituisce l'oggetto della cosiddetta **fuzzy logic**, un'estensione della teoria classica poiché per essa non valgono i principi aristotelici di non-contraddizione e del terzo escluso ("*tertium non datur*"): si veda la Sezione 1.1.8. Si noti inoltre che il valore di verità di una proposizione di questo tipo è ambiguo se non si precisa l'ambiente a cui si applica. Per esempio, la sua valutazione sarebbe diversa nel caso in cui Gianfranco fosse un pigmeo o viceversa un membro della tribù dei Tutsi (impropriamente noti come Watussi) e la sua altezza dovesse essere valutata relativamente al gruppo etnico di riferimento.

A	B	$\neg A$	$\neg B$	$A \vee B$	$A \wedge B$	$A \Rightarrow B$	$A \Leftrightarrow B$
V	V	F	F	V	V	V	V
V	F	F	V	V	F	F	F
F	V	V	F	V	F	**V**	F
F	F	V	V	F	F	**V**	V

I valori di verità attribuiti alle formule composte seguono criteri aderenti alla loro interpretazione naturale. Per esempio, nel caso del connettivo unario di negazione, la tavola asserisce che se la formula A è vera, allora la sua negazione $\neg A$ è falsa (nonché, viceversa, se A è falsa, allora $\neg A$ è vera).

Altrettanto intuitiva è l'attribuzione semantica relativa al connettivo binario di unione logica: la formula composta $A \vee B$ è vera se almeno una tra A e B è vera, ed è falsa solo nel caso in cui sia A che B siano false. Si noti che la semantica dell'unione logica riproduce quella di un "*vel*" latino (ossia un "oppure inclusivo") e non di un "*aut*" (ossia un "oppure esclusivo").

Anche l'attribuzione semantica relativa al connettivo binario di intersezione logica è naturale. Infatti, la tavola di verità asserisce che se A è vera e B è vera, allora la formula $A \wedge B$ è anch'essa vera; viceversa, se almeno una tra A e B è falsa, allora $A \wedge B$ è anch'essa falsa.

Una particolare attenzione è richiesta per la comprensione e la giustificazione dei valori di verità presenti nelle ultime due colonne, ossia l'attribuzione semantica relativa ai connettivi binari di implicazione ed equivalenza. Considerata la sottile complessità di tali concetti nonché la loro imprescindibile importanza per una comprensione dei fondamenti della matematica, dedichiamo le prossime due sezioni ad una loro accurata disamina.

1.1.4 Condizione necessaria, condizione sufficiente

La maggior parte dei risultati di questi quattro volumi (nonché molte proposizioni della lingua italiana) sono espressi nella forma di **implicazioni** del tipo "$A \Rightarrow B$", ove A e B sono asserzioni-formule matematiche.[6] L'implicazione "$A \Rightarrow B$" si può leggere in vari modi equivalenti:

- "*se A, allora B*", oppure
- "*A implica B*", oppure
- "A è *condizione sufficiente* per B", oppure
- "B è *implicato da A*", oppure

[6] Come si preciserà successivamente, le implicazioni matematiche sono precedute da una quantificazione universale relativa all'oggetto della formula, sia esso un numero, un insieme, una matrice, una retta, una funzione, etc.

- "*B* è *condizione necessaria* per *A*".[7]

L'attribuzione semantica relativa ad una formula sifatta codifica una "sequenzialità materiale" (e non necessariamente "concettuale") tra l'asserzione A, detta **antecedente**, e l'asserzione B, detta **conseguente**. Al fine di chiarire il significato di tale nozione di **implicazione materiale**, consideriamo le due seguenti implicazioni espresse nel linguaggio italiano:

(a) *se* il Presidente del Consiglio dei Ministri della Repubblica Italiana è Silvio Berlusconi e la Costituzione della Repubblica Italiana prevede che il Presidente del Consiglio dei Ministri promuova e coordini l'attività del Governo della Repubblica Italiana, *allora* Silvio Berlusconi promuove e coordina l'attività del Governo della Repubblica Italiana;

(b) *se* il Presidente del Consiglio dei Ministri della Repubblica Italiana è Silvio Berlusconi e la Costituzione della Repubblica Italiana prevede che il Presidente del Consiglio dei Ministri promuova e coordini l'attività del Governo della Repubblica Italiana, *allora* la Terra gira attorno al Sole.

Per quanto scritto nella tavola di verità della Sezione 1.1.3, entrambe le implicazioni (a) e (b) sono vere, essendo veri sia l'antecedente[8] che il conseguente. Tuttavia, mentre non esiste alcun motivo per dubitare della verità dell'implicazione (a), in quanto relativa a due asserzioni vere nonché concettualmente collegate tra loro, viceversa si potrebbe nutrire qualche legittimo dubbio circa la verità dell'implicazione (b), poiché essa mette in relazione due fatti che non hanno alcun apparente legame concettuale, ancorché entrambi veri.

Il considerare vere entrambe le proposizioni (a) e (b) discende dalla necessità logica di rendere assoluta l'attribuzione semantica relativa ad un'implicazione, basandola esclusivamente sui valori di verità di antecedente e conseguente. Infatti, se il valore di verità di un'implicazione dovesse in qualche modo dipendere da possibili o presunte relazioni concettuali tra antecedente e conseguente, si causerebbe non poca confusione, essendo le relazioni concettuali puramente soggettive e non oggettive.[9] I dubbi sulla verità dell'implicazione (b) sorgono perché si tende a confondere il concetto di "verità" con quello di "utilità". Se ci si limita a guardare alla verità materiale di una proposizione anziché alla sua possibile utilità, allora anche la (b) è vera (anche se completamente inutile), perché tali sono antecedente e conseguente.

[7] I giuristi direbbero "*B* è *conditio sine qua non* affinché *A*".

[8] Al momento in cui si scrive Silvio Berlusconi è il Presidente del Consiglio, e la Costituzione vigente prevede che tra le prerogative del Presidente del Consiglio ci siano quelle di promozione e coordinamento dell'attività del Governo.

[9] Si pensi al caso in cui taluno decida inopinatamente di attribuire una valenza concettuale all'implicazione (b).

I due esempi presentati illustrano le ragioni per cui nella tavola di verità della Sezione 1.1.3 la formula "$A \Rightarrow B$" risulta vera in tutti i casi in cui sia l'antecedente A che il conseguente B siano veri (ossia la prima riga). Per quanto riguarda gli altri tre valori di verità relativi all'implicazione, due di essi (evidenziati in grassetto) abbisognano di un'attenta giustificazione, in quanto parzialmente controintuitivi. Esaminiamo le seguenti locuzioni espresse in lingua corrente, al fine di derivarne alcune linee guida circa la semantica naturale dell'implicazione logica nei casi suddetti:

(c) *se* il Presidente della Repubblica Italiana è Giorgio Napolitano e la residenza ufficiale del Presidente della Repubblica è il Palazzo del Quirinale, *allora* il Colosseo è la residenza ufficiale di Giorgio Napolitano;

(d) *se* esiste un cane volante, *allora* la popolazione della Cina è superiore a quella dell'Italia;

(e) *se* la Fiat 500 ha una velocità massima superiore a quella della Ferrari 599 GTO, *allora* "la IX Sinfonia di Ludwig van Beethoven" è il titolo di un quadro del Caravaggio.[10]

Per quanto scritto nella tavola di verità dei connettivi, la (c) è falsa (essendo vero l'antecedente e falso il conseguente), la (d) è vera (essendo falso l'antecedente e vero il conseguente) e la (e) è vera (essendo falsi sia l'antecedente che il conseguente).[11]

Riteniamo che difficilmente si potrebbero nutrire dubbi sulla falsità dell'asserzione (c), nonché, più in generale, sulla falsità delle implicazioni in cui l'antecedente è vero e il conseguente è falso. Pertanto, in tali casi il valore attribuito dalla tavola di verità presentata nella Sezione 1.1.3 coincide con quello che l'intuizione supporta.

Viceversa, risulta apparentemente innaturale il considerare vere le implicazioni (d) ed (e), nonché, più in generale, le implicazioni nei casi evidenziati in grassetto nella suddetta tavola di verità. Specificamente, si legge nella tavola che l'implicazione "$A \Rightarrow B$" risulta vera anche nei casi in cui l'antecedente A sia falso, a prescindere dal valore di verità del conseguente B. Tale scelta

[10] Il conseguente di tale implicazione è falso a prescindere da una conoscenza capillare delle opere del Caravaggio, visto che Beethoven compose la sua IX Sinfonia qualche secolo dopo la morte del Caravaggio.

[11] Al fine di renderle significative, al momento le implicazioni (c), (d), (e) sono atemporali, ossia considerate in un tempo fissato: il presente di chi scrive. Per esempio, nella (c) l'antecedente è vero e il conseguente è falso, in quanto al momento in cui si scrive Giorgio Napolitano è il Presidente della Repubblica Italiana e il Palazzo del Quirinale è la residenza ufficiale del Presidente della Repubblica.

aprioristica relativa alla semantica dell'implicazione discende da ragioni filosofiche e tecniche, efficacemente sintetizzate dalla locuzione "*ex falso quodlibet sequitur*", ossia "dal falso segue qualsiasi cosa".

A parziale supporto delle ragioni apparentemente oscure che inducono ad attribuire tali valori di verità, esaminiamo nuovamente la proposizione (a). Essa asserisce che, sotto le due condizioni che (1) Silvio Berlusconi sia il Presidente del Consiglio dei Ministri e (2) la Costituzione attribuisca determinati poteri al Presidente del Consiglio, Silvio Berlusconi esercita un'azione di promozione e coordinamento dell'attività del Governo della Repubblica. L'intuizione supporta l'attribuzione del valore di verità "V" a tale implicazione nel momento in cui si scrive. E se leggessimo la proposizione (a) nel 2050, la dovremmo considerare ancora vera? Oppure il non verificarsi di una delle condizioni (1) e (2) dovrebbe indurci a ritenerla falsa?

Invero, una lettura alternativa della (a) consente di applicare in modo naturale il principio "*ex falso quodlibet sequitur*" per concludere che la (a) è, forse inaspettatamente, sempre vera, a prescindere dal tempo in cui si legge. La proposizione (a) si può scrivere come segue:

(a′) *nel caso in cui si verifichino le circostanze che* il Presidente del Consiglio dei Ministri della Repubblica Italiana è Silvio Berlusconi e la Costituzione della Repubblica Italiana prevede che il Presidente del Consiglio dei Ministri promuova e coordini l'attività del Governo della Repubblica Italiana, *allora* Silvio Berlusconi promuove e coordina l'attività del Governo della Repubblica Italiana.

Nel mese di gennaio del 2011 la (a′) è vera, in quanto sono veri sia l'antecedente che il conseguente. Tuttavia, la (a′) è vera anche nel 2050, in quanto una delle circostanze oggetto dell'antecedente non accade,[12] per cui, essendo l'antecedente falso, non c'è nulla da verificare! In altri termini, nel 2050 la (a′) è vera in quanto i casi in cui occorrerebbe effettuare una verifica rimangono solo potenziali e non si concretizzano mai: si dice in tal caso che l'implicazione è **vacuamente vera**, ossia è vera senza bisogno di verificare nulla. In conclusione, visto che la (a) e la (a′) sono ovviamente modi diversi di esprimere la stessa cosa, ne segue che l'implicazione (a) è sempre vera, sia nei casi in cui l'antecedente sia vero (ad esempio, nel 2010) che in quelli in cui sia falso (ad esempio, nel 2050).

Ad ulteriore supporto delle ragioni che inducono a stabilire i menzionati valori di verità per il connettivo d'implicazione, consideriamo le seguenti due formule matematiche poste nella forma di implicazione:[13]

---

[12] Si presume che non si verifichino eventi innaturali.

[13] L'insieme dei numeri naturali è l'insieme infinito $\mathbb{N} := \{0, 1, 2, 3, \ldots, 100, \ldots\}$: si veda la Sezione 2.1.5 del Capitolo di Insiemistica.

(i) "Per ogni numero naturale n, se n è pari, allora $n+1$ è dispari"

(i$'$) "Se n è un numero naturale pari, allora $n+1$ è dispari".

È naturale ritenere che le due asserzioni (i) e (i$'$) abbiano l'identico significato, dunque ci si attende che abbiano anche lo stesso valore di verità in tutte le circostanze possibili. Non si dovrebbero nutrire dubbi nutrire sulla verità dell'asserzione (i$'$): invero, nei casi in cui n è pari, il suo successore $n+1$ è dispari, e dunque l'implicazione è vera (in quanto sono tali sia l'antecedente che il conseguente).

Tuttavia, la formula (i) consente al numero n qualcosa che la (i$'$) non prevede esplicitamente, ossia che n sia un *arbitrario* numero naturale. Cosa accadrebbe se il numero naturale n fosse dispari? Sorge allora spontanea la perplessità che la formula (i) possa non essere vera per tutti i numeri naturali e lo sia soltanto per quelli pari. Ciò genererebbe non poca confusione, in quanto la (i) e la (i$'$) finirebbero per avere valori di verità diversi, a dispetto della loro naturale equivalenza semantica.

Proprio al fine evitare questa confusione, si stabilisce *a priori* che l'implicazione risulti sempre vera (più precisamente, "vacuamente vera") in tutti i casi in cui l'antecedente sia falso. In altri termini, anche se la formula (i) predica di un numero naturale generico, tuttavia essa impone che l'implicazione valga solo per i numeri pari, nulla asserendo per i numeri dispari: pertanto, in tutti i casi in cui il numero n sia dispari non si deve verificare assolutamente niente, e dunque la formula è vera anche in tali circostanze.

Questa lunga dissertazione relativa al principio di implicazione materiale si rende necessaria per comprendere appieno la portata dei risultati presentati in questi quattro volumi, essendo la loro maggioranza costituita da formule del tipo "$A \Rightarrow B$", precedute da una quantificazione universale (sia essa esplicita o, più spesso, sottintesa). Chiariremo meglio come tale principio si applichi in concreto nella Sezione 1.1.6, ivi presentando alcuni esempi di proposizioni matematiche poste nella forma di implicazione.

1.1.5 Condizione necessaria e sufficiente

Date due formule A e B, la formula "$A \Leftrightarrow B$" si può leggere in vari modi:

- "A è *logicamente equivalente* a B", oppure
- "*A se e solo se B*", oppure
- "A è *condizione necessaria e sufficiente* affinché B", oppure
- "B è *condizione necessaria e sufficiente* affinché A", oppure

- "A è una *caratterizzazione* di B", oppure
- "B è una *caratterizzazione* di A".

La formula composta "$A \Leftrightarrow B$" esprime una sorta di interscambiabilità logica tra le due formule elementari A e B. Pertanto, come si legge nell'ultima colonna della tavola di verità presentata nella Sezione 1.1.3, essa risulta vera soltanto nei casi in cui le due formule A e B abbiano lo stesso valore di verità, risultando entrambe vere oppure entrambe false.[14]

Similmente a quanto osservato per l'attribuzione semantica relativa al connettivo di implicazione materiale, al fine di determinare il valore di verità di un'equivalenza del tipo "$A \Leftrightarrow B$" occorre e basta esaminare il valore di verità delle asserzioni A e B, prescindendo completamente dal fatto che i concetti ad esse corrispondenti siano in qualsivoglia modo collegati. Ad esempio, le seguenti equivalenze logiche sono vere:

(a) la matematica è utile alla scienza *se e solo se* Napoleone Bonaparte perse la battaglia di Waterloo nel 1815;

(b) Vincent van Gogh è un pittore Cinese del X secolo *se e solo se* l'Italia è una repubblica presidenziale basata sul potere mediatico;[15]

(c) il Sole è nero *se e solo se* la Terra è quadrata.

Infatti, in tali circostanze le asserzioni collegate tra loro dal "se e solo se" sono o entrambe vere – nel caso (a) – o entrambe false – nei casi (b) e (c). Viceversa, le seguenti equivalenze logiche sono ovviamente false:

(d) la matematica è utile alla scienza *se e solo se* Napoleone Bonaparte vinse la battaglia di Waterloo nel 1815;

(e) il patrimonio artistico italiano è uno dei motivi per cui alcuni turisti visitano l'Italia *se e solo se* l'unità d'Italia è stata realizzata nel 1994;

(f) l'Italia ha una superficie maggiore del Brasile *se e solo se* l'Etna è il vulcano più alto d'Europa.

È evidente che le equivalenze matematiche "$A \Leftrightarrow B$" che rivestono un qualche interesse scientifico sono soltanto quelle in cui le asserzioni A e B – oltre ad essere entrambe vere – sono tra loro legate da una qualche relazione concettuale. Da questo punto di vista, le equivalenze simili alla (a) – in cui le

[14] Utilizzando la nozione di *equiveridicità* di cui nella Sezione 1.1.7, la formula "$A \Leftrightarrow B$" è vera se e solo se le due formule A e B sono equiveridiche.

[15] Alcuni lettori potrebbero dubitare della verità di tale equivalenza.

due asserzioni collegate dal "se e solo se" sono vere ma concettualmente non correlate – costituiscono soltanto delle (comunque necessarie) curiosità logiche, non contribuendo in alcun modo alla conoscenza o allo sviluppo della civiltà. Naturalmente le equivalenze logiche presentate in questi volumi sono caratterizzate non solo dalla loro *verità*, ma anche (si spera) dalla loro *utilità*.

1.1.6 Esempi di proposizioni matematiche

In matematica si enunciano delle formule-asserzioni che risultano sempre vere.[16] La maggioranza di tali asserzioni è esprimibile nella forma di un'implicazione oppure di una equivalenza, precedute da una quantificazione universale, implicita od esplicita. Consideriamo i due seguenti tipi di formule:

(I) $\forall x \in X(A(x) \Rightarrow B(x))$

(E) $\forall x \in X(A(x) \Leftrightarrow B(x))$

ove x è una variabile che può assumere valori in un certo universo X, mentre $A(x)$ e $B(x)$ sono proposizioni logiche che hanno x tra le loro variabili.[17] Molte delle asserzioni matematiche enunciate in questi volumi sono di tipo (I) o di tipo (E), anche se spesso il quantificatore universale non compare in modo esplicito.[18] L'universo X ove la variabile x si "muove" è, di volta in volta, l'insieme dei numeri reali, o la classe di tutti gli insiemi, o la famiglia di tutte le matrici di un certo ordine, o la famiglia di tutti i sistemi lineari, o l'insieme di tutte le funzioni reali di una variabile reale, etc.

Nonostante possa sembrare prematuro, presentiamo in questa sede alcuni concreti esempi di asserzioni matematiche del tipo (I) ed (E), al fine di chiarirne il significato logico, a volte oscurato dal modo in cui tali asserzioni sono enunciate nei testi di Matematica Generale. Il lettore è invitato a rileggere attentamente queste riflessioni alla luce delle specifiche conoscenze matematiche che acquisirà in seguito e che permetteranno di rendere significativi gli esempi descritti.

ESEMPIO 1: IMPLICAZIONI. Si considerino le seguenti proposizioni inerenti alcuni degli argomenti trattati nei quattro volumi:

[16] Invero, alcune formule sono talora poste nella forma di *congetture*, ossia asserzioni matematiche di cui non si conosce la verità o la falsità: si veda in merito la Sezione 1.1.11.

[17] Per semplicità di linguaggio, nonostante la presenza del quantificatore universale, continuiamo a chiamare le due formule (I) e (E), rispettivamente, implicazioni ed equivalenze.

[18] Invero, la loro formulazione simbolica è in generale più complessa, tuttavia la semplificazione qui adottata, ancorché imprecisa, ha il vantaggio di chiarire il concetto.

(i) se A è un insieme finito contenente n elementi, allora il suo insieme delle parti $\mathcal{P}(A)$ contiene 2^n elementi;

(ii) un insieme numerico infinito e limitato ha almeno un punto di accumulazione;

(iii) una matrice quadrata avente determinante positivo è invertibile;

(iv) un sistema lineare avente più incognite che equazioni non è mai determinato;

(v) se A è un insieme contenente $n \geq 3$ elementi, allora l'insieme delle funzioni biunivoche da A in A è, rispetto all'operazione di composizione tra applicazioni, un gruppo non abeliano avente $n!$ elementi;

(vi) una funzione[19] derivabile in un punto è ivi continua;

(vii) una funzione continua in un intervallo chiuso e limitato è ivi dotata di un massimo assoluto e un minimo assoluto;

(viii) una funzione continua in un intervallo chiuso e limitato è ivi integrabile secondo Riemann;

(ix) se f è una funzione derivabile in un punto con derivata prima positiva, allora f è crescente in tale punto;

(x) l'integrale definito di una funzione definita in un intervallo chiuso e limitato ed ivi integrabile è uguale all'area di un opportuno rettangolo avente come base il segmento rappresentato dal dominio della funzione.

Tutte le asserzioni (i)-(x) sono vere.[20] Inoltre, a dispetto del modo in cui sono presentate, ciascuna di esse è esprimibile come un'implicazione preceduta da una quantificazione universale. Di seguito riscriviamo in tale forma le asserzioni (i), (ii), (vi) e (vii), lasciando al lettore il compito di fare altrettanto con le altre sei asserzioni:

(i′) *per ogni* insieme finito A, *se* A ha cardinalità n, *allora* $\mathcal{P}(A)$ ha cardinalità 2^n;

(ii′) *per ogni* insieme $X \subseteq \mathbb{R}$, *se* X è infinito e limitato, *allora* il suo derivato DX non è vuoto;

[19] Le " funzioni" di cui nelle asserzioni (vi)-(x) sono *funzioni reali di una variabile reale.*

[20] Il lettore esperto avrà riconosciuto, tra gli altri, il *Teorema di Bolzano-Weierstrass*, uno dei *Teoremi di Weierstrass* e il *Teorema della media.*

(vi′) *per ogni* funzione $f\colon X \to \mathbb{R}$ con $X \subseteq \mathbb{R}$, *se* f è derivabile in un punto $x_0 \in X$, *allora* f è continua in x_0;

(vii′) *per ogni* funzione $f\colon [a,b] \to \mathbb{R}$, *se* f è continua in $[a,b]$, *allora* f è dotata di massimo assoluto e di minimo assoluto.

In termini di condizione sufficiente o necessaria, le proposizioni (iii), (iv), (viii) e (ix) possono scriversi in modo equivalente come segue:[21]

(iii″) *condizione sufficiente* affinché una matrice quadrata sia invertibile è che il suo determinante sia positivo (oppure: *condizione necessaria* affinché il determinante di una matrice quadrata sia positivo è che tale matrice sia invertibile);

(iv″) *condizione sufficiente* affinché un sistema lineare non sia determinato è che abbia più variabili che equazioni (oppure: *condizione necessaria* affinché un sistema lineare abbia più variabili che equazioni è che non sia determinato);

(viii″) *condizione sufficiente* affinché una funzione definita in un intervallo chiuso a limitato sia ivi integrabile è che essa sia ivi continua (oppure: *condizione necessaria* affinché una funzione definita in un intervallo chiuso a limitato sia ivi continua è che essa sia ivi integrabile);

(ix″) *condizione sufficiente* affinché una funzione derivabile in un punto del dominio sia ivi crescente è che la sua derivata prima sia ivi positiva (oppure: *condizione necessaria* affinché una funzione derivabile in un punto del dominio abbia derivata prima positiva in tale punto è che essa sia ivi crescente).

L'utilità delle proposizioni (i)-(x) sarà chiarita nei relativi capitoli.

Esempio 2: equivalenze. Si considerino le seguenti asserzioni matematiche:

(xi) due insiemi A e B hanno la stessa cardinalità *se e solo se* esistono un'applicazione iniettiva da A in B ed un'applicazione iniettiva da B in A (oppure: *condizione necessaria e sufficiente* affinché due insiemi A e B abbiano la stessa cardinalità è che esistano un'applicazione iniettiva da A in B ed un'applicazione iniettiva da B in A);

(xii) una matrice quadrata è invertibile *se e solo se* il suo determinante è non nullo (oppure: *condizione necessaria e sufficiente* affinché una matrice quadrata sia invertibile è che abbia determinante diverso da zero);

[21] Nuovamente lasciamo al lettore il compito di fare altrettanto con le altre sei asserzioni.

(xiii) un sistema lineare è possibile *se e solo se* il rango della sua matrice incompleta è uguale al rango della sua matrice completa (oppure: *condizione necessaria e sufficiente* affinché un sistema lineare sia possibile è che il rango della sua matrice incompleta sia eguale al rango della sua matrice completa);

(xiv) una funzione è crescente in un intervallo *se e solo se* essa è crescente in ogni punto dell'intervallo (oppure: *condizione necessaria e sufficiente* affinché una funzione sia crescente in un intervallo è che sia crescente in ogni punto dell'intervallo);

(xv) una funzione reale di n variabili reali definita su un sottoinsieme convesso di $\mathbb{R}^n$ è convessa *se e solo se* il suo epigrafico è un sottoinsieme convesso di $\mathbb{R}^{n+1}$ (oppure: *condizione necessaria e sufficiente* affinché una funzione reale di n variabili reali definita su un sottoinsieme convesso di $\mathbb{R}^n$ sia convessa è che il suo epigrafico sia un sottoinsieme convesso di $\mathbb{R}^{n+1}$).

Le condizioni necessarie e sufficienti (xi)-(xv), oltre ad essere *vere*, sono anche *utili*, in quanto permettono di analizzare alcune circostanze matematiche da vari punti di vista equivalenti.

Ad esempio, l'asserzione (xii) mette in relazione la nozione di invertibilità di una matrice quadrata con quella di determinante. È di tutta evidenza l'utilità di poter evincere l'invertibilità di una matrice quadrata dal computo di un numero – il determinante della matrice stessa – evitando così il lungo e complicato calcolo effettivo della sua matrice inversa.

Altrettanto utile è la condizione (xiii),[22] che mette in relazione la nozione di risolvibità di un sistema di equazioni lineari da una parte e la nozione di rango di una matrice dall'altra. Essa consente di affidare la risoluzione di un sistema lineare al confronto dei ranghi di due matrici, cosa molto conveniente da un punto di vista computazionale.

1.1.7 Equiveridicità

Due formule A e B si dicono **equiveridiche** se hanno sempre lo stesso valore di verità; in tal caso, si usa la notazione "$A \operatorname{eq} B$". In altri termini, se si costruiscono le tavole di verità delle formule A e B, allora esse esibiscono gli identici valori di verità nella colonna corrispondente. Alcuni esempi di equiveridicità sono i seguenti (verificare!):

[22] Il lettore esperto avrà riconosciuto il *Teorema di Rouchè-Capelli.*

Proposizione 1.1. Se A e B sono formule arbitrarie, allora si ha:

(i) $A \quad \text{eq} \quad \neg(\neg A)$

(ii) $\neg(A \wedge B) \quad \text{eq} \quad (\neg A \vee \neg B)$

(iii) $\neg(A \vee B) \quad \text{eq} \quad (\neg A \wedge \neg B)$

(iv) $(A \Rightarrow B) \quad \text{eq} \quad (\neg A \vee B)$

(v) $(A \Rightarrow B) \quad \text{eq} \quad (\neg B \Rightarrow \neg A)$.

Ad esempio, la seguente tavola di verità esibisce (più precisamente, "dimostra") la equiveridicità delle due formule di cui in (ii):

A	B	$\neg A$	$\neg B$	$\neg \mathbf{A} \vee \neg \mathbf{B}$	$A \wedge B$	$\neg(\mathbf{A} \wedge \mathbf{B})$
V	V	F	F	**F**	V	**F**
V	F	F	V	**V**	F	**V**
F	V	V	F	**V**	F	**V**
F	F	V	V	**V**	F	**V**

Osserviamo che dalla (v) si evince che per "dimostrare" che l'asserzione A implica l'asserzione B occorre e basta dimostrare che la negazione di B implica la negazione di A: questa è la cosiddetta **dimostrazione per negazione**, che è a sua volta un caso particolare della **dimostrazione per assurdo**.[23] In questi volumi avremo modo di esaminare tante dimostrazioni per assurdo: si vedano, ad esempio, la dimostrazione dell'irrazionalità del numero $\sqrt{2}$ (Teorema 2.3 della Sezione 2.1.6 del Capitolo di Insiemistica), nonché molte delle dimostrazioni relative alle proprietà della matrice inversa (Capitolo delle Matrici del Volume II).

Alcuni esempi di equiveridicità tra formule che usano quantificatori sono i seguenti:

Proposizione 1.2. Se x è una variabile che può assumere valori in un certo universo X, e $P(x)$ e $Q(x)$ sono formule che hanno x tra le loro variabili, allora si ha:

(vi) $\neg(\forall x \in X\ P(x)) \quad \text{eq} \quad \exists x \in X\ \neg P(x)$

(vii) $\neg(\exists x \in X\ P(x)) \quad \text{eq} \quad \forall x \in X\ \neg P(x)$

(viii) $(\forall x \in X\ P(x)) \wedge (\forall x \in X\ Q(x)) \quad \text{eq} \quad \forall x \in X\ (P(x) \wedge Q(x))$

(ix) $(\exists x \in X\ P(x)) \vee (\exists x \in X\ Q(x)) \quad \text{eq} \quad \exists x \in X\ (P(x) \vee Q(x))$.

[23] Si veda la Sezione 1.1.9 per una nozione informale di dimostrazione.

Ad esempio, si consideri la proposizione (b) della Sezione 1.1.2, ossia "tutti gli uomini sono mortali". La sua negazione, che è "non tutti gli uomini sono mortali" (e non, si badi bene, "tutti gli uomini sono immortali") è linguisticamente equiveridica alla proposizione "esiste un uomo immortale". La (vi) permette di riprodurre a livello simbolico tale equiveridicità. Infatti, la proposizione "tutti gli uomini sono mortali" è codificata in modo simbolico dalla formula "$\forall u \in U\ M(u)$". La sua negazione è codificata dalla formula "$\neg(\forall u \in U\ M(u))$". Quest'ultima è, in forza della (vi) di cui sopra, equiveridica alla formula "$\exists u \in U\ \neg M(u)$", che in lingua corrente si legge "esiste un uomo immortale".

Si presti anche attenzione alle (viii) e (ix), che consentono di "mettere in evidenza" i quantificatori sotto opportune condizioni. Il lettore rifletta attentamente sulla circostanza che non sono state aggiunte alla Proposizione 1.2 le seguenti relazioni di equiveridicità:

(x) $(\forall x \in X\ P(x)) \vee (\forall x \in X\ Q(x))$ eq $\forall x \in X\ (P(x) \vee Q(x))$

(xi) $(\exists x \in X\ P(x)) \wedge (\exists x \in X\ Q(x))$ eq $\exists x \in X\ (P(x) \wedge Q(x))$.

Come mai?

1.1.8 Tautologie e contraddizioni

Una **tautologia** è una formula che risulta sempre vera qualunque siano i valori di verità delle proposizioni logiche che la compongono.[24] Pertanto, nella corrispondente colonna della tavola di verità di una tautologia compare sempre il valore di verità "V". Un classico esempio di tautologia è dato dalla formula "$A \vee \neg A$": è sempre vero che una certa proposizione A o è vera o è falsa (principio del "*tertium non datur*").[25] Un altro esempio di tautologia è dato dalla formula "$(A \wedge \neg A) \Rightarrow B$", che è tale in quanto l'antecedente dell'implicazione è sempre falso. Più in dettaglio, si ha:

A	B	$\neg A$	$A \wedge \neg A$	$(A \wedge \neg A) \Rightarrow B$
V	V	F	F	**V**
V	F	F	F	**V**
F	V	V	F	**V**
F	F	V	F	**V**

[24] Per semplicità di trattazione, le tautologie da noi considerate saranno, con qualche sporadica eccezione, relative a formule *senza* quantificatori.

[25] Si veda tuttavia quanto detto a proposito della "*fuzzy logic*" nella Nota 5.

Ne segue che una formula *non* è una tautologia se e solo se nella corrispondente colonna della tavola di verità compare *almeno* un valore "F".

La nozione di contraddizione è *duale* a quella di tautologia. Specificamente, una **contraddizione** è una formula che risulta sempre falsa qualunque siano i valori di verità delle proposizioni logiche che la compongono. Pertanto, nella corrispondente colonna della tavola di verità di una contraddizione compare sempre il valore di verità "F". Un classico esempio di contraddizione è dato dalla formula "$A \wedge \neg A$": non può mai capitare che si verifichino contemporaneamente A e la sua negazione (principio di "non-contraddizione").[26] Un altro esempio di contraddizione è dato dalla formula "$(A \vee \neg A) \Rightarrow (B \wedge \neg B)$"; infatti, si ha:

A	B	$\neg A$	$\neg B$	$A \vee \neg A$	$B \wedge \neg B$	$(A \vee \neg A) \Rightarrow (B \wedge \neg B)$
V	V	F	F	V	F	**F**
V	F	F	V	V	F	**F**
F	V	V	F	V	F	**F**
F	F	V	V	V	F	**F**

Ne segue che una formula *non* è una contraddizione se e solo se nella corrispondente colonna della tavola di verità compare *almeno* un valore "V".

Si noti che le due asserzioni "la formula A *non* è una tautologia" e "la formula A è una contraddizione" non sono logicamente equivalenti. Infatti, A non è una tautologia se *esiste almeno un* valore "F" nella corrispondente colonna della tavola di verità, mentre A è una contraddizione se *ogni* valore di verità è "F". Dunque una formula potrebbe non essere una tautologia senza essere una contraddizione. Per ragioni simili, le due asserzioni "la formula A è una tautologia" e "la formula A *non* è una contraddizione" non sono logicamente equivalenti.

Il concetto di tautologia è strettamente connesso a quello di equiveridicità, avendosi:

Proposizione 1.3. Siano A e B formule arbitrarie. Allora A e B sono equiveridiche se e solo se la formula "$A \Leftrightarrow B$" è una tautologia.

Come conseguenza di tale risultato, la Proposizione 1.1 della Sezione 1.1.7 si può riformulare come segue in termini di "tautologie notevoli" (proposizionali):[27]

[26] Si veda tuttavia quanto detto a proposito della "*fuzzy logic*" nella Nota 5.

[27] Il significato del termine "*Corollario*" sarà chiarito nella Sezione 1.1.9.

Corollario 1.4. Se A e B sono formule arbitrarie, allora le seguenti equivalenze sono tautologie:

(i) $A \Leftrightarrow \neg(\neg A)$

(ii) $\neg(A \wedge B) \Leftrightarrow (\neg A \vee \neg B)$

(iii) $\neg(A \vee B) \Leftrightarrow (\neg A \wedge \neg B)$

(iv) $(A \Rightarrow B) \Leftrightarrow (\neg A \vee B)$

(v) $(A \Rightarrow B) \Leftrightarrow (\neg B \Rightarrow \neg A)$.

Analogamente, la Proposizione 1.2 della Sezione 1.1.7 si può riformulare come segue in termini di "tautologie notevoli" (del primo ordine):

Corollario 1.5. Se x è una variabile che può assumere valori in un certo universo X, e $P(x)$ e $Q(x)$ sono formule che hanno x tra le loro variabili, allora le seguenti equivalenze sono tautologie:

(vi) $\neg(\forall x \in X\ P(x)) \quad \Leftrightarrow \quad \exists x \in X\ \neg P(x)$

(vii) $\neg(\exists x \in X\ P(x)) \quad \Leftrightarrow \quad \forall x \in X\ \neg P(x)$

(viii) $(\forall x \in X\ P(x)) \wedge (\forall x \in X\ Q(x)) \quad \Leftrightarrow \quad \forall x \in X\ (P(x) \wedge Q(x))$

(ix) $(\exists x \in X\ P(x)) \vee (\exists x \in X\ Q(x)) \quad \Leftrightarrow \quad \exists x \in X\ (P(x) \vee Q(x))$.

1.1.9 Definizioni, assiomi, teoremi, dimostrazioni

La matematica è come un edificio in continua evoluzione. La sua costruzione deve necessariamente cominciare dalle fondamenta, costituite da alcune "asserzioni elementari" o "assiomi", in assenza delle quali nulla è realizzabile. In tale processo di costruzione si utilizzano delle "definizioni", che traducono in modo sintetico e preciso i concetti astratti in nozioni simboliche. Successivamente nuove asserzioni vengono dedotte dagli assiomi e da asserzioni precedenti, mediante un processo logico-deduttivo che utilizza le cosiddette "dimostrazioni". In questa sezione diamo una panoramica – breve, semplicistica, imprecisa ed incompleta – del *modus operandi* della matematica elementare, fornendo alcune precisazioni relative alle nozioni appena menzionate.

La **definizione** costituisce un modo sintetico per tradurre i concetti in nozioni quantitative, assicurando una totale assenza delle ambiguità tipiche della lingua corrente. Ad esempio, quando si definisce la nozione di *unione di due insiemi* A e B, si crea da due oggetti preesistenti (gli insiemi A e B) un nuovo oggetto dello stesso tipo (l'insieme unione di A e B), determinandone in modo univoco l'identità. Nel caso specifico, si definisce l'insieme unione attraverso la descrizione del suo "contenuto": infatti, i suoi elementi sono tutti e soli quelli che appartengono ad A oppure a B.

Analogamente, data una matrice quadrata A di ordine n (l'oggetto "vecchio"), si definisce *la* sua *matrice inversa* (l'oggetto "nuovo") come quella matrice quadrata di ordine n, se esiste, che moltiplicata sia a destra che a sinistra per la matrice originaria restituisce la cosiddetta *matrice identica* di ordine n. (Ovviamente, si deve preliminarmente definire cosa si intende per matrice identica di ordine n.) Si noti che la definizione della matrice inversa di una matrice quadrata non ne descrive il contenuto (come nel caso dell'unione di due insiemi), ma soltanto il suo "comportamento" rispetto alla moltiplicazione di matrici. Naturalmente in questo caso occorre assicurarsi che la definizione identifichi in modo univoco il nuovo oggetto "matrice inversa",[28] il che richiede una giustificazione formale.

Sebbene la definizione costituisca il nucleo della procedura di determinazione di un nuovo oggetto matematico, ad essa si accompagna in genere una **notazione** relativa alla nuova entità, introdotta con lo scopo precipuo di suggerirne il significato intrinseco e facilitarne l'utilizzo nell'ambito delle formule di un linguaggio simbolico. Pertanto, da un punto di vista formale, la notazione relativa ad un oggetto matematico è null'altro che un *nomen*, un modo di consentirne un'identificazione univoca. Negli esempi di cui sopra, l'oggetto "unione dei due insiemi A e B" è *denotato* con $A \cup B$, mentre l'oggetto "matrice inversa della matrice quadrata A" è *denotato* con A^{-1}.

Infine, si noti che in alcuni casi alla definizione di un nuovo oggetto si affianca un **algoritmo**, ossia una procedura per la sua costruzione, in modo da consentirne una descrizione estensiva (cosa che la definizione non è sempre in grado di fornire). Ad esempio, nel caso dell'unione di due insiemi l'algoritmo *è* la definizione stessa, in quanto essa permette di determinare materialmente l'insieme unione.[29] Al contrario, nel caso della matrice inversa A^{-1} di una matrice quadrata A, l'oggetto A^{-1} è definito mediante il suo "comportamento" rispetto alla moltiplicazione per A, il che non fornisce informazioni di sorta sul "contenuto" di A^{-1}. Questo è il motivo per cui alla definizione di A^{-1} si affianca un algoritmo per la sua costruzione, ossia una procedura che consente di determinare tutti gli elementi di A^{-1}. (Si veda il Capitolo di Matrici del Volume II.)

[28] Per esempio, potrebbero esistere tante matrici inverse di una matrice A, nel qual caso l'uso dell'articolo determinativo "la" nella locuzione "la matrice inversa di A" sarebbe erroneo.

[29] Si vedano tuttavia le osservazioni fatte nella Sezione 2.1.1 del Capitolo di Insiemistica a proposito della *definizione intensiva* di un insieme.

Le asserzioni matematiche esprimenti proprietà simboliche di enti logici vengono denominate in modo diverso a seconda del loro ruolo e della loro importanza. In particolare, si distinguono:[30]

- **Assioma o Postulato**: asserzione primitiva (ossia assunta vera *a priori*) da cui si evincono le altre asserzioni;
- **Proposizione**: asserzione generica che discende dagli assiomi o da altre proposizioni;
- **Teorema**: proposizione di notevole rilevanza;
- **Lemma**: proposizione propedeutica alla dimostrazione di altre asserzioni matematiche;
- **Corollario**: proposizione che segue in modo più o meno diretto da asserzioni precedenti;
- **Osservazione**: proposizione relativamente semplice (ma che comunque necessita di una dimostrazione).

Per semplicità di trattazione, le asserzioni matematiche di questi volumi sono genericamente denominate "teorema" o "proposizione" (o, più raramente, "corollario"), talvolta prescindendo dalla loro importanza e ruolo.

Si noti che ogni proposizione matematica che non sia un assioma deve essere dimostrata. Informalmente, la **dimostrazione** di una proposizione è costituita da una o più sequenze finite di implicazioni tali che sia l'antecedente che il conseguente di ogni implicazione siano veri. L'antecedente della prima implicazione di ogni sequenza è, in genere, una delle **ipotesi** (che sono sempre assunte vere) della proposizione da dimostrare; il conseguente dell'ultima implicazione è la **tesi** della proposizione.

Esistono vari "tipi" di dimostrazione (diretta, costruttiva o non costruttiva, per contraddizione e, in particolare, per negazione, etc.). A titolo esemplificativo, di seguito si esibisce una dimostrazione elementare della proposizione (i) della Sezione 1.1.4, ossia

"*Per ogni numero naturale* n*, se* n *è pari, allora* $n+1$ *è dispari*"

che, espressa in linguaggio simbolico, si scrive

$$\forall n \in \mathbb{N}\ (n \in \mathbb{P} \Rightarrow n+1 \in \mathbb{D})$$

[30] Avvertiamo il lettore che tale distinzione è ben lungi dall'essere assoluta, essendo piuttosto relativa alla difficoltà dell'argomento oggetto di trattazione.

ove $\mathbb{N} := \{0, 1, 2, \ldots\}$, $\mathbb{P} := \{0, 2, 4, \ldots\}$ e $\mathbb{D} := \{1, 3, 5, \ldots\}$ denotano, rispettivamente, l'insieme dei numeri naturali, l'insieme dei numeri pari e l'insieme dei numeri dispari. La dimostrazione fornita è **diretta**, ossia "parte" dalle ipotesi ed "arriva" alla tesi mediante una sequenza finita di deduzioni.

Proposizione 1.6. $\forall n \in \mathbb{N}\ (n \in \mathbb{P} \Rightarrow n + 1 \in \mathbb{D})$.

DIMOSTRAZIONE. Sia n un *arbitrario* numero naturale. (Attenzione! Non basta dimostrare che il risultato valga per *alcuni* numeri naturali scelti casualmente, ad esempio per $n := 0$, $n := 1$ e $n := 2$. Infatti, la verifica va fatta per *tutti* i numeri naturali, a causa della presenza di un quantificatore universale.) Se le ipotesi non sono verificate (ossia se n è dispari), allora l'implicazione "$n \in \mathbb{P} \Rightarrow n + 1 \in \mathbb{D}$" è vacuamente vera, in quanto l'antecedente è falso. Possiamo dunque limitarci a dimostrare il risultato nel caso in cui le ipotesi siano verificate, cioè se n è pari (ossia un multiplo di 2). In tal caso si ha la seguente catena di implicazioni:

$$n \in \mathbb{P} \;\Rightarrow\; \exists k \in \mathbb{N}\,(n = 2k) \;\Rightarrow\; \exists k \in \mathbb{N}\,(n + 1 = 2k + 1) \;\Rightarrow\; n + 1 \in \mathbb{D}$$

il che dimostra l'asserto.[31] □

(Usiamo il quadrato vuoto per denotare la fine della dimostrazione.)

Si noti che il principio di implicazione materiale di cui abbiamo a lungo discusso nella Sezione 1.1.4 rende possibile limitare la dimostrazione di una qualunque implicazione ai casi in cui le ipotesi siano verificate, in quanto il risultato è vacuamente vero se le ipotesi sono false. Questa convenzione sarà dunque adottata in tutti i casi in cui ci sia da verificare una implicazione.

Osserviamo che per dimostrare un'equivalenza del tipo "$A \Leftrightarrow B$" (ossia una condizione necessaria e sufficiente), occorre e basta dimostrare l'implicazione "$A \Rightarrow B$" (ossia A è condizione sufficiente per B) e l'implicazione "$B \Rightarrow A$" (ossia A è condizione necessaria per B). Pertanto, la dimostrazione di un'equivalenza è normalmente suddivisa nella dimostrazione di due implicazioni.[32]

Per il loro carattere puramente didattico, in questi quattro volumi di Matematica Generale trattiamo esclusivamente asserzioni matematiche vere e dimostrabili. *En passant* portiamo all'attenzione del lettore che, come conse-

[31] Si noti che se un numero naturale si scrive nella forma $2k + 1$ con $k \in \mathbb{N}$, allora esso è dispari, essendo l'immediato successore del numero pari $2k$.

[32] Si esamini al riguardo la dimostrazione della Proposizione 2.2 della Sezione 2.1.6 del Capitolo di Insiemistica.

guenza dei *Teoremi di Incompletezza* di Gödel,[33] i due concetti di **verità** e **dimostrabilità** sono tutt'altro che coincidenti. Noi ci limiteremo ad esaminare soltanto alcune asserzioni nel *mare magnum* delle asserzioni matematiche vere e dimostrabili (nonché interessanti e utili), spesso omettendone la relativa dimostrazione.

1.1.10 Esempi e controesempi

Nella pratica matematica sia le definizioni che i teoremi sono spesso illustrati mediante degli **esempi**. La presentazione di una teoria, di una nozione o di un risultato mediante esempi ha l'obiettivo di sfrondare parzialmente un concetto della sua componente astratta e darne una visione più concreta. È di tutta evidenza che al fine di comprendere la portata pratica della struttura teorica di *gruppo*, risulta di notevole utilità la presentazione di un congruo numero di esempi in cui tale struttura algebrica si manifesta in modo naturale: l'insieme dei numeri reali rispetto all'operazione di addizione, l'insieme delle matrici reali quadrate a determinante non nullo rispetto alla moltiplicazione tra matrici, l'insieme delle corrispondenze biunivoche di un insieme rispetto alla composizione di funzioni, etc.

D'altra parte, l'incontrovertibile utilità degli esempi nella presentazione di una teoria matematica non deve essere travisata, nel senso di attribuire loro il rango di una vera e propria dimostrazione di una proposizione formale. Invero, nella procedura di analisi di un'asserzione matematica P, non bisogna dimenticare che l'obiettivo principale rimane sempre quello di determinare, se possibile, la sua verità o la sua falsità. A tal proposito, la determinazione della verità di P è sempre subordinata alla presentazione di una dimostrazione formale, e non all'esibizione di un congruo numero di esempi in cui P risulta verificata. Come già enfatizzato nella dimostrazione della Proposizione 1.6 della sezione precedente, non è possibile dimostrare l'asserzione "per ogni numero naturale n, se n è pari, allora $n+1$ è dispari" verificandola per $n := 2$, $n := 86$ ed $n := 3450$, ma occorre esibire una dimostrazione del tutto generale che prescinda dall'identità del numero naturale n.

Tuttavia, una procedura basata sulla presentazione di esempi risulta particolarmente utile qualora si debba determinare la falsità di una proposizione P. In tale circostanza occorre infatti esibire un caso in cui le ipotesi di P sono vere ma la sua tesi è falsa: un tale esempio si dice un **controesempio**

[33] **Kurt Gödel** (1906-1978), matematico, logico e filosofo austriaco (naturalizzato americano nel 1948). Convinto assertore del platonismo nonché grande amico di Einstein, Gödel è unanimemente ritenuto, a fianco di Aristotele e Frege, uno dei più grandi logici della storia. L'impatto delle opere di Gödel, soprattutto dei suoi teoremi di incompletezza, è stato enorme, travalicando i confini del mondo accademico.

a P. In altri termini, un controesempio non è altro che un esempio che ha come fine ultimo quello di dimostrare che una certa asserzione matematica P è falsa, talché si parla più precisamente di un "controesempio alla (verità della) proposizione P". Ad esempio, l'asserzione

$$\text{“}\textit{Ogni numero naturale pari maggiore di } 2 \textit{ è divisibile per } 4\text{”} \tag{1.3}$$

è falsa, in quanto il numero naturale 6 è pari e maggiore di 2, ma non è divisibile per 4: in altri termini, il numero 6 è un controesempio alla verità della (1.3). La determinazione di un controesempio è banale in questo caso, ma risulta tutt'altro che immediata in casi più complessi. A titolo di esempio, si considerino le seguenti asserzioni relative ad argomenti di Matematica Generale che saranno trattati in questo volume e nei successivi:

(i) un insieme numerico infinito ha almeno un punto di accumulazione;

(ii) un sistema lineare avente più incognite che equazioni è sempre indeterminato;

(iii) una funzione reale di una variabile reale continua in un punto è ivi derivabile;

(iv) una funzione reale definita in un intervallo aperto ed ivi continua ammette un minimo assoluto e un massimo assoluto.

Le asserzioni (i)-(iv) sono false, poiché si possono esibire, rispettivamente, i seguenti controesempi:

(i) l'insieme $\mathbb{N}$ dei numeri naturali è infinito, ma non ha alcun punto di accumulazione;

(ii) il sistema lineare formato dalle due equazioni $x+y+z=0$ e $x+y+z=1$ ha più incognite che equazioni, ma è impossibile;

(iii) la funzione $f\colon \mathbb{R} \to \mathbb{R}$ definita da $f(x) := |x|$ per ogni $x \in \mathbb{R}$ è continua in $x_0 := 0$, ma non è ivi derivabile;

(iv) la funzione $f\colon]0,1[\to \mathbb{R}$ definita da $f(x) := x$ per ogni $x \in]0,1[$ è continua nel suo dominio, ma non ha né un minimo assoluto né un massimo assoluto.

Completiamo questa sezione con un esercizio di carattere teorico, a nostro avviso molto utile nell'affinamento delle capacità di formalizzazione di uno studente, anche se il suo contenuto non è essenziale al fine della comprensione delle nozioni di Matematica Generale. A tal fine, innanzitutto definiamo formalmente la nozione di controesempio ad una proposizione posta nella forma di implicazione, utilizzando le "tautologie notevoli" (i)-(ix) della Sezione 1.1.8. Successivamente scriviamo l'asserzione (1.3) di cui sopra in linguaggio simbolico, ed infine esibiamo un controesempio alla verità della stessa in modo formale. Si consideri l'implicazione

$$\forall x \in X \quad (A(x) \Rightarrow B(x)) \tag{1.4}$$

ove $A(x)$ e $B(x)$ sono asserzioni che dipendono dalla variabile $x \in X$. La formula (1.4) è falsa se e solo se esiste un x appartenente all'universo di riferimento X che si "comporta male", ossia tale che l'antecedente $A(x)$ è vero e il conseguente $B(x)$ è falso: un tale $x \in X$ è un controesempio alla veridicità della (1.4). Formalmente, la falsità della (1.4) è equivalente alla verità della formula

$$\exists x \in X \quad (A(x) \wedge \neg B(x)) \tag{1.5}$$

poiché, in forza delle proprietà (i)-(ix) di cui nella Sezione 1.1.8, le seguenti formule sono equivalenti:[34]

$$\begin{aligned}
\neg[\forall x \in X &\quad (A(x) \Rightarrow B(x))] \\
\exists x \in X &\quad \neg(A(x) \Rightarrow B(x)) \\
\exists x \in X &\quad \neg(\neg A(x) \vee B(x)) \\
\exists x \in X &\quad [\neg(\neg A(x)) \wedge \neg B(x)] \\
\exists x \in X &\quad (A(x) \wedge \neg B(x)).
\end{aligned}$$

L'asserzione (1.3) è un'implicazione del tipo (1.4). Infatti, se la scriviamo in modo formale come

$$\forall p \in \mathbb{P} \quad [p > 2 \Rightarrow (\exists k \in \mathbb{N}\,(p = 4k))]. \tag{1.6}$$

e poniamo
- $x := p\,, \quad X := \mathbb{P}$
- $A(x) = A(p) := p > 2$
- $B(x) = B(p) := \exists k \in \mathbb{N}\,(p = 4k)$,

allora essa si può riscrivere

$$\forall p \in \mathbb{P} \quad (A(p) \Rightarrow B(p))$$

che è una formula del tipo (1.4). Pertanto, la (1.6) è falsa se e solo se la sua negazione è vera, ossia se è vera la corrispondente della formula (1.4):

$$\exists p \in \mathbb{P} \quad (A(p) \wedge \neg B(p))$$

[34] Si lascia al lettore l'identificazione di quali tra le tautologie notevoli (i)-(ix) della Sezione 1.1.8 sono qui utilizzate.

che in lingua italiana si legge

"Esiste un numero naturale pari maggiore di 2 e non divisibile per 4".

Ne segue che il numero 6 è un controesempio. Si osservi che esiste un numero infinito di controesempi alla (1.3): infatti, i numeri 6, 10, 14, etc. sono tutti dei controesempi. Più precisamente, tutti i numeri pari del tipo $4n + 2$, con n numero naturale arbitrario, costituiscono dei controesempi. Tuttavia, è opportuno enfatizzare che al fine di dimostrare che la suddetta asserzione è falsa, è sufficiente esibire *un solo* controesempio.

1.1.11 *Congetture

L'ultima sezione di questo capitolo è dedicata più ad alcune curiosità matematiche che a veri e proprio elementi di logica. Poiché gli argomenti qui presentati non sono necessari ai fini della comprensione dei contenuti di questi quattro volumi, ne segue che la loro trattazione persegue soltanto il modesto obiettivo di motivare il lettore nello studio di alcune problematiche matematiche, che a tal fine sono state poste anche in una prospettiva storica.

Sin dagli albori della scienza, i matematici si impegnano (e dilettano) nella formulazione di asserzioni che ritengono vere. Tali asserzioni sono talvolta supportate da "argomentazioni" più o meno rigorose o, nei casi migliori, da vere e proprie "dimostrazioni". Tuttavia, non mancano casi di asserzioni che vengono formulate sulla base della considerazione che non si sono mai trovati controesempi alla loro veridicità: in tali circostanze, ci troviamo innanzi ad una **congettura**, ossia un'asserzione matematica di cui non si conosce il valore di verità al momento della sua enunciazione.

Gli studiosi che formulano una congettura hanno sempre dei ragionevoli motivi per ritenerla vera, senza peraltro avere avuto la capacità di fornirne una completa dimostrazione formale. Spesso le congetture vengono successivamente verificate, assurgendo dunque al rango di teoremi. Al contrario, alcune congetture si dimostrano essere false, attraverso la costruzione di un controesempio alla loro veridicità. Le dimostrazioni delle congetture o la costruzione dei relativi controesempi richiedono sempre elaborazioni estremamente complesse, soprattutto se tali congetture sono rimaste irrisolte per tanto tempo, e dunque i più insigni specialisti del campo si sono cimentati nel tentativo di risolverle.

Il contenuto di molte congetture è alquanto tecnico e richiede profonde conoscenze matematiche anche per potere semplicemente comprenderne il significato. Tuttavia, alcune congetture famose possono talvolta essere enunciate in un modo relativamente semplice, per cui finiscono per trovarsi descritte anche in testi elementari di divulgazione scientifica, nonché citate in modo più o meno rigoroso dai *mass media*. A titolo di esempio, di seguito facciamo un breve *excursus* storico relativo a tre famose congetture enunciate in tre distinti campi della matematica: (i) teoria degli insiemi; (ii) teoria dei grafi; (iii) teoria dei numeri. Tali congetture sono rimaste irrisolte per decenni, a volte anche per secoli.[35]

(i) <u>Teoria Assiomatica degli Insiemi</u>. L'inizio di uno studio sistematico degli insiemi è storicamente attribuibile ai matematici Frege e Cantor. Verso la fine del XIX secolo, Cantor sviluppò il concetto di *cardinalità* (ossia numerosità) di un insieme, dimostrando che esistono vari livelli di *infiniti*, e, in particolare, che la cardinalità dell'insieme dei numeri reali $\mathbb{R}$ è strettamente maggiore di quella dei numeri naturali $\mathbb{N}$. Uno dei problemi su cui Cantor focalizzò la propria attenzione fu la cosiddetta **Ipotesi del Continuo** (abbreviata con *CH*, ossia *Continuum Hypothesis*): essa asserisce che non esiste alcun insieme avente una cardinalità maggiore di quella di $\mathbb{N}$ e minore di quella di $\mathbb{R}$. Questa congettura, così chiamata in quanto asserisce che il "salto" tra la numerosità del *discreto* (ossia i numeri naturali) e quella del *continuo* (ossia i numeri reali) è "diretto", assillò per molti anni Cantor, il quale pur credendola vera non riuscì mai a dimostrarla.

L'Ipotesi del Continuo affascinò così tanto la comunità scientifica dell'epoca da apparire in cima alla lista delle congetture irrisolte presentate nel 1900 al Congresso Matematico Internazionale di Parigi dal grande matematico David Hilbert (oggi noti come **Problemi di Hilbert**). Un primo passo nella soluzione della congettura fu fatto dal logico K. Gödel, il quale dimostrò nel 1940 che non si può dimostrare la falsità di CH nell'ambito della *Teoria Assiomatica degli Insiemi* sviluppata da Zermelo e Fraenkel, neanche nel caso in cui ai suoi postulati si aggiunga il famigerato *Assioma della Scelta* (abbreviato con *AC*, ossia *Axiom of Choice*). La congettura venne definitivamente risolta nel 1963 da P. Cohen, che dimostrò che, sotto gli stessi assiomi, non si può nemmeno dimostrare la verità di CH. A tal fine Cohen creò un nuovo metodo di costruzione di modelli matematici, denominato *forcing*, che è un vero capolavoro di "ingegneria matematica".

Il sorprendente risultato dell'analisi congiunta di Gödel e Cohen si può sintetizzare dicendo che "CH è *indipendente* dal sistema di assiomi di ZFC" (ove ZFC sta per Zermelo-Fraenkel con l'aggiunta di AC). Si noti che poiché CH è in stretta relazione con molte asserzioni nei campi dell'analisi matematica, della topologia e della teoria della misura, si ottiene come corollario alla sua indipendenza dagli assiomi di ZFC che molte congetture in tali settori sono

[35] Si noti che in alcuni casi le congetture sono impropriamente chiamate "ipotesi", "teoremi", etc. Tuttavia il loro rango di congettura è ben noto a tutti gli studiosi del settore.

anch'esse indipendenti. A tutt'oggi non mancano gli studiosi che continuano a dibattere la liceità di CH con argomentazioni di tipo epistemologico e tecnico.

(ii) TEORIA DEI GRAFI. Una delle congetture più semplici da enunciare ed al tempo stesso difficili da dimostrare che siano mai apparse sulla scena matematica è la **Congettura dei Quattro Colori**, nata in ambito combinatorico. Nel linguaggio della *Teoria dei Grafi*, l'enunciato della congettura è mirabilmente semplice: "Ogni grafo planare è 4-colorabile" (ossia se un grafo è rappresentabile su un piano mediante archi che non si intersecano mai, sono sufficienti 4 colori per colorare i suoi vertici in modo che vertici connessi da archi abbiano colori diversi). Informalmente, tale congettura si può formulare come segue: "Per colorare le regioni di una mappa geo-politica in modo che regioni confinanti abbiano colori diversi sono sufficienti quattro colori". (Le mappe in esame devono soddisfare una condizione di *connessione* delle regioni, ossia le regioni non devono essere separate in due o più pezzi, come ad esempio capita nel caso dell'Alaska rispetto al resto degli Stati Uniti.[36]) Invero, mentre è banale trovare delle mappe per cui 3 colori non bastano e risulta abbastanza immediato verificare che 5 colori sono sufficienti, al contrario è estremamente complesso dimostrare che è sempre possibile colorare tali mappe con 4 colori. La complessità è tale che la dimostrazione della congettura ha richiesto, per la prima volta nella storia della matematica, un esteso utilizzo del computer.

Storicamente, la congettura è attribuibile a F. Guthrie e risale al 1852. Negli anni successivi molti matematici si cimentarono nella sua risoluzione, fallendo nel tentativo. In particolare, due insigni matematici del XIX secolo, A. Kempe e P. Tait, dichiararono di aver trovato una dimostrazione della congettura, ma ben dieci anni dopo entrambe le dimostrazioni vennero confutate, rispettivamente, da P. Heawood and J. Petersen. La definitiva risoluzione in senso positivo della congettura, ribattezzata **Teorema dei Quattro Colori**, è dovuta a due matematici dell'Università dell'Illinois, K. Appel e W. Haken. Essi elaborarono nel 1977 un intricato algoritmo informatico, che riduce l'esame di un numero infinito di mappe ad un numero finito (anche se grande) di configurazioni possibili, dunque testabili con l'ausilio del computer. Per minimizzare la possibilità di un errore, il programma fu eseguito su due diverse macchine con due algoritmi indipendenti, facendo lavorare i computer per migliaia di ore. La trascrizione manuale di tutte le verifiche richiese ben 500 pagine.

L'utilizzo di metodologie informatiche per la dimostrazione di risultati matematici scatenò tante polemiche in ambito scientifico, dovute sia alla materiale

[36] Le facce del cristallo rappresentato nella copertina di questo libro potrebbero essere considerate regioni, che risultano confinanti nel caso in cui abbiano un lato (e non semplicemente un vertice) a comune.

impossibilità di verificare tutti i casi possibili, che all'eventualità che l'algoritmo potesse non essere stato correttamente implementato. A tutt'oggi la dimostrazione, sebbene considerata impropria da alcuni matematici e comunque tacciata da molti di scarsa eleganza, "sembra" corretta. A sopire parzialmente le polemiche arrivò nel 2000 una nuova dimostrazione della suddetta congettura da parte di A. Dharwadker, utilizzando strumenti puramente matematici di *Teoria dei Gruppi.*

(iii) TEORIA DEI NUMERI. Nel 1637 Pierre de Fermat formulò una congettura, impropriamente nota come **Ultimo Teorema di Fermat**, in cui si asserisce che per ogni numero naturale $n \geq 3$, l'equazione $x^n + y^n = z^n$ non ammette soluzioni intere positive. Il matematico Francese affermò, probabilmente a torto, di averne una «... *meravigliosa dimostrazione, troppo lunga per essere contenuta in una pagina.*». Nel corso dei secoli, soluzioni parziali alla congettura sono state trovate da eminenti studiosi: nel XVIII secolo da Eulero per il caso $n = 3$, nel XIX secolo da Dirichlet e Legendre per il caso $n = 5$, da Lamé per il caso $n = 7$, e da Germain per una determinata categoria di numeri primi, nel XX secolo da Faltings relativamente alla cosiddetta *congettura di Mordell*, etc. Tuttavia, a dispetto degli sforzi di tanti studiosi in vari campi della matematica, tale congettura non è mai stata verificata nella sua completezza per più di 300 anni.

Nel 1994 il matematico A. Wiles, a coronamento di sette anni di completa e segreta dedizione alla soluzione di questo affascinante problema, ha risolto in senso positivo la congettura di Fermat, fornendone una dimostrazione (ben 200 pagine nella prima versione, poi ridotte a 130 nella versione finale) che utilizza complessi strumenti di *geometria algebrica*, della *teoria di Galois* e dell'*algebra di Hecke.* La dimostrazione del **Teorema di Fermat-Wiles** (come è stato più propriamente ribattezzato l'Ultimo Teorema di Fermat) è a tutt'oggi ritenuta troppo sofisticata per essere compresa nella sua completezza della maggior parte dei matematici. Questa considerazione, unita all'assoluta modernità delle tecniche dimostrative utilizzate da Wiles, va ad ulteriore supporto del sentore che la "meravigliosa dimostrazione" di Fermat fosse probabilmente sbagliata.

Terminiamo questo capitolo ricordando che per la risoluzione della congettura (i), P. Cohen ha ricevuto nel 1966 la **Medaglia Fields**, il più prestigioso riconoscimento nel campo della matematica, spesso chiamato il *Premio Nobel della Matematica.* Tuttavia, al contrario del Premio Nobel, la Medaglia Fields è attribuita soltanto ogni 4 anni e sotto la condizione che i matematici premiati (non più di 4 per volta) abbiano un'età non superiore a 40 anni. (L'unico matematico italiano ad essere stato insignito dell'onorificenza è Enrico Bombieri, che la ricevette nel 1974 all'età di 33 anni.) È *forse* quest'ultima limitazione che ha impedito che la Medaglia Fields venisse attribuita ad A. Wiles per la sua straordinaria dimostrazione della congettura (iii), in quanto il brillante matematico aveva appena superato l'età massima consentita.

1.2 Pratica (15)

1.2.1 Quesiti svolti (5)

ESERCIZIO 1.1. [**2**$\star$] *Siano A e B proposizioni logiche. Quale delle seguenti formule* NON *è una* TAUTOLOGIA*?*

[1] $A \vee \neg A$

[2] $(A \wedge B) \Rightarrow A$

[3] $(A \vee B) \Rightarrow B$

[4] $(A \Rightarrow B) \Leftrightarrow (\neg A \vee B)$

[5] $\neg(A \vee \neg B) \Leftrightarrow (\neg A \wedge B)$

ESERCIZIO 1.2. [**3**$\star$] *Siano A e B proposizioni logiche. Quale delle seguenti formule è una* TAUTOLOGIA*?*

[1] $(A \Rightarrow A) \Rightarrow A$

[2] $(B \vee \neg B) \Rightarrow B$

[3] $(A \Rightarrow B) \Leftrightarrow (A \vee \neg B)$

[4] $(A \vee \neg A) \wedge (B \vee \neg A)$

[5] $A \Rightarrow (A \Rightarrow A)$

ESERCIZIO 1.3. [**5**$\star$] *Siano A e B proposizioni logiche. Quale delle seguenti formule* NON *è una* CONTRADDIZIONE*?*

[1] $(A \wedge \neg A) \vee (B \wedge \neg B)$

[2] $(A \Rightarrow B) \wedge (A \Rightarrow \neg B)$

[3] $(A \vee \neg A) \Rightarrow (B \wedge \neg B)$

[4] $(A \vee B) \wedge (\neg A \wedge \neg B)$

[5] $(A \Rightarrow \neg B) \Leftrightarrow (A \wedge B)$

ESERCIZIO 1.4. [**7**$\star$] *Siano A, B e C proposizioni logiche. Quale delle seguenti formule è una* CONTRADDIZIONE*?*

[1] $((A \wedge B) \wedge C) \Leftrightarrow ((\neg A \wedge \neg B) \wedge \neg C)$

[2] $((A \Rightarrow B) \Rightarrow C) \Rightarrow \neg A$

[3] $((A \vee \neg A) \Leftrightarrow (B \wedge \neg B)) \Leftrightarrow (C \wedge \neg C)$

[4] $((A \Rightarrow \neg A) \Rightarrow A) \Rightarrow \neg A$

[5] $(A \vee (\neg B \vee C)) \wedge (\neg A \wedge (B \wedge \neg C))$

ESERCIZIO 1.5.* [**9**$\star$][37] *Siano A, B, C e D le seguenti asserzioni:*

A: *se X, Y e Z sono insiemi finiti aventi la stessa cardinalità, $f\colon X \to Y$ è una funzione iniettiva e $g\colon Y \to Z$ è una funzione suriettiva, allora la composizione $g \circ f$ è una corrispondenza biunivoca;*

B: *se X è un sottoinsieme connesso infinito di $\mathbb{R}$, allora si ha $D(DX) = DX$;*

C: *se S_1 è l'insieme delle soluzioni di un sistema lineare omogeneo di 3 equazioni in 4 incognite ed S_2 è l'insieme delle soluzioni di un sistema lineare omogeneo di 7 equazioni in 4 incognite tale che il rango della sua matrice incompleta sia 4, allora si ha $S_1 \cap S_2 = S_2$ e $S_1 \setminus S_2 \neq \emptyset$;*

D: *se $f\colon [-1,1] \to \mathbb{R}$ è una funzione derivabile nell'intervallo aperto $]-1,1[$, allora f è limitata.*

Quale delle seguenti formule è VERA*?*

[1] $((A \Leftrightarrow D) \Rightarrow (B \wedge C)) \Rightarrow D$
[2] $(A \Rightarrow C) \Leftrightarrow (B \Rightarrow D)$
[3] $(C \Rightarrow D) \Leftrightarrow (D \Rightarrow C)$
[4] $((A \Rightarrow \neg A) \Rightarrow A) \Rightarrow \neg A$
[5] Nessuna delle altre risposte

[37] Nozioni richieste: Volumi I (insiemistica ed insiemi numerici), II (sistemi lineari) e III (teoremi fondamentali del calcolo differenziale).

1.2.2 Quesiti non svolti (10)

ESERCIZIO 1.6. [**3**$\star$] *Siano A e B proposizioni logiche. Quale delle seguenti formule è una* TAUTOLOGIA*?*

[1] $(A \vee \neg B) \Rightarrow A$

[2] $(A \vee \neg B) \Leftrightarrow (A \Rightarrow B)$

[3] $(A \Rightarrow B) \Rightarrow (\neg A \Rightarrow \neg B)$

[4] $(A \wedge \neg A) \Rightarrow (B \vee \neg B)$

[5] Nessuna delle altre risposte

ESERCIZIO 1.7. [**3**$\star$] *Siano A e B proposizioni logiche. Quale delle seguenti formule* NON *è una* TAUTOLOGIA*?*

[1] $B \Rightarrow (A \Rightarrow B)$

[2] $(A \Rightarrow B) \vee (A \vee B)$

[3] $(\neg B \Rightarrow B) \Leftrightarrow A \wedge B$

[4] $(\neg A \wedge B) \Rightarrow (A \Rightarrow B)$

[5] $A \Rightarrow (A \Rightarrow A)$

ESERCIZIO 1.8. [**4**$\star$] *Siano A e B proposizioni logiche. Quale delle seguenti formule* NON *è una* TAUTOLOGIA*?*

[1] $(\neg A \vee \neg B) \Rightarrow (A \vee \neg A)$

[2] $(A \Leftrightarrow B) \Rightarrow (A \vee B)$

[3] $B \Rightarrow (\neg(A \wedge B) \vee A)$

[4] $A \Rightarrow (B \Rightarrow A)$

[5] $(\neg A \Rightarrow A) \Leftrightarrow A$

ESERCIZIO 1.9. [**4**$\star$] *Siano A e B proposizioni logiche. Quale delle seguenti formule è una* CONTRADDIZIONE*?*

[1] $(A \Rightarrow A) \Leftrightarrow (\neg B \Rightarrow \neg B)$

[2] $(A \vee \neg A) \Rightarrow (B \wedge \neg B)$

[3] $\neg(A \wedge B) \Leftrightarrow (A \vee B)$

[4] $\neg A \Rightarrow (A \vee B)$

[5] Nessuna delle altre risposte

ESERCIZIO 1.10. [**5**$\star$] *Siano A e B proposizioni logiche. Quali delle seguenti formule* NON *è una* TAUTOLOGIA*?*

[1] $(A \Leftrightarrow B) \Rightarrow (A \Rightarrow B)$

[2] $(\neg A \wedge \neg B) \Rightarrow \neg A$
[3] $(\neg A \Rightarrow \neg B) \Leftrightarrow (A \vee \neg B)$
[4] $\neg(A \wedge B) \Leftrightarrow (\neg A \vee \neg B)$
[5] Nessuna delle altre risposte

ESERCIZIO 1.11. [5⋆] *Siano A e B proposizioni logiche. Quale delle seguenti formule* NON *è una* TAUTOLOGIA*?*

[1] $((A \vee \neg A) \wedge (B \vee \neg B)) \vee (A \wedge \neg A)$
[2] $(A \vee \neg B) \vee (\neg A \wedge B)$
[3] $((A \Rightarrow B) \Leftrightarrow (\neg B \Rightarrow \neg A)) \Leftrightarrow (A \vee \neg A)$
[4] $\neg(A \Rightarrow B) \Leftrightarrow (\neg A \wedge B)$
[5] Nessuna delle altre risposte

ESERCIZIO 1.12. [6⋆] *Siano A e B proposizioni logiche. Quale delle seguenti formule* NON *è una* CONTRADDIZIONE*?*

[1] $(A \Rightarrow B) \Leftrightarrow (A \wedge \neg B)$
[2] $B \wedge ((B \Rightarrow A) \Leftrightarrow (B \Rightarrow \neg A))$
[3] $(A \vee \neg A) \Rightarrow ((B \Rightarrow A) \Leftrightarrow (B \wedge \neg A))$
[4] $((A \Rightarrow \neg A) \wedge (\neg B \Rightarrow B)) \wedge (A \wedge B)$
[5] Nessuna delle altre risposte

ESERCIZIO 1.13. [6⋆] *Siano A e B proposizioni logiche. Quale delle seguenti formule è una* TAUTOLOGIA*?*

[1] $(A \Rightarrow (A \Rightarrow A)) \Leftrightarrow ((A \Rightarrow A) \Rightarrow A)$
[2] $(A \Rightarrow B) \Leftrightarrow ((\neg A \Rightarrow \neg B) \Rightarrow A)$
[3] $(A \vee B) \Rightarrow (\neg A \vee \neg B)$
[4] $((B \vee \neg B) \Rightarrow A) \Rightarrow (A \Rightarrow A)$
[5] Nessuna delle altre risposte

ESERCIZIO 1.14. [7⋆] *Siano A, B e C proposizioni logiche. Quale delle seguenti formule è una* CONTRADDIZIONE*?*

[1] $(A \vee \neg A) \wedge ((B \vee \neg B) \vee (C \wedge \neg C))$
[2] $A \Rightarrow (\neg A \Rightarrow (A \Rightarrow \neg A))$
[3] $(A \Leftrightarrow \neg A) \Leftrightarrow ((B \Rightarrow C) \Leftrightarrow (\neg C \Rightarrow \neg B))$
[4] $((A \Rightarrow \neg B) \Leftrightarrow (\neg A \wedge \neg B)) \Leftrightarrow ((C \Rightarrow \neg C) \Leftrightarrow (\neg C \Rightarrow C))$
[5] Nessuna delle altre risposte

ESERCIZIO 1.15. [**7**$\star$] *Siano A, B e C proposizioni logiche. Quale delle seguenti formule* NON *è una* CONTRADDIZIONE*?*

1. $((A \Rightarrow B) \Rightarrow C) \Leftrightarrow ((\neg A \vee B) \wedge \neg C)$
2. $((A \vee B) \wedge C) \Leftrightarrow \neg(A \vee (B \wedge C))$
3. $(A \Rightarrow A) \Rightarrow ((\neg B \Rightarrow \neg B) \Rightarrow (C \wedge \neg C))$
4. $((A \Rightarrow \neg A) \vee (B \Rightarrow \neg B)) \wedge (A \wedge B)$
5. Nessuna delle altre risposte

1.2.3 Svolgimenti

RISPOSTA 1.1. [**2**$\star$] La formula $\boxed{3}$ non è una tautologia. Infatti, se A è vera e B è falsa, allora la $\boxed{3}$ è falsa, come evidenziato in grassetto nella seguente tabella:

A	B	$A \vee B$	$(A \vee B) \Rightarrow B$
V	V	V	V
V	F	V	**F**
F	V	V	V
F	F	F	V

Tutte le altre formule sono tautologie, come risulta dalle seguenti tabelle:

A	$\neg A$	$A \vee \neg A$
V	F	**V**
F	V	**V**

A	B	$A \wedge B$	$(A \wedge B) \Rightarrow A$
V	V	V	**V**
V	F	F	**V**
F	V	F	**V**
F	F	F	**V**

A	B	$\neg A$	$A \Rightarrow B$	$\neg A \vee B$	$(A \Rightarrow B) \Leftrightarrow (\neg A \vee B)$
V	V	F	V	V	**V**
V	F	F	F	F	**V**
F	V	V	V	V	**V**
F	F	V	V	V	**V**

A	B	$A \vee \neg B$	$\neg(A \vee \neg B)$	$\neg A \wedge B$	$\neg(A \vee \neg B) \Leftrightarrow (\neg A \wedge B)$
V	V	V	F	F	**V**
V	F	V	F	F	**V**
F	V	F	V	V	**V**
F	F	V	F	F	**V**

RISPOSTA 1.2. [**3**$\star$] L'unica tautologia è la $\boxed{5}$, come risulta dalla seguente tabella:

A	$A \Rightarrow A$	$A \Rightarrow (A \Rightarrow A)$
V	V	**V**
F	V	**V**

Le altre formule non sono tautologie, perché esistono dei valori di verità delle proposizioni logiche A e B per cui tali formule risultano false. Ad esempio, se A è falsa, allora la [1] è falsa, come evidenziato in grassetto nella seguente tabella:

A	$A \Rightarrow A$	$(A \Rightarrow A) \Rightarrow A$
V	V	V
F	V	**F**

Inoltre, se B è falsa, allora la [2] è falsa:

B	$\neg B$	$B \vee \neg B$	$(B \vee \neg B) \Rightarrow B$
V	F	V	V
F	V	V	**F**

Se A è vera e B è falsa (nonché se A è falsa e B è vera), allora la [3] è falsa:

A	B	$\neg B$	$A \Rightarrow B$	$A \vee \neg B$	$(A \Rightarrow B) \Leftrightarrow (A \vee \neg B)$
V	V	F	V	V	V
V	F	V	F	V	**F**
F	V	F	V	F	**F**
F	F	V	V	V	V

Infine, se A è vera e B è falsa, allora la [4] è falsa:

A	B	$\neg A$	$A \vee \neg A$	$B \vee \neg A$	$(A \vee \neg A) \wedge (B \vee \neg A)$
V	V	F	V	V	V
V	F	F	V	F	**F**
F	V	V	V	V	V
F	F	V	V	V	V

RISPOSTA 1.3. [**5**$\star$] Una formula non è una contraddizione se nella corrispondente colonna della tavola di verità compare almeno un valore "V". Pertanto, la formula [2] non è una contraddizione, come risulta dalla seguente tabella:

A	B	$\neg B$	$A \Rightarrow B$	$A \Rightarrow \neg B$	$(A \Rightarrow B) \wedge (A \Rightarrow \neg B)$
V	V	F	V	F	F
V	F	V	F	V	F
F	V	F	V	V	**V**
F	F	V	V	V	**V**

Tutte le altre formule sono contraddizioni, come risulta dalle seguenti tabelle:

A	B	$\neg A$	$\neg B$	$A \wedge \neg A$	$B \wedge \neg B$	$(A \wedge \neg A) \vee (B \wedge \neg B)$
V	V	F	F	F	F	**F**
V	F	F	V	F	F	**F**
F	V	V	F	F	F	**F**
F	F	V	V	F	F	**F**

A	B	$\neg A$	$\neg B$	$A \vee \neg A$	$B \wedge \neg B$	$(A \vee \neg A) \Rightarrow (B \wedge \neg B)$
V	V	F	F	V	F	**F**
V	F	F	V	V	F	**F**
F	V	V	F	V	F	**F**
F	F	V	V	V	F	**F**

A	B	$\neg A$	$\neg B$	$A \vee B$	$\neg A \wedge \neg B$	$(A \vee B) \wedge (\neg A \wedge \neg B)$
V	V	F	F	V	F	**F**
V	F	F	V	V	F	**F**
F	V	V	F	V	F	**F**
F	F	V	V	F	V	**F**

A	B	$\neg B$	$A \Rightarrow \neg B$	$A \wedge B$	$(A \Rightarrow \neg B) \Leftrightarrow (A \wedge B)$
V	V	F	F	V	**F**
V	F	V	V	F	**F**
F	V	F	V	F	**F**
F	F	V	V	F	**F**

RISPOSTA 1.4. [**7**$\star$] Per la determinazione dell'unica contraddizione delle cinque formule presentate si possono utilizzare vari approcci. Un primo metodo – assolutamente sistematico, ma alquanto lungo ed irto di ostacoli – è quello di scrivere (parzialmente o totalmente) le cinque tavole di verità corrispondenti alle cinque formule e successivamente scegliere l'unica formula che non presenta alcun valore "V" nella corrispondente colonna. Seguendo questo approccio sarebbe possibile scartare le formule [1]-[4] (in quanto esistono dei valori di verità delle proposizioni logiche A, B, C per cui tali formule sono vere) e concludere che la risposta giusta è la [5]. A tal fine è sufficiente determinare almeno un caso in cui le formule [1]-[4] assumono il valore di verità "V". Di seguito presentiamo una lista di casi per cui le formule [1]-[4] risultano vere (ed il lettore è invitato a determinare tutti gli altri casi in cui le formule [1]-[4] assumono il valore di verità "V").

A	B	C	$A \wedge B$	$\neg A \wedge \neg B$	$(A \wedge B) \wedge C$	$(\neg A \wedge \neg B) \wedge \neg C$	$\boxed{1}$
V	F	V	F	F	F	F	**V**

A	B	C	$A \Rightarrow B$	$(A \Rightarrow B) \Rightarrow C$	$((A \Rightarrow B) \Rightarrow C) \Rightarrow \neg A$
V	V	F	V	F	**V**

A	B	C	$A \vee \neg A$	$B \wedge \neg B$	$C \wedge \neg C$	$(A \vee \neg A) \Leftrightarrow (B \wedge \neg B)$	$\boxed{3}$
V	V	V	V	F	F	F	**V**

A	$A \Rightarrow \neg A$	$(A \Rightarrow \neg A) \Rightarrow A$	$((A \Rightarrow \neg A) \Rightarrow A) \Rightarrow \neg A$
F	V	F	**V**

Alla luce delle tabelle di cui sopra, si può pertanto asserire con certezza che l'unica contraddizione è la formula $\boxed{5}$. Naturalmente il medesimo risultato si può ottenere scrivendo per esteso la tavola di verità relativa alla formula $\boxed{5}$, ossia:

A	B	C	$\neg B \vee C$	$B \wedge \neg C$	$A \vee (\neg B \vee C)$	$\neg A \wedge (B \wedge \neg C)$	$\boxed{5}$
V	V	V	V	F	V	F	**F**
V	V	F	F	V	V	F	**F**
V	F	V	V	F	V	F	**F**
F	V	V	V	F	V	F	**F**
V	F	F	V	F	V	F	**F**
F	V	F	F	V	F	V	**F**
F	F	V	V	F	V	F	**F**
F	F	F	V	F	V	F	**F**

Un approccio alternativo – decisamente più breve ma anche più sofisticato – consente di determinare in modo diretto che la formula $\boxed{5}$ è una contraddizione mediante il seguente ragionamento. La negazione della formula $A \vee (\neg B \vee C)$ è equiveridica alla formula $\neg A \wedge (B \wedge \neg C)$, essendo per i principi di equiveridicità (i)-(iii) della Sezione 1.1.7

$$\neg(A \vee (\neg B \vee C)) \text{ eq } \neg A \wedge \neg(\neg B \vee C) \text{ eq } \neg A \wedge (\neg\neg B \wedge \neg C) \text{ eq } \neg A \wedge (B \wedge \neg C).$$

Pertanto, denotata con Y la formula $A \vee (\neg B \vee C)$, la $\boxed{5}$ è equiveridica ad una formula del tipo $Y \wedge \neg Y$. Ne segue immediatamente che la formula $\boxed{5}$ è una contraddizione.

RISPOSTA 1.5.* [**9**$\star$] Questo quesito è piuttosto difficile, richiedendo conoscenze profonde di vari argomenti di Matematica Generale, nonché di alcuni complementi di teoria.[38] Esso è presentato in questa sede esclusivamente a scopo illustrativo. Per la sua risoluzione occorre:

(i) determinare preliminarmente la verità/falsità delle asserzioni A-D;

(ii) determinare successivamente il valore di verità delle formule $\boxed{1}$-$\boxed{4}$.

La determinazione della verità o falsità delle quattro asserzioni $A - D$ richiede l'uso combinato di vari risultati teorici. Nel proseguio verifichiamo che le asserzioni A, B e C sono vere, mentre la D è falsa.

(A) La verità di questa asserzione segue da due risultati del Capitolo di Insiemistica. Per il Teorema 2.7 della Sezione 2.1.14, una funzione tra insiemi finiti aventi la stessa cardinalità è iniettiva se e solo se è suriettiva se e solo se è biiettiva. Pertanto, sia la f che la g sono corrispondenze biunivoche. Inoltre, la composizione di funzioni biiettive è a sua volta biiettiva in forza del Teorema 2.4(v) della Sezione 2.1.12. Ne segue che la funzione $g \circ f$ è una corrispondenza biunivoca.

(B) La verità della di questa asserzione segue dal seguente risultato del Capitolo di Insiemi Numerici (Teorema 4.10 della Sezione 4.1.5): *un insieme numerico è un intervallo se e solo se è convesso se e solo se è connesso.* Pertanto, X è un intervallo infinito, e dunque il suo derivato DX è la sua chiusura, ossia il corrispondente intervallo chiuso. Ne segue che $D(DX)$ è uguale a DX. (Ad esempio, se $X = [2, 7[$, allora $DX = [2, 7]$ e $D(DX) = D([2, 7]) = [2, 7] = DX$.)

(C) Un sistema lineare omogeneo è sempre possibile, in quanto ammette la soluzione nulla. Pertanto, entrambi gli insiemi delle soluzioni S_1 e S_2 sono non vuoti. Il primo sistema è del tipo 3×4 (3 equazioni in 4 incognite) e dunque ha *almeno* ∞^1 soluzioni. Il secondo sistema è del tipo 7×4 con il rango della matrice incompleta uguale a 4; per il Teorema di Rouchè-Capelli, il sistema è possibile e determinato, avente $(0, 0, 0, 0)$ come unica soluzione. Pertanto S_1 contiene strettamente S_2. Per motivazioni di tipo insiemistico, ne segue che $S_1 \cap S_2 = S_2$ nonché $S_1 \setminus S_2 \neq \emptyset$.

(D) Se la funzione fosse stata continua in tutto l'intervallo chiuso $[-1, 1]$, allora il Teorema di Weierstrass ne avrebbe garantito la limitatezza. Tuttavia la derivabilità della funzione nell'interno del dominio assicura

[38] Pertanto, non si scoraggi lo studente che non sia in grado di affrontarlo anche dopo avere diligentemente studiato le necessarie nozioni di teoria.

> soltanto la sua continuità nell'intervallo aperto $]-1,1[$ e non necessariamente in frontiera, per cui il Teorema di Weierstrass non è applicabile. Ovviamente ciò non implica *per sé* la falsità dell'asserzione D, tuttavia suggerisce che potrebbe esistere un controesempio. Invero, la funzione $f\colon [-1,1] \to \mathbb{R}$ definita dalle due leggi $f(x) := 0$ se $x \in \{-1,1\}$ e $f(x) := \tan(\frac{\pi}{2}x)$ se $x \in]-1,1[$ è un controesempio, in quanto risulta derivabile all'interno del suo dominio pur non essendo limitata (né superiormente, né inferiormente). Pertanto la D è falsa.

In conclusione, si può redigere la seguente tabella di verità relativa alle formule $\boxed{1}$-$\boxed{4}$, ove A, B, C e D hanno il valore di verità sopra determinato:

A	B	C	D	$A \Rightarrow C$	$B \Rightarrow D$	$C \Rightarrow D$	$D \Rightarrow C$	$\boxed{1}$	$\boxed{2}$	$\boxed{3}$	$\boxed{4}$
V	**V**	**V**	**F**	V	F	F	V	**F**	**F**	**F**	**F**

Ne segue che risposta esatta è la $\boxed{5}$.

1.2.4 Suggerimenti

1.6.

1.7.

1.8.

1.9.

1.10.

1.11.

1.12.

1.13. Si presti attenzione al fatto che la formula "$A \Rightarrow A \Rightarrow A$" non ha significato in assenza di parentesi, mentre le due formule (apparentemente simili) "$(A \Rightarrow A) \Rightarrow A$" e "$A \Rightarrow (A \Rightarrow A)$" hanno un significato ben diverso l'una dall'altra.

1.14. Il Corollario 1.4 può risultare utile nella determinazione della contraddizione.

1.15. Una formula del tipo "$P \Leftrightarrow Q$ " è una contraddizione se e solo se P e Q assumono valori di verità opposti in ogni circostanza, in particolare se Q è la negazione di P.

Capitolo 2

Insiemistica

«La matematica è l'alfabeto nel quale Dio ha scritto l'universo.»
Galileo Galilei (fisico, filosofo, astronomo e matematico, 1564-1642)

«Intendo la parola prova *non nel senso degli avvocati, che sommano due mezze prove per ottenerne una intera, ma nel senso dei matematici, dove una mezza prova vale zero, e viene richiesto per una prova che ogni dubbio si dimostri impossibile.»*
Carl Friedrich Gauss (matematico, fisico e astronomo, 1777-1855)

«La più alta categoria dell'intelletto immaginativo è sempre eminentemente matematica.»
Edgar Allan Poe (scrittore, poeta, giornalista e saggista, 1809-1849)

«Dallo studio dei triangoli e delle formule algebriche sono passato a quelle degli uomini e delle cose; comprendo quanto quello studio mi sia stato utile per quello che ora vado facendo degli uomini e delle cose.»
Camillo Benso conte di Cavour (politico, 1810-1861)

«I buoni matematici riescono a vedere le analogie.
I grandi matematici riescono a vedere le analogie tra analogie.»
Stefan Banach (matematico, 1892-1945)

2.1 Teoria

Nonostante la sua relativa semplicità, questo capitolo è tra i più lunghi di questo libro. Le ragioni sono essenzialmente due: una è legata al suo contenuto, l'altra è di natura didattica.

- Le nozioni matematiche elementari oggetto di questo capitolo (insiemi, numeri, funzioni, cardinalità, relazioni binarie, etc.) sono propedeutiche a tutti gli argomenti trattati nei quattro testi. Pertanto, poiché "un palazzo si inizia a costruire dalle fondamenta", la presentazione delle relative nozioni matematiche è molto dettagliata ed è accompagnata da un inusuale numero di esempi illustrativi.

- I concetti di insiemistica elementare hanno, con qualche eccezione, un livello di complessità teorica relativamente basso. Ne segue che la loro traduzione in nozioni matematiche formali presenta una notevole valenza didattica, in quanto tecnicamente abbastanza semplice. Pertanto, al fine di permettere al lettore una graduale assimilazione delle modalità con cui si utilizza il linguaggio simbolico per trasformare i concetti matematici in nozioni formali, abbiamo preferito essere prolissi piuttosto che sintetici.

Tutte le nozioni introdotte in questo capitolo sono abbastanza intuitive. Nei casi in cui le dimostrazioni delle relative proprietà siano altrettanto facili, esse vengono sporadicamente esibite. Al contrario, le proprietà o le definizioni che richiedono una trattazione formale molto articolata o tecnicamente complessa sono state omesse. In particolare, questo capitolo non contiene alcun riferimento alla **Teoria Assiomatica degli Insiemi**, che sviluppa tutta l'insiemistica (e la matematica da essa) a partire da assiomi formali. Invero, perfino l'apparentemente innocua nozione di insieme presenta delle insidie nascoste, in quanto, al contrario di ciò che sembrerebbe naturale assumere, non è sempre consentito raggruppare alcuni enti in un insieme: ad esempio, come dimostrato dal famoso **paradosso di Russell**,[1] l'insieme di tutti gli insiemi che non appartengono a se stessi non esiste.

[1] **Bertrand A.W. Russell** (1872-1970), celebre filosofo, logico, matematico e scrittore anglosassone del XX secolo. Russell è considerato uno dei padri fondatori della *filosofia analitica*, assieme al suo predecessore G. Frege e al suo allievo L. Wittgenstein. Tra le sue opere spiccano i famosi *Principia Mathematica* (co-autore A. N. Whitehead), un brillante tentativo di basare tutta la matematica sulla logica, nonché il saggio filosofico *On Denoting* (Sulla Notazione). Nonostante sia più rinomato per il suo lavoro scientifico e filosofico, Russell vinse nel 1950 il Premio Nobel per la Letteratura, come riconoscimento per le numerose e significative opere in cui manifesta e promuove ideali umanitari e libertà di pensiero.

2.1.1 Insiemi

Un **insieme** (detto anche **famiglia** o **collezione**) è un agglomerato di oggetti, chiamati **elementi**. Un insieme può essere descritto in modo **estensivo** – ossia mediante un'enumerazione dei suoi elementi, messi tra parentesi graffe e separati da virgole – oppure in modo **intensivo** – ossia mediante una o più proprietà che lo descrivono in modo esaustivo. Ad esempio, l'insieme

$$A \overset{\text{def}}{:=} \{a, 3, \triangle\}$$

è descritto in modo estensivo, mentre l'insieme

$$B \overset{\text{def}}{:=} \{\text{cittadini italiani residenti nel comune di Nicolosi}\}$$

è descritto in modo intensivo. Si avverte il lettore che in questi volumi la scrittura "$A \overset{\text{def}}{:=}$" (che si legge: "per definizione, A è uguale a") sarà spesso semplificata in "$A :=$".

Due insiemi A e B sono **uguali**, e si scrive $A = B$, se contengono gli stessi elementi;[2] se non sono uguali, si scrive $A \neq B$. Si noti che in un insieme descritto in modo estensivo l'ordine in cui gli elementi sono presentati non è rilevante e le ripetizioni di elementi non sono considerate come nuovi elementi.[3] Ad esempio, i tre insiemi

$$A := \{a, b, c\} \quad , \quad B := \{b, c, a\} \quad , \quad C := \{a, c, c, b, b, b\}$$

sono uguali tra loro. Il più semplice tra tutti gli insiemi è l'**insieme vuoto**, denotato con $\emptyset$, che è – come il nome stesso suggerisce – l'insieme che non contiene alcun elemento. Il simbolo "$\in$" denota l'appartenenza di un elemento ad un insieme: ad esempio, "$a \in A$" si legge "a è un elemento dell'insieme A"; analogamente, il simbolo "$\notin$" si legge "non appartiene a". Useremo spesso i simboli ":" oppure "$|$" che si leggono "tale che".

Un **sottoinsieme** di un insieme A è un insieme C tale che ogni suo elemento appartiene ad A (ma non necessariamente ogni elemento di A appartiene a C); in tal caso si dice anche che C è *incluso* (o *contenuto*) in A o che A

---

[2] Si noti la leggera differenza di significato tra i due simboli ":=" e "=". Infatti, il simbolo ":=" denota l'uguaglianza a norma di *definizione* mentre il simbolo "=" denota l'uguaglianza come risultato di un *confronto* tra due enti dello stesso tipo (insiemi, numeri, etc.). La nostra pratica di enfatizzare con una diversa notazione l'utilizzo dell'uguaglianza per fini definitori o come conseguenza di un'asserzione è mutuata dall'informatica: la utilizziamo in questi volumi per motivazioni puramente didattiche. Si avverte il lettore che in molti testi di matematica non si fa alcuna distinzione tra di essi, utilizzando indifferentemente il simbolo "=" per qualunque tipo di uguaglianza.

[3] Nella Sezione 3.1.6 del Capitolo di Calcolo Combinatorio prenderemo in esame i cosiddetti **multi-insiemi**, ossia gli insiemi in cui la ripetizione degli elementi è ammessa.

contiene C, e si scrive $C \subseteq A$. In particolare, l'insieme vuoto $\emptyset$ e l'insieme A stesso sono sottoinsiemi di A, detti **impropri**; tutti gli altri sottoinsiemi di A si dicono **propri**. Un insieme C è un **sottoinsieme stretto** di A, denotato con $C \subsetneq A$, se $C \subseteq A$ ed esiste un elemento in A che non appartiene a C. Ad esempio, i sottoinsiemi dell'insieme $A := \{a, b, c\}$ sono i seguenti:

$$\emptyset\,,\ \{a\}\,,\ \{b\}\,,\ \{c\}\,,\ \{a,b\}\,,\ \{a,c\}\,,\ \{b,c\}\,,\ A\,.$$

Di tali 2^3 sottoinsiemi, due sono impropri ($\emptyset$ e A) e gli altri propri; inoltre, tutti i sottoinsiemi di A (tranne A stesso) sono strettamente contenuti in A. Per ogni $a \in A$, si noti la differenza tra a, $\{a\}$ e $\{\{a\}\}$: il primo è un elemento di A, il secondo è un sottoinsieme di A (chiamato il *singoletto* formato da a), il terzo né l'uno né l'altro.[4]

2.1.2 Operazioni su insiemi

Le operazioni su insiemi si utilizzano per generare nuovi insiemi da insiemi preesistenti.[5] Le operazioni sono **unarie** se creano un nuovo insieme da un insieme preesistente, **binarie** se creano un nuovo insieme da due insiemi preesistenti. Specificamente, per ogni coppia di insiemi A e B, si definiscono le seguenti operazioni.

UNIONE. L'**unione** di A e B è l'insieme $A \cup B$ formato dagli elementi che appartengono ad A oppure a B, ossia

$$A \cup B \ :=\ \{x : x \in A \vee x \in B\}.$$

Si noti che trattasi di "oppure inclusivo", ossia "*vel*" e non "*aut*".

INTERSEZIONE. L'**intersezione** di A e B è l'insieme $A \cap B$ formato dagli elementi che appartengono sia ad A che a B, ossia

$$A \cap B \ :=\ \{x : x \in A \wedge x \in B\}.$$

Se $A \cap B = \emptyset$, allora A e B si dicono **disgiunti**; in tal caso, la loro unione di denota con $A \uplus B$.

DIFFERENZA. La **differenza** tra A e B è l'insieme $A \setminus B$ formato dagli elementi che appartengono ad A e non a B, ossia

$$A \setminus B \ :=\ \{x : x \in A \wedge x \notin B\}.$$

[4] Invero, come vedremo nella prossima sezione, $\{\{a\}\}$ è un sottoinsieme dell'insieme delle parti di A.

[5] Si veda la Nota 2 del Capitolo di Logica.

PRODOTTO CARTESIANO. Il **prodotto cartesiano** di A e B è l'insieme $A \times B$ formato dalle "coppie ordinate" di elementi tali che il primo elemento di ogni coppia appartiene ad A ed il secondo a B, ossia

$$A \times B := \{(a,b) : a \in A \wedge b \in B\}.$$

(Due coppie ordinate $(a,b), (a',b') \in A \times B$ sono **uguali** se e solo se $a = a'$ e $b = b'$.) Il prodotto cartesiano $A^2 := A \times A$ si dice **quadrato cartesiano** di A. Il sottoinsieme di A^2 definito da

$$\Delta(A) := \{(a,a) : a \in A\}$$

si dice **diagonale** di A. Più in generale, dato un numero naturale $n \geq 2$, si denota con A^n il prodotto cartesiano di n copie di A, ossia

$$A^n = \underbrace{A \times \ldots \times A}_{n} := \{(a_1, \ldots, a_n) : a_i \in A\}$$

ove ciascun elemento $(a_1, \ldots, a_n) \in A^n$ si dice una *n-upla* di elementi di A.[6] Ancora più in generale, dati $n \geq 2$ insiemi A_1, A_2, ..., A_n, si definisce il loro prodotto cartesiano come segue:

$$A_1 \times A_2 \times \ldots \times A_n := \{(a_1, a_2, \ldots, a_n) : a_i \in A_i\}.$$

INSIEME DELLE PARTI. L'**insieme delle parti** di A è la famiglia $\mathcal{P}(A)$ di tutti i sottoinsiemi (propri ed impropri) di A, ossia

$$\mathcal{P}(A) := \{C : C \subseteq A\}.$$

Si noti che l'unione, l'intersezione, la differenza e il prodotto cartesiano di due insiemi sono operazioni binarie, mentre l'insieme delle parti di un insieme è un'operazione unaria. Ad esempio, se $A := \{a,b,c\}$ e $B := \{c,d\}$, si ha:

- $A \cup B = \{a,b,c,d\}$
- $A \cap B = \{c\}$

[6] A rigore, occorrerebbe usare parentesi multiple per le n-uple, in modo da distinguere tra loro elementi diversi. Ad esempio, la terna ordinata $((a,b),c)$ è formalmente diversa dalla terna ordinata $(a,(b,c))$, la quaterna ordinata $((a,b,c),d))$ è diversa dalle quaterne ordinate $((a,b),(c,d))$ e $(a,(b,c,d))$, etc. Nondimeno, tale distinzione formale è invero trascurabile; per semplicità di trattazione, omettiamo la discussione che giustifica la possibilità di eliminare le parentesi all'interno delle n-uple. Pertanto scriveremo semplicemente (a,b,c) nel caso delle terne, (a,b,c,d) nel caso quaterne, etc.

- $A \setminus B = \{a, b\}$
- $B \setminus A = \{d\}$
- $A \times B = \{(a, c), (a, d), (b, c), (b, d), (c, c), (c, d)\}$
- $B \times A = \{(c, a), (c, b), (c, c), (d, a), (d, b), (d, c)\}$
- $A^2 = \{(a, a), (a, b), (a, c), (b, a), (b, b), (b, c), (c, a), (c, b), (c, c)\}$
- $B^2 = \{(c, c), (c, d), (d, c), (d, d)\}$
- $B^3 = \{(c, c, c), (c, c, d), (c, d, c), (d, c, c), (c, d, d), (d, c, d)(d, d, c), (d, d, d)\}$
- $\Delta(A) = \{(a, a), (b, b), (c, c)\}$
- $\Delta(B) = \{(c, c), (d, d)\}$
- $\mathcal{P}(A) = \{\emptyset, \{a\}, \{b\}, \{c\}, \{a, b\}, \{a, c\}, \{b, c\}, A\}$
- $\mathcal{P}(B) = \{\emptyset, \{c\}, \{d\}, B\}$.

Si noti che $A \setminus B \neq B \setminus A$, nonché $A \times B \neq B \times A$. Le operazioni possono essere iterate. Ad esempio, iterando l'operazione unaria "insieme delle parti" sull'insieme vuoto, si ottiene (si presti attenzione alle parentesi, tutt'altro che irrilevanti):

$$\mathcal{P}(\emptyset) = \{\emptyset\}\,, \quad \mathcal{P}(\mathcal{P}(\emptyset)) = \{\emptyset, \{\emptyset\}\}$$
$$\mathcal{P}(\mathcal{P}(\mathcal{P}(\emptyset))) = \{\emptyset, \{\emptyset\}, \{\{\emptyset\}\}, \{\emptyset, \{\emptyset\}\}\}.$$

Al fine di rendere il lettore edotto circa le modalità di lettura del simbolismo matematico e la conseguente convenienza ad utilizzarlo (in determinate circostanze) in luogo del linguaggio comune, proviamo a tradurre in lingua corrente le tre uguaglianze insiemistiche di cui sopra. Si ha, ordinatamente:

- l'insieme delle parti dell'insieme vuoto ha esattamente $2^0 = 1$ elemento: l'insieme vuoto;

- l'insieme delle parti dell'insieme delle parti dell'insieme vuoto contiene esattamente $2^1 = 2$ elementi: (i) l'insieme vuoto e (ii) l'insieme avente l'insieme vuoto come unico elemento;

- l'insieme delle parti dell'insieme delle parti dell'insieme delle parti dell'insieme vuoto ha esattamente $2^2 = 4$ elementi: (i) l'insieme vuoto; (ii) l'insieme contenente l'insieme vuoto; (iii) l'insieme avente come unico elemento l'insieme contenente l'insieme vuoto; (iv) l'insieme avente come suoi due elementi l'insieme vuoto e l'insieme formato dall'insieme vuoto.

Riteniamo che l'esempio in esame illustri con efficacia la conveniente sinteticità del formalismo matematico.

2.1.3 Rappresentazione grafica

Un **diagramma di Eulero-Venn**[7] è una rappresentazione grafica degli insiemi, che consente una semplice visualizzazione delle relative operazioni. Nell'esempio della Sezione 2.1.2, ossia per $A := \{a, b, c\}$ e $B := \{c, d\}$, si ha:

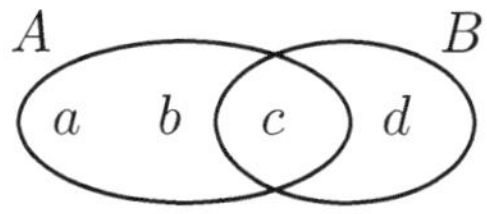

Ad esempio, gli insiemi $A \setminus B$ e $B \setminus A$ sono rappresentati dalle zone bianche (rispettivamente, a sinistra e a destra) nel seguente grafico:

Come si vedrà nei Volumi II, III e IV, gli enti geometrici sono rappresentabili su un piano assegnato mediante un sistema di riferimento cartesiano ortogonale. Utilizzando uno strumento simile, è possibile rappresentare graficamente il prodotto cartesiano dei due insiemi A e B di cui sopra come segue ($A \times B$ è a sinistra, $B \times A$ a destra):

d	(a,d)	(b,d)	(c,d)
c	(a,c)	(b,c)	(c,c)
	a	b	c

c	(c,c)	(d,c)
b	(c,b)	(d,b)
a	(c,a)	(d,a)
	c	d

Si presti attenzione al fatto che gli elementi degli insiemi $A \times B$ e $B \times A$ si trovano all'intersezione di righe e colonne (ricalcando lo schema utilizzato per le matrici, si veda il Volume II), ma la loro posizione non è in alcun modo rilevante, in quanto all'interno di un insieme l'ordine in cui gli elementi vengono elencati è ininfluente. Analogamente, gli insiemi $A^2 = A \times A$ e $B^2 = B \times B$ sono rappresentabili graficamente come segue (si evidenziano in grassetto gli elementi che stanno, rispettivamente, in $\Delta(A)$ e in $\Delta(B)$):

[7] **Leonhard Euler** (1707-1783), noto in Italia come Eulero, matematico e fisico svizzero. Tra i più prolifici matematici di tutti i tempi (autore di ben 886 pubblicazioni scientifiche, sicché tantissime formule, teoremi, metodi, criteri ed equazioni portano il suo nome), Eulero ha fornito contributi fondamentali in svariate aree della matematica (analisi infinitesimale, funzioni speciali, teoria dei grafi, teoria dei numeri), nonché della fisica matematica (meccanica razionale, meccanica celeste). **John Venn** (1834-1923), matematico e statistico inglese, nonché pastore della Chiesa Evangelica. Venn ha fornito importanti contributi nel campo della logica e della teoria della probabilità.

c	(a,c)	(b,c)	$(\mathbf{c},\mathbf{c})$
b	(a,b)	$(\mathbf{b},\mathbf{b})$	(c,b)
a	$(\mathbf{a},\mathbf{a})$	(b,a)	(c,a)
	a	b	c

d	(c,d)	$(\mathbf{d},\mathbf{d})$
c	$(\mathbf{c},\mathbf{c})$	(d,c)
	c	d

2.1.4 Proprietà delle operazioni

Le operazioni definite nella sezione precedente godono di varie proprietà, che le rendono matematicamente interessanti. Di seguito ne elenchiamo alcune; per ragioni di spazio, la loro dimostrazione è omessa, anche se nella maggior parte dei casi è relativamente semplice.

Teorema 2.1. Siano A, B e C tre insiemi arbitrari. Si ha:

(i) $A \cup B = B \cup A$ *(proprietà commutativa dell'unione)*

(ii) $A \cap B = B \cap A$ *(proprietà commutativa dell'intersezione)*

(iii) $(A \cup B) \cup C = A \cup (B \cup C)$ *(proprietà associativa dell'unione)*

(iv) $(A \cap B) \cap C = A \cap (B \cap C)$ *(proprietà associativa dell'intersezione)*

(v) $A \cup (B \cap C) = (A \cup B) \cap (A \cup C)$ *(proprietà distributiva dell'unione rispetto all'intersezione)*

(vi) $A \cap (B \cup C) = (A \cap B) \cup (A \cap C)$ *(proprietà distributiva dell'intersezione rispetto all'unione)*

(vii) $A \setminus (B \cup C) = (A \setminus B) \cap (A \setminus C)$ *(prima legge di De Morgan)*

(viii) $A \setminus (B \cap C) = (A \setminus B) \cup (A \setminus C)$ *(seconda legge di De Morgan)*

(ix) $((A \subseteq B) \wedge (B \subseteq A)) \iff A = B$

(x) $A \subseteq B \iff A \cap B = A \iff A \cup B = B$.

Le seguenti osservazioni relative alle proprietà insiemistiche sopra enunciate possono risultare utili ai fini della comprensione della loro utilità. Le proprietà commutative (i) e (ii) assicurano che l'ordine in cui le operazioni di unione ed intersezione vengono effettuate è irrilevante, mentre le proprietà associative (iii) e (iv) essenzialmente asseriscono che si possono omettere le parentesi nel caso in cui tali operazioni siano riferite a più di due insiemi. Alla luce delle proprietà (i)-(iv), acquisisce significato parlare di "unione di tre insiemi" e "intersezione di tre insiemi", cosa che *a priori* non sarebbe significativa in quanto l'unione e l'intersezione sono operazioni binarie (e non ternarie). Per la stessa ragione, si parla di unione (e intersezione) di un numero arbitrario di insiemi, senza dover specificare in che modo effettuare l'unione (l'intersezione) di coppie di insiemi ed in che ordine elencare gli insiemi dati. Ad esempio, l'unione di tre insiemi A, B, C si può rappresentare in modo significativo con $A \cup B \cup C$, essendo $A \cup (B \cup C) = A \cup (C \cup B) = (A \cup C) \cup B = (C \cup A) \cup B = C \cup (A \cup B) = \ldots$

Si noti che le proprietà commutative, associative e distributive delle operazioni di unione e intersezione di insiemi le rendono in qualche modo assimilabili – *mutatis mutandis* – alle operazioni di addizione e moltiplicazione di numeri (o, più precisamente, numeri reali: si veda la Sezione 2.1.5). Una differenza importante in questa analogia tra addizione/moltiplicazione di numeri da un lato ed unione/intersezione di insiemi dall'altro consiste nel fatto che le proprietà distributive insiemistiche (v) e (vi) sono simmetriche rispetto ad unione ed intersezione, a differenza di quanto capita per le analoghe proprietà distributive numeriche. Invero, per i numeri (reali) vale soltanto la proprietà distributiva della moltiplicazione rispetto alla somma, ossia $a \cdot (b+c) = (a \cdot b)+(a \cdot c)$, mentre non vale la proprietà distributiva dell'addizione rispetto alla moltiplicazione, ossia $a + (b \cdot c) = (a + b) \cdot (a + c)$.[8]

Tuttavia, come enfatizzato nel Capitolo sulle Strutture Algebriche (Volume II), le operazioni di addizione e moltiplicazione dei numeri reali godono di altre importanti proprietà (di cui l'unione e l'intersezione insiemistiche non godono), che rendono l'insieme dei numeri reali una struttura algebrica particolarmente significativa (specificamente, un *campo algebrico* rispetto alle operazioni di addizione e moltiplicazione).

Un'ultima osservazione la riserviamo alla proprietà (ix). A volte la dimostrazione dell'uguaglianza tra due insiemi risulta particolarmente complessa. La proprietà (ix) asserisce che la verifica dell'uguaglianza insiemistica $A = B$ si può spezzare nella separata verifica delle due inclusioni $A \subseteq B$ e $B \subseteq A$: ciò spesso riduce notevolmente la difficoltà della dimostrazione.

2.1.5 Insiemi di numeri

Al sostantivo **numero** non si attribuisce alcun significato matematico, a meno che tale termine non venga qualificato mediante un attributo. Specificamente, si considerano i seguenti insiemi di numeri:

- **Naturali**: $\mathbb{N} := \{0, 1, 2, \ldots\}$;
- **Pari**: $\mathbb{P} := \{0, 2, 4, \ldots\} = \{n \in \mathbb{N} : \exists k \in \mathbb{N}\, (n = 2k)\}$;
- **Dispari**: $\mathbb{D} := \{1, 3, 5, \ldots\} = \{n \in \mathbb{N} : \exists k \in \mathbb{N}\, (n = 2k + 1)\}$;

[8] Si fornisca un controesempio alla verità dell'ultima uguaglianza.

- **Interi relativi**: $\mathbb{Z} := \{\ldots, -2, -1, 0, 1, 2, \ldots\} = \{0, \pm 1, \pm 2, \ldots\}$;
- **Razionali (o Frazionari)**: $\mathbb{Q} := \{\frac{m}{n} : m \in \mathbb{Z} \wedge n \in \mathbb{N} \setminus \{0\}\}$;
- **Reali**: $\mathbb{R}$, "completamento" dell'insieme dei numeri razionali definito in vari modi equivalenti: ad esempio, l'insieme di tutte le sequenze, finite o infinite, di cifre decimali, precedute da un segno (+ oppure −) e separate da un punto (il cosiddetto punto radice);
- **Irrazionali**: $\mathbb{I} := \mathbb{R} \setminus \mathbb{Q}$.

Si ha:

$$\mathbb{P} \cup \mathbb{D} \;=\; \mathbb{N} \;\subseteq\; \mathbb{Z} \;\subseteq\; \mathbb{Q} \;\subseteq\; \mathbb{R}$$

ove, per l'inclusione $\mathbb{Z} \subseteq \mathbb{Q}$, si è identificata la frazione $\frac{m}{1}$ con il numero intero m per ogni $m \in \mathbb{Z}$. (Invero tutte le inclusioni sono strette, si veda la Sezione 2.1.6, ove si dimostra che $\mathbb{I} \neq \emptyset$, da cui segue $\mathbb{Q} \subsetneq \mathbb{R}$.)

Si noti che i numeri pari sono quei numeri naturali che si possono esprimere come il doppio di un altro numero naturale o, equivalentemente, quei numeri naturali che hanno 2 tra i loro divisori. Inoltre i numeri dispari sono quei numeri naturali che si possono esprimere come l'immediato successore di un numero pari o, equivalentemente, quei numeri naturali che non hanno 2 tra i loro divisori.

Un numero razionale si può scrivere in due modi equivalenti, sia come frazione (si veda la definizione) che in **forma decimale**, ossia come una sequenza finita di cifre (la parte intera del numero razionale), seguite da un punto (il cosiddetto punto radice) e da una sequenza finita o infinita periodica di cifre (la parte decimale del numero). Ad esempio, i seguenti numeri sono razionali: -17 (intero), 666.23 (decimale finito), $-\,0.\overline{34} = -\,0.343434...$ (decimale periodico, ove la sequenza di cifre "34" che si ripete all'infinito si chiama **periodo**), $1234.98\overline{765} = 1234.98765765765...$ (decimale periodico, ove la sequenza finita di cifre "98" che precede il periodo "765" si dice **antiperiodo**). Si noti che tutti i numeri interi nonché quelli decimali finiti si possono scrivere come numeri decimali periodici aventi la cifra 0 come periodo: ad esempio, $-17 = -17.\overline{0}$, $666.23 = 666.23\overline{0}$, etc. Inoltre, si conviene di identificare un numero razionale $q \in \mathbb{Q}$ avente come periodo 9 (ad esempio, $-\,41.\overline{9}$ oppure $2.76\overline{9}$) e quel numero decimale finito ottenuto da q aumentando di una unità la cifra che precede il periodo ed eliminando contestualmente il periodo (ossia, nei due esempi citati, $-\,42$ oppure 2.77).

La differenza fondamentale tra l'insieme dei numeri reali e l'insieme dei numeri razionali è la "rappresentabilità" dei loro elementi. Invero, ogni numero razionale ha sempre una "rappresentazione finita" (il periodo è una sequenza finita di cifre che si ripete all'infinito ed è dunque rappresentabile in modo finito). Al contrario, un numero reale (definito come sopra) non è rappresentabile in modo finito nel caso in cui la sua parte decimale abbia un comportamento irregolare (o, come dicevano più suggestivamente i filosofi dell'antichità, *irrazionale*):[9] tale è, ad esempio, il noto numero $\pi = 3.14159265...$ che è uguale alla misura della lunghezza della circonferenza avente diametro di lunghezza 1. Tale differenza tra gli insiemi $\mathbb{Q}$ e $\mathbb{R}$ risulta ancora più marcata a livello di "numerosità" (si veda la Sezione 2.1.14 sulla cardinalità degli insiemi). Infatti, mentre – per quanto strano possa apparire a prima vista – gli insiemi $\mathbb{N}$, $\mathbb{Z}$ e $\mathbb{Q}$ hanno lo stesso numero di elementi (sono tutti chiamati insiemi **numerabili**), al contrario l'insieme $\mathbb{R}$ contiene un numero decisamente maggiore di elementi (ed è dunque un insieme **non numerabile**).[10] Ne segue che "l'irrazionale è molto più frequente del razionale"!

Come già detto, i numeri razionali si possono scrivere sia come frazioni che come numeri decimali. Il **metodo delle frazioni generatrici** (la cui correttezza diamo per scontata, ma che a rigore dovrebbe essere dimostrato) trasforma un numero razionale scritto in forma decimale periodica in un numero frazionario, utilizzando la procedura descritta sotto. Specificamente, dato un numero decimale periodico, si costruisce una frazione avente lo stesso segno del numero decimale ed ottenuta come segue:

- numeratore: quel numero naturale ottenuto come differenza tra la sequenza completa di cifre "rappresentative" del numero decimale e la sequenza di cifre che comprende la parte intera e l'eventuale antiperiodo;

- denominatore: quel numero naturale avente come cifre iniziali tanti 9 quante sono le cifre del periodo (dunque un solo 9 nel caso di numeri interi) e come cifre finali tanti 0 quante sono le cifre dell'antiperiodo (dunque nessuno 0 nel caso di numeri interi).

Ad esempio, i due numeri razionali -17 e $69.23\overline{541}$ si scrivono come frazioni nel seguente modo:

$$-17 = -17.\overline{0} = -\frac{170-17}{9} = \frac{153}{9}, \quad 69.23\overline{541} = \frac{6923541-6923}{99900} = \dots$$

In tutti i volumi di questa collana utilizzeremo la seguente notazione:

[9] Nell'antichità la possibilità che potessero esistere dei numeri irrazionali era considerata un'anatema scientifico, morale e religioso. Ad esempio, la dimostrazione dell'irrazionalità del numero $\sqrt{2}$ rimase a lungo coperta da un omertoso segreto al tempo della *Scuola Pitagorica*, in quanto i suoi seguaci basavano la loro concezione del mondo sul fatto che tutto fosse riducibile al rapporto tra numeri interi, ossia ai numeri razionali.

[10] Si vedano le considerazioni fatte a proposito della congettura nota col nome di "Ipotesi del Continuo", di cui si discute nella Sezione 1.1.11 del Capitolo di Logica.

- $\mathbb{N}^* := \mathbb{N} \setminus \{0\}$;
- $\mathbb{R}^* := \mathbb{R} \setminus \{0\}$;
- $\mathbb{R}^+ := \{x \in \mathbb{R} : x > 0\}$
- $\mathbb{R}_0^+ := \{x \in \mathbb{R} : x \geq 0\} = \mathbb{R}^+ \cup \{0\}$;
- $\widetilde{\mathbb{R}} := \mathbb{R} \cup \{-\infty, +\infty\}$.

L'insieme $\widetilde{\mathbb{R}}$ è detto **insieme esteso dei numeri reali**, e i due simboli $-\infty$ (leggasi "meno infinito") e $+\infty$ (leggasi "più infinito") soddisfano la proprietà $-\infty < x < +\infty$ per ogni $x \in \mathbb{R}$.[11]

2.1.6 Due dimostrazioni

A titolo esemplificativo, in questa sezione dimostriamo una proprietà insiemistica ed una proprietà numerica. Cominciamo con il dimostrare la seguente asserzione insiemistica, che è parte del Teorema 2.1(x):

Proposizione 2.2. Per ogni coppia di insiemi A e B, si ha:

$$A \subseteq B \iff A \cap B = A.$$

DIMOSTRAZIONE. Siano A e B insiemi arbitrari. (Il quantificatore universale è sottinteso nell'enunciato della Proposizione, per cui non si possono considerare insiemi specifici.) Trattandosi di un'equivalenza del tipo "$X \Leftrightarrow Y$", occorre e basta dimostrare le due implicazioni "$X \Rightarrow Y$" e "$Y \Rightarrow X$", ossia:[12]

(1) $A \subseteq B \Rightarrow A \cap B = A$

(2) $A \cap B = A \Rightarrow A \subseteq B$.

Per dimostrare la (1), assumiamo per ipotesi che A sia un sottoinsieme di B e verifichiamo che ne segue $A \cap B = A$. Si noti che, per il Teorema 2.1(ix) (che assumiamo già verificato), dimostrare l'uguaglianza insiemistica $A \cap B = A$ equivale a dimostrare le due inclusioni insiemistiche $A \cap B \subseteq A$ e $A \subseteq A \cap B$. La prima inclusione è una conseguenza immediata della definizione di intersezione

[11] In altri termini, il simbolo $-\infty$ rappresenta un'entità "infinitamente negativa", che sta alla sinistra (ossia è minore) di tutti i numeri reali. Dualmente, il simbolo $+\infty$ rappresenta un'entità "infinitamente positiva", che sta alla destra (ossia è maggiore) di tutti i numeri reali. (Si immagini l'insieme dei numeri reali come l'insieme dei punti una retta, il simbolo $-\infty$ come un punto infinitamente lontano alla sinistra della retta ed il simbolo $+\infty$ come un punto infinitamente lontano alla destra della retta.)

[12] Si leggano le osservazioni fatte alla fine della Sezione 1.1.9, relative alle modalità dimostrative di un'equivalenza.

di due insiemi. Per verificare la seconda inclusione, sia a un elemento arbitrario di A. Essendo $A \subseteq B$ per ipotesi, ne segue $a \in B$, e dunque anche $a \in A \cap B$. Pertanto $A \subseteq A \cap B$, e la verifica della (1) è completa.

Viceversa, per dimostrare la (2), assumiamo per ipotesi che l'uguaglianza $A \cap B = A$ sia vera e verifichiamo che ne segue $A \subseteq B$. Sia a un elemento arbitrario di A. Essendo per ipotesi $A \cap B = A$, ne segue che $a \in A \cap B$, e dunque, in particolare, $a \in B$. Pertanto, l'inclusione $A \subseteq B$ è verificata, e la dimostrazione è completa. □

Al fine di esibire un tipo completamente diverso di dimostrazione, verifichiamo che l'insieme $\mathbb{I} := \mathbb{R} \setminus \mathbb{Q}$ dei numeri irrazionali è non vuoto.

Proposizione 2.3. Il numero $\sqrt{2}$ è irrazionale.

DIMOSTRAZIONE. Dimostriamo il risultato per assurdo, ossia supponendo che $\sqrt{2}$ non sia un numero irrazionale e derivandone una qualche contraddizione. Per la definizione di radice quadrata aritmetica, il numero $\sqrt{2}$ è certamente positivo. Assumiamo per assurdo che sia razionale. Ne segue che $\sqrt{2}$ si può scrivere come una frazione del tipo $\frac{m}{n}$, ove $m \in \mathbb{N}$ e $n \in \mathbb{N}^*$. Senza perdere in generalità, assumiamo che la frazione $\frac{m}{n}$ sia ridotta ai minimi termini, ossia che il massimo comune divisore di m e n sia 1. (Se così non fosse, ci potremmo sempre ricondurre a tale caso mediante una semplificazione.) Si ha:

$$\sqrt{2} = \frac{m}{n} \quad \Rightarrow \quad 2 = \left(\frac{m}{n}\right)^2 = \frac{m^2}{n^2} \quad \Rightarrow \quad 2n^2 = m^2 \quad \Rightarrow \quad m^2 \in \mathbb{P} \quad \Rightarrow \quad m \in \mathbb{P}\,.$$

Essendo m un numero pari, ne segue che esiste $k \in \mathbb{N}$ tale che $m = 2k$. Pertanto, si ha:

$$2n^2 = m^2 \quad \Rightarrow \quad 2n^2 = (2k)^2 = 4k^2 \quad \Rightarrow \quad n^2 = 2k^2 \quad \Rightarrow \quad n^2 \in \mathbb{P} \quad \Rightarrow \quad n \in \mathbb{P}\,.$$

In conclusione, sia m che n sono numeri pari, ossia entrambi hanno il numero 2 tra i loro fattori. Questo contraddice l'assunzione che la frazione $\frac{m}{n}$ sia ridotta ai minimi termini. La contraddizione deriva dall'avere assunto che $\sqrt{2}$ si potesse scrivere come una frazione. Ne segue che $\sqrt{2}$ non è un numero frazionario, ossia è irrazionale. □

2.1.7 Funzioni

La nozione matematica di funzione costituisce una formalizzazione simbolica del concetto di "relazione dinamica" esistente tra due insiemi A e B. Formalmente, una **funzione** (detta anche **applicazione** o **mappa**) è una terna ordinata (A, B, f), ove A e B sono insiemi non vuoti ed f è una corrispondenza che associa ad ogni elemento di A uno ed un solo elemento di B. Una tale applicazione si denota con $f\colon A \to B$ oppure con $A \xrightarrow{f} B$ oppure semplicemente con f (qualora gli insiemi A e B risultino univocamente determinati dal contesto). Il corrispondente $b \in B$ dell'elemento $a \in A$ tramite la f si denota con $f(a)$; in tal caso, si scrive $b = f(a)$ oppure $a \overset{f}{\mapsto} b$. L'insieme A si dice **dominio** di f e si denota con $\mathrm{dom} f$. Il **codominio** di f è l'insieme $\mathrm{codom} f$ formato da tutti gli elementi di B che sono i corrispondenti di qualche elemento di A, ossia

$$\mathrm{codom} f \; := \; \{b \in B : \exists a \in A\,(f(a) = b)\} \; \subseteq \; B\,.$$

Inoltre, il **grafico** (o **diagramma**) della funzione f è l'insieme G_f definito come segue:

$$G_f \; := \; \{(a,b) \in A \times B : b = f(a)\} \; \subseteq \; A \times B\,.$$

L'insieme di tutte le mappe da A in B si denota con B^A, ossia

$$B^A \; := \; \{f : f \text{ è una funzione da } A \text{ in } B\}\,.$$

Utilizzando una suggestiva metafora che ne enfatizza il carattere dinamico, possiamo immaginare una funzione $f\colon A \to B$ come un processo che consta dell'interazione di tre elementi: un arciere (la corrispondenza f), una faretra piena di frecce distinte (il dominio A) e un bersaglio (l'insieme di arrivo B). L'arciere-corrispondenza f lancia tutte le frecce della faretra-dominio A, colpendo alcuni punti del bersaglio-insieme d'arrivo B; tali punti costituiscono l'insieme $\mathrm{codom} f$ dei bersagli effettivamente colpiti dalle frecce scagliate. Le seguenti osservazioni in merito sono fondamentali: (i) le frecce sono distinte tra loro; (ii) tutte le frecce a disposizione dell'arciere vengono lanciate; (iii) ciascuna freccia colpisce uno ed un solo punto del bersaglio; (iv) due frecce possono colpire lo stesso punto del bersaglio;[13] (v) non tutti i punti del bersaglio devono necessariamente essere colpiti.[14]

La seguente rappresentazione grafica di una funzione $f\colon A \to B$ è spesso utilizzata:

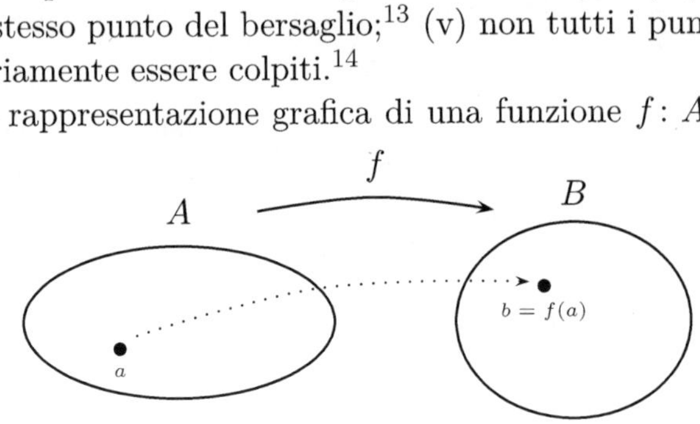

[13] Ossia una funzione può godere oppure no della proprietà di *iniettività*: si veda la Sezione 2.1.11.

[14] Ossia una funzione può godere oppure no della proprietà di *suriettività*: si veda la Sezione 2.1.11.

Il codominio di una funzione $f\colon A \to B$ è rappresentato graficamente dal sottoinsieme di B ombreggiato nella seguente figura:

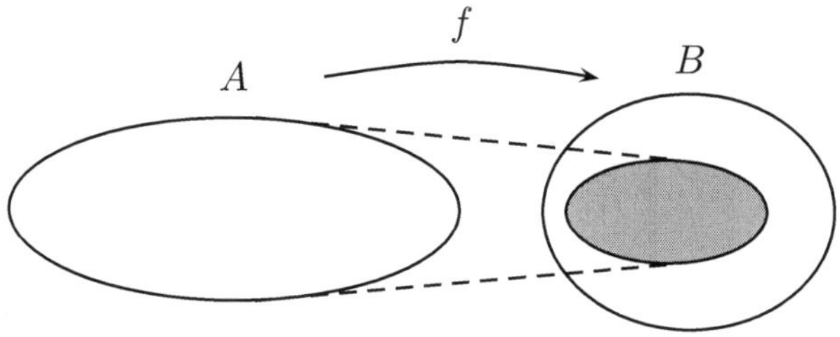

Ad esempio, se $A := \{a_1, a_2, a_3, a_4, a_5, a_6\}$ e $B := \{b_1, b_2, b_3, b_4, b_5, b_6, b_7, b_8\}$, allora la funzione $f\colon A \to B$ definita da $f(a_1) := b_3$, $f(a_2) = f(a_3) = f(a_4) := b_4$ e $f(a_5) = f(a_6) := b_6$ ha come codominio l'insieme $\{b_3, b_4, b_6\} \subseteq B$ ed è rappresentabile graficamente come segue:

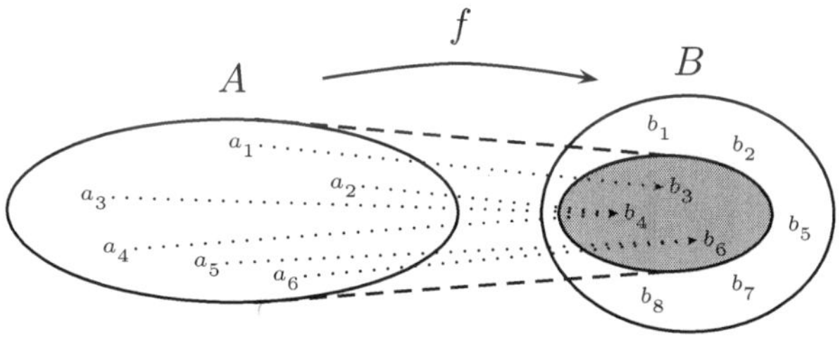

Enfatizziamo che tutti e tre gli elementi di una funzione $f\colon A \to B$, ossia

(i) il dominio A

(ii) l'insieme di arrivo B

(iii) la corrispondenza tra gli elementi di A e quelli di B

concorrono a definire un'applicazione. Se due funzioni differiscono anche per uno solo di questi tre elementi, allora trattasi di mappe diverse. Ad esempio, le due applicazioni $f\colon \mathbb{Z} \to \mathbb{Q}$ definita da $f(z) := 2z^2\ \forall z \in \mathbb{Z}$, e $g\colon \mathbb{Z} \to \mathbb{N}$ definita da $g(z) := 2z^2\ \forall z \in \mathbb{Z}$ sono mappe diverse, nonostante abbiano lo stesso dominio e la stessa legge che definisce la corrispondenza.

Le funzioni considerate in questi volumi sono solitamente descritte mediante **una legge ben definita**. Ad esempio, se A è l'insieme dei residenti in Italia e B l'insieme dei comuni italiani, allora la legge che assegna ad ogni residente in Italia $a \in A$ il proprio comune di residenza $f(a) \in B$ è ben definita e determina una funzione $f\colon A \to B$. Al contrario, la legge che assegna ad ogni comune italiano $b \in B$ un arbitrario residente $g(b) \in A$ in quel comune *non* determina una funzione $g\colon B \to A$, in quanto non è ben definita (a meno che non si specifichi in modo univoco quale residente assegnare ad ogni comune).

Per ragioni diverse, la legge $g(m,n) := m - n$ per ogni $(m,n) \in \mathbb{N} \times \mathbb{N}$ non dà luogo ad una funzione ben definita $g\colon \mathbb{N} \times \mathbb{N} \to \mathbb{N}$, in quanto l'immagine della coppia (m,n) non è necessariamente un numero naturale: ad esempio, $g(2,5) := -3 \notin \mathbb{N}$.

Si noti che la corrispondenza che assegna ad ogni elemento del dominio uno ed un solo elemento del codominio può anche essere data mediante **più leggi ben definite**. Un esempio di funzione in cui la corrispondenza è (ben) definita da due leggi è la mappa $f\colon \mathbb{N} \to \mathbb{Z}$ definita da $f(n) := n^3\ \forall n \in \mathbb{P}$ e $f(n) := -n\ \forall n \in \mathbb{D}$ (ossia f è la funzione che assegna ad ogni numero naturale pari il suo cubo e ad ogni numero naturale dispari il suo opposto).

2.1.8 Operazioni numeriche binarie

Una **funzione numerica** è un'applicazione avente come dominio un sottoinsieme del prodotto cartesiano $\mathbb{R}^n$ e come codominio un sottoinsieme del prodotto cartesiano $\mathbb{R}^m$, ove $n, m \in \mathbb{N}^*$. Un'**operazione numerica** su $\mathbb{R}$ è una particolare funzione numerica, definita su $\mathbb{R}^n$ (o su un suo opportuno sottoinsieme) ed a valori in $\mathbb{R}$. L'operazione si dice **unaria** se il suo dominio è $\mathbb{R}$ (o un suo opportuno sottoinsieme), **binaria** se il suo dominio è $\mathbb{R}^2$ (o un suo opportuno sottoinsieme), etc.[15] In questa sezione esaminiamo le quattro operazioni canoniche (addizione, sottrazione, moltiplicazione e divisione) che sono delle particolari operazione numeriche binarie. Si noti che un'operazione binaria definita su tutto $\mathbb{R}^2$ si può utilmente visualizzare come segue:[16]

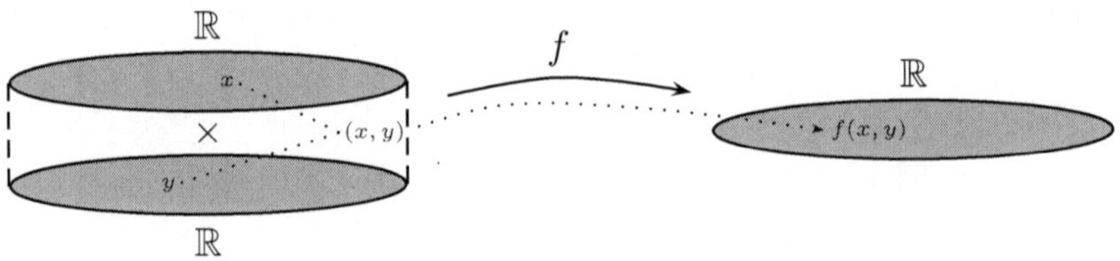

Le **quattro operazioni binarie canoniche** sull'insieme dei numeri reali sono le due operazioni **dirette** – addizione e moltiplicazione – e le due operazioni **inverse** – sottrazione e divisione. Le quattro operazioni associano ad ogni coppia di numeri reali (con l'eccezione della divisione, per la quale occorre escludere le coppie aventi lo zero come seconda componente) un altro numero reale, detto il **risultato** dell'operazione: tale risultato è chiamato *somma* per l'addizione, *prodotto* per la moltiplicazione, *differenza* per la sottrazione e *quoziente* per la divisione. Formalmente, tutte e quattro le operazioni canoniche

[15] Si noti l'analogia con le operazioni unarie, binarie, etc. tra insiemi.

[16] Ritorneremo sulle operazioni binarie algebriche nel Volume II (Capitolo di Strutture Algebriche) definendo tali operazioni in modo più generale.

sono definite sul quadrato cartesiano $\mathbb{R}^2$ (e dunque sono operazioni binarie), con l'eccezione della divisione, che è definita su $\mathbb{R} \times \mathbb{R}^*$.

In particolare, l'**addizione** e la **moltiplicazione** sono le funzioni *add* e *mult* definite come segue:

$$add\colon \mathbb{R}^2 \to \mathbb{R}, \quad add(x, y) := x + y \quad \forall (x, y) \in \mathbb{R}^2$$

$$mult\colon \mathbb{R}^2 \to \mathbb{R}, \quad mult(x, y) := x \cdot y \quad \forall (x, y) \in \mathbb{R}^2$$

ove il significato dei simboli "+" e "·" è quello ben noto.[17] Il seguente grafico illustra l'effetto delle due operazioni dirette sulla coppia $(-2, 3) \in \mathbb{R}^2$:

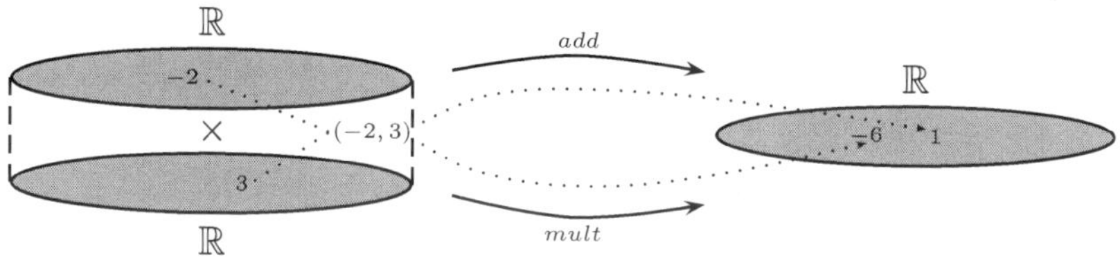

Le altre due operazioni binarie canoniche sono dette inverse in quanto sono definite utilizzando le operazioni dirette. Specificamente, la **sottrazione** è la funzione

$$sub\colon \mathbb{R}^2 \to \mathbb{R}, \quad sub(x, y) := x - y \quad \forall (x, y) \in \mathbb{R}^2$$

ove $z := x - y$ è quel numero reale tale che $z + y = x$. La **divisione** è la funzione

$$div\colon \mathbb{R} \times \mathbb{R}^* \to \mathbb{R}, \quad div(x, y) := x/y \quad \forall (x, y) \in \mathbb{R} \times \mathbb{R}^*$$

ove $z := x/y$ è quel numero reale tale che $z \cdot y = x$. Per semplicità di notazione, nel proseguio le quattro operazioni binarie canoniche sono indicate, rispettivamente, con i simboli $+$, $-$, $\cdot$, $/$.

2.1.9 Alcune funzioni tipiche

In questa sezione esaminiamo altre funzioni (numeriche e non) di notevole rilievo, ossia: (i) la radice n-ima aritmetica (di un numero reale); (ii) il logaritmo in base b (di un numero reale positivo); (iii) il valore assoluto (di un numero reale); (iv) il fattoriale (di un numero naturale); (v) la funzione caratteristica (di un sottoinsieme di un insieme dato).

[17] Invero occorrerebbe definire in modo rigoroso le due operazioni dirette, non rimandando a significati "ben noti". Per ragioni di spazio e semplicità abbiamo optato per una definizione informale, comunque sufficiente per i nostri obiettivi didattici.

(i) RADICE ARITMETICA. La funzione **radice quadrata aritmetica** è un altro esempio di mappa definita utilizzando un'altra funzione nota, in questo caso la funzione *potenza con esponente intero* (che si presume nota al lettore). Specificamente, la radice quadrata aritmetica è la mappa definita come segue:

$$\sqrt{\cdot} : \mathbb{R}_0^+ \to \mathbb{R}_0^+ , \quad \sqrt{x} := y \quad \forall x \in \mathbb{R}_0^+$$

ove $y \in \mathbb{R}_0^+$ è tale che $y^2 = x$. Dunque, ad esempio, la radice quadrata *aritmetica* di 4 è 2 e non ± 2. (Si ricorda che la radice quadrata di un numero reale negativo non si può fare, o, più precisamente, non è un numero reale.)

Analogamente, la funzione **radice cubica aritmetica** è l'applicazione $\sqrt[3]{\cdot} : \mathbb{R} \to \mathbb{R}$ definita, per ogni $x \in \mathbb{R}$, da $\sqrt[3]{x} := y$ con $y \in \mathbb{R}$ tale che $y^3 = x$. In generale, la funzione **radice n-ima aritmetica** è la seguente applicazione $\sqrt[n]{\cdot}$ (ove $n \in \mathbb{N}^*$):

- se n è pari, allora $\sqrt[n]{\cdot} : \mathbb{R}_0^+ \to \mathbb{R}_0^+$ è definita, per ogni $x \in \mathbb{R}_0^+$, dalla legge $\sqrt[n]{x} := y$ tale che $y^n = x$;

- se n è dispari, allora $\sqrt[n]{\cdot} : \mathbb{R} \to \mathbb{R}$ è definita, per ogni $x \in \mathbb{R}$, dalla legge $\sqrt[n]{x} := y$ tale che $y^n = x$.

(ii) LOGARITMO. Dato un numero reale positivo $b \neq 1$ (detto *base* del logaritmo), la funzione **logaritmo in base $b \in \mathbb{R}^+ \setminus \{1\}$** associa ad ogni numero reale positivo a (detto *argomento* del logaritmo) quel numero reale $\log_b a$ che dato come esponente alla base b restituisce l'argomento a. Formalmente $\log_b : \mathbb{R}^+ \to \mathbb{R}$ è l'applicazione definita da $\log_b a := c$, ove $c \in \mathbb{R}$ è tale che $b^c = a$. Si noti che il logaritmo (in base $b \in \mathbb{R}^+ \setminus \{1\}$) di un numero reale positivo è definito utilizzando la funzione *potenza con esponente reale*, la cui definizione formale è data nel Volume II.

(iii) VALORE ASSOLUTO. La funzione **valore assoluto** è l'applicazione che assegna ad ogni numero reale x quel numero reale non negativo $|x|$ ottenuto da x attribuendogli un segno positivo. Ad esempio, si ha $|81| = 81$ e $|-\pi| = \pi$. Formalmente, la funzione valore assoluto è la mappa $|\cdot| : \mathbb{R} \to \mathbb{R}_0^+$ definita dalle due leggi

$$|x| := \begin{cases} x & \text{se} \quad x \geq 0 \\ -x & \text{se} \quad x < 0 \,. \end{cases}$$

(iv) FATTORIALE. La funzione **fattoriale**, che è ampiamente utilizzata nel Capitolo di Calcolo Combinatorio, è l'applicazione che assegna ad ogni numero naturale n un altro numero naturale $n!$ ottenuto moltiplicando n per tutti i numeri naturali diversi da zero che lo precedono (se ne esistono). Ad esempio, il fattoriale del numero 4 è definito da $4! := 1 \cdot 2 \cdot 3 \cdot 4 = 24$. Per definizione, si pone $0! := 1$. Formalmente, fattoriale è la funzione $! : \mathbb{N} \to \mathbb{N}$ definita dalle leggi

$$n! := \begin{cases} 1 & \text{se} \quad n \in \{0,1\} \\ 1 \cdot 2 \cdot \ldots \cdot n & \text{se} \quad n \in \mathbb{N} \setminus \{0,1\}. \end{cases}$$

(v) FUNZIONE CARATTERISTICA. Dato un insieme A, consideriamo l'insieme di funzioni $\{0,1\}^A$, ossia la famiglia tutte le mappe definite su A ed a valori in $\{0,1\}$. Ogni sottoinsieme B di A determina in modo univoco una funzione χ_B appartenente alla famiglia $\{0,1\}^A$, detta **funzione caratteristica** di B in A. Tale funzione è ottenuta mandando in 1 tutti gli elementi di B, e in 0 tutti gli elementi di A che non stanno in B. In altri termini, la funzione χ_B manda tutte le frecce di B nel punto 1 del bersaglio e tutte le frecce di $A \setminus B$ nel punto 0 del bersaglio. Formalmente, per ogni $B \subseteq A$, l'applicazione $\chi_B : A \to \{0,1\}$ è definita dalle leggi

$$\chi_B(a) := \begin{cases} 1 & \text{se} \quad a \in B \\ 0 & \text{se} \quad a \in A \setminus B. \end{cases}$$

Si noti che $\chi_\emptyset$ è la mappa costante che assegna ad ogni elemento di A il valore 0, mentre χ_A è la mappa costante che assegna ad ogni elemento di A il valore 1; tutte le altre funzioni caratteristiche (se ne esistono) assumono entrambi i valori 0 e 1.

Se $A := \{a,b,c\}$, allora esistono esattamente 2^3 funzioni caratteristiche, ciascuna delle quali è identificativa di un sottoinsieme di A. Ad esempio, le due funzioni caratteristiche $\chi_{\{a\}} : A \to \{0,1\}$ e $\chi_{\{b,c\}} : A \to \{0,1\}$ sono definite, rispettivamente, da

$$\begin{array}{llllll} \chi_{\{a\}}(a) & := 0\,, & \chi_{\{a\}}(b) & := 0\,, & \chi_{\{a\}}(c) & := 0\,, \\ \chi_{\{b,c\}}(a) & := 0\,, & \chi_{\{b,c\}}(b) & := 1\,, & \chi_{\{b,c\}}(c) & := 1\,, \end{array}$$

ossia graficamente:

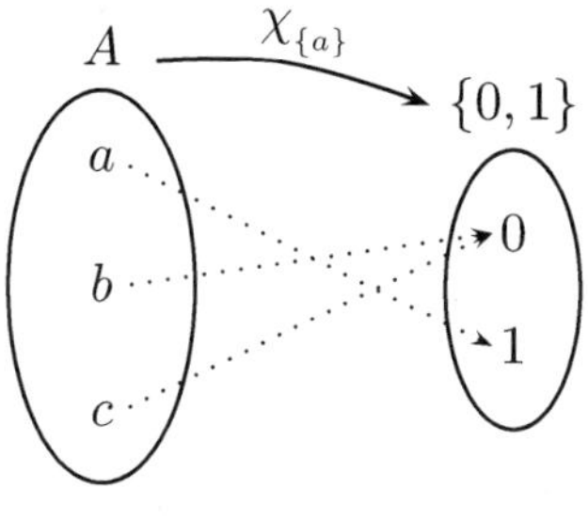

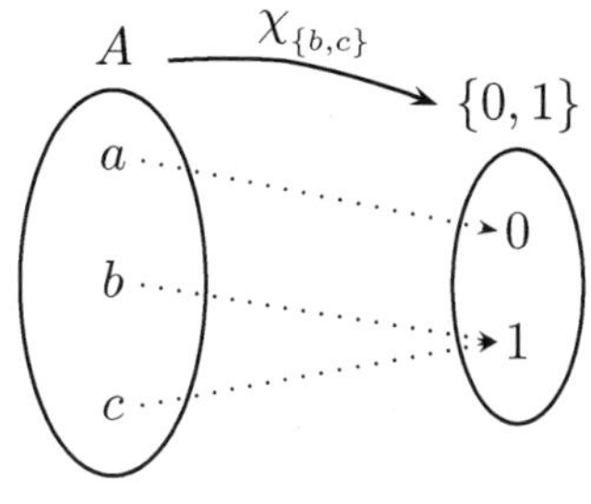

2.1.10 Restrizioni e prolungamenti

Data una funzione $f\colon A \to B$, siano C e D, rispettivamente, un sottoinsieme e un sovrainsieme di A, ossia $C \subseteq A \subseteq D$. Si definiscono le nozioni di restrizione e prolungamento di f rispetto ai due insiemi C e D come segue:

- *la* **restrizione** di f a C è l'applicazione $f \restriction C\colon C \to B$ definita da $f \restriction C(c) := f(c)$ per ogni $c \in C$;
- *un* **prolungamento** di f a D è una qualunque mappa $g\colon D \to B$ tale che $g \restriction A = f$, ossia $g(a) := f(a)$ per ogni $a \in A$.

Si noti che per definire una restrizione di f basta specificarne il suo dominio $C \subseteq A$, in quanto $f \restriction C$ risulta automaticamente ben definita.[18] Al contrario, la determinazione del dominio $D \supseteq A$ di un prolungamento g di f non identifica univocamente la funzione g, in quanto occorre specificare la definizione di g nell'insieme $D \setminus A$, su cui essa può definirsi in modo assolutamente arbitrario.

Ad esempio, si consideri la funzione $f\colon A \to B$ di cui nella Sezione 2.1.7, ossia $A := \{a_1, a_2, a_3, a_4, a_5, a_6\}$, $B := \{b_1, b_2, b_3, b_4, b_5, b_6, b_7, b_8\}$ ed f definita da $f(a_1) := b_3$, $f(a_2) = f(a_3) = f(a_4) := b_4$, $f(a_5) = f(a_6) := b_6$. La restrizione di f a $C \subseteq A$ è definibile per qualunque sottoinsieme non vuoto C di A. Nel caso in cui C sia dato da $C := \{a_1, a_2, a_3\}$, *la* restrizione di f a C è l'applicazione $f \restriction C\colon C \to B$ definita da $f \restriction C(a_1) := b_3$, $f \restriction C(a_2) =:= b_4$, $f \restriction C(a_3) := b_4$. Tale restrizione è graficamente rappresentabile come segue:[19]

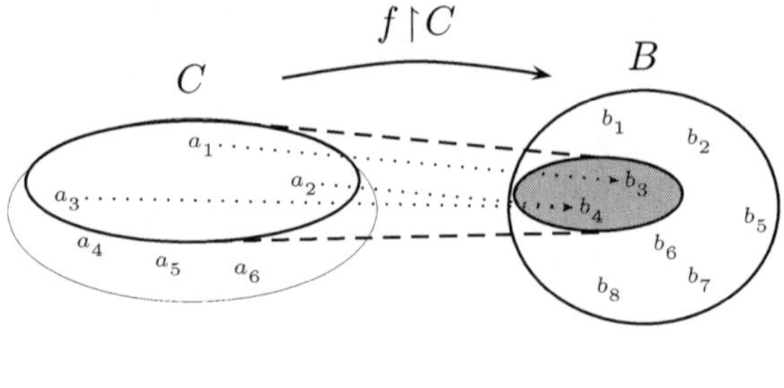

Viceversa, se D è il sovrainsieme di A definito da $D := A \cup \{a_7, a_8\}$, allora *un* prolungamento (tra i tanti possibili) di f a D è la mappa $g\colon D \to B$ definita dalle leggi $g(a) := f(a)$ se $a \in A$, $g(a_7) := b_8$ e $g(a_8) := b_8$. Tale prolungamento è rappresentabile graficamente come segue:

[18] Usando la terminologia della Sezione 2.1.11, per ogni funzione $f\colon A \to B$, esiste una corrispondenza biunivoca tra l'insieme delle restrizioni di f e l'insieme $\mathcal{P}(A) \setminus \{\emptyset\}$.

[19] Si confronti questo grafico con quello della f presentato nella Sezione 2.1.7.

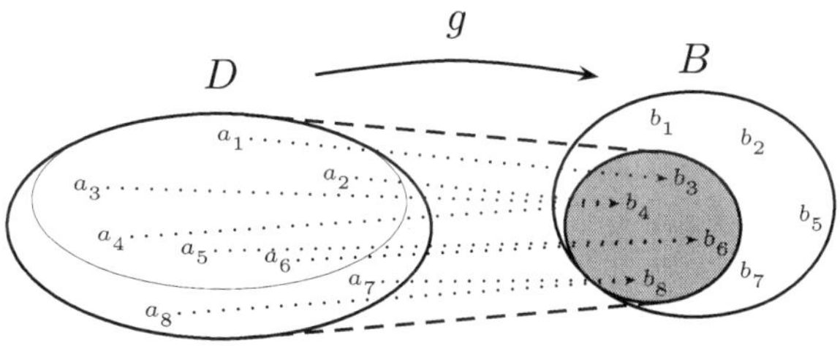

Come secondo esempio, consideriamo la funzione $f\colon \mathbb{N} \to \mathbb{Z}$ definita dalla legge $f(n) := -n^2\ \forall n \in \mathbb{N}$, ossia la mappa che fa corrispondere ad ogni numero naturale l'opposto del suo quadrato. *La* restrizione di f a $\mathbb{P}$ è la funzione che fa corrispondere ad ogni numero pari l'opposto del suo quadrato. Inoltre, la funzione $g\colon \mathbb{Z} \to \mathbb{Z}$ definita dalle leggi $g(z) := -z^2\ \forall z \in \mathbb{N}$ e $g(z) := z + 1$ $\forall z \in \mathbb{Z} \setminus \mathbb{N}$ è *un* prolungamento di f a $\mathbb{Z}$ (invero, di tali prolungamenti ne esistono infiniti).

Al fine di enfatizzare nuovamente la differenza tra le (apparentemente simili) nozioni di restrizione e prolungamento, si osservi che data una funzione $f\colon A \to B$, le restrizioni di f hanno un solo "grado di libertà", determinato dal sottoinsieme $C \subseteq A$ su cui ciascuna restrizione è definita. Pertanto, fissato un sottoinsieme C di A, nasce automaticamente "la" restrizione (unica) di f a C. Utilizzando la metafora dell'arciere e delle frecce, la restrizione di una funzione $f\colon A \to B$ ad un certo sottoinsieme $C \subseteq A$ si ottiene restringendo la faretra-dominio a C e lanciando le frecce in C nel medesimo modo di prima, visto che l'arciere-legge è rimasto invariato.

Viceversa, i prolungamenti di f hanno due "gradi di libertà": (i) il sovrainsieme $D \supseteq A$ su cui un prolungamento è definito; (ii) il modo in cui un prolungamento estende la definizione di f agli elementi dell'insieme $D \setminus A$. Pertanto, fissato un sovrainsieme D di A, si possono definire svariati prolungamenti di f a D, e si parla di "un" prolungamento di f a D. In altri termini, un prolungamento a $D \supseteq A$ della funzione $f\colon A \to B$, oltre ad ampliare la faretra all'insieme D, deve anche stabilire come il nuovo arciere-legge deve lanciare le frecce addizionali che stanno in $D \setminus A$, colpendo dei punti (vecchi o nuovi) del bersaglio B.

2.1.11 Funzioni iniettive, suriettive e biiettive

Una mappa $f\colon A \to B$ può godere di alcune proprietà che la rendono interessante per determinati scopi: si vedano le Sezioni 2.1.13 e 2.1.14 sulle funzioni inverse e sulla cardinalità, rispettivamente. A tal proposito, distinguiamo i seguenti tipi di funzioni: (i) funzioni iniettive; (ii) funzioni suriettive; (iii) funzioni biiettive.

(i) INIETTIVITÀ. Una mappa $f\colon A \to B$ è **iniettiva** se ad elementi distinti di A corrispondono elementi distinti di B, ossia

$$\forall a_1, a_2 \in A \quad (a_1 \neq a_2 \ \Rightarrow\ f(a_1) \neq f(a_2)).$$

Equivalentemente, per il principio di equiveridicità di cui nella Proposizione 1.1 (v) del Capitolo di Logica, f è iniettiva se[20]

$$\forall a_1, a_2 \in A \quad (f(a_1) = f(a_2) \ \Rightarrow\ a_1 = a_2).$$

In termini più suggestivi, una mappa è iniettiva se le frecce del dominio-faretra non colpiscono mai lo stesso punto del bersaglio. Nel caso in cui f sia iniettiva, useremo talvolta la notazione $f\colon A \hookrightarrow B$. Se C è un sottoinsieme di A, allora si definisce la cosiddetta **inclusione canonica** $\imath_C$ di C in A come segue:

$$\imath_C\colon C \hookrightarrow A\,, \quad \imath_C(x) := x \quad \forall x \in C.$$

(ii) SURIETTIVITÀ. Una mappa $f\colon A \to B$ è **suriettiva** se ogni elemento di B è il corrispondente di qualche elemento di A, ossia

$$\forall b \in B \quad \exists a \in A \ \ (f(a) = b).$$

Equivalentemente, f è suriettiva se $\mathrm{codom} f = B$. In altri termini, una mappa è suriettiva se ciascun punto potenziale del bersaglio è colpito da almeno una freccia. Una funzione f suriettiva sarà talvolta denotata con $f\colon A \twoheadrightarrow B$.

(iii) BIIETTIVITÀ. Una mappa $f\colon A \to B$ è **biiettiva** (detta anche **biiezione o corrispondenza biunivoca**) se è sia iniettiva che suriettiva. Il più semplice esempio di biiezione è la **funzione identica** id_A di un insieme A, ossia la mappa:

$$\mathrm{id}_A\colon A \to A\,, \quad \mathrm{id}_A(a) := a \quad \forall a \in A.$$

Si noti che per ogni $C \subseteq A$, l'inclusione canonica di C in A è la restrizione a C dell'identità di A, ossia, in simboli, $\imath_C = \mathrm{id}_A \restriction C$. Per ogni insieme non vuoto A, denotiamo con $\mathrm{Bi}(A)$ l'insieme di tutte le funzioni biiettive da A in A. Naturalmente, esistono anche corrispondenze biunivoche $f\colon A \to B$ ove i due insiemi A e B sono diversi.

Chiudiamo questa sezione con alcuni esempi di applicazioni iniettive, suriettive e biiettive. Si considerino le funzioni f, g, h rappresentabili graficamente come segue:

[20] Si noti che quest'ultima caratterizzazione è quella più spesso utilizzata nella verifica della eventuale iniettività di una funzione.

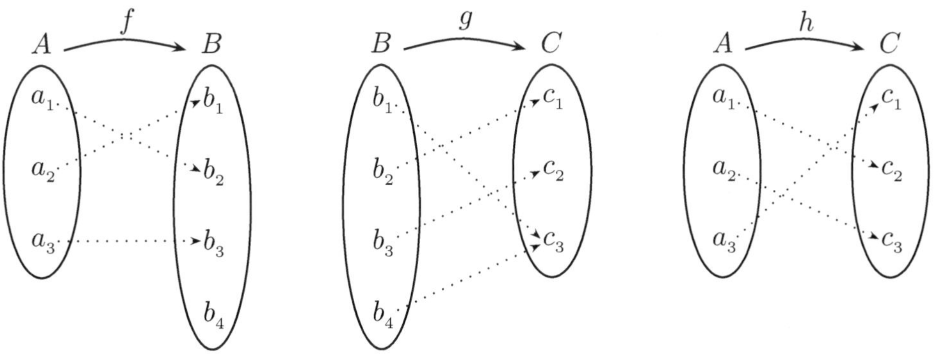

La mappa $f\colon A \to B$ è iniettiva (ma non suriettiva), la mappa $g\colon B \to C$ è suriettiva (ma non iniettiva) e la mappa $h\colon A \to C$ è biiettiva.

Come secondo esempio, si considerino le seguenti funzioni:

$$f\colon \mathbb{N} \to \mathbb{Z}\,, \quad f(n) := -n \quad \forall n \in \mathbb{N}$$

$$g\colon \mathbb{Q} \to \mathbb{Z}\,, \quad g(m/n) := m \cdot n \quad \forall m/n \in \mathbb{Q}$$

$$h\colon \mathbb{N} \to \mathbb{Z}\,, \quad h(n) := n/2 \quad \forall n \in \mathbb{P}\,, \quad h(n) := -(n+1)/2 \quad \forall n \in \mathbb{D}.$$

L'applicazione f è iniettiva (verificare!), ma non suriettiva risultando codom(f) $= \mathbb{Z} \setminus \mathbb{N}^*$. La mappa g è suriettiva (verificare!), ma non iniettiva essendo, ad esempio, $g(3/2) = g(1/6) = 6$. Infine, la funzione h è una corrispondenza biunivoca tra $\mathbb{N}$ e $\mathbb{Z}$ (verificare!), nonostante si abbia $\mathbb{N} \subsetneq \mathbb{Z}$.

Relativamente alle applicazioni definite nelle Sezioni 2.1.8 e 2.1.9, si ha:[21]

- le quattro operazioni binarie canoniche sono tutte funzioni suriettive e non iniettive;
- tutte le funzioni radice n-ima aritmetica $\sqrt[n]{\cdot} : \mathbb{R} \to \mathbb{R}$ (se $n \in \mathbb{N}^*$ è dispari) e $\sqrt[n]{\cdot} : \mathbb{R}_0^+ \to \mathbb{R}_0^+$ (se $n \in \mathbb{N}^*$ è pari) sono corrispondenze biunivoche;
- la funzione logaritmo $\log_b\colon \mathbb{R}^+ \to \mathbb{R}$ (ove la base b è un numero reale positivo diverso da 1) è una corrispondenza biunivoca tra $\mathbb{R}^+$ e $\mathbb{R}$;
- la funzione valore assoluto $|\cdot| : \mathbb{R} \to \mathbb{R}_0^+$ è suriettiva e non iniettiva;
- la funzione fattoriale $! : \mathbb{N} \to \mathbb{N}$ è iniettiva se ristretta all'insieme $\mathbb{N}^*$, ma non è suriettiva;

[21] Si invita il lettore a verificare, ove possibile, la veridicità delle asserzioni che seguono.

- dato un insieme A contenente almeno tre elementi[22] ed un suo sottoinsieme B, la funzione caratteristica $\chi_B : A \to \{0,1\}$ non è mai iniettiva; inoltre, χ_B è suriettiva se e solo se B è un sottoinsieme proprio di A (essendo $\chi_\emptyset$ e χ_A le uniche funzioni caratteristiche costanti).

2.1.12 Funzioni composte

Siano $f\colon A \to B$ e $g\colon B \to C$ due funzioni. La **funzione composta** di f e g è la mappa

$$g \circ f\colon A \to C\,, \quad (g \circ f)(a) := g(f(a)) \quad \forall a \in A.$$

Graficamente, se f e g sono le funzioni rappresentate da

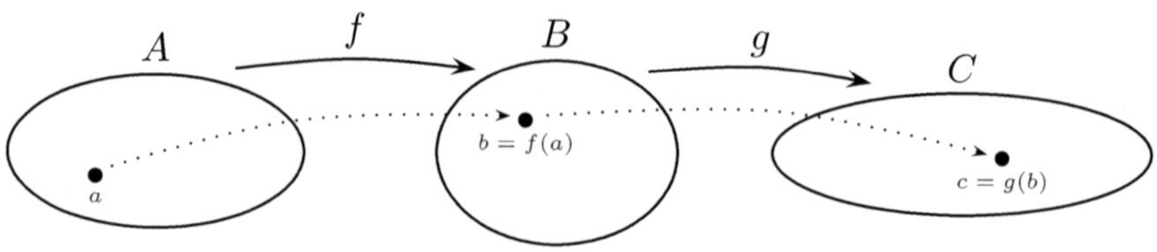

allora la funzione composta si rappresenta come segue:

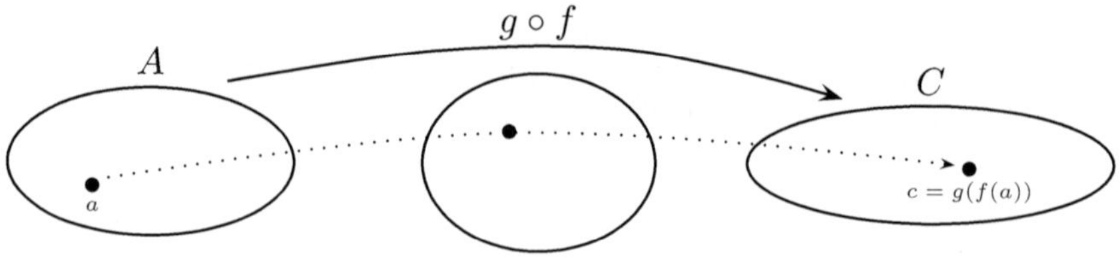

Utilizzando la metafora "arciere-frecce-bersaglio", la funzione composta $g \circ f$ si può immaginare come una squadra di due arcieri che si coordina nel seguente modo: (i) ogni freccia a dell'insieme-faretra A è scagliata dal primo arciere-legge f, colpendo un punto $f(a)$ dell'insieme-bersaglio B; (ii) successivamente il secondo arciere-legge g scaglia una nuova freccia $b := f(a)$ dell'insieme-faretra B (che si trova nel bersaglio colpito dalla prima freccia) e colpisce un punto $g(f(a))$ dell'insieme-bersaglio C.

Ad esempio, la funzione composta $g \circ f$ delle funzioni

$$f\colon \mathbb{N} \to \mathbb{P}\,, \quad f(n) := 2n \quad \forall n \in \mathbb{N}$$
$$g\colon \mathbb{P} \to \mathbb{D}\,, \quad g(p) := p + 1 \quad \forall p \in \mathbb{P}$$

[22] Se A contiene meno di tre elementi, allora esistono funzioni caratteristiche biiettive: si invita il lettore a determinarle.

è definita come segue:

$$g \circ f \colon \mathbb{N} \to \mathbb{D}, \quad (g \circ f)(n) := 2n + 1 \quad \forall n \in \mathbb{N}.$$

Pertanto, si ha, ad esempio, $(g \circ f)(5) = g(f(5)) = g(10) = 11 = 2 \cdot 5 + 1$.

Si dimostrano le seguenti proprietà relative alla composizione:

Teorema 2.4. Siano $f \colon A \to B$ e $g \colon B \to C$ due funzioni. Si ha:

(i) se $g \circ f$ è iniettiva, allora f è iniettiva;

(ii) se $g \circ f$ è suriettiva, allora g è suriettiva;

(iii) se f e g sono iniettive, allora $g \circ f$ è iniettiva;

(iv) se f e g sono suriettive, allora $g \circ f$ è suriettiva;

(v) se f e g sono biiettive, allora $g \circ f$ è biiettiva.

Dimostrazione. Verifichiamo soltanto le proprietà (i), (ii) e (v); la verifica delle proprietà (iii) e (iv) è lasciata al lettore. Per la (i), assumiamo che funzione $g \circ f \colon A \to C$ sia iniettiva e dimostriamo che anche f lo è. La tesi si può scrivere come segue:

$$\forall a_1, a_2 \in A \quad \big(f(a_1) = f(a_2) \ \Rightarrow \ a_1 = a_2\big).$$

Invero, per ogni $a_1, a_2 \in A$, si ha:

$$f(a_1) = f(a_2) \quad \overset{g \text{ funzione}}{\Longrightarrow} \quad g(f(a_1)) = g(f(a_2)) \quad \overset{g \circ f \text{ iniettiva}}{\Longrightarrow} \quad a_1 = a_2$$

e dunque f è iniettiva. Per la (ii), assumiamo che $g \circ f \colon A \to C$ sia suriettiva e dimostriamo che anche g lo è, ossia

$$\forall c \in C \quad \exists b \in B \ \big(g(b) = c\big).$$

Invero, per ogni $c \in C$, si ha:

$$c \in C \quad \overset{g \circ f \text{ suriettiva}}{\Longrightarrow} \quad \exists a \in A \ (g(f(a)) = c) \quad \overset{f \text{ funzione}}{\Longrightarrow} \quad \exists b := f(a) \in B \ \big(g(b) = c\big)$$

e dunque g è suriettiva. Infine, la proprietà (v) è una conseguenza immediata della (iii) e della (iv). Infatti, si ha:

$$f, g \text{ biiettive} \Longrightarrow \left\{ \begin{array}{lcl} f, g \text{ iniettive} & \overset{\text{(iii)}}{\Longrightarrow} & g \circ f \text{ iniettiva} \\ f, g \text{ suriettive} & \overset{\text{(iv)}}{\Longrightarrow} & g \circ f \text{ suriettiva} \end{array} \right\} \Longrightarrow g \circ f \text{ biiettiva}$$

come volevasi dimostrare. □

Una situazione particolare in cui è possibile definire la composizione è quella in cui le mappe f e g siano del tipo $f \colon A \to B$ e $g \colon B \to A$, ossia graficamente:

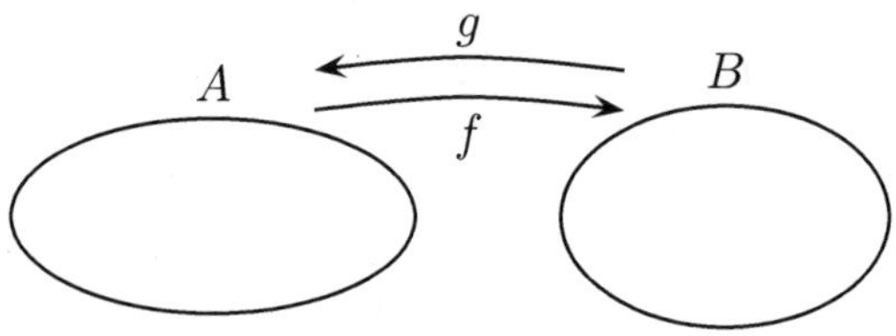

In tali casi si possono definire sia la composizione $g \circ f\colon A \to A$ che la composizione $f \circ g\colon B \to B$, ossia graficamente:

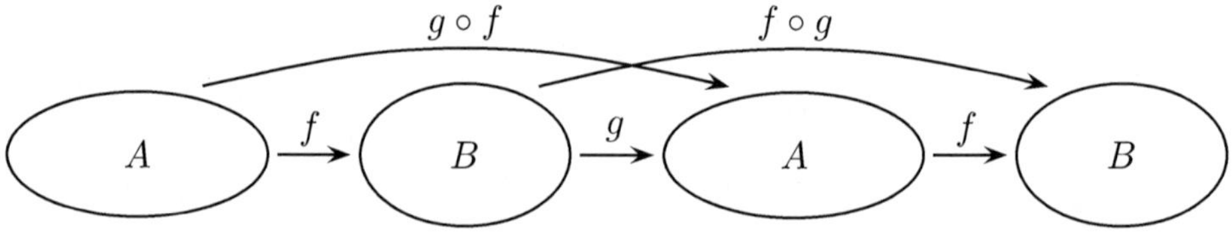

Infine osserviamo che la composizione di funzioni può definirsi più in generale nel caso in cui si abbiano due funzioni $f\colon A \to B$ e $g\colon B' \to C$ tali che $\mathrm{codom} f \subseteq B'$, ossia graficamente:

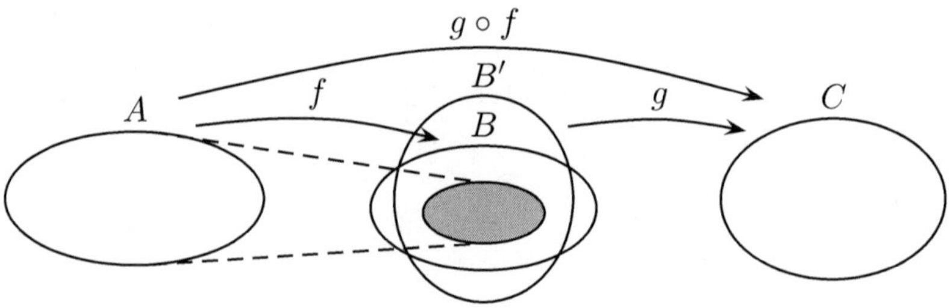

Invero, per definire la composizione $g \circ f$ è sufficiente che il primo arciere f colpisca un punto del bersaglio B situato ove il secondo arciere g disponga di una freccia per colpire il bersaglio C.

2.1.13 Funzioni inverse

Una funzione $f\colon A \to B$ si dice **invertibile** se esiste una funzione $g\colon B \to A$ tale che $g \circ f = \mathrm{id}_A$ e $f \circ g = \mathrm{id}_B$. In altri termini, per ogni $a \in A$ e $b \in B$, si ha

$$g(f(a)) = \mathrm{id}_A(a) = a \qquad \text{e} \qquad f(g(b)) = \mathrm{id}_B(b) = b$$

ossia graficamente:

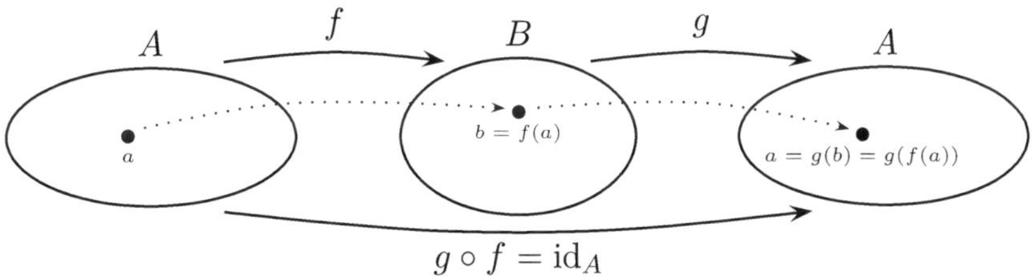

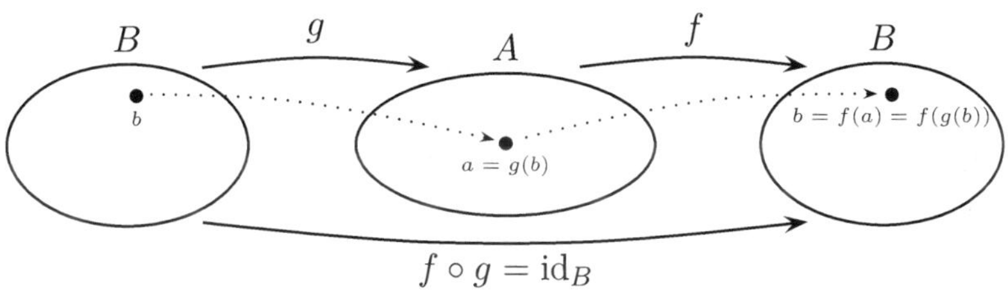

Si dimostra il seguente risultato:

Teorema 2.5. Sia $f: A \to B$ una funzione. Si ha:

(i) f è invertibile se e solo se è biiettiva;

(ii) se f è invertibile, allora esiste un'unica funzione $f^{-1}: B \to A$ tale che $f^{-1} \circ f = \mathrm{id}_A$ e $f \circ f^{-1} = \mathrm{id}_B$.

La mappa f^{-1} di cui in (ii) si dice **funzione inversa** di f. La proprietà (i) è una condizione necessaria e sufficiente per l'invertibilità di una funzione, mentre la (ii) è la proprietà di unicità della funzione inversa. La dimostrazione del seguente risultato è abbastanza semplice:

Teorema 2.6. Se $f: A \to B$ una funzione invertibile, allora si ha:

(iii) per ogni $a \in A$ e $b \in B$, $f(a) = b$ se e solo se $f^{-1}(b) = a$;

(iv) f^{-1} è invertibile ed f è la sua funzione inversa.

In termini analitici, la proprietà (iii) asserisce che la funzione inversa di f è definita, per ogni $b \in B$, da $f^{-1}(b) := a$ ove $a \in A$ è tale che $f(a) := b$. Graficamente, la stessa proprietà si può sintetizzare dicendo che la funzione inversa f^{-1} di una mappa invertibile f si ottiene dalla f semplicemente "cambiando il verso delle frecce", ossia

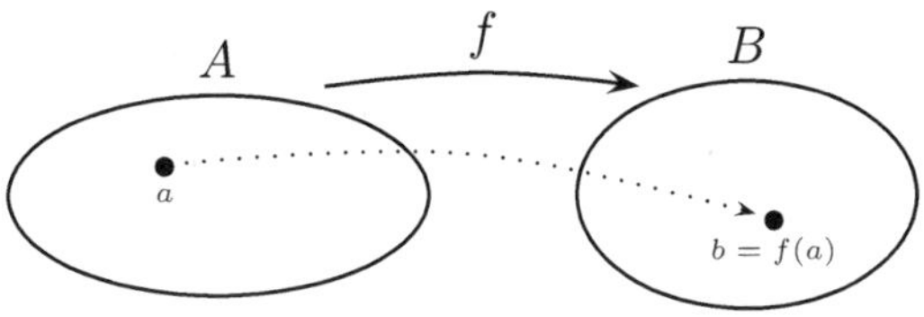

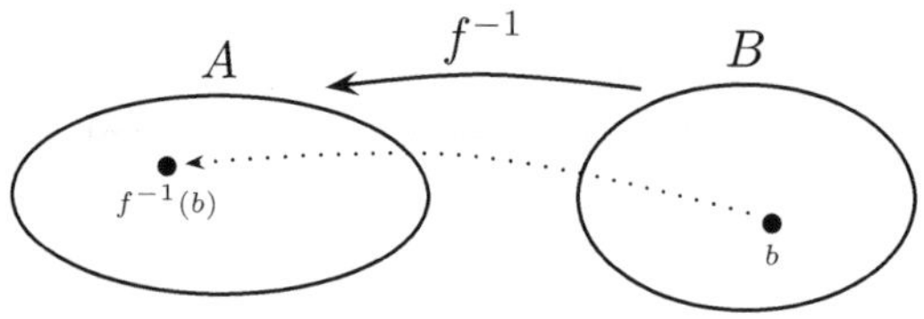

Ad esempio, se f è la biiezione $f\colon \mathbb{N} \to \mathbb{P}$ definita da $f(n) := 2n$ per ogni $n \in \mathbb{N}$, allora la sua funzione inversa $f^{-1}\colon \mathbb{P} \to \mathbb{N}$ è definita da $f^{-1}(p) := p/2$ per ogni $p \in \mathbb{P}$.

Dato un insieme finito[23] A avente $n \geq 1$ elementi, si dimostra che l'insieme $\mathrm{Bi}(A)$ delle funzioni biunivoche da A in A ha $n!$ elementi. Si consideri a titolo di esempio l'insieme $A := \{a, b, c\}$ (per cui $\mathrm{Bi}(A)$ ha esattamente 6 elementi). Un elemento dell'insieme $\mathrm{Bi}(A)$ è la mappa $f\colon A \to A$ definita da $f(a) := b$, $f(b) := c$ e $f(c) := a$. Un altro elemento di $\mathrm{Bi}(A)$ è la funzione inversa di f, ossia $f^{-1}\colon A \to A$ definita da $f^{-1}(a) := c$, $f^{-1}(b) := a$ e $f^{-1}(c) := b$. Si lascia al lettore come esercizio la determinazione delle altre 4 applicazioni biunivoche da A in A, nonché l'identificazione per ciascuna di esse della rispettiva funzione inversa (che è a sua volta un elemento di $\mathrm{Bi}(A)$).[24]

2.1.14 Cardinalità

Il numero di elementi di un insieme A si chiama **cardinalità** di A e si denota con $|A|$ o $\mathrm{card}(A)$. Un insieme A è **finito** se esiste un numero naturale $n \in \mathbb{N}$ e una biiezione $f\colon A \to \{1, 2, \ldots, n\}$; in tal caso si pone $|A| = n$. In particolare, l'insieme vuoto è finito e ha cardinalità zero. Un insieme è **infinito** se non è finito. Il seguente risultato statuisce che per le applicazioni tra insiemi finiti aventi la stesso numero di elementi le nozioni di iniettività, suriettività e biiettività sono invero coincidenti:

Teorema 2.7. Per ogni funzione $f\colon A \to B$ tra insiemi finiti aventi la stessa cardinalità $|A| = |B| = n \in \mathbb{N}^*$, si ha:

(i) f è iniettiva se e solo se è suriettiva se e solo se è biiettiva.

Il confronto tra la cardinalità di due insiemi si effettua mediante opportune funzioni tra gli insiemi medesimi. In particolare, due insiemi A e B hanno la **stessa cardinalità** (ossia $|A| = |B|$) se esiste una biiezione tra A e B.[25]

[23] Si veda la prossima sezione per una definizione formale di *insieme finito*.

[24] Si presti attenzione al fatto che l'inversa di qualche biiezione $f \in \mathrm{Bi}(A)$ potrebbe essere la funzione f medesima, ossia potrebbe capitare che $f^{-1} = f$.

[25] A rigore sarebbe necessario definire prima la nozione "avere la stessa cardinalità" e soltanto successivamente quella di "cardinalità", come si fa in Teoria Assiomatica degli Insiemi.

Inoltre, l'insieme A ha **cardinalità minore** di quella di B (ossia $|A| < |B|$) se esiste una funzione iniettiva $f\colon A \hookrightarrow B$ (o, equivalentemente, una funzione suriettiva $g\colon B \twoheadrightarrow A$) ma non una biiezione tra A e B. La notazione $|A| \leq |B|$ sta per $|A| < |B|$ oppure $|A| = |B|$. Si dimostrano i seguenti risultati:

Teorema 2.8. Se A, B, C sono insiemi finiti, allora si ha:

(ii) $|A \cup B| = |A| + |B| - |A \cap B|$ *(Proprietà dei quattro cardinali)*;

(iii) $|A\cup B\cup C| = |A|+|B|+|C|-|A\cap B|-|A\cap C|-|B\cap C|+|A\cap B\cap C|$.

In generale, se $A_1, A_2, \ldots, A_n$ sono $n \geq 2$ insiemi finiti, allora si ha:

(iv)
$$\begin{aligned}|A_1 \cup A_2 \cup A_3 \cup \ldots \cup A_n| = {} & |A_1| + |A_2| + |A_3| + \ldots + |A_n| + \\ & - |A_1 \cap A_2| - |A_1 \cap A_3| - \ldots - |A_2 \cap A_3| - \ldots - |A_{n-1} \cap A_n| + \\ & + |A_1\cap A_2\cap A_3| + |A_1\cap A_2\cap A_4| + \ldots + |A_{n-2}\cap A_{n-1}\cap A_n| - \ldots + \\ & + (-1)^{n+1}|A_1 \cap A_2 \cap A_3 \cap \ldots \cap A_n|\,.\end{aligned}$$

DIMOSTRAZIONE. Verifichiamo soltanto le proprietà (ii) e (iii); la proprietà (iv) si dimostra utilizzando una tecnica combinatorica di carattere generale, chiamata "*principio di inclusione-esclusione*", di cui si discute nella Sezione 3.1.15 del Capitolo di Calcolo Combinatorio. (Invero, le dimostrazioni fornite per (ii) e (iii) costituiscono dei casi particolari della dimostrazione della (iv).)

Al fine di verificare l'uguaglianza (ii), osserviamo che per contare gli elementi di $A \cup B$ dobbiamo innanzitutto sommare il numero degli elementi di A e il numero degli di B, ossia determinare $|A| + |B|$. Tuttavia, in tal modo gli elementi che appartengono sia ad A che a B (ossia ad $A \cap B$) vengono contati due volte, mentre andrebbero contati soltanto una volta. Pertanto, al fine di determinare $|A \cup B|$, dopo aver "incluso" nel conteggio gli elementi di A e quelli di B, dobbiamo "escludere" dallo stesso conteggio gli elementi di $A \cap B$, ossia sottrarre da $|A| + |B|$ il numero $|A \cap B|$. Ciò dimostra la proprietà dei quattro cardinali.

La dimostrazione della proprietà (iii) – che, in analogia alla (ii) dovrebbe chiamarsi *proprietà degli otto cardinali* – è la naturale estensione al caso di tre insiemi della dimostrazione sopra fornita per il caso di due insiemi. Invero, nel conteggio degli elementi di $A \cup B \cup C$, dobbiamo:

(I1) "includere" gli elementi di A, quelli di B e quelli di C;

(E1) "escludere" gli elementi che sono stati contati due volte, ossia quelli di $A \cap B$, quelli di $A \cap C$ e quelli di $B \cap C$;

(I2) "includere" nuovamente gli elementi di $A \cap B \cap C$ in quanto non ancora computati, essendo stati inclusi tre volte (in qualità di elementi appartenenti sia ad A che a B che a C) ma anche esclusi tre volte (in qualità di elementi appartenenti sia ad $A \cap B$ che ad $A \cap C$ che a $B \cap C$).

Al fine di determinare $|A \cup B \cup C|$, l'inclusione (I1) porta a sommare i tre numeri $|A|$, $|B|$ e $|C|$; l'esclusione (E1) porta a sottrarre i tre numeri $|A \cap B|$, $|A \cap C|$ e $|B \cap C|$; infine, l'inclusione (I2) porta a sommare il numero $|A \cap B \cap C|$. Ciò completa la dimostrazione dell'uguaglianza (iii). □

Ad esempio, se A_1, A_2 e A_3 sono insiemi tali che $|A_1| = 8$, $|A_2| = 10$, $|A_3| = 11$, $|A_1 \cap A_2| = 2$, $|A_1 \cap A_3| = 4$, $|A_2 \cap A_3| = 3$ e $|A_1 \cap A_2 \cap A_3| = 1$, allora si ha $|A_1 \cup A_2 \cup A_3| = 21$. (Si veda il sottostante diagramma di Eulero-Venn.)

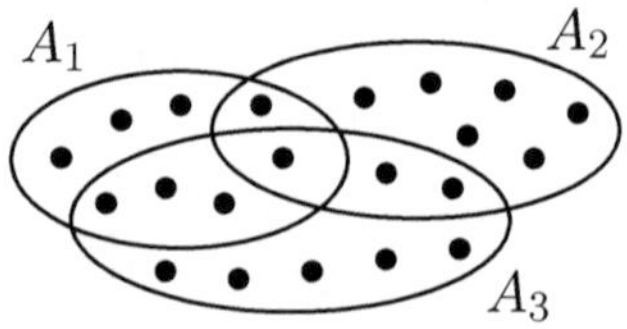

Le proprietà (i)-(iv) di cui nei Teoremi 2.7 e 2.8 valgono soltanto per insiemi finiti. Al contrario, le seguenti proprietà valgono anche per insiemi infiniti (anche se noi le utilizzeremo soltanto per gli insiemi finiti):

Teorema 2.9. Se A e B sono insiemi arbitrari (finiti o infiniti), si ha:

(v) $|\mathcal{P}(A)| = |\{0,1\}^A| = 2^{|A|}$ (in particolare, $|A| = n \Rightarrow |\mathcal{P}(A)| = 2^n$);

(vi) $|B^A| = |B|^{|A|}$;

(vii) $|A| = |B| \iff |A| \leq |B| \wedge |B| \leq |A|$ *(Teorema di Cantor-Bernstein)*;

(viii) $|A \times B| = |A| \cdot |B|$.

Le proprietà (v) e (vi) saranno dimostrate (nel caso in cui A e B siano insiemi finiti) nel Capitolo di Calcolo Combinatorio: si vedano, rispettivamente, il Teorema 3.40 ed il Teorema 3.23. Viceversa, la dimostrazione della (vii) è omessa perché tecnicamente (ma non concettualmente) difficile. Il Teorema di Cantor-Bernstein[26] svolge per l'uguaglianza tra cardinalità un ruolo analogo a quello che il Teorema 2.1(ix) di cui nella Sezione 2.1.2 svolge per l'uguaglianza tra insiemi. In forza del Teorema di Cantor-Bernstein, al fine di dimostrare

[26] Tale risultato, ricordato anche come *Teorema di Cantor-Bernstein-Schroeder* prende il nome dagli studiosi che, in tempi e modalità diverse, hanno contribuito alla sua enunciazione e dimostrazione: **Georg F.L.P. Cantor** (1845-1918), famoso matematico tedesco, è il padre della moderna teoria degli insiemi; **Felix Bernstein** (1878-1956), discepolo di Cantor, dimostrò il teorema nella sua tesi di dottorato; **Ernst Schroeder** (1841-1902), matematico tedesco tra gli iniziatori della logica matematica, diede la prima dimostrazione (scorretta) del teorema.

che due insiemi A e B hanno la stessa cardinalità, basta esibire due funzioni iniettive $f\colon A \hookrightarrow B$ e $g\colon B \hookrightarrow A$ (anziché una biiezione tra A e B, cosa che talvolta risulta decisamente più complicata). Infine, la proprietà (viii) sarà dimostrata nel Capitolo di Calcolo Combinatorio (Proposizione 3.17).

In relazione alla cardinalità degli insiemi numerici di cui nella Sezione 2.1.5, si dimostrano i seguenti risultati:

Teorema 2.10. Esiste la seguente relazione tra le cardinalità degli insiemi numerici $\mathbb{P} \subsetneq \mathbb{N} \subsetneq \mathbb{Z} \subsetneq \mathbb{Q} \subsetneq \mathbb{R}$:

(viii) $|\mathbb{D}| = |\mathbb{P}| = |\mathbb{N}| = |\mathbb{Z}| = |\mathbb{Q}| < |\mathbb{R}| = |\{0,1\}^{\mathbb{N}}|$.

Si noti che sia la funzione $f\colon \mathbb{D} \to \mathbb{P}$ definita da $f(d) := (d-1)/2$ per ogni $d \in \mathbb{D}$, che la funzione $g\colon \mathbb{P} \to \mathbb{N}$ definita da $g(p) := p/2$ per ogni $p \in \mathbb{P}$ sono biiezioni (verificare!), e ciò dimostra le uguaglianze $|\mathbb{D}| = |\mathbb{P}| = |\mathbb{N}|$. Inoltre, la funzione biiettiva $h\colon \mathbb{N} \to \mathbb{Z}$ definita nella Sezione 2.1.11 dimostra l'uguaglianza $|\mathbb{N}| = |\mathbb{Z}|$. L'uguaglianza $|\mathbb{Z}| = |\mathbb{Q}|$ nonché la disuguaglianza $|\mathbb{Q}| < |\mathbb{R}|$ si dimostrano utilizzando opportuni *metodi di diagonalizzazione*, elaborati da Cantor.

Infine, osserviamo che la proprietà (i) di cui nel Teorema 2.7 (enunciata nel caso di insiemi finiti) è falsa per applicazioni tra insiemi infiniti. Infatti, nonostante $|\mathbb{P}| = |\mathbb{N}|$, la mappa $\imath\colon \mathbb{P} \to \mathbb{N}$, definita da $\imath(p) := p$ per ogni numero pari p (ossia l'inclusione canonica di $\mathbb{P}$ in $\mathbb{N}$), è iniettiva ma non suriettiva. Un altro controesempio è dato dalla mappa $q\colon \mathbb{Z} \to \mathbb{N}$ definita da $q(z) := |z|$ per ogni numero intero relativo z (ossia la restrizione del valore assoluto all'insieme $\mathbb{Z}$, avente come insieme arrivo il suo codominio), che è suriettiva ma non iniettiva.

2.1.15 Relazioni binarie

Dato un insieme A, dicesi **relazione binaria** su A un qualunque sottoinsieme $\mathcal{R}$ di $A^2 = A \times A$. Analogamente, una **relazione ternaria** su A è un qualunque sottoinsieme di A^3 e, in generale, una **relazione n-aria** su A è un qualunque sottoinsieme di A^n, ove $n \in \mathbb{N}^*$.

La nozione matematica di relazione binaria su un insieme A codifica in modo simbolico il concetto di relazione esistente tra gli elementi di A, qualora siano ordinatamente presi due alla volta. (Analogamente, la nozione matematica di relazione ternaria codifica in modo simbolico il concetto di relazione tra elementi di A, presi ordinatamente a tre a tre, etc.) Se la relazione binaria $\mathcal{R}$ su A contiene la coppia ordinata $(a,b) \in A \times A$, allora per semplicità – nonché per rendere il simbolismo adottato più consono al suo significato intrinseco – spesso si suole scrivere $a\mathcal{R}b$ anziché $(a,b) \in \mathcal{R}$. In analogia con il simbolismo adottato, la scrittura $a\mathcal{R}b$ si legge "a è nella relazione $\mathcal{R}$ con b".

Dato l'insieme $A := \{a, b, c, d\}$, il sottoinsieme di $A \times A$ definito da

$$\mathcal{R}_1 := \{(a, b), (c, b), (c, d), (d, d)\}$$

è un esempio di relazione binaria su A. Pertanto, in questo caso si ha $a\mathcal{R}_1 b$, $c\mathcal{R}_1 b$, $c\mathcal{R}_1 d$, $d\mathcal{R}_1 d$. Alcuni esempi canonici di relazioni binarie su A sono i seguenti insiemi di coppie ordinate:

- $\mathcal{R}_2 := \{(a, a), (b, b), (c, c), (d, d)\} = \Delta(A)$, ossia la diagonale di A;
- $\mathcal{R}_3 := \emptyset$, ossia la relazione *vuota* su A;
- $\mathcal{R}_4 := A \times A$, ossia la relazione *piena* su A.

Pertanto, in $\mathcal{R}_2$ ciascun elemento è in relazione soltanto con se stesso, in $\mathcal{R}_3$ non esistono relazioni di sorta tra gli elementi di A, mentre in $\mathcal{R}_4$ ogni elemento è in relazione con tutti gli altri (incluso se stesso).

Una relazione binaria $\mathcal{R}$ su un insieme A può essere efficacemente rappresentata mediante un **grafo orientato**, ossia un insieme di punti (rappresentanti gli elementi di A) e un insieme di frecce orientate tra tali punti (rappresentanti le coppie ordinate facenti parte della relazione $\mathcal{R}$). Ad esempio, le relazioni binarie $\mathcal{R}_1$, $\mathcal{R}_2$, $\mathcal{R}_3$ e $\mathcal{R}_4$ sopra definite sono rappresentabili come segue:

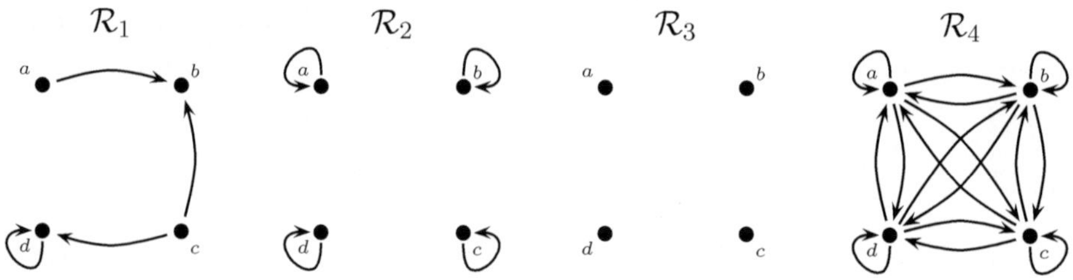

2.1.16 Proprietà delle relazioni binarie

Una relazione binaria $\mathcal{R}$ su un insieme A può godere di determinate proprietà. Alcune tra le proprietà più importanti sono le seguenti:

- **riflessiva**: $\forall a \in A \ (a\mathcal{R}a)$
- **simmetrica**: $\forall a, b \in A \ (a\mathcal{R}b \Rightarrow b\mathcal{R}a)$
- **transitiva**: $\forall a, b, c \in A \ ((a\mathcal{R}b \wedge b\mathcal{R}c) \Rightarrow a\mathcal{R}c)$
- **antisimmetrica**: $\forall a, b \in A \ ((a\mathcal{R}b \wedge b\mathcal{R}a) \Rightarrow a = b)$

- **completa (o totale)**: $\forall a, b \in A \ (a \neq b \Rightarrow (a\mathcal{R}b \vee b\mathcal{R}a))$
- **fortemente completa**: $\forall a, b \in A \ (a\mathcal{R}b \vee b\mathcal{R}a)$
- **asimmetrica**: $\forall a, b \in A \ (a\mathcal{R}b \Rightarrow \neg(b\mathcal{R}a))$

ove la notazione $\neg(b\mathcal{R}a)$ sta per $(b, a) \notin \mathcal{R}$. Si osservi che tutte le proprietà elencate contengono il quantificatore *universale*, dunque non sono verificate nel caso in cui anche un solo elemento di A non le soddisfi. Interpretando graficamente le suddette proprietà, una relazione binaria su A è:

- *riflessiva*: se per ogni elemento $a \in A$ esiste la freccia che parte da a e finisce in a (il cosiddetto *loop* su a);
- *simmetrica*: se per ogni coppia di elementi in $a, b \in A$, l'esistenza della freccia da a in b implica l'esistenza della freccia da b in a (ossia, equivalentemente, per ogni coppia di elementi in A o ci sono entrambe le frecce o non ce n'è nessuna);
- *transitiva*: se per ogni tre elementi $a, b, c \in A$ (non necessariamente distinti), la presenza della freccia da a in b e di quella da b in c implica l'esistenza della freccia "ponte" da a in c;
- *antisimmetrica*: se non esistono due elementi distinti $a, b \in A$ tali che ci siano la freccia che va da a in b e quella che va da b in a;
- *completa*: se per ogni coppia di elementi distinti $a, b \in A$, esiste almeno una delle due frecce possibili;
- *fortemente completa*: se per ogni coppia di elementi (anche uguali) $a, b \in A$, esiste almeno una tra le due frecce possibili;
- *asimmetrica*: se per ogni coppia di elementi $a, b \in A$, l'esistenza della freccia da a in b implica che non esiste la freccia da b in a (ossia, equivalentemente, per ogni coppia di elementi in A o esiste una sola freccia tra di loro o non ne esiste nessuna).

Si noti che una relazione asimmetrica è sempre antisimmetrica, in quanto l'antecedente dell'implicazione "$(a\mathcal{R}b \wedge b\mathcal{R}a) \Rightarrow a = b$" è falso per ogni $a, b \in A$. Inoltre una relazione fortemente completa è ovviamente riflessiva, in quanto la completezza forte vale anche per $a = b$. In generale, denotati con $\mathrm{Rel}(A)$, $\mathrm{Rel}_{\mathrm{r}}(A)$ e $\mathrm{Rel}_{\mathrm{rs}}(A)$, rispettivamente, l'insieme delle relazioni binarie su A, quello delle relazioni binarie riflessive su A e quello delle relazioni binarie riflessive e simmetriche su A, si ha:

$$\mathrm{Rel}_{\mathrm{rs}}(A) \subsetneq \mathrm{Rel}_{\mathrm{r}}(A) \subsetneq \mathrm{Rel}(A) = \mathcal{P}(A \times A)$$

ove tutte le inclusioni sono strette se A contiene almeno due elementi. Ad esempio, se $|A| = 2$, allora si ha:

$$|\mathrm{Rel}(A)| = 2^{|A\times A|} = 2^4, \quad |\mathrm{Rel_r}(A)| = 4, \quad |\mathrm{Rel_{rs}}(A)| = 2.$$

In particolare, dato l'insieme $A := \{a, b\}$, si considerino le relazioni binarie $\mathcal{R}_1$, $\mathcal{R}_2$, $\mathcal{R}_3$ e $\mathcal{R}_4$ definite come segue:

$\mathcal{R}_1 := \{(a, a), (b, b)\}$,
$\mathcal{R}_2 := \{(a, a), (b, b), (a, b)\}$,
$\mathcal{R}_3 := \{(a, a), (b, b), (b, a)\}$,
$\mathcal{R}_4 := \{(a, a), (b, b), (a, b), (b, a)\}$.

Si verificano abbastanza facilmente (e suggeriamo al lettore di farlo, disegnando anche i grafici delle suddette relazioni binarie) le seguenti due uguaglianze:

$\mathrm{Rel_r}(A) = \{\mathcal{R}_1, \mathcal{R}_2, \mathcal{R}_3, \mathcal{R}_4\}$,
$\mathrm{Rel_{rs}}(A) = \{\mathcal{R}_1, \mathcal{R}_4\}$.

Le relazioni binarie che godono di alcune tra le suddette proprietà sono particolarmente significative da un punto di vista concettuale. Nelle due sezioni successive ne esaminiamo due tipi: le relazioni di equivalenza e quelle di ordinamento.

2.1.17 Relazioni di equivalenza

Una **relazione di equivalenza** su un insieme A è una relazione binaria $\mathcal{R}$ su A che gode delle proprietà riflessiva, simmetrica e transitiva. Graficamente, $\mathcal{R}$ suddivide A in "gruppi" (ossia sottoinsiemi di A) stabilendo una sorta di connessione completa tra gli elementi di ciascun gruppo, fino a determinare l'assoluta identificazione di tutti gli elementi all'interno di ciascun gruppo con il gruppo medesimo.

Da un punto di vista concettuale, una relazione di equivalenza $\mathcal{R}$ su A è la formalizzazione simbolica di una specifica "caratteristica" (o più "caratteristiche") degli elementi di A. In altri termini, gli elementi di A sono diversi tra loro per varie ragioni o caratteristiche, ma la relazione di equivalenza $\mathcal{R}$ "vede" la differenza tra tali elementi da una sola prospettiva – la specifica caratteristica corrispondente ad $\mathcal{R}$ – essendo "cieca" rispetto a tutte le altre caratteristiche che gli elementi possiedono. Pertanto, gli elementi di A che, pur essendo diversi, presentano lo stesso "valore" rispetto all'unica caratteristica rilevante risultano tra loro indistinguibili. Il seguente esempio illustra tale interpretazione.

Sia A l'insieme dei cittadini italiani, residenti in Italia o all'estero. Sia $\mathcal{E}$ la relazione binaria su A definita, per ogni coppia di cittadini italiani $a, b \in A$, come segue: $a \mathcal{E} b$ se "a risiede nello stesso comune di b". La relazione $\mathcal{E}$ è di equivalenza, in quanto sono soddisfatte le seguenti proprietà:

(R) $\forall a \in A\,(a \mathcal{E} a)$: infatti, ogni cittadino italiano a risiede nello stesso comune in cui risiede a stesso;

(S) $\forall a, b \in A\,(a \mathcal{E} b \Rightarrow b \mathcal{E} a)$: infatti, per ogni coppia di cittadini italiani a e b, se a risiede nello stesso comune di b, ne segue che b risiede nello stesso comune di a;

(T) $\forall a, b, c \in A\,\big((a \mathcal{E} b \wedge b \mathcal{E} c) \Rightarrow a \mathcal{E} c\big)$: infatti, per ogni terna di cittadini italiani a, b e c, se a risiede nello stesso comune di b e b risiede nello stesso comune di c, allora a risiede nello stesso comune di c.

Nell'interpretare l'effetto della relazione $\mathcal{E}$ all'interno dell'insieme A, osserviamo che, ad esempio, tutti i cittadini italiani residenti nel comune di Nicolosi sono in relazione tra loro, ma essi non sono in relazione con alcuno dei cittadini italiani residenti in un comune diverso. Pertanto, l'effetto della suddetta relazione di equivalenza sui cittadini italiani residenti a Nicolosi porta a considerarli come indistinguibili l'uno all'altro, costituendo un nuovo elemento, il "cittadino-comune" di Nicolosi.[27] In altri termini, la relazione $\mathcal{E}$ vede i cittadini italiani solo rispetto alla loro "residenza", essendo cieca rispetto a tutte le altre caratteristiche che differenziano due cittadini diversi. Ne segue che due cittadini che risiedono nello stesso comune sono, ai fini della relazione $\mathcal{E}$, lo stesso cittadino.

Tra le relazioni binarie $\mathcal{R}_1$, $\mathcal{R}_2$, $\mathcal{R}_3$ ed $\mathcal{R}_4$ sull'insieme $A := \{a, b, c, d\}$ definite nella Sezione 2.1.15, solo la $\mathcal{R}_2$ e la $\mathcal{R}_4$ sono relazioni di equivalenza su A. Infatti, la $\mathcal{R}_1$ gode della proprietà transitiva, ma non verifica né la proprietà riflessiva né quella simmetrica. La relazione $\mathcal{R}_3$ gode (vacuamente, per il principio di implicazione materiale di cui nella Sezione 1.1.3) delle proprietà simmetrica e transitiva, ma non gode delle proprietà riflessiva. Viceversa, sia la relazione $\mathcal{R}_2$ che la $\mathcal{R}_4$ verificano tutte e tre le proprietà che caratterizzano una relazione di equivalenza (verificare!). In particolare, la relazione binaria $\mathcal{R}_2$ è la più "debole" tra le relazioni di equivalenza su A, in quanto mette in relazione ogni elemento di A esclusivamente con se stesso. Al contrario, la relazione binaria $\mathcal{R}_4$ è la più "forte" tra le relazioni di equivalenza su A, in quanto mette in relazione ogni elemento di A con tutti gli altri (incluso se stesso).

Come ultimo esempio di relazione di equivalenza su un insieme A, consideriamo la più naturale di tali relazioni: l'uguaglianza su A. In particolare,

[27] Più precisamente, usando la terminologia introdotta nella Sezione 2.1.19, l'insieme dei cittadini italiani residenti a Nicolosi costituisce un elemento dell'insieme quoziente $A/\mathcal{E}$.

sia $\mathcal{U}$ la relazione binaria su $\mathbb{Z}$ definita da $\mathcal{U} := \{(x, y) \in \mathbb{Z}^2 : x = y\}$, ossia, in modo equivalente, $x\mathcal{U}y$ se $x = y$ per ogni $x, y \in \mathbb{Z}$. Si verifica facilmente che $\mathcal{U}$ è una relazione di equivalenza su $\mathbb{Z}$. (Invero, $\mathcal{U}$ ha su $\mathbb{Z}$ lo stesso effetto che la relazione $\mathcal{R}_2$ sopra definita ha su $A := \{a, b, c, d\}$.)

L'insieme di tutte le relazioni di equivalenza su A si denota con $\mathrm{Eq}(A)$. Se $|A| \geq 3$, allora si ha $\mathrm{Eq}(A) \subsetneq \mathrm{Rel}_{\mathrm{rs}}(A)$.

2.1.18 Relazioni di ordinamento

Una **relazione di ordinamento parziale** su un insieme A è una relazione binaria su A che gode delle proprietà riflessiva, antisimmetrica e transitiva. Un *insieme parzialmente ordinato* è una coppia ordinata $(A, \preceq)$, ove A è un insieme non vuoto mentre $\preceq$ è una relazione di ordinamento parziale.[28]

Una **relazione di ordinamento totale** su A è una relazione di ordinamento parziale su A che gode anche della proprietà di completezza. Un *insieme totalmente ordinato* (detto anche *linearmente ordinato*) è un insieme parzialmente ordinato $(A, \preceq)$ in cui la relazione di ordinamento $\preceq$ è totale.

Ad esempio, si consideri la relazione binaria $\mathcal{S}$ su $\mathbb{Z}$, definita come segue: $\mathcal{S} := \{(x, y) \in \mathbb{Z}^2 : x \leq y\}$ (oppure, in modo equivalente, $x\,\mathcal{S}y$ se $x \leq y$ per ogni $x, y \in \mathbb{Z}$). La relazione $\mathcal{S}$ è un ordinamento totale su $\mathbb{Z}$ (e dunque $(\mathbb{Z}, \mathcal{S}) = (\mathbb{Z}, \leq)$ è un insieme totalmente ordinato), essendo:

(R) $\forall x \in \mathbb{Z}\,(x\,\mathcal{S}x):$ infatti, ogni numero intero x è minore od eguale di se stesso (essendo eguale a se stesso);

(A) $\forall x, y \in \mathbb{Z}\,((x\,\mathcal{S}y \wedge y\,\mathcal{S}x) \Rightarrow x = y):$ infatti, per ogni coppia di numeri interi x e y, se x è minore od eguale di y e contemporaneamente y è minore od eguale di x, allora x e y devono essere eguali; formalmente, essendo

$$\begin{aligned} x \leq y \quad &\Rightarrow \quad \exists k \in \mathbb{N}\,(x + k = y) \\ y \leq x \quad &\Rightarrow \quad \exists h \in \mathbb{N}\,(y + h = x) \end{aligned}$$

ne segue

$$x + k = x - h \quad \Rightarrow \quad k + h = 0 \quad \Rightarrow \quad k = h = 0 \quad \Rightarrow \quad x = y\,;$$

(T) $\forall x, y, z \in A\,((x\,\mathcal{S}y \wedge y\,\mathcal{S}z) \Rightarrow x\,\mathcal{S}z):$ infatti, per ogni terna di numeri interi x, y e z, se x è minore od eguale di y e contemporaneamente y è

---

[28] Si preferisce denotare una relazione di ordinamento con $\preceq$ anziché con $\mathcal{R}$ per analogia con la ben nota relazione binaria $\leq$ ("minore od uguale a"). Infatti, se A è un qualunque insieme di numeri (naturali, interi relativi, razionali, reali, etc.), allora $\leq$ è una relazione di ordinamento parziale (invero, totale) su A: si veda l'esempio seguente, in cui l'insieme parzialmente (totalmente) ordinato è $(\mathbb{Z}, \leq)$.

minore od eguale di z, allora x è minore od eguale di z; formalmente, essendo

$$\begin{array}{lcl} x \leq y & \Rightarrow & \exists k \in \mathbb{N}\,(x + k = y) \\ y \leq z & \Rightarrow & \exists h \in \mathbb{N}\,(y + h = z) \end{array}$$

ne segue

$$x + (k + h) = (x + k) + h = y + h = z \quad \Rightarrow \quad x \leq z\,;$$

(C) $\forall x, y \in \mathbb{Z}\,(x\,\mathcal{S}y \vee y\,\mathcal{S}x)$: infatti, per ogni coppia di numeri interi x e y, si ha $x \leq y$ (ossia $x\,\mathcal{S}y$) oppure $y < x$ (che implica $y\,\mathcal{S}x$).

Un insieme totalmente ordinato può essere graficamente rappresentato come una "catena" di elementi. Ad esempio, l'insieme linearmente ordinato $(\mathbb{Z}, \leq)$ ha la seguente rappresentazione:[29]

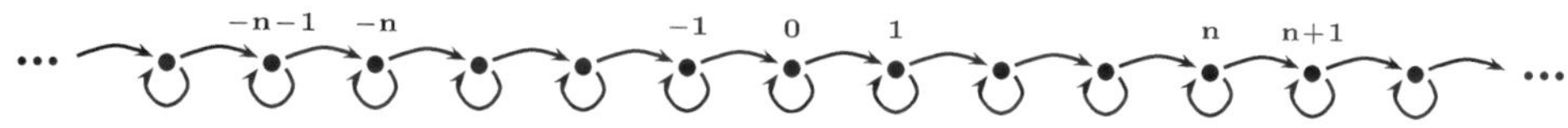

Esistono relazioni di ordinamento parziale che non sono complete. Ad esempio, se A è un insieme avente almeno 2 elementi, si definisca sul suo insieme delle parti $\mathcal{P}(A)$ una relazione binaria $\mathcal{T}$ come segue:

$$\mathcal{T} := \{(B, C) \in \mathcal{P}(A) \times \mathcal{P}(A) : B \subseteq C\}$$

ossia, in modo equivalente, per ogni $B, C \in \mathcal{P}(A)$, $B\,\mathcal{T}C$ se $B \subseteq C$. Si verifica che $\mathcal{T}$ è una relazione di ordinamento parziale non totale su $\mathcal{P}(A)$, per cui $(\mathcal{P}(A), \mathcal{T}) = (\mathcal{P}(A), \subseteq)$ è un insieme parzialmente ordinato che non è totalmente ordinato. In particolare, se A è l'insieme $\{a, b, c\}$, allora $(\mathcal{P}(A), \subseteq)$ può graficamente rappresentarsi come nella seguente figura:[30]

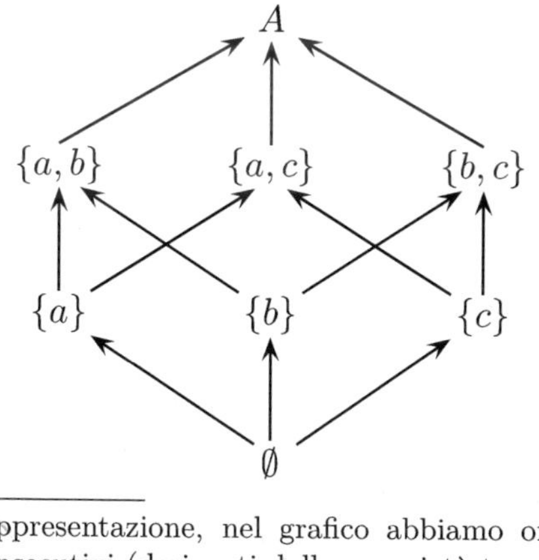

[29] Per semplicità di rappresentazione, nel grafico abbiamo omesso tutte le frecce che collegano elementi non consecutivi (derivanti dalla proprietà transitiva).

[30] Per semplicità di rappresentazione, nel grafico abbiamo omesso sia le frecce che collegano elementi non consecutivi, che i *loops* su ciascun elemento.

Sia $(A, \preceq)$ un insieme parzialmente ordinato. Un elemento $a \in A$ si dice:

- *un* **elemento minimale** di $(A, \preceq)$ se non esiste $x \in A \setminus \{a\}$ tale che $x \preceq a$;
- *un* **elemento massimale** di $(A, \preceq)$ se non esiste $x \in A \setminus \{a\}$ tale che $a \preceq x$;
- *il* **minimo** di $(A, \preceq)$ (denotato con $\mathbf{min\,A}$) se risulta $a \preceq x$ per ogni $x \in A$;
- *il* **massimo** di $(A, \preceq)$ (denotato con $\mathbf{max\,A}$) se risulta $x \preceq a$ per ogni $x \in A$.

In altri termini, un elemento $a \in A$ è minimale in $(A, \preceq)$ se per ogni elemento $x \in A$ *con cui è confrontabile*, si ha $a \preceq x$. Ne segue che il minimo di $(A, \preceq)$ è un particolare elemento minimale, in quanto è confrontabile con tutti gli altri elementi di A ed inoltre risulta essere il più piccolo di tutti.

Si noti che un insieme parzialmente ordinato $(A, \preceq)$ può avere nessuno, uno o più elementi minimali, mentre il minimo, se esiste, è unico.[31] Tuttavia, nel caso in cui $(A, \preceq)$ sia un insieme totalmente ordinato, le nozioni di elemento minimale e minimo coincidono, in quanto, in forza della proprietà di completezza, ogni elemento è confrontabile con tutti gli altri. Naturalmente, le osservazioni appena fatte per gli elementi minimali e per il minimo di un insieme parzialmente ordinato valgono – *mutatis mutandis* – per gli elementi massimali e il massimo.

Ad esempio, l'insieme totalmente ordinato $(\mathbb{Z}, \leq)$ non ha né elementi minimali né elementi massimali (e dunque, in particolare, né minimo né massimo). L'insieme parzialmente ordinato $(\mathcal{P}(A), \subseteq)$, ove $A := \{a, b, c\}$, ha un solo elemento minimale (che è anche minimo), ossia $\emptyset$, ed un solo elemento massimale (che è anche massimo), ossia A.

Concludiamo le sezione con tre esempi di insiemi parzialmente ordinati in cui le nozioni di elemento minimale e minimo (rispettivamente, elemento massimale e massimo) non coincidono. Siano $\mathcal{R}, \mathcal{S}, \mathcal{T}$ le relazioni sull'insieme $A := \{a, b, c, d\}$ definite come segue:[32]

$$\begin{aligned}\mathcal{R} &:= \{(a,b),(a,c),(a,d)\} \cup \Delta(A)\\ \mathcal{S} &:= \{(b,a),(c,a),(d,a)\} \cup \Delta(A)\\ \mathcal{T} &:= \{(a,b),(c,d)\} \cup \Delta(A)\,.\end{aligned}$$

[31] Ecco perché abbiamo usato l'articolo indeterminativo "un" per definire un elemento minimale, e l'articolo determinativo "il" per definire il minimo.

[32] Ricordiamo che $\Delta(A) := \{(a,a),(b,b),(c,c),(d,d)\}$ denota la diagonale di A.

Si verifica facilmente che $(A, \mathcal{R})$, $(A, \mathcal{S})$ e $(A, \mathcal{T})$ sono insiemi parzialmente ordinati, rappresentabili graficamente come segue (per semplicità di rappresentazione, i *loops* sono omessi):

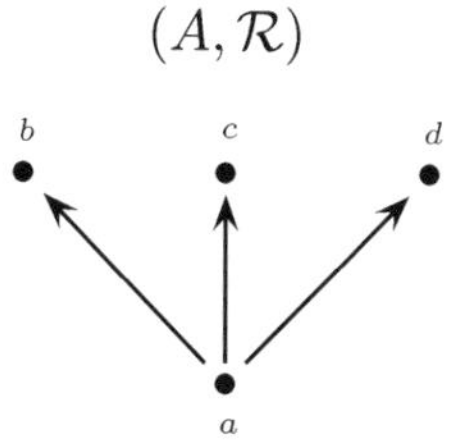

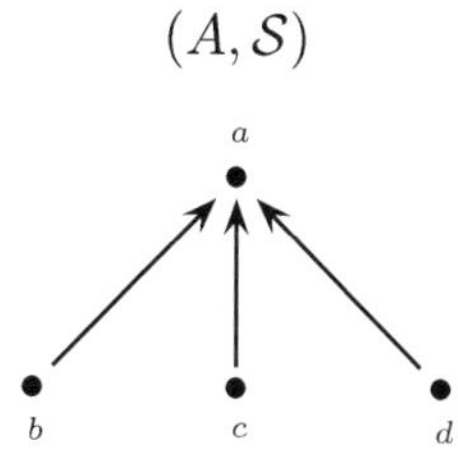

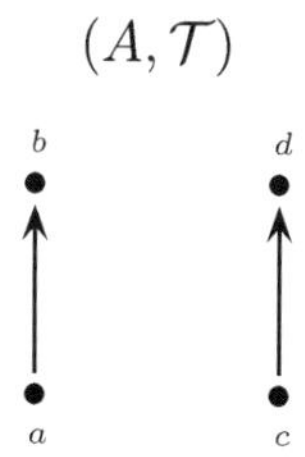

Si ha:

Relazione	Elem. minimali	$\min A$	Elem. massimali	$\max A$
$\mathcal{R}$	a	a	b, c, d	$\nexists$
$\mathcal{S}$	b, c, d	$\nexists$	a	a
$\mathcal{T}$	a, c	$\nexists$	b, d	$\nexists$

2.1.19 Partizione ed insieme quoziente

Dato un insieme A, una **partizione** di A è una famiglia $\mathcal{F}$ di sottoinsiemi non vuoti di A, che siano a due a due disgiunti e tali che la loro unione sia uguale ad A. I sottoinsiemi di A che fanno parte della partizione $\mathcal{F}$ si dicono **classi della partizione** $\mathcal{F}$. Si noti che, a norma di definizione, una partizione di A è un sottoinsieme dell'insieme delle parti di A che gode di determinate proprietà.

Un esempio di partizione dell'insieme dei numeri interi relativi $\mathbb{Z}$ in due classi è la famiglia $\mathcal{F} := \{\{\mathbb{N}\}, \{\mathbb{Z} \setminus \mathbb{N}\}\}$. Inoltre, le seguenti tre famiglie sono esempi di partizioni dell'insieme $A := \{a_1, a_2, a_3, a_4, a_5, a_6\}$:

$$\begin{aligned} \mathcal{F}_1 &:= \{\{a_3\}, \{a_1, a_5\}, \{a_2, a_4, a_6\}\} \\ \mathcal{F}_2 &:= \{\{a_1\}, \{a_2\}, \{a_3\}, \{a_4\}, \{a_5\}, \{a_6\}\} \\ \mathcal{F}_3 &:= \{A\}. \end{aligned}$$

Le famiglie $\mathcal{F}_1$, $\mathcal{F}_2$ e $\mathcal{F}_3$ sono rappresentabili graficamente come segue:[33]

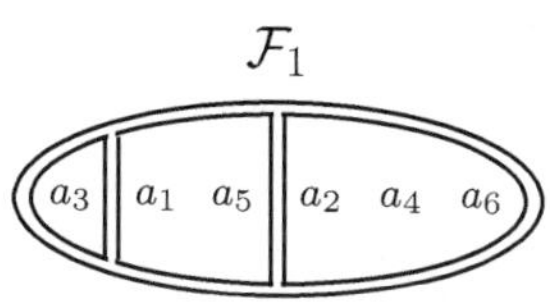

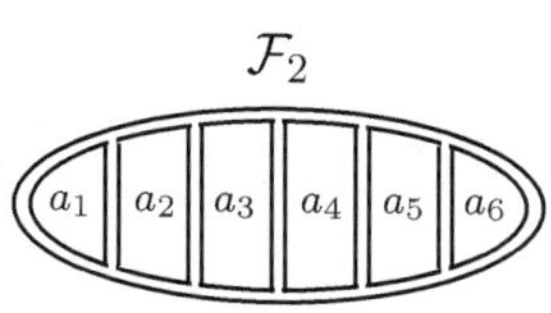

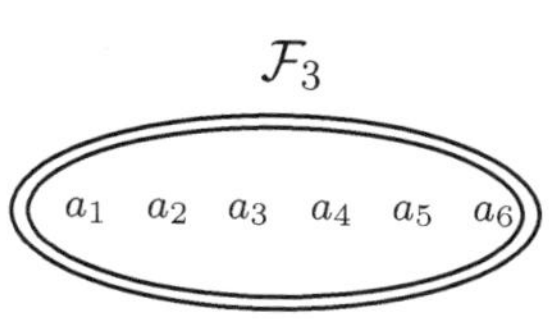

[33] Il "doppio bordo" nella rappresentazione grafica è utilizzato al fine di ricordare al lettore che, ad esempio, il singoletto $\{a_3\}$ è un elemento di $\mathcal{F}_1$, mentre a_3 non lo è.

Con un leggero abuso di notazione, a volte una partizione è denotata come un'unione disgiunta delle sue classi non vuote. Ad esempio, la notazione

$$A = A_1 \uplus A_2 \uplus A_3 \uplus A_4$$

si usa talvolta per denotare che la famiglia $\{A_1, A_2, A_3, A_4\}$ è una partizione dell'insieme A. La famiglia di tutte le partizioni di un insieme A si denota con $\text{Part}(A)$. Si dimostra il seguente risultato:

Teorema 2.11. Esiste una corrispondenza biunivoca tra l'insieme $\text{Part}(A)$ delle partizioni di A e l'insieme $\text{Eq}(A)$ delle relazioni di equivalenza su A. Pertanto, si ha:

$$|\text{Part}(A)| = |\text{Eq}(A)| .$$

La portata teorica di questo risultato è notevole, in quanto esso rappresenta un'istanza di un fenomeno che spesso si riscontra in matematica: due nozioni in apparenza molto diverse l'una dall'altra risultano invece strettamente legate tra loro. Nel caso in esame, le due nozioni di partizione da una parte e relazione di equivalenza dall'altra sono legate mediante una biiezione, ossia una corrispondenza che associa in modo biunivoco ad ogni famiglia di sottoinsiemi di A che gode di determinate proprietà (ossia una partizione di A) un sottoinsieme di A^2 che gode di particolari proprietà (ossia una relazione di equivalenza su A). Un'importante conseguenza pratica dell'esistenza della suddetta corrispondenza biunivoca tra $\text{Part}(A)$ ed $\text{Eq}(A)$ è che al fine di determinare la cardinalità di uno dei due insiemi è sufficiente determinare quella dell'altro insieme.

Piuttosto che fornire una dimostrazione formale del Teorema 2.11, preferiamo illustrare con due esempi come passare da una partizione $\mathcal{F}$ di A alla relazione di equivalenza $\mathcal{R}_{\mathcal{F}}$ ad essa associata, e viceversa da una relazione di equivalenza $\mathcal{R}$ su A alla partizione $\mathcal{F}_{\mathcal{R}}$ ad essa associata. La dimostrazione formale del Teorema 2.11 si può comunque evincere mediante astrazione del procedimento sotto illustrato.

Dato l'insieme $A := \{a, b, c, d, e, f\}$, sia $\mathcal{F}$ la partizione di A definita da $\mathcal{F} := \{\{a, b, c\}, \{d, e\}, \{f\}\}$. Costruiamo una relazione di equivalenza $\mathcal{R}_{\mathcal{F}}$ su A utilizzando "in modo naturale" la partizione $\mathcal{F}$. Innanzitutto, dovendo $\mathcal{R}_{\mathcal{F}}$ essere una relazione di equivalenza, essa deve contenere la diagonale di A, ossia $(x, x) \in \mathcal{R}_{\mathcal{F}}$ per ogni $x \in A$. Inoltre, poiché i tre elementi $a, b, c \in A$ stanno nella stessa classe di $\mathcal{F}$, è naturale ritenere che essi siano tra loro a due a due in relazione in tutti i modi possibili; in altri termini, tutte le coppie ordinate $(a, b), (b, a), (a, c), (c, a), (b, c), (c, b)$ sono contenute in $\mathcal{R}_{\mathcal{F}}$. Per un'analoga ragione, risulta $(d, e), (e, d) \in \mathcal{R}_{\mathcal{F}}$. In conclusione, si ottiene:

$$\mathcal{R}_{\mathcal{F}} = \Delta(A) \cup \{(a, b), (b, a), (a, c), (c, a), (b, c), (c, b), (d, e), (e, d)\}$$

ove $\Delta(A) := \{(a,a),(b,b),(c,c),(d,d),(e,e),(f,f)\}$. La costruzione della relazione di equivalenza $\mathcal{R}_{\mathcal{F}}$ a partire dalla partizione $\mathcal{F}$ risulta ancora più chiara con l'ausilio della seguente rappresentazione grafica:

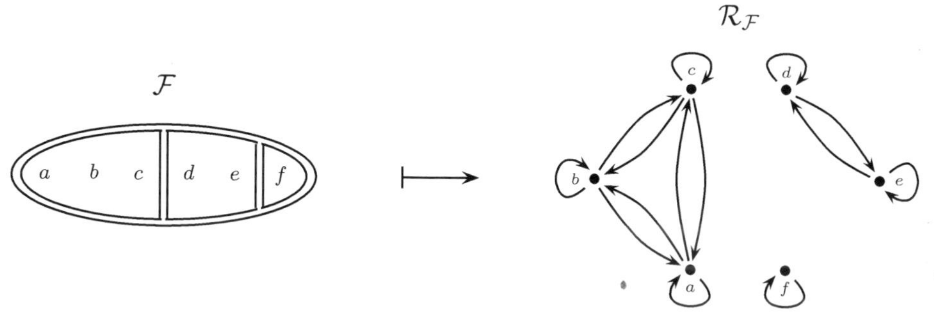

Dualmente, ad ogni relazione di equivalenza $\mathcal{R}$ su A si associa "in modo naturale" una partizione $\mathcal{F}_{\mathcal{R}}$ di A. Ad esempio, data la relazione di equivalenza

$$\mathcal{R} := \{(a,a),(b,b),(c,c),(d,d),(a,c),(c,a)\}$$

su A, la partizione di A ad essa associata è $\mathcal{F}_{\mathcal{R}} = \{\{a,c\},\{b\},\{d\}\}$. (Si lascia al lettore la determinazione della *ratio* sottostante la corrispondenza di cui sopra.)

La generalizzazione della procedura appena illustrata in due casi concreti permette di determinare in modo univoco una partizione a partire da una relazione di equivalenza. Pertanto, data una relazione di equivalenza $\mathcal{R}$ su un insieme A nasce *la* partizione di A associata ad $\mathcal{R}$, che si dice **insieme quoziente di A rispetto ad $\mathcal{R}$** e si denota con $A/\mathcal{R}$; gli elementi di $A/\mathcal{R}$ sono le classi (ossia gli insiemi) della relazione di equivalenza.

Ad esempio, consideriamo le relazioni di equivalenza $\mathcal{E}$, $\mathcal{R}_2$, $\mathcal{R}_4$ ed $\mathcal{U}$ di cui nella Sezione 2.1.17. L'insieme quoziente $A/\mathcal{E}$ (ove $\mathcal{E}$ è la relazione di equivalenza sull'insieme A di tutti i cittadini italiani definita in base al comune di residenza) è la famiglia di tutti gli insiemi di cittadini italiani raggruppati per comune di residenza: tale famiglia è identificabile con l'insieme dei comuni (italiani od esteri) in cui risiede almeno un cittadino italiano. In termini concettuali,[34] poiché la relazione di equivalenza $\mathcal{E}$ è la formalizzazione simbolica della caratteristica "comune di residenza" degli elementi di A, allora l'insieme quoziente $A/\mathcal{E}$ è la formalizzazione simbolica di tutti i valori che tale caratteristica può assumere.

[34] Si veda la Sezione 2.1.17 per un'interpretazione concettuale della nozione di relazione di equivalenza.

Analogamente, le relazioni di equivalenza $\mathcal{R}_2$ e $\mathcal{R}_4$ definite su $A := \{a, b, c, d\}$ generano, rispettivamente, gli insiemi quoziente

$$A/\mathcal{R}_2 = \{\{a\}, \{b\}, \{c\}, \{d\}\} \qquad \text{e} \qquad A/\mathcal{R}_4 = \{\{a, b, c, d\}\}.$$

Infine, l'insieme quoziente $\mathbb{Z}/\mathcal{U}$, ove $\mathcal{U}$ è la relazione di uguaglianza su $\mathbb{Z}$, è la famiglia di tutti i singoletti di $\mathbb{Z}$, ossia

$$\mathbb{Z}/\mathcal{U} = \{\{x\} : x \in \mathbb{Z}\} = \{\ldots, \{-n\}, \ldots, \{-1\}, \{0\}, \{1\}, \ldots, \{n\}, \ldots\}$$

ove con n si denota un qualunque numero naturale.

Se $\mathcal{R}$ è una relazione di equivalenza su A e $[a]_{\mathcal{R}}$ denota la rispettiva classe di equivalenza dell'elemento $a \in A$, allora si ha $A/\mathcal{R} := \{[a]_{\mathcal{R}} : a \in A\}$. La funzione (suriettiva)

$$\pi_{\mathcal{R}} : A \twoheadrightarrow A/\mathcal{R}, \quad \pi_{\mathcal{R}}(a) := [a]_{\mathcal{R}} \quad \forall\, a \in A$$

ossia la mappa che associa ad ogni elemento $a \in A$ la classe di equivalenza a cui a appartiene, si dice **proiezione canonica** rispetto a $\mathcal{R}$. In termini concettuali, se $\mathcal{R}$ formalizza una caratteristica degli elementi di A, allora la proiezione canonica rispetto ad $\mathcal{R}$ fa corrispondere a ciascun elemento $a \in A$ il valore che a assume rispetto a quella caratteristica.

Ad esempio, nel caso della relazione di residenza $\mathcal{E}$ sull'insieme A dei cittadini italiani, la proiezione canonica $\pi_{\mathcal{E}} : A \twoheadrightarrow A/\mathcal{E}$ assegna ad ogni cittadino italiano il proprio comune di residenza. Inoltre, se $\mathcal{U}$ è la relazione di uguaglianza su $\mathbb{Z}$ di cui sopra, allora la proiezione canonica $\pi_{\mathcal{U}} : \mathbb{Z} \twoheadrightarrow \mathbb{Z}/\mathcal{U}$ è la funzione definita da $\pi_{U}(z) := \{z\}\ \forall z \in \mathbb{Z}$. Infine, se $\mathcal{R}_{\mathcal{F}}$ è la relazione di equivalenza sull'insieme $A := \{a, b, c, d, e, f\}$ associata alla partizione $\mathcal{F} := \{\{a, b, c\}, \{d, e\}, \{f\}\}$ come in figura, allora si ha $A/\mathcal{R}_{\mathcal{F}} = \mathcal{F}$; in tal caso, la proiezione canonica $\pi_{\mathcal{R}_{\mathcal{F}}} : A \to A/\mathcal{R}_{\mathcal{F}}$ è rappresentabile graficamente come segue:

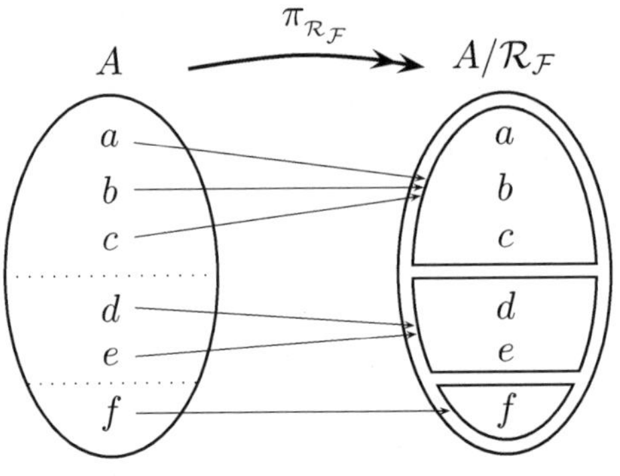

Terminiamo questa sezione con un risultato relativo alla cardinalità dell'insieme quoziente per alcune particolari relazioni di equivalenza su un insieme finito.

Teorema 2.12. Sia A un insieme finito di cardinalità n. Se $\mathcal{R}$ è una relazione di equivalenza su A le cui classi hanno la stessa cardinalità k, allora l'insieme quoziente $A/\mathcal{R}$ ha cardinalità n/k.

DIMOSTRAZIONE. La relazione di equivalenza $\mathcal{R}$ induce una partizione di A in classi aventi la stessa cardinalità k. In altri termini, gli n elementi dell'insieme A vengono suddivisi in raggruppamenti, ciascuno dei quali contiene k elementi; pertanto, il numero di tali raggruppamenti è n/k. Poiché l'insieme quoziente $A/\mathcal{R}$ ha come elementi proprio questi raggruppamenti, ne segue l'uguaglianza $|A/\mathcal{R}| = n/k$. □

2.2 Pratica (48)

2.2.1 Quesiti svolti (16)

ESERCIZIO 2.1. [**1**$\star$] *Dati gli insiemi* $A := \{a, b, c, d\}$ *e* $X := \{x, y, z\}$, *sia* $f : A \to X$ *la funzione definita da* $f(a) := x$, $f(b) := y$, $f(c) := z$ *e* $f(d) := z$. *Quale delle seguenti asserzioni è* VERA*?*

- [1] f non è suriettiva
- [2] Non esiste $B \subseteq A$ tale che f ristretta a B sia biiettiva
- [3] L'insieme delle parti di X ha cardinalità 9
- [4] f è invertibile
- [5] Nessuna delle altre risposte

ESERCIZIO 2.2. [**2**$\star$] *Sia* $f : \mathbb{N} \to \mathbb{N}$ *la funzione definita da* $f(n) := 2n$ *per ogni* $n \in \mathbb{N}$. *Quale delle seguenti asserzioni è* VERA*?*

- [1] f è suriettiva e non iniettiva
- [2] f è iniettiva e non suriettiva
- [3] f è invertibile con inversa $f^{-1} : \mathbb{N} \to \mathbb{N}$ definita da $f(n) := n/2$ $\forall n \in \mathbb{N}$
- [4] il codominio di f è un insieme finito
- [5] Nessuna delle altre risposte

ESERCIZIO 2.3. [**3**$\star$] *Quante sono le partizioni dell'insieme* $A := \{a, b, c, d\}$ *aventi esattamente due classi?*

- [1] 5
- [2] 6
- [3] 7
- [4] 8
- [5] Nessuna delle altre risposte

ESERCIZIO 2.4. [**3**$\star$] *Sia* $\mathcal{E}$ *l'insieme dei triangoli di un piano assegnato, e sia* $\mathcal{R}$ *la relazione binaria su* $\mathcal{E}$ *definita come segue per ogni* $E_1, E_2 \in \mathcal{E}$*:*

$$E_1 \,\mathcal{R}\, E_2 \overset{\text{def}}{\iff} \text{Area}(E_1) \leq \text{Area}(E_2).$$

Quale delle seguenti asserzioni è VERA*?*

- [1] $\mathcal{R}$ è una relazione di ordinamento totale
- [2] $\mathcal{R}$ non è riflessiva
- [3] $\mathcal{R}$ non è antisimmetrica
- [4] $\mathcal{R}$ non è transitiva
- [5] $\mathcal{R}$ non è completa

ESERCIZIO 2.5. [4$\star$] *Sia $\mathcal{R}$ la relazione binaria sull'insieme $A := \{a, b, c\}$ definita da $\mathcal{R} := \{(a,a),(b,b),(a,b),(b,a)\}$. Quale delle seguenti asserzioni è* FALSA*?*

[1] $\mathcal{R}$ è simmetrica e transitiva

[2] Esiste una relazione di equivalenza $\mathcal{S}$ su A contenente $\mathcal{R}$ ed avente cardinalità $|\mathcal{R}| + 1$

[3] $A \times A$ è una relazione di equivalenza su A tale che la partizione ad essa associata ha esattamente tre elementi

[4] $\mathcal{R} \setminus \{(a,b),(b,a)\} \cup \{(c,c)\}$ è una relazione di equivalenza su A

[5] $\mathcal{R}$ non è antisimmetrica

ESERCIZIO 2.6. [4$\star$] *Denotato con $\mathbb{D}$ l'insieme dei numeri dispari, sia $f\colon \mathbb{D} \to \mathbb{N}$ la funzione definita dalla legge $f(d) := (d-1)/2$ per ogni $d \in \mathbb{D}$. Quale delle seguenti asserzioni è* VERA*?*

[1] f è suriettiva e non iniettiva

[2] f è iniettiva e non suriettiva

[3] $f(d^2) = (d-1)^2/2$ per ogni $d \in \mathbb{D}$

[4] f è invertibile con inversa $g\colon \mathbb{N} \to \mathbb{D}$ definita da $g(n) := 2n+1$ $\forall n \in \mathbb{N}$

[5] Nessuna delle altre risposte

ESERCIZIO 2.7. [4$\star$] *Siano A e B insiemi tali che $|A| = 5$, $|B| = 4$ e $|A \cup B| = 9$. Quale delle seguenti asserzioni è* FALSA*?*

[1] L'insieme delle funzioni da A in B ha cardinalità 4^5

[2] Non esiste una funzione biunivoca da A in B

[3] Esistono esattamente 2^{16} relazioni binarie su B

[4] L'insieme delle parti di $A \cap B$ è l'insieme vuoto

[5] La famiglia dei sottoinsiemi di A ha più di 30 elementi

ESERCIZIO 2.8. [5$\star$] *Sia $f\colon \mathbb{Z} \to \mathbb{N}$ la funzione definita da $f(z) := |z|$ per ogni $z \in \mathbb{Z}$, e sia $\mathcal{R}$ la relazione di equivalenza su $\mathbb{Z}$ definita come segue per ogni $a, b \in \mathbb{Z}$:*

$$a \mathcal{R} b \overset{\text{def}}{\iff} f(a) = f(b).$$

Quale delle seguenti asserzioni è FALSA*?*

[1] Le classi della partizione associata a $\mathcal{R}$ hanno la stessa cardinalità

[2] f è suriettiva ma non iniettiva

[3] Esiste $X \subseteq \mathbb{Z}$ tale che $f \restriction X$ è una biiezione tra X e $\mathbb{N}$

[4] L'insieme quoziente $\mathbb{Z}/\mathcal{R}$ è infinito

[5] Tutte le classi della partizione associata a $\mathcal{R}$ sono finite

ESERCIZIO 2.9. [5$\star$] *Siano $\mathcal{R}$ ed $\mathcal{S}$ le relazioni di equivalenza su un insieme X definite come segue:*

$$\begin{aligned}\mathcal{R} &:= \{(a,a),(b,b),(c,c),(d,d),(e,e),(f,f),(a,c),(c,a),(b,d),(d,b)\}\\ \mathcal{S} &:= \{(a,a),(b,b),(c,c),(d,d),(e,e),(f,f)\}.\end{aligned}$$

Quale delle seguenti asserzioni è FALSA*?*

[1] $|\mathcal{R} \cap \mathcal{S}| = 6$

[2] $|X/\mathcal{R}| = 4$ e $|X/\mathcal{S}| = 1$

[3] La classe di equivalenza di $f \in X$ ha cardinalità 1 sia rispetto alla relazione $\mathcal{R}$ che rispetto alla relazione $\mathcal{S}$

[4] $|\mathcal{P}(X)| = 64$

[5] La relazione binaria $\mathcal{R} \setminus \mathcal{S}$ è simmetrica

ESERCIZIO 2.10. [5$\star$] *Sia A l'insieme dei residenti in Sicilia, e siano $\mathcal{R}, \mathcal{S}, \mathcal{T}$ le relazioni binarie su A definite come segue per ogni $a, b \in A$:*

$$\begin{aligned} a\,\mathcal{R}\,b &\overset{\text{def}}{\Longleftrightarrow} \text{ a è nato nello stesso comune di b}\\ a\,\mathcal{S}\,b &\overset{\text{def}}{\Longleftrightarrow} \text{ a è più alto di b}\\ a\,\mathcal{T}\,b &\overset{\text{def}}{\Longleftrightarrow} \text{ a è nonno di b.}\end{aligned}$$

Quale delle seguenti asserzioni è VERA*?*

[1] $\mathcal{T}$ gode della proprietà antisimmetrica

[2] Per ogni $a, b, c \in A$, se $a\mathcal{R}b$ e $b\mathcal{S}c$, allora $a\mathcal{T}c$

[3] $\mathcal{R}$ è una relazione di equivalenza con infinite classi di equivalenza

[4] $\mathcal{S}$ è una relazione di ordinamento totale

[5] $\mathcal{R}$ gode della proprietà antisimmetrica

ESERCIZIO 2.11. [6$\star$] *Dati gli insiemi $A := \{a,b,c\}$ e $X := \{x,y,z\}$, sia $f\colon \mathcal{P}(A) \to \mathcal{P}(X)$ un'*arbitraria *funzione tra i rispettivi insiemi delle parti. Quale delle seguenti asserzioni è* VERA*?*

[1] $f(A) = X$

[2] f è iniettiva

[3] Se f è biunivoca, allora $|f(\{a,b\})| = 2$

[4] Se $f(\{a,b\}) = \{x,y\}$ e $f(\{a,c\}) = \{x,z\}$, allora $f(\{a\}) = \{x\}$

[5] Se f è suriettiva, allora è biunivoca

ESERCIZIO 2.12. [**6**$\star$] *Siano A, B, C tre insiemi non vuoti tali che $A \subseteq C$ e $B \subseteq C$. Sia inoltre D l'insieme definito da*

$$D := C \setminus ((C \setminus A) \cap (C \setminus B)).$$

Quale delle seguenti asserzioni è FALSA*?*

[1] $A \cap C = A$ e $B \cup C = C$
[2] $A \subseteq D$
[3] $D \cap B = B$
[4] $C \setminus (A \cup B) = (C \setminus A) \cap (C \setminus B)$
[5] $(C \setminus D) \cap (A \cup B) \neq \emptyset$

ESERCIZIO 2.13. [**6**$\star$] *Dato l'insieme $A := \{a, b, c, d\}$, sia f la funzione dall'insieme delle parti di A in se stesso definita come segue:*

$$f \colon \mathcal{P}(A) \to \mathcal{P}(A), \quad f(C) := A \setminus C \quad \forall C \in \mathcal{P}(A).$$

Quale delle seguenti asserzioni è VERA*?*

[1] f è iniettiva e non suriettiva
[2] f è una corrispondenza biunivoca
[3] f è suriettiva e non iniettiva
[4] f è invertibile, con inversa definita da $f^{-1}(C) = C$ per ogni $C \in \mathcal{P}(A)$
[5] Nessuna delle altre risposte

ESERCIZIO 2.14. [**7**$\star$] *Siano $\mathcal{R}_1, \mathcal{R}_2, \mathcal{R}_3, \mathcal{R}_4$ le relazioni binarie sull'insieme $\mathbb{Z}$ dei numeri interi relativi definite come segue per ogni $m, n \in \mathbb{Z}$:*

$$\begin{aligned} m\, \mathcal{R}_1\, n &\overset{\text{def}}{\Longleftrightarrow} |m| = |n| \\ m\, \mathcal{R}_2\, n &\overset{\text{def}}{\Longleftrightarrow} m \leq n \\ m\, \mathcal{R}_3\, n &\overset{\text{def}}{\Longleftrightarrow} m^2 = n^2 \\ m\, \mathcal{R}_4\, n &\overset{\text{def}}{\Longleftrightarrow} m^3 = n^3. \end{aligned}$$

Quali di esse godono della proprietà antisimmetrica?

[1] $\mathcal{R}_1$ e $\mathcal{R}_3$ soltanto
[2] $\mathcal{R}_2$ e $\mathcal{R}_4$ soltanto
[3] $\mathcal{R}_1$, $\mathcal{R}_2$ e $\mathcal{R}_4$ soltanto
[4] $\mathcal{R}_4$ soltanto
[5] Nessuna delle altre risposte

ESERCIZIO 2.15. [**8**$\star$] *Sia A un insieme di cardinalità 5. Si denoti con* $\mathrm{Rel}(A)$ *l'insieme delle relazioni binarie su A, con* $\mathrm{Eq}(A)$ *l'insieme delle relazioni di equivalenza su A e con* $\mathrm{Part}(A)$ *l'insieme delle partizioni di A. Quale delle seguenti asserzioni è* VERA*?*

[1] $|\mathrm{Rel}(A)| = 2^5$
[2] $|\mathcal{P}(A \times A)| \leq 2^{20}$
[3] $|\mathrm{Part}(A)| \geq |\mathrm{Rel}(A)|$
[4] $|\mathrm{Eq}(A)| < 25$
[5] Nessuna delle altre risposte

ESERCIZIO 2.16. [**9**$\star$] *Sia A un insieme di cardinalità 4. Si denoti con:*

- $\mathrm{Rel}(A)$ *l'insieme delle relazioni binarie su A;*
- $\mathrm{Rel}_{\mathrm{r}}(A)$ *l'insieme delle relazioni riflessive su A;*
- $\mathrm{Rel}_{\mathrm{rs}}(A)$ *l'insieme delle relazioni riflessive e simmetriche su A;*
- $\mathrm{Rel}_{\mathrm{rst}}(A)$ *l'insieme delle relazioni di equivalenza su A.*

Quale delle seguenti asserzioni è FALSA*?*

[1] $|\mathrm{Rel}(A)| = 2^{16}$
[2] $|\mathrm{Rel}_{\mathrm{r}}(A)| = 2^{12}$
[3] $|\mathrm{Rel}_{\mathrm{rs}}(A)| = 2^8$
[4] $|\mathrm{Rel}_{\mathrm{rst}}(A)| = 2^4 - 1$
[5] Nessuna della altre risposte

2.2.2 Quesiti non svolti (32)

ESERCIZIO 2.17. [**1**$\star$] *Siano A e B due insiemi tali che $|A| = 4$, $|B| = 3$ e $|A \cap B| = 1$. Quale delle seguenti asserzioni è* FALSA*?*

1 $|\mathcal{P}(A)| = 16$
2 $|A \cup B| = 6$
3 $|\mathcal{P}(A \cup B)| = 64$
4 $|B^2| = 9$
5 $|A \times B| > |\mathcal{P}(A)|$

ESERCIZIO 2.18. [**2**$\star$] *Siano A e B due insiemi tali che $|\mathcal{P}(A)| = 16$, $|\mathcal{P}(B)| = 32$ e $|\mathcal{P}(A \cap B)| = 8$. Quale delle seguenti asserzioni è* VERA*?*

1 $|\mathcal{P}(A \setminus B)| = |\mathcal{P}(B \setminus A)|$
2 Esistono esattamente 2^{36} relazioni binarie su $A \cup B$
3 $|B \setminus A| = |A \cap B|$
4 $|(A \cup B) \times (A \cap B)| > |A \times B|$
5 Nessuna delle altre risposte

ESERCIZIO 2.19. [**2**$\star$] *Quante sono le relazioni binarie su un insieme A tale che $|\mathcal{P}(A)| = 16$?*

1 2^4
2 2^8
3 2^{16}
4 2^{32}
5 2^{64}

ESERCIZIO 2.20. [**3**$\star$] *Quante sono le funzioni suriettive da un insieme di 7 elementi ad un insieme di 2 elementi?* [SUGGERIMENTO]

1 34
2 62
3 88
4 126
5 Nessuna delle altre risposte

ESERCIZIO 2.21. [**3**$\star$] *Siano A, B e C tre insiemi tali che $|A| = 11$, $|B| = 9$ e $|C| = 6$. Quale delle seguenti asserzioni è* FALSA*?*

1 Se $A \cap B = C$, allora $C \subseteq A$

[2] Se $|A \cup B \cup C| = 11$, allora $C \subseteq B$
[3] Se $|A \cap B \cap C| = 6$, allora $C \subseteq A$
[4] Se $B \subseteq A$, allora $|A \cap B| = 9$
[5] $|B^2| \geq |A \times C|$

ESERCIZIO 2.22. [**3**$\star$] *Siano A l'insieme dei cittadini italiani ed $\mathcal{R}$ la relazione binaria su A definita come segue per ogni $a, b \in A$:*

$$a \, \mathcal{R} \, b \overset{\text{def}}{\iff} a \text{ ha lo stesso cognome di } b\text{, ma un nome diverso da } b\,.$$

Quale delle seguenti asserzioni è VERA*?* [SUGGERIMENTO]

[1] $\mathcal{R}$ è riflessiva
[2] $\mathcal{R}$ non è simmetrica
[3] $\mathcal{R}$ è transitiva
[4] $\mathcal{R}$ è antisimmetrica
[5] Nessuna delle altre risposte

ESERCIZIO 2.23. [**3**$\star$] *Sia $\mathcal{R}$ la relazione di equivalenza su $\mathbb{Z}$ definita come segue per ogni $x, y \in \mathbb{Z}$:*

$$x \, \mathcal{R} \, y \overset{\text{def}}{\iff} xy = yx\,.$$

Quanti elementi ha l'insieme quoziente $\mathbb{Z}/\mathcal{R}$? [SUGGERIMENTO]

[1] 1
[2] 2
[3] 10
[4] Infiniti
[5] Nessuna delle altre risposte

ESERCIZIO 2.24. [**3**$\star$] *Sia $\mathcal{R}$ la relazione binaria su $\mathbb{N}$ definita da*

$$m \, \mathcal{R} \, n \overset{\text{def}}{\iff} |m - n| \text{ è un numero pari}$$

per ogni $m, n \in \mathbb{N}$. Quale delle seguenti asserzioni è VERA*?*

[1] $\mathcal{R}$ è una relazione di equivalenza ed ogni classe di equivalenza contiene un numero finito di elementi
[2] $\mathcal{R}$ è riflessiva e simmetrica, ma non transitiva
[3] Per ogni $n \in \mathbb{N}$ esiste $m \in \mathbb{N}$ tale che $m > n$ e $m\mathcal{R}n$
[4] $\mathcal{R}$ è una relazione di equivalenza e l'insieme quoziente $\mathbb{N}/\mathcal{R}$ è infinito
[5] Nessuna delle altre risposte

ESERCIZIO 2.25. [4⋆] *Dati* $A := \{a, b, c, d\}$ *e* $B := \{0, 1, 2, 3, 4\}$, *sia* $f : \mathcal{P}(A) \to B$ *la funzione definita da* $f(C) := |C|$ *per ogni* $C \in \mathcal{P}(A)$. *Quale delle seguenti asserzioni è* VERA*?* [SUGGERIMENTO]

1. f è iniettiva ma non suriettiva
2. f è suriettiva ma non iniettiva
3. f è una corrispondenza biunivoca
4. La famiglia $\mathcal{F} := \{C \in \mathcal{P}(A) : f(C) = 3\}$ ha cardinalità 6
5. Nessuna delle altre risposte

ESERCIZIO 2.26. [4⋆] *Siano* A, B *e* C *insiemi tali che* $|A| = 9$, $|B| = 8$, $|A \cup B| = 10$ *e* $C \subseteq A \cap B$. *Quale delle seguenti asserzioni è* VERA*?*

1. $|C| \geq 4$
2. $C \cap B = B$
3. $C \subseteq A \setminus B$
4. $|\mathcal{P}(C)| \leq 2^7$
5. $A \cap C \neq B \cap C$

ESERCIZIO 2.27. [4⋆] *Siano* A *e* B *due insiemi. Quale delle seguenti asserzioni è* FALSA*?* [SUGGERIMENTO]

1. $A \cap (A \cup B) = A \cup (A \cap B)$
2. $A \setminus (A \cap B) = A \setminus B$
3. $A \subseteq B \Leftrightarrow A \cup B = B$
4. $|A| + |B| - |A \cap B| = |A \cup B|$
5. $(A \cup B) \setminus (A \cap B) = (A \setminus B) \cap (B \setminus A)$

ESERCIZIO 2.28. [4⋆] *Siano* A, B *e* C *sottoinsiemi di* X. *Quale delle seguenti asserzioni è* FALSA*?* [SUGGERIMENTO]

1. Se $|A| = 5$, allora $|\mathcal{P}(X)| \geq 32$
2. $A \cup (B \cap C) = (A \cup B) \cap (A \cup C)$
3. $A \cap B \subseteq X \setminus (A \cup B)$
4. $X \setminus (A \cup B) = (X \setminus A) \cap (X \setminus B)$
5. $B \cap (A \cup C) = (A \cap B) \cup (B \cap C)$

ESERCIZIO 2.29. [4⋆] *Sia* $\mathcal{R}$ *la relazione binaria su* $\mathbb{N} \times \mathbb{N}$ *definita come segue per ogni* $(m, p), (n, q) \in \mathbb{N} \times \mathbb{N}$:

$$(m, p)\,\mathcal{R}\,(n, q) \quad \stackrel{\text{def}}{\iff} \quad (m \leq n) \wedge (p \leq q)\,.$$

Quale delle seguenti asserzioni è FALSA*?* [SUGGERIMENTO]

[1] $\mathcal{R}$ è transitiva
[2] $\mathcal{R}$ non è antisimmetrica
[3] $\mathcal{R}$ non è simmetrica
[4] $\mathcal{R}$ è una relazione di ordinamento parziale
[5] $\mathcal{R}$ non è totale

ESERCIZIO 2.30. [4⋆] *Sia $\mathcal{R}$ la relazione binaria su $\mathbb{Z}$ definita come segue per ogni $a, b \in \mathbb{Z}$:*

$$a \, \mathcal{R} \, b \stackrel{\text{def}}{\iff} |a - b| \leq 2 .$$

Quale delle seguenti asserzioni è VERA*?* [SUGGERIMENTO]

[1] $\mathcal{R}$ è una relazione di equivalenza e l'insieme quoziente $\mathbb{Z}/\mathcal{R}$ è infinito
[2] $\mathcal{R}$ è una relazione di ordinamento parziale non totale
[3] $\mathcal{R}$ è una relazione di ordinamento totale
[4] $\mathcal{R}$ è una relazione di equivalenza e la classe di $0 \in \mathbb{Z}$ ha cardinalità 5
[5] Nessuna delle altre risposte

ESERCIZIO 2.31. [4⋆] *Sia dato l'insieme A dei residenti nel comune di Catania. Siano $\mathcal{R}_1$, $\mathcal{R}_2$, $\mathcal{R}_3$ e $\mathcal{R}_4$ le relazioni binarie su A definite come segue per ogni $x, y \in A$:*

$$\begin{aligned} x \, \mathcal{R}_1 \, y &\stackrel{\text{def}}{\iff} \textit{x è almeno tanto alto quanto y} \\ x \, \mathcal{R}_2 \, y &\stackrel{\text{def}}{\iff} \textit{x è cugino di primo grado di y} \\ x \, \mathcal{R}_3 \, y &\stackrel{\text{def}}{\iff} \textit{la differenza di età tra x e y è al più di 3 anni} \\ x \, \mathcal{R}_4 \, y &\stackrel{\text{def}}{\iff} \textit{x e y hanno lo stesso numero di figli oppure di nipoti.} \end{aligned}$$

Quale tra di esse è una relazione di equivalenza?

[1] $\mathcal{R}_2$ soltanto
[2] $\mathcal{R}_4$ soltanto
[3] $\mathcal{R}_3$ ed $\mathcal{R}_4$ soltanto
[4] $\mathcal{R}_2$ ed $\mathcal{R}_4$ soltanto
[5] Nessuna delle altre risposte

ESERCIZIO 2.32. [5⋆] *Siano dati gli insiemi $X := \{a, b, c\}$ e $Y := \{c, d\}$. Quale delle seguenti asserzioni è* FALSA*?*

[1] $\{\emptyset\} \in \mathcal{P}(\mathcal{P}(Y))$
[2] $\mathcal{P}(X \cap Y) = \{\emptyset, \{c\}\}$

3 $|\mathcal{P}(X \setminus Y)|^2 = |\mathcal{P}(\mathcal{P}(Y))|$

4 $X \cup (Y \setminus X) = X \cup Y$

5 $|\mathcal{P}(Y \setminus X)| = 1$

ESERCIZIO 2.33. [**5**$\star$] *Dato l'insieme $A := \{a, b, c, d, e\}$, siano $\mathcal{R}$ ed $\mathcal{S}$ le seguenti relazioni binarie su A:*

$$\begin{aligned} \mathcal{R} &:= \{(a,a),(b,b),(c,c),(d,d),(e,e)\}, \\ \mathcal{S} &:= \mathcal{R} \cup \{(a,b),(b,a),(c,d),(d,c)\}. \end{aligned}$$

Quale delle seguenti asserzioni è FALSA*?* [SUGGERIMENTO]

1 $\mathcal{R}$ è una relazione di equivalenza tale che $|A/\mathcal{R}| = |A|$

2 $\mathcal{R}$ è antisimmetrica

3 $\mathcal{R}$ non è una relazione di ordinamento parziale

4 $|\mathcal{P}(A)| \geq |A^2|$

5 $\mathcal{R}$ e $\mathcal{S}$ sono relazioni di equivalenza tali che $|A/\mathcal{R}| \geq |A/\mathcal{S}|$

ESERCIZIO 2.34. [**5**$\star$] *Sia $\mathcal{R}$ la relazione binaria su $\mathbb{N}$ definita come segue per ogni $m, n \in \mathbb{N}$:*

$$m\mathcal{R}n \overset{\text{def}}{\iff} \frac{m+n}{2} \in \mathbb{N}.$$

Quale delle seguenti asserzioni è VERA*?*

1 $\mathcal{R}$ è una relazione di equivalenza e $\mathbb{N}/\mathcal{R}$ è un insieme infinito

2 $\mathcal{R}$ è riflessiva e simmetrica, ma non transitiva

3 $\mathcal{R}$ è riflessiva, antisimmetrica e completa

4 $\mathcal{R}$ è una relazione di equivalenza con un numero finito di classi infinite

5 Nessuna delle altre risposte

ESERCIZIO 2.35. [**5**$\star$] *Sia A l'insieme dei cittadini italiani residenti all'estero. Per ogni $a \in A$, sia $S(a)$ lo stato di residenza del cittadino a. Si definiscano su A le seguenti relazioni binarie $\mathcal{R}_1$, $\mathcal{R}_2$, $\mathcal{R}_3$ ed $\mathcal{R}_4$:*

$$\begin{aligned} a\,\mathcal{R}_1\,b &\overset{\text{def}}{\iff} S(a) \textit{ è confinante con } S(b) \\ a\,\mathcal{R}_2\,b &\overset{\text{def}}{\iff} a \textit{ e } b \textit{ risiedono entrambi in Africa} \\ a\,\mathcal{R}_3\,b &\overset{\text{def}}{\iff} \textit{le capitali di } S(a) \textit{ e } S(b) \textit{ si trovano alla stessa latitudine} \\ a\,\mathcal{R}_4\,b &\overset{\text{def}}{\iff} \textit{la popolazione di } S(a) \textit{ non supera la popolazione di } S(b). \end{aligned}$$

Quale delle suddette relazioni su A è di equivalenza? [SUGGERIMENTO]

1 $\mathcal{R}_2$ ed $\mathcal{R}_3$ soltanto
2 $\mathcal{R}_2$ soltanto
3 $\mathcal{R}_3$ soltanto
4 $\mathcal{R}_1$, $\mathcal{R}_2$ ed $\mathcal{R}_3$ soltanto
5 Nessuna delle altre risposte

ESERCIZIO 2.36. [**5**⋆] *Dato l'insieme* $X := \{a,b,c,d,e,f\}$, *siano* $\mathcal{R}$, $\mathcal{S}$ *e* $\mathcal{T}$ *le relazioni binarie su* X *definite come segue:*

$$\begin{aligned}\mathcal{R} &:= \{(a,b),(b,a),(a,c),(c,a),(b,c),(c,b),(d,e),(e,d)\}\\ \mathcal{S} &:= \{(a,a),(b,b),(c,c),(d,d),(e,e),(f,f)\}\\ \mathcal{T} &:= \mathcal{R}\cup\mathcal{S}.\end{aligned}$$

Quale delle seguenti asserzioni è FALSA*?* [SUGGERIMENTO]

1 $\mathcal{R}$ non gode della proprietà transitiva
2 $\mathcal{S}$ gode della proprietà simmetrica
3 $\mathcal{S}$ è una relazione di equivalenza su X avente 6 classi di equivalenza
4 $\mathcal{T}$ è una relazione di equivalenza su X e l'insieme $X/\mathcal{T}$ ha 3 elementi
5 $\mathcal{T}\cup\{(e,f),(f,e)\}$ è una relazione di equivalenza su X avente 2 classi di equivalenza

ESERCIZIO 2.37. [**5**⋆] *Dato un insieme* A *di cardinalità* 4, *quante sono le partizioni di* A *aventi al più* 3 *classi?* [SUGGERIMENTO]

1 9
2 14
3 18
4 21
5 26

ESERCIZIO 2.38. [**5**⋆] *Dato l'insieme* $X := \{x_1,x_2,x_3,x_4\}$, *sia* $\mathcal{R}$ *la relazione binaria sull'insieme delle parti di* X *definita come segue per ogni* $A,B\subseteq X$:

$$A\,\mathcal{R}\,B \overset{\text{def}}{\iff} x_2\in A\cap B.$$

Quale delle seguenti asserzioni è VERA*?* [SUGGERIMENTO]

1 $\mathcal{R}$ è una relazione di equivalenza su $\mathcal{P}(X)$ con $|\mathcal{P}(X)/\mathcal{R}| = 2^3$
2 $\mathcal{R}$ non è una relazione di equivalenza su $\mathcal{P}(X)$
3 $\mathcal{R}$ è una relazione di equivalenza su $\mathcal{P}(X)$ e la classe di equivalenza dell'insieme $\{x_1,x_3\}$ ha cardinalità 3
4 $\mathcal{R}$ è antisimmetrica
5 Nessuna delle altre risposte

ESERCIZIO 2.39. * [6⋆][35] *Sia T l'insieme dei punti del piano cartesiano privato dell'origine $O \equiv (0,0)$, ossia $T := \mathbb{R}^2 \setminus \{(0,0)\}$. Sia $\mathcal{R}$ la relazione binaria su T definita come segue per ogni coppia di punti $A, B \in T$:*

$$A \mathcal{R} B \overset{\text{def}}{\iff} \text{esiste una retta passante per } A, B, O.$$

Quale delle seguenti asserzioni è VERA*?* [SUGGERIMENTO]

[1] $\mathcal{R}$ è una relazione di equivalenza tale che la classe di equivalenza del punto $(1,1) \in T$ è un insieme finito

[2] $\mathcal{R}$ gode delle proprietà riflessiva e transitiva, ma non dell'antisimmetrica

[3] $\mathcal{R}$ non gode della proprietà transitiva

[4] $\mathcal{R}$ è una relazione di equivalenza il cui insieme quoziente $T/\mathcal{R}$ è finito

[5] Nessuna delle altre risposte

ESERCIZIO 2.40. [6⋆] *Sia $\preceq_{\text{lex}}$ la relazione binaria su $\mathbb{R}^2$ definita come segue per ogni $(x,y), (x',y') \in \mathbb{R}^2$:*

$$(x,y) \preceq_{\text{lex}} (x',y') \overset{\text{def}}{\iff} (x < x') \text{ oppure } (x = x') \wedge (y \leq y').$$

Quale delle seguenti asserzioni è VERA*?* [SUGGERIMENTO]

[1] $\preceq_{\text{lex}}$ è riflessiva e simmetrica, ma non transitiva

[2] $\preceq_{\text{lex}}$ è una relazione di ordinamento totale

[3] $\preceq_{\text{lex}}$ non è antisimmetrica

[4] $\preceq_{\text{lex}}$ è una relazione di ordinamento parziale non totale

[5] Nessuna delle altre risposte

ESERCIZIO 2.41. [6⋆] *Sia $\mathcal{R}$ la relazione binaria su $\mathbb{N}$ definita da*

$$\mathcal{R} = \left\{(m,n) \in \mathbb{N}^2 \colon m^2 + n + 1 \text{ è dispari}\right\}.$$

Quale delle seguenti asserzioni è VERA*?* [SUGGERIMENTO]

[1] $\mathcal{R}$ è antisimmetrica

[2] $\mathcal{R}$ è simmetrica ma non riflessiva

[3] $\mathcal{R}$ non è transitiva

[4] $\mathcal{R}$ è una relazione di equivalenza e l'insieme quoziente $\mathbb{N}/\mathcal{R}$ è infinito

[5] Nessuna delle altre risposte

[35] Nozioni richieste: Volume II (Rette nel piano).

ESERCIZIO 2.42. [6⋆] *Si denoti con* $\mathbb{T} := \{0, 3, 6, 9, \ldots\} = \{3n : n \in \mathbb{N}\}$ *l'insieme dei numeri naturali multipli di* 3. *Sia* $f\colon \mathbb{T} \to \mathbb{N}$ *la funzione definita da* $f(t) := t/3$ *per ogni* $t \in \mathbb{T}$. *Inoltre, sia* $\mathcal{R}_f$ *la relazione binaria su* $\mathbb{T}$ *definita come segue per ogni* $s, t \in \mathbb{T}$*:*

$$s \,\mathcal{R}_f\, t \overset{\text{def}}{\iff} f(s) = f(t).$$

Quale delle seguenti asserzioni è VERA*?*

1. f è iniettiva ma non suriettiva
2. f è suriettiva ma non iniettiva
3. f non è invertibile
4. $\mathcal{R}_f$ è una relazione di equivalenza il cui insieme quoziente è finito
5. $\mathcal{R}_f$ gode della proprietà antisimmetrica

ESERCIZIO 2.43. [6⋆] *Siano* $\mathcal{R}$, $\mathcal{S}$, $\mathcal{T}$, $\mathcal{U}$, $\mathcal{V}$ *le relazioni binarie sull'insieme* $A := \{a, b, c, d, e, f\}$ *definite come segue:*

$$\begin{aligned}
\mathcal{R} &:= \{(a,a), (b,b), (c,c), (d,d), (e,e), (f,f)\},\\
\mathcal{S} &:= \{(a,b), (b,a), (b,c), (c,b), (d,e), (e,d)\},\\
\mathcal{T} &:= \{(a,b), (b,a), (d,e), (e,d), (e,f), (f,e)\},\\
\mathcal{U} &:= \{(a,c), (c,a)\},\\
\mathcal{V} &:= \{(d,f), (f,d)\}.
\end{aligned}$$

Quale delle seguenti relazioni binarie NON *è di equivalenza?* [SUGGERIMENTO]

1. $\mathcal{R} \cup \mathcal{U}$
2. $\mathcal{R} \cup \mathcal{T} \cup \mathcal{V}$
3. $A \times A$
4. $\mathcal{R} \cup \mathcal{S} \cup \mathcal{T} \cup \mathcal{U}$
5. Nessuna delle altre risposte

ESERCIZIO 2.44. [6⋆] *Siano* $\mathcal{R}_1, \mathcal{R}_2, \mathcal{R}_3, \mathcal{R}_4, \mathcal{R}_5$ *le relazioni binarie su* $\mathbb{Z}$ *definite come segue per ogni* $x, y \in \mathbb{Z}$*:*

$$\begin{aligned}
x \,\mathcal{R}_1\, y &\overset{\text{def}}{\iff} x^2 = y^2\\
x \,\mathcal{R}_2\, y &\overset{\text{def}}{\iff} x \le y\\
x \,\mathcal{R}_3\, y &\overset{\text{def}}{\iff} x < y\\
x \,\mathcal{R}_4\, y &\overset{\text{def}}{\iff} x^3 = y^3\\
x \,\mathcal{R}_5\, y &\overset{\text{def}}{\iff} x = y.
\end{aligned}$$

Quali di esse godono della proprietà antisimmetrica? [SUGGERIMENTO]

1 $\mathcal{R}_2, \mathcal{R}_3, \mathcal{R}_4, \mathcal{R}_5$ soltanto
2 $\mathcal{R}_1, \mathcal{R}_4, \mathcal{R}_5$ soltanto
3 $\mathcal{R}_2, \mathcal{R}_4, \mathcal{R}_5$ soltanto
4 $\mathcal{R}_2, \mathcal{R}_3, \mathcal{R}_5$ soltanto
5 $\mathcal{R}_1, \mathcal{R}_2, \mathcal{R}_3, \mathcal{R}_4, \mathcal{R}_5$

ESERCIZIO 2.45. [**7**$\star$] *Dati gli insiemi* $A := \{a, b, c\}$ *e* $B := \{0, 1, \ldots, 9\}$, *sia* $f \colon \mathcal{P}(A) \to B$ *la funzione definita da* $f(C) := |C|^2$ *per ogni* $C \in \mathcal{P}(A)$. *Quale delle seguenti asserzioni è* VERA*?* [SUGGERIMENTO]

1 f ristretta all'insieme $\{C \in \mathcal{P}(A) : |C| = 1\}$ è invertibile
2 f ristretta all'insieme $\{D \in \mathcal{P}(A) : |D| = 2\}$ è iniettiva
3 Esiste $\mathcal{F} \subseteq \mathcal{P}(A)$ tale che $8 \in \text{codom}(f \restriction \mathcal{F})$
4 Esiste $\mathcal{G} \subseteq \mathcal{P}(A)$ tale che $|\mathcal{G}| = 4$ ed $f \restriction \mathcal{G}$ è iniettiva
5 Nessuna delle altre risposte

ESERCIZIO 2.46. [**7**$\star$] *Dato l'insieme delle cifre* $C := \{0, 1, \ldots, 9\}$, *sia* $\mathcal{R}$ *la relazione binaria su* C *definita da*

$$c_1 \,\mathcal{R}\, c_2 \overset{\text{def}}{\iff} c_1 + c_2 = 10$$

per ogni $c_1, c_2 \in C$. *Sia inoltre* $\mathcal{S}$ *la relazione binaria su* C *definita da*

$$\mathcal{S} := \mathcal{R} \cup \{(c, c) \colon c \in C\}.$$

Quale delle seguenti asserzioni è FALSA*?* [SUGGERIMENTO]

1 $\mathcal{R}$ gode delle proprietà simmetrica e transitiva
2 $\mathcal{S} \setminus \mathcal{R} \cup \{(5, 5)\}$ è una relazione di equivalenza avente più di 6 classi di equivalenza
3 $\mathcal{S}$ è una relazione di equivalenza avente 6 classi di equivalenza
4 $\mathcal{S} \cup \{(0, 5), (5, 0)\}$ è una relazione di equivalenza su C
5 $|\mathcal{S}| = 18$

ESERCIZIO 2.47. [**7**$\star$] *Sia* $\mathbb{P}^* := \{2, 4, 6, \ldots, 2n, \ldots\}$ *l'insieme dei numeri pari diversi da zero, e siano* $\mathcal{R}_1, \mathcal{R}_2, \mathcal{R}_3, \mathcal{R}_4, \mathcal{R}_5$ *le relazioni di equivalenza su* $\mathbb{P}^*$ *definite come segue per ogni* $a, b \in \mathbb{P}^*$:

$$\begin{aligned}
a \,\mathcal{R}_1\, b &\overset{\text{def}}{\iff} a^3 + b^2 \text{ è un numero pari} \\
a \,\mathcal{R}_2\, b &\overset{\text{def}}{\iff} ab - 1 \text{ è un numero dispari } \geq 3 \\
a \,\mathcal{R}_3\, b &\overset{\text{def}}{\iff} |a - b| = |b - a| \\
a \,\mathcal{R}_4\, b &\overset{\text{def}}{\iff} a + b \text{ è un multiplo di } 4 \\
a \,\mathcal{R}_5\, b &\overset{\text{def}}{\iff} a^2 = b^2.
\end{aligned}$$

Quale tra i seguenti insiemi quoziente è un insieme infinito?

- [1] $\mathbb{P}^*/\mathcal{R}_1$
- [2] $\mathbb{P}^*/\mathcal{R}_2$
- [3] $\mathbb{P}^*/\mathcal{R}_3$
- [4] $\mathbb{P}^*/\mathcal{R}_4$
- [5] $\mathbb{P}^*/\mathcal{R}_5$

ESERCIZIO 2.48. [**7**$\star$] *Dato l'insieme* $A := \{a, b, c\}$*, si denoti con:*

- $\mathrm{Rel}(A)$: *l'insieme di tutte le relazioni binarie su* A*;*
- $\mathrm{Rel}_{\neg\mathrm{t}}(A)$: *l'insieme di tutte le relazioni binarie* NON *transitive su* A*;*
- $\mathrm{Eq}(A)$: *l'insieme delle relazioni di equivalenza su* A.

Quale delle seguenti asserzioni è FALSA*?* [SUGGERIMENTO]

- [1] $|\mathrm{Rel}(A)| = 2^9$
- [2] $|\mathrm{Eq}(A)| \geq 5$
- [3] Per ogni $\mathcal{R} \in \mathrm{Rel}_{\neg\mathrm{t}}(A)$, se $\{(a,b),(b,c)\} \subseteq \mathcal{R}$, allora $(a,c) \notin \mathcal{R}$
- [4] Esiste $\mathcal{R} \in \mathrm{Rel}_{\neg\mathrm{t}}$ tale che $\mathcal{R}$ sia simmetrica e riflessiva
- [5] $|\mathrm{Rel}_{\neg\mathrm{t}}(A)| \geq 2^3$

2.2.3 Svolgimenti

RISPOSTA 2.1. [1⋆] Questo esercizio ha livello di difficoltà pari a [1∗] in quanto è risolvibile mediante la mera conoscenza di alcune definizioni presentate tra le nozioni preliminari, e non presenta alcuna difficoltà di natura concettuale o computazionale. L'applicazione $f\colon A \to X$ può rappresentarsi graficamente come segue:

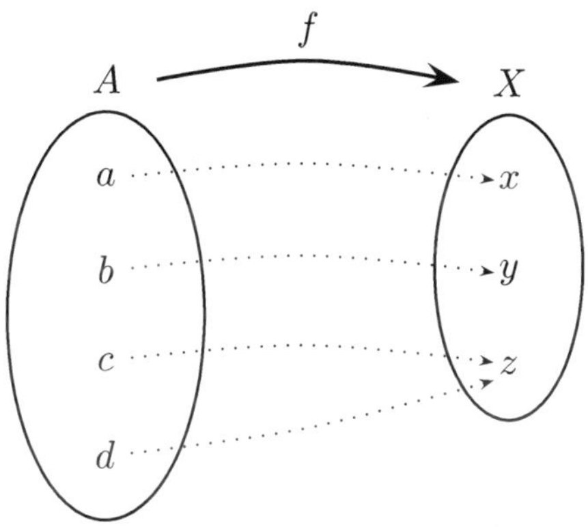

Alcune osservazioni:

- la funzione f è suriettiva, essendo $\text{codom} f = X$;
- la funzione f non è iniettiva essendo $f(c) = f(d) = z$, e dunque non è invertibile;
- la restrizione della funzione f all'insieme $\{a, b, c\}$ è una corrispondenza biunivoca;
- l'insieme delle parti di X ha cardinalità $|\mathcal{P}(X)| = 2^{|X|} = 2^3 = 8$.

Ne segue che le asserzioni $\boxed{1}$-$\boxed{4}$ sono false, per cui l'unica asserzione vera è la $\boxed{5}$.

RISPOSTA 2.2. [2⋆] La funzione $f\colon \mathbb{N} \to \mathbb{N}$ definita dalla legge $f(n) := 2n$ fa corrispondere ad ogni numero naturale il suo doppio. Pertanto, si ha:

- la funzione f è iniettiva, dato che due numeri naturali diversi hanno doppi diversi; formalmente, per ogni $m, n \in \mathbb{N}$, si ha:

$$f(m) = f(n) \quad \Rightarrow \quad 2m = 2n \quad \Rightarrow \quad m = n$$

  ossia la f è iniettiva (si veda la Sezione 2.1.11);

- la funzione f non è suriettiva, in quanto il codominio di f è l'insieme dei numeri pari (dunque un insieme infinito) e non l'intero insieme dei numeri naturali.

Ne segue che la risposta esatta è la $\boxed{2}$. Si noti che la funzione f^{-1} di cui nella risposta $\boxed{3}$ non è un'applicazione ben definita, in quanto la metà di un numero naturale n può non essere un numero naturale (se n è dispari).

RISPOSTA 2.3. [**3**$\star$] La natura di questo quesito ne consiglierebbe la collocazione nel Capitolo di Calcolo Combinatorio.[36] Tuttavia, i calcoli estremamente semplici nel caso in esame rendono possibile la sua risoluzione senza la necessità di ricorrere a strumenti di carattere combinatorico. Le partizioni di un insieme di 4 elementi in 2 classi sono esclusivamente di due tipi:

(i) $\{\{\cdot\},\{\cdot,\cdot,\cdot\}\}$

(ii) $\{\{\cdot,\cdot\},\{\cdot,\cdot\}\}$

ossia graficamente:

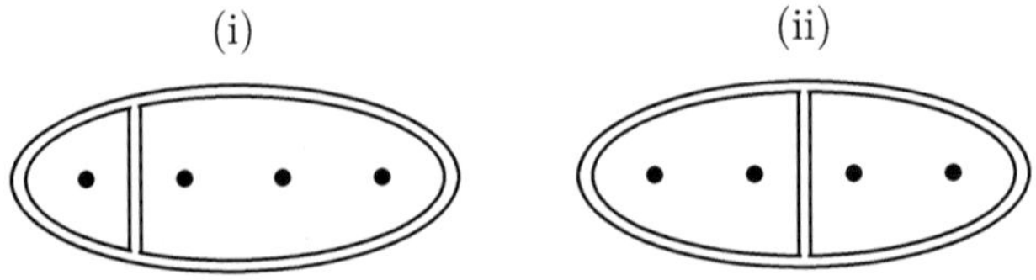

Le partizioni di tipo (i) sono 4:

$$\{\{a\},\{b,c,d\}\}\ ,\ \{\{b\},\{a,c,d\}\}\ ,\ \{\{c\},\{a,b,d\}\}\ ,\ \{\{d\},\{a,b,c\}\}\,.$$

Quelle di tipo (ii) sono 3:

$$\{\{a,b\},\{c,d\}\}\ ,\ \{\{a,c\},\{b,d\}\}\ ,\ \{\{a,d\},\{b,c\}\}\,.$$

(Ricordiamo che in un insieme l'ordine con cui i suoi elementi vengono elencati è irrilevante, per cui, ad esempio, la partizione $\{\{a,b\},\{c,d\}\}$ è uguale alla partizione $\{\{c,d\},\{a,b\}\}$.) Pertanto, denotati con $\mathrm{Part}_{(\mathrm{i})}(A)$ e $\mathrm{Part}_{(\mathrm{ii})}(A)$, rispettivamente, l'insieme delle partizioni di A di tipo (i) e l'insieme delle partizioni di A di tipo (ii), il numero totale di partizioni di A contenenti esattamente due classi è dato da

$$|\mathrm{Part}_{(\mathrm{i})}(A)| + |\mathrm{Part}_{(\mathrm{ii})}(A)| \;=\; 4+3 \;=\; \mathbf{7}\,.$$

[36] Si confronti questo quesito con gli Esercizi 2.15, 3.6 e 3.14.

RISPOSTA 2.4. [3⋆] L'asserzione vera è la $\boxed{3}$. Infatti, si ha:

- $\mathcal{R}$ *è riflessiva*: per ogni $E \in \mathcal{E}$, si ha $\text{Area}(E) \leq \text{Area}(E)$, ossia $E\mathcal{R}E$.
- $\mathcal{R}$ *non è simmetrica*: esistono due triangoli distinti $E_1, E_2 \in \mathcal{E}$ tali che $\text{Area}(E_1) < \text{Area}(E_2)$, per cui si ha $E_1\mathcal{R}E_2$ ma $\neg(E_2\mathcal{R}E_1)$.
- $\mathcal{R}$ *non è antisimmetrica*: esistono due triangoli distinti $E_1, E_2 \in \mathcal{E}$ tali che $\text{Area}(E_1) = \text{Area}(E_2)$; pertanto, $E_1\mathcal{R}E_2$ (essendo $\text{Area}(E_1) \leq \text{Area}(E_2)$) e $E_2\mathcal{R}E_1$ (essendo $\text{Area}(E_2) \leq \text{Area}(E_1)$), ma $E_1 \neq E_2$.
- $\mathcal{R}$ *è transitiva*: per ogni terna di triangoli $E_1, E_2, E_3 \in \mathcal{E}$, se $E_1\mathcal{R}E_2$ (ossia $\text{Area}(E_1) \leq \text{Area}(E_2)$) ed $E_2\mathcal{R}E_3$ (ossia $\text{Area}(E_2) \leq \text{Area}(E_3)$), allora ne segue $E_1\mathcal{R}E_3$ (essendo $\text{Area}(E_1) \leq \text{Area}(E_2) \leq \text{Area}(E_3)$).
- $\mathcal{R}$ *è totale*: per ogni $E_1, E_2 \in \mathcal{E}$, si ha $\text{Area}(E_1) \leq \text{Area}(E_2)$ oppure $\text{Area}(E_2) \leq \text{Area}(E_1)$, dunque $E_1\mathcal{R}E_2$ oppure $E_2\mathcal{R}E_1$.

RISPOSTA 2.5. [4⋆] L'unica asserzione falsa è la $\boxed{3}$, in quanto $A \times A$ è una relazione di equivalenza su A tale che l'insieme quoziente $A/(A \times A)$ contiene un'unica classe, l'insieme stesso A, essendo tutti gli elementi di A in relazione tra loro. In simboli, si ha: $A/(A \times A) = \{A\}$.

Tutte le altre asserzioni sono vere. Infatti, si verifica facilmente che $\mathcal{R}$ gode delle proprietà simmetrica e transitiva, e dunque la $\boxed{1}$ è vera. Inoltre, $\mathcal{R}$ non gode della proprietà riflessiva (in quanto manca la coppia (c, c)), né della antisimmetrica (in quanto $a\mathcal{R}b$ e $b\mathcal{R}a$, ma $a \neq b$), e dunque anche la $\boxed{5}$ è vera. La relazione binaria $\mathcal{S}$ definita da $\mathcal{S} := \mathcal{R} \cup \{(c, c)\}$ è una relazione di equivalenza su A che soddisfa la $\boxed{2}$. Infine, anche la $\boxed{4}$ è vera, in quanto la relazione binaria $\mathcal{R} \setminus \{(a, b), (b, a)\} \cup \{(c, c)\} = \{(a, a), (b, b), (c, c)\} = \Delta(A)$ è la relazione di equivalenza su A avente come insieme quoziente $\{\{a\}, \{b\}, \{c\}\}$.

RISPOSTA 2.6. [4⋆] La funzione $f\colon \mathbb{D} \to \mathbb{N}$ definita da $f(d) := \frac{d-1}{2}$ realizza la seguente corrispondenza:

$$
\begin{array}{ccc}
\mathbb{D} & \xrightarrow{f} & \mathbb{N} \\
 & & \\
1 & \longmapsto & 0 \\
3 & \longmapsto & 1 \\
5 & \longmapsto & 2 \\
\vdots & & \vdots \\
d & \longmapsto & \frac{d-1}{2} \\
\vdots & & \vdots
\end{array}
$$

La funzione f è *iniettiva*: infatti, per ogni $c, d \in \mathbb{D}$, si ha:

$$f(c) = f(d) \quad \Rightarrow \quad \frac{c-1}{2} = \frac{d-1}{2} \quad \Rightarrow \quad c-1 = d-1 \quad \Rightarrow \quad c = d\,.$$

La funzione f è *suriettiva*: infatti, per ogni $n \in \mathbb{N}$, il numero $d := 2n+1$ è l'elemento di $\mathbb{D}$ di cui n è il corrispondente per il tramite della f, risultando

$$f(d) = f(2n+1) = \frac{(2n+1)-1}{2} = n\,.$$

Ne segue che f è *biiettiva* ed è pertanto *invertibile* in forza del Teorema 2.5(i). Inoltre, la funzione inversa $f^{-1}\colon \mathbb{N} \to \mathbb{D}$ di f è definita da $f^{-1}(n) := 2n+1$ $\forall n \in \mathbb{N}$. Infatti, per ogni $n \in \mathbb{N}$ e $d \in \mathbb{D}$, si ha

$$\begin{aligned}(f \circ f^{-1})(n) \;&=\; f(f^{-1}(n)) \;=\; f(2n+1) \;=\; n \;=\; \mathrm{id}_{\mathbb{N}}(n)\\ (f^{-1} \circ f)(d) \;&=\; f^{-1}(f(d)) \;=\; f^{-1}(\tfrac{d-1}{2}) \;=\; d \;=\; \mathrm{id}_{\mathbb{D}}(d)\end{aligned}$$

ove $\mathrm{id}_{\mathbb{N}}$ e $\mathrm{id}_{\mathbb{D}}$ sono le funzioni identiche di $\mathbb{N}$ e $\mathbb{D}$, rispettivamente. (Si veda la definizione di funzione inversa di cui nella Sezione 2.1.13.) Si noti che per ogni $d \in \mathbb{D}$, si ha $f(d^2) = (d^2-1)/2$, che in generale è diverso da $(d-1)^2/2$. (Ad esempio, per $d := 3$, si ha $f(3^2) = 4 \neq 2 = (3-1)^2/2$.) In conclusione, l'unica asserzione vera è la $\boxed{4}$.

RISPOSTA 2.7. [4⋆] Essendo

$$|A \cap B| = |A| + |B| - |A \cup B| = 5 + 4 - 9 = 0$$

ne segue che $A \cap B$ è l'insieme vuoto. Pertanto, il suo insieme delle parti è l'insieme $\mathcal{P}(A \cap B) = \mathcal{P}(\emptyset) = \{\emptyset\}$, che è diverso dall'insieme vuoto (in quanto ha un elemento, l'insieme vuoto: si vedano le osservazioni fatte alla fine della Sezione 2.1.2). Dunque la risposta $\boxed{4}$ è falsa. Tutte le altre risposte sono vere, in quanto si ha:

- per la proprietà (vi) della Sezione 2.1.14 (Teorema 2.9), l'insieme B^A delle funzioni da A in B ha cardinalità $|B^A| = |B|^{|A|} = 4^5$;
- una qualunque funzione da A in B non è mai iniettiva (in quanto almeno due elementi di A devono necessariamente avere lo stesso corrispondente in B) e dunque non esiste un'applicazione biiettiva da A in B;
- una relazione binaria su B è un arbitrario sottoinsieme di $B \times B$, per cui l'insieme $\mathrm{Rel}(B)$ delle relazioni binarie su B è uguale all'insieme delle parti di $B \times B$; pertanto, si ha $|\mathrm{Rel}(B)| = |\mathcal{P}(B \times B)| = 2^{|B \times B|} = 2^{16}$;

- la famiglia dei sottoinsiemi di A è l'insieme delle parti di A, che ha cardinalità $|\mathcal{P}(A)| = 2^{|A|} = 2^5 = 32 > 30$.

RISPOSTA 2.8. [5⋆] Per la definizione di valore assoluto di un numero reale (si veda la Sezione 2.1.9), la funzione f è tale che $f(z) := z$ per ogni $z \in \mathbb{N}$ e da $f(z) := -z$ per ogni $z \in \mathbb{Z} \setminus \mathbb{N}$. Si noti che il testo statuisce esplicitamente che la relazione binaria $\mathcal{R}$, definita da $a\mathcal{R}b$ se il valore assoluto di $a \in \mathbb{Z}$ è uguale a quello di $b \in \mathbb{Z}$, è di equivalenza. Pertanto, non è necessario verificare che $\mathcal{R}$ soddisfa le proprietà riflessiva, simmetrica e transitiva. (Il lettore è comunque invitato a fare tale verifica per esercizio.) Alcune osservazioni:

- f è suriettiva (essendo $\text{codom} f = \mathbb{N}$) ma non iniettiva (ad esempio, gli interi 2 e -2 hanno lo stesso corrispondente $2 \in \mathbb{N}$);
- la restrizione di f all'insieme $\mathbb{N}$ è la funzione identica di $\mathbb{N}$ (e dunque è una biiezione);
- l'insieme quoziente $\mathbb{Z}/\mathcal{R}$ è $\{\{0\}, \{1, -1\}, \{2, -2\}, \dots, \{n, -n\}, \dots\}$;
- l'insieme quoziente $\mathbb{Z}/\mathcal{R}$ ha infinite classi; le classi di $\mathbb{Z}/\mathcal{R}$ hanno cardinalità 1 (solo una classe, quella che contiene lo zero) oppure 2 (tutte le altre classi).

Pertanto, l'unica asserzione falsa è la $\boxed{1}$.

RISPOSTA 2.9. [5⋆] Innanzitutto osserviamo che il testo del quesito statuisce esplicitamente che $\mathcal{R}$ ed $\mathcal{S}$ sono relazioni d'*equivalenza*, per cui entrambe godono delle proprietà riflessiva, simmetrica e transitiva (senza bisogno di doverle verificare, cosa che sarebbe peraltro impossibile *a priori*, in quanto non si conosce l'insieme X). In particolare, la proprietà riflessiva implica che l'insieme $\Delta(X) := \{(x, x) : x \in X\}$ debba necessariamente essere contenuto sia in $\mathcal{R}$ che in $\mathcal{S}$. Questa osservazione consente di evincere l'identità dell'insieme X, che non può che essere $X = \{a, b, c, d, e, f\}$. Gli insiemi quoziente $X/\mathcal{R}$ e $X/\mathcal{S}$ sono dati, rispettivamente, da:

$$\begin{aligned} X/\mathcal{R} &= \{\{a, c\}, \{b, d\}, \{e\}, \{f\}\} \\ X/\mathcal{S} &= \{\{a\}, \{b\}, \{c\}, \{d\}, \{e\}, \{f\}\}. \end{aligned}$$

Ne segue che l'unica asserzione falsa è la $\boxed{2}$. Infatti, si ha:

- $\mathcal{R} \cap \mathcal{S} = \Delta(X)$, da cui $|\mathcal{R} \cap \mathcal{S}| = |\Delta(X)| = 6$;

- $|X/\mathcal{R}| = 4$, $|X/\mathcal{S}| = \mathbf{6}$;
- sia per la relazione $\mathcal{R}$ che per la relazione $\mathcal{S}$, la classe di equivalenza dell'elemento $f \in X$ è il singoletto $\{f\}$;
- $|\mathcal{P}(X)| = 2^{|X|} = 2^6 = 64$;
- la relazione binaria $\mathcal{R} \setminus \mathcal{S} = \{(a,c),(c,a),(b,d),(d,b)\}$ gode della proprietà simmetrica.

RISPOSTA 2.10. [5⋆] Le relazioni $\mathcal{R}$ ("avere lo stesso comune di residenza di"), $\mathcal{S}$ ("essere più alto di") e $\mathcal{T}$ ("essere nonno di") sull'insieme A dei residenti in Sicilia godono delle seguenti proprietà:

Relazione	Rifl.	Simm.	Trans.	Antisimm.	Compl.
$\mathcal{R}$	si	si	si	no	no
$\mathcal{S}$	no	no	si	si	no
$\mathcal{T}$	no	no	no	si	no

Pertanto, la risposta esatta è la $\boxed{1}$. Alcune osservazioni seguono.

- *La formula "$\forall a,b,c \in A\ ((a\mathcal{R}b \wedge b\mathcal{S}c) \Rightarrow a\mathcal{T}c)$" è falsa*: infatti, esistono $a,b,c \in A$ tali che $a\mathcal{R}b$ (ossia a è nato nello stesso comune di b), $b\mathcal{S}c$ (ossia b è più alto di c), ma $\neg(a\mathcal{T}c)$ (ossia a non è il nonno di c).
- *$\mathcal{R}$ non gode della proprietà antisimmetrica*: la formula che definisce la proprietà antisimmetrica per $\mathcal{R}$, "$\forall a,b \in A\ ((a\mathcal{R}b \wedge b\mathcal{R}a) \Rightarrow a = b)$", è falsa, in quanto esistono due residenti distinti $a,b \in A$ che sono nati nello stesso comune.
- *$\mathcal{S}$ gode della proprietà antisimmetrica*: infatti, per ogni $a,b \in A$, l'implicazione "$(a\,\mathcal{S}b \wedge b\,\mathcal{S}a) \Rightarrow a = b$" è vera, perché l'antecedente è sempre falso (non può accadere contemporaneamente che a sia più alto di b, e b sia più alto di a).
- *$\mathcal{T}$ gode della proprietà antisimmetrica*: infatti, per ogni $a,b \in A$, l'implicazione "$(a\mathcal{T}b \wedge b\mathcal{T}a) \Rightarrow a = b$" è vera, perché l'antecedente è sempre falso (non può accadere contemporaneamente che a sia nonno di b, e b sia nonno di a).
- *Le tre relazioni $\mathcal{R},\mathcal{S},\mathcal{T}$ non sono complete*: esistono $a,b,c,d,e,f \in A$ tali che $(a,b) \notin \mathcal{R}$ e $(b,a) \notin \mathcal{R}$ (in quanto a e b sono nati in comuni

diversi), $(c,d) \notin \mathcal{S}$ e $(d,c) \notin \mathcal{S}$ (in quanto c e d hanno la stessa altezza),[37] $(e,f) \notin \mathcal{T}$ e $(f,e) \notin \mathcal{T}$ (in quanto, ad esempio, e ed f non sono nemmeno parenti).

- $\mathcal{R}$ *è una relazione di equivalenza avente un numero finito di classi di equivalenza, ciascuna delle quali è un insieme finito*: $\mathcal{R}$ gode delle proprietà riflessiva, simmetrica e transitiva, dunque è una relazione di equivalenza; inoltre, essendo A un insieme finito, la partizione generata da $\mathcal{R}$ è formata da un numero finito di insiemi finiti. (Più precisamente, l'insieme quoziente $A/\mathcal{R}$ ha tante classi quanti sono i comuni di nascita dei residenti in Sicilia, e ciascuna classe è costituita da tutti i residenti in Sicilia che sono nati nello stesso comune.)

RISPOSTA 2.11. [**6**$\star$] La difficoltà di questo esercizio è essenzialmente legata alla tipologia di funzione, che manda insiemi in insiemi. Risolto questo problema interpretativo, un'attenta lettura delle alternative possibili consente una relativamente agevole identificazione dell'unica risposta corretta. Per le proprietà (v) e (vi) di cui nel Teorema 2.9 della Sezione 2.1.14, si ha:

$$|\mathcal{P}(A)| = 2^{|A|} = 2^3 = 2^{|X|} = |\mathcal{P}(X)| \qquad \text{e} \qquad |\mathcal{P}(X)^{\mathcal{P}(A)}| = |\mathcal{P}(X)|^{|\mathcal{P}(A)|} = 8^8.$$

(Ricordiamo che il simbolo $\mathcal{P}(X)^{\mathcal{P}(A)}$ denota l'insieme di tutte le applicazioni definite su $\mathcal{P}(A)$ e a valori in $\mathcal{P}(X)$.) Tre esempi delle 8^8 funzioni da $\mathcal{P}(A)$ in $\mathcal{P}(X)$ sono i seguenti:

- $f_1 \colon \mathcal{P}(A) \to \mathcal{P}(X)$ definita da $f_1(B) := \{z\}$ per ogni $B \in \mathcal{P}(A)$, ossia la mappa costante che manda ogni sottoinsieme B di A nel singoletto $\{z\} \in \mathcal{P}(X)$;

- $f_2 \colon \mathcal{P}(A) \to \mathcal{P}(X)$ definita come segue: $f_2(\emptyset) := X$, $f_2(\{a\}) := \{y,z\}$, $f_2(\{b\}) := \{x,z\}$, $f_2(\{c\}) := \{x,y\}$, $f_2(\{a,b\}) := \{z\}$, $f_2(\{a,c\}) := \{y\}$, $f_2(\{b,c\}) := \{x\}$, $f_2(A) := \emptyset$;

- $f_3 \colon \mathcal{P}(A) \to \mathcal{P}(X)$ definita da $f(\{a,b\}) := \{x,y\}$, $f(\{a,c\}) := \{x,z\}$, $f(B) := \emptyset$ per ogni $B \in \mathcal{P}(A) \setminus \{\{a,b\},\{a,c\}\}$.

[37] Invero, sarebbe necessario precisare in questo caso cosa vuol dire "avere la stessa altezza", in quanto ciò dipende dalla precisione dello strumento di misurazione adottato. Per semplicità, assumiamo che la misurazione venga arrotondata al centimetro. Ad esempio, usando questa convezione, se $a \in A$ è alto 1 metro e 836 millimetri, e $b \in A$ è alto 1 metro e 839 millimetri, allora ai nostri fini a e b sono considerati come aventi la "stessa altezza" (ossia $1.84\,m$).

Si noti che f_2 è una corrispondenza biunivoca, mentre f_1 ed f_3 non sono né iniettive né suriettive. Essendo $\mathcal{P}(A)$ e $\mathcal{P}(X)$ insiemi finiti aventi la stessa cardinalità, il Teorema 2.7 della Sezione 2.1.14 implica che l'asserzione $\boxed{5}$ è vera. Le asserzioni $\boxed{1}$-$\boxed{4}$ sono false, perché le funzioni f_1, f_2, f_3 sopra definite forniscono degli immediati controesempi. Si noti che la funzione (tra le tre sopra definite) che funge da controesempio alla verità delle risposte $\boxed{1}$-$\boxed{4}$ è diversa da asserzione ad asserzione (e ne lasciamo al lettore la determinazione in ciascuno dei casi $\boxed{1}$-$\boxed{4}$).

RISPOSTA 2.12. [**6**$\star$] Calcoliamo innanzitutto l'insieme D, che è definito nella forma apparentemente complessa

$$D := C \setminus ((C \setminus A) \cap (C \setminus B))$$

ove A e B sono sottoinsiemi di C. In prima battuta, effettuiamo un calcolo grafico, avvalendoci dei diagrammi di Eulero-Venn. Assumiamo che gli insiemi A, B, C siano come nella seguente figura:

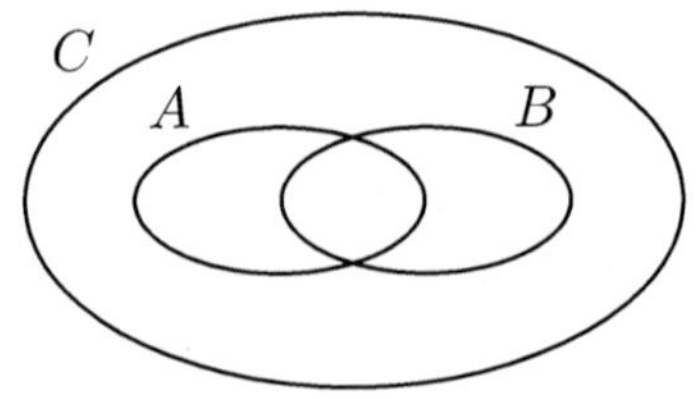

Ne segue che gli insiemi $C \setminus A$ e $C \setminus B$ sono rappresentati, rispettivamente, dalle zone *grigie* nelle figure seguenti:

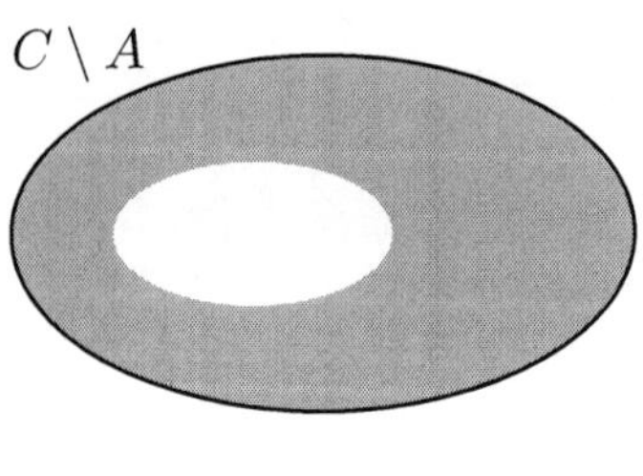

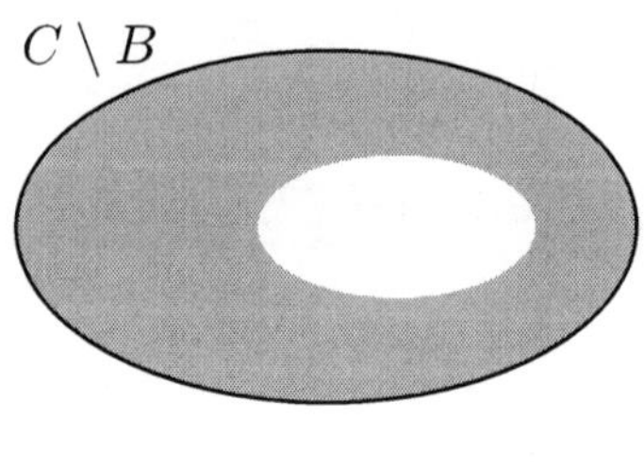

Pertanto l'insieme $(C \setminus A) \cap (C \setminus B)$ è rappresentato graficamente dalla zona *grigia* nel grafico sottostante:

$(C \setminus A) \cap (C \setminus B)$

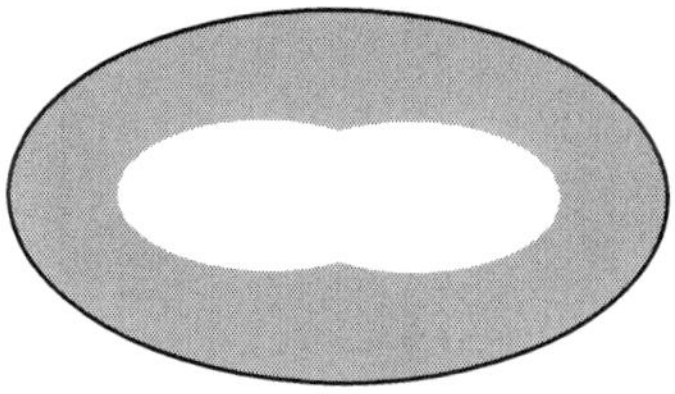

e dunque il complemento in C di tale insieme, che è uguale all'insieme D, è rappresentato graficamente dalla porzione *bianca* di piano, che è l'insieme $A \cup B$. Pertanto, ciò sembrerebbe verificare l'uguaglianza $D = A \cup B$. Tuttavia, questa sorta di *dimostrazione grafica* di $D = A \cup B$ è incompleta. Infatti, gli insiemi A, B, C – che per ipotesi sono tali che $A \subseteq C$ e $B \subseteq C$ – potrebbero anche essere, ad esempio, come nelle seguenti figure

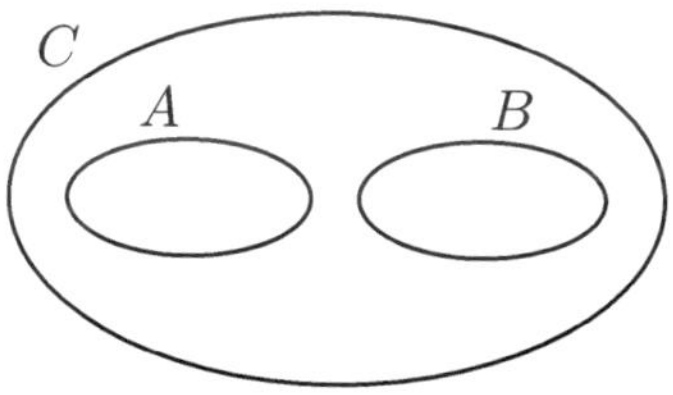

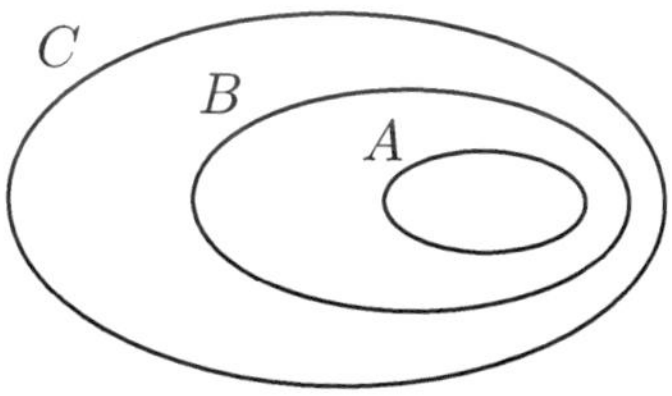

oppure anche in altri modi. Sarebbe dunque necessario effettuare i calcoli grafici in tutte le configurazioni possibili per evincerne con certezza che l'uguaglianza insiemistica $D = A \cup B$ è vera. Tuttavia, sebbene le considerazioni appena fatte con l'ausilio dei diagrammi di Eulero-Venn non possano assurgere al livello di dimostrazione formale della correttezza del risultato ottenuto, esse costituiscono comunque un cospicuo aiuto alla determinazione delle conclusioni.

Una *dimostrazione formale* dell'uguaglianza insiemistica $D = A \cup B$ è la seguente. Essendo $A, B \subseteq C$ per ipotesi, ne segue che

$$A = C \setminus (C \setminus A) \quad \text{e} \quad B = C \setminus (C \setminus B).$$

(Per la verifica delle suddette uguaglianze, la dimostrazione grafica è sufficiente, in quanto solo una configurazione è possibile.) Per la seconda legge di De Morgan (Teorema 2.1(viii) della Sezione 2.1.4), si ha allora:

$$D = C \setminus ((C \setminus A) \cap (C \setminus B)) = (C \setminus (C \setminus A)) \cup (C \setminus (C \setminus B)) = A \cup B$$

il che prova l'asserto.[38]

[38] La dimostrazione delle uguaglianze insiemistiche $C \setminus (C \setminus A) = A$ e $C \setminus (C \setminus B) = B$ è lasciata al lettore per esercizio.

Verificata l'uguaglianza $D = A \cup B$, risulta adesso relativamente semplice determinare che l'unica asserzione falsa è la $\boxed{5}$. Infatti, per le proprietà delle operazioni tra insiemi di cui nel Teorema 2.1 della Sezione 2.1.4, si ha:

- l'ipotesi $A, B \subseteq C$ implica le uguaglianze $A \cap C = A$ e $B \cup C = C$, usando la proprietà (x);
- $A \subseteq A \cup B = D$;
- $D \cap B = (A \cup B) \cap B = B$ per la proprietà (x);
- $C \setminus (A \cup B) = (C \setminus A) \cap (C \setminus B)$ per la prima legge di De Morgan (proprietà (vii));
- $(C \setminus D) \cap (A \cup B) = (C \setminus D) \cap D = \emptyset$.

RISPOSTA 2.13. [**6**$\star$] Cominciamo con l'analizzare le immagini di alcuni elementi di $\mathcal{P}(A)$ mediante la f. Si ha, ad esempio:

$$\emptyset \overset{f}{\mapsto} A\,, \quad \{a\} \overset{f}{\mapsto} \{b,c,d\}\,, \quad \{a,c\} \overset{f}{\mapsto} \{b,d\}\,, \quad A \overset{f}{\mapsto} \emptyset\,.$$

Invero, determinando le immagini di tutti gli elementi di $\mathcal{P}(A)$ mediante la f, si verifica abbastanza facilmente che f è una corrispondenza biunivoca (ed è dunque invertibile in forza del Teorema 2.5(i) della Sezione 2.1.13). Una dimostrazione formale di questa asserzione è la seguente:

- f è *ben definita*, in quanto la corrispondenza $C \overset{f}{\mapsto} A \setminus C$ associa ad ogni sottoinsieme di A uno ed un solo sottoinsieme di A;
- f è *iniettiva*: per ogni $B, C \in \mathcal{P}(A)$, se $B \neq C$, allora esiste $a \in A$ tale che $a \in B \setminus C$ oppure $a \in C \setminus B$; se $a \in B \setminus C$ (la dimostrazione è analoga nel caso in cui $a \in C \setminus B$), allora $a \in A \setminus C$ e $a \notin A \setminus B$, da cui $A \setminus B \neq A \setminus C$, ossia $f(B) \neq f(C)$;
- f è *suriettiva*: per ogni $C \in \mathcal{P}(A)$, il sottoinsieme B di A definito da $B := A \setminus C$ è tale che $f(B) = f(A \setminus C) = A \setminus (A \setminus C) = C$.

Inoltre, il Teorema 2.5(ii) della Sezione 2.1.13 implica che la funzione inversa di f è la funzione f medesima, in quanto per ogni $C \in \mathcal{P}(A)$ si ha:

$$(f \circ f)(C) = f(f(C)) = f(A \setminus C) = A \setminus (A \setminus C) = C = \mathrm{id}_{\mathcal{P}(A)}(C).$$

Pertanto, l'unica asserzione vera è la $\boxed{2}$.

Concludiamo l'esercizio con un'osservazione relativa alle risposte del quesito, una cui attenta lettura consente di ridurre il campo delle risposte ammissibili. Più precisamente, l'unicità dell'asserzione vera permette di dedurre la falsità della risposta $\boxed{4}$ senza che si renda necessario effettuare alcuna verifica. Infatti, se la $\boxed{4}$ fosse vera, allora dovrebbe necessariamente esserlo anche la $\boxed{2}$ (in quanto una funzione è invertibile se e solo se è biunivoca), contraddicendo l'unicità dell'asserzione vera. Pertanto la risposta corretta è una tra le asserzioni $\boxed{1}$, $\boxed{2}$, $\boxed{3}$ e $\boxed{5}$.

RISPOSTA 2.14. [**7**$\star$] Una relazione binaria $\mathcal{R}$ su $\mathbb{Z}$ gode della proprietà antisimmetrica se la formula

$$\forall m, n \in \mathbb{Z}\ \big((m\mathcal{R}n \wedge n\mathcal{R}m) \Rightarrow m = n\big) \tag{2.1}$$

è vera. La relazione $\mathcal{R}_2$ gode della proprietà antisimmetrica. Infatti, la formula 2.1 è vera nel caso in cui $\mathcal{R} := \mathcal{R}_2$, essendo per ogni $m, n \in \mathbb{Z}$:

$$(m\mathcal{R}_2 n) \wedge (n\mathcal{R}_2 m) \overset{\text{def}}{\iff} (m \leq n) \wedge (n \leq m) \implies m = n.$$

Anche la relazione $\mathcal{R}_4$ gode della proprietà antisimmetrica. Infatti, per ogni $m, n \in \mathbb{Z}$ si ha:

$$(m\mathcal{R}_4 n) \wedge (n\mathcal{R}_4 m) \overset{\text{def}}{\iff} (m^3 = n^3) \wedge (n^3 = m^3) \iff m^3 = n^3 \implies m = n$$

ove l'ultima implicazione è vera in quanto la mappa $f\colon \mathbb{Z} \to \mathbb{Z}$ definita da $f(m) := m^3\ \forall m \in \mathbb{Z}$ è iniettiva. (Verificare!)

Viceversa, una relazione binaria $\mathcal{R}$ su $\mathbb{Z}$ *non* gode della proprietà antisimmetrica se la formula 2.1 è falsa, ossia, se esistono due numeri interi relativi m, n che non verificano l'implicazione $(m\mathcal{R}n \wedge n\mathcal{R}m) \Rightarrow m = n$. In termini di logica formale, la formula 2.1 è falsa se la sua negazione è vera. Per i principi di equiveridicità di cui alla Sezione 1.1.7 del Capitolo di Logica, la negazione della formula 2.1 è equiveridica alle seguenti formule:[39]

$$\begin{aligned}
&\neg\big[\forall m, n \in \mathbb{Z}\ \big((m\mathcal{R}n \wedge n\mathcal{R}m) \Rightarrow m = n\big)\big]\\
&\exists m, n \in \mathbb{Z}\ \neg\big((m\mathcal{R}n \wedge n\mathcal{R}m) \Rightarrow m = n\big)\\
&\exists m, n \in \mathbb{Z}\ \neg\big(\neg(m\mathcal{R}n \wedge n\mathcal{R}m) \vee (m = n)\big)\\
&\exists m, n \in \mathbb{Z}\ \big[\neg\big(\neg(m\mathcal{R}n \wedge n\mathcal{R}m)\big) \wedge \neg(m = n)\big]\\
&\exists m, n \in \mathbb{Z}\ \big((m\mathcal{R}n \wedge n\mathcal{R}m) \wedge m \neq n\big).
\end{aligned} \tag{2.2}$$

[39] Per semplicità espositiva, si riproduce nel caso specifico della proprietà antisimmetrica la sequenza di formule di cui nella Sezione 1.1.10 del Capitolo 1.

Pertanto, $\mathcal{R}$ non gode della proprietà antisimmetrica se la formula 2.2 è vera, ossia se esistono due numeri interi relativi m, n distinti tali che $m\mathcal{R}n$ e $n\mathcal{R}m$. Si verifica facilmente che la formula 2.2 è vera nel caso in cui la relazione $\mathcal{R}$ sia la $\mathcal{R}_1$ o la $\mathcal{R}_3$: si consideri, per esempio, $m := 1$ e $n := -1$. Ne segue che le relazioni $\mathcal{R}_1$ e $\mathcal{R}_3$ non godono della proprietà antisimmetrica. In conclusione, la risposta esatta è la $\boxed{2}$.

RISPOSTA 2.15. [**8**$\star$] Risulta abbastanza semplice scartare le risposte $\boxed{1}$ e $\boxed{2}$. Infatti, per le definizioni di insieme delle relazioni binarie su A ed insieme delle parti di A, si ha immediatamente $\mathrm{Rel}(A) = \mathcal{P}(A \times A)$. Ne segue che le uguaglianze numeriche

$$|\mathrm{Rel}(A)| = |\mathcal{P}(A \times A)| = 2^{|A \times A|} = 2^{25}$$

sono vere e dunque la $\boxed{1}$ e $\boxed{2}$ sono false.

Anche la risposta $\boxed{3}$ può facilmente scartarsi. Infatti, per il Teorema 2.11 di cui nella Sezione 2.1.19, si ha $|\mathrm{Eq}(A)| = |\mathrm{Part}(A)|$, da cui

$$|\mathrm{Rel}(A)| \geq |\mathrm{Eq}(A)| = |\mathrm{Part}(A)|.$$

Inoltre, la disuguaglianza è stretta in quanto esistono delle relazioni binarie su A che non sono di equivalenza. Pertanto la $\boxed{3}$ è falsa.

La vera difficoltà di questo quesito consiste nella scelta tra le risposte $\boxed{4}$ e $\boxed{5}$, per la quale risulta necessario un calcolo (sufficientemente approssimato) del numero $|\mathrm{Eq}(A)|$. A tal proposito, un ausilio è fornito dall'uguaglianza numerica $|\mathrm{Eq}(A)| = |\mathrm{Part}(A)|$, per cui al fine di contare le relazioni di equivalenza su A basta contare le possibili partizioni di A.[40] I "tipi" di partizioni di un insieme di cardinalità 5 sono i seguenti:

(i) $\{\{\cdot\}, \{\cdot\}, \{\cdot\}, \{\cdot\}, \{\cdot\}\}$

(ii) $\{\{\cdot\}, \{\cdot\}, \{\cdot\}, \{\cdot, \cdot\}\}$

(iii) $\{\{\cdot\}, \{\cdot\}, \{\cdot, \cdot, \cdot\}\}$

(iv) $\{\{\cdot\}, \{\cdot, \cdot\}, \{\cdot, \cdot\}\}$

(v) $\{\{\cdot\}, \{\cdot, \cdot, \cdot, \cdot\}\}$

(vi) $\{\{\cdot, \cdot\}, \{\cdot, \cdot, \cdot\}\}$

(vii) $\{\{\cdot, \cdot, \cdot, \cdot, \cdot\}\}$

[40] Si veda la soluzione dell'Esercizio 2.3.

ossia graficamente:

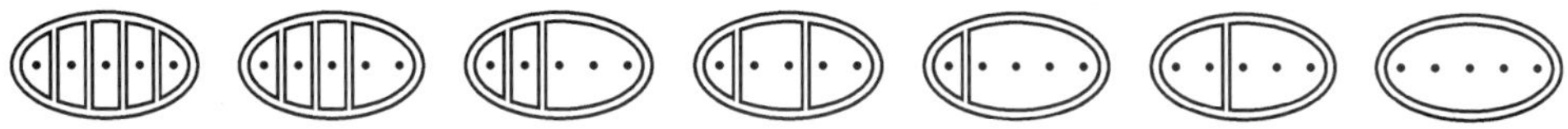

(i) (ii) (iii) (iv) (v) (vi) (vii)

Osserviamo che le partizioni di tipo (i) contengono 5 classi (e di tali partizioni ne esiste soltanto una), quelle di tipo (ii) contengono 4 classi, quelle di tipo (iii) e (iv) contengono 3 classi, quelle di tipo (v) e (vi) contengono 2 classi, ed infine l'unica partizione di tipo (vii) consta di una sola classe. Per il computo esatto di $|\text{Part}(A)|$ occorrerebbe pertanto:[41]

- calcolare il numero di partizioni di ciascuno dei sette tipi;
- sommare i sette numeri ottenuti.

La determinazione del numero di partizioni di ciascun tipo non è concettualmente ardua, ma necessita di una cospicua attenzione. A tal riguardo, la possibilità di utilizzare strumenti di Calcolo Combinatorio – introdotti nel Capitolo 3 – ne semplificherebbe il relativo calcolo numerico: si vedano, ad esempio, le soluzioni degli Esercizi 3.6 e 3.14. (Invero, se questo esercizio fosse stato presentato nel Capitolo 3, allora la sua valutazione di difficoltà non avrebbe superato [7∗].) Non disponendo al momento di tali strumenti, si è proceduto ad un'opportuna calibrazione della risposta $\boxed{4}$, onde evitare al lettore il lungo e periglioso calcolo del numero di partizioni per ciascuno dei sette tipi. Invero, per dirimere il dubbio circa la verità della risposta $\boxed{4}$ non è necessario il computo esatto del numero $|\text{Part}(A)|$, risultando sufficiente un approccio approssimato (ossia mediante disuguaglianze): basta, ad esempio, calcolare il numero di partizioni di A di tipo (ii), (iii) e (v). Verificato che esistono 10 partizioni di A di tipo (ii), 10 di tipo (iii) e 5 di tipo (v) (tale verifica è lasciata al lettore), si ottiene:

$$|\text{Eq}(A)| = |\text{Part}(A)| \geq 25$$

per cui anche la $\boxed{4}$ è falsa. La risposta corretta è dunque la $\boxed{5}$.

RISPOSTA 2.16. [9⋆] L'insieme delle relazioni binarie su A è uguale (per definizione) all'insieme delle parti di $A \times A$, per cui si ha:

$$|\text{Rel}(A)| = |\mathcal{P}(A \times A)| = 2^{|A \times A|} = 2^{16}.$$

Pertanto la risposta $\boxed{1}$ va scartata in quanto vera.

Osserviamo che una relazione binaria $\mathcal{R}$ su A è *riflessiva* se e solo se contiene la diagonale di A, ossia $\Delta(A) = \{(a,a),(b,b),(c,c),(d,d)\} \subseteq \mathcal{R}$. Ne

[41] Si confronti il ragionamento qui utilizzato con quanto detto nella Sezione 3.1.8 del Capitolo di Calcolo Combinatorico a proposito della "regola della somma".

segue che ogni elemento di $\mathrm{Rel}_{\mathrm{r}}(A)$ si ottiene dall'unione di un arbitrario sottoinsieme di $(A \times A) \setminus \Delta(A)$ con la diagonale di A. In termini più rigorosi, si verifica (ed il lettore è invitato a fare tale non banale controllo) che la funzione

$$f\colon \mathrm{Rel}_{\mathrm{r}}(A) \to \mathcal{P}\left((A \times A) \setminus \Delta(A)\right) , \quad f(\mathcal{R}) := \mathcal{R} \setminus \Delta(A) \quad \forall \mathcal{R} \in \mathrm{Rel}_{\mathrm{r}}(A)$$

è una corrispondenza biunivoca. (A titolo di esempio, se $\mathcal{R} \in \mathrm{Rel}_{\mathrm{r}}(A)$ è definita da $\mathcal{R} := \{(a,a),(b,b),(c,c),(d,d),(a,c),(b,d),(d,b)\}$, allora risulta $f(\mathcal{R}) := \{(a,c),(b,d),(d,b)\}$.) Pertanto, si ha:

$$|\mathrm{Rel}_{\mathrm{r}}(A)| = |\mathcal{P}((A \times A) \setminus \Delta(A))| = 2^{|(A \times A) \setminus \Delta(A)|} = 2^{12}$$

e dunque anche la risposta $\boxed{2}$ è da scartare in quanto vera.

Una relazione $\mathcal{R}$ è *simmetrica* se dati due elementi distinti $x, y \in A$, o nessuna delle due coppie ordinate $(x,y),(y,x)$ sta in $\mathcal{R}$ oppure ci stanno entrambe. Denotato $\Gamma(A) := \{(a,b),(a,c),(a,d),(b,c),(b,d),(c,d)\}$, ne segue che l'insieme $\mathrm{Rel}_{\mathrm{rs}}(A)$ delle relazioni riflessive e simmetriche su A è in corrispondenza biunivoca con l'insieme delle parti di $\Gamma(A)$. (Si lascia per esercizio al lettore la definizione esatta della suddetta corrispondenza biunivoca.) Pertanto, si ha:

$$|\mathrm{Rel}_{\mathrm{rs}}(A)| = |\mathcal{P}(\Gamma(A))| = 2^{|\Gamma(A)|} = \mathbf{2^6}.$$

Ne segue che la risposta esatta è la $\boxed{3}$, in quanto falsa.

Si noti che anche l'uguaglianza di cui alla risposta $\boxed{4}$ è vera, risultando

$$|\mathrm{Rel}_{\mathrm{rst}}(A)| = |\mathrm{Eq}(A)| = |\mathrm{Part}(A)| = 15 = 2^4 - 1$$

ove (si veda l'esercizio precedente) $\mathrm{Eq}(A)$ e $\mathrm{Part}(A)$ denotano, rispettivamente, l'insieme delle relazioni di equivalenza su A e l'insieme delle partizioni di A. In questo caso la difficoltà consiste nella determinazione del numero esatto delle partizioni di A, per cui è necessario un calcolo diretto utilizzando un ragionamento simile a quello di cui nella risoluzione dell'Esercizio 2.15. (Il lettore è invitato a cimentarsi anche in quest'ultima impresa.)

2.2.4 Suggerimenti

2.17.

2.18.

2.19.

2.20. Si calcoli il numero di tutte le funzioni da un insieme di 7 elementi ad un insieme di 2 elementi e si sottragga da questo il numero delle funzioni *non* suriettive. Un problema simile (decisamente più complesso) si trova tra i quesiti di Calcolo Combinatorio, ed è quello del calcolo del numero di funzioni suriettive da un insieme di 4 elementi ad un insieme di 3 elementi: si veda l'Esercizio 3.50 e il Suggerimento 3.50.

2.21.

2.22. Si noti che è ininfluente che ci siano o non ci siano omonimie.

2.23. Per quali numeri interi relativi vale la proprietà commutativa della moltiplicazione?

2.24.

2.25. Si scriva esplicitamente la definizione della funzione $f\colon \mathcal{P}(A) \to B$. Si confronti anche con l'Esercizio 2.45.

2.26.

2.27. Si veda il Teorema 2.1 della Sezione 2.1.4.

2.28. Si veda il Teorema 2.1 della Sezione 2.1.4.

2.29. Di quali proprietà gode la relazione binaria " $\leq$ " sull'insieme $\mathbb{N}$? (La relazione $\mathcal{R}$ definita nel testo dell'esercizio si dice *ordinamento paretiano*[42] su $\mathbb{N} \times \mathbb{N}$.)

2.30. Si noti che $|2-4| = 2$, $|4-6| = 2$ e $|2-6| = 4$.

2.31.

2.32.

[42] **Vilfredo F.D. Pareto** (1848-1923) economista, sociologo, ingegnere e filosofo italiano. Pareto si è distinto nello studio della distribuzione del reddito e nell'analisi delle scelte individuali. A lui è soprattutto associata la nozione di *ottimo paretiano*, ossia una situazione in cui non si può migliorare la condizione di un soggetto senza peggiorare quella di un altro.

2.33. Si dia una rappresentazione grafica delle relazioni $\mathcal{R}$ e $\mathcal{S}$ nella forma di un *grafo orientato*, similmente a quanto fatto nelle Sezioni 2.1.15, 2.1.18 e 2.1.19.

2.34.

2.35. Catania non è in Africa.

2.36. Si dia una rappresentazione grafica delle relazioni $\mathcal{R}$, $\mathcal{S}$ e $\mathcal{T}$ come un *grafo orientato*, similmente a quanto fatto nelle Sezioni 2.1.15, 2.1.18 e 2.1.19.

2.37. Si confronti questo quesito con le soluzioni degli Esercizi 2.3 e 2.15 di questo capitolo, nonché con le risposte agli Esercizi 3.6 e 3.14 del Capitolo di Calcolo Combinatorio.

2.38. L'insieme $\{x_1, x_3\}$ è un sottoinsieme di X.

2.39. Si disegni la retta passante per i punti $(1, 1)$ e $(2, 2)$.

2.40. Si confronti la relazione in esame con l'ordinamento delle parole in un dizionario della lingua italiana. (La relazione $\preceq_{\text{lex}}$ si dice *ordinamento lessicografico* su $\mathbb{R} \times \mathbb{R}$.)

2.41. Il quadrato di un numero dispari è dispari, quello di un numero pari è pari.

2.42.

2.43. Si dia una rappresentazione grafica delle relazioni $\mathcal{R}$, $\mathcal{S}$, $\mathcal{T}$, $\mathcal{U}$, $\mathcal{V}$, $\mathcal{R} \cup \mathcal{U}$, $\mathcal{R} \cup \mathcal{T} \cup \mathcal{V}$ e $\mathcal{R} \cup \mathcal{S} \cup \mathcal{T} \cup \mathcal{U}$ nella forma di un *grafo orientato*, similmente a quanto fatto nelle Sezioni 2.1.15, 2.1.18 e 2.1.19.

2.44. La proprietà antisimmetrica può anche essere *vacuamente* verificata. (Si veda il Capitolo di Logica per una estesa discussione relativa al principio di *implicazione materiale*.)

2.45. Si scriva esplicitamente la definizione della funzione $f : \mathcal{P}(A) \to B$. Si confronti anche con l'Esercizio 2.25.

2.46. Si scriva esplicitamente la definizione della relazione binaria $\mathcal{R}$ come sottoinsieme di $C \times C$.

2.47.

2.48. Le proprietà delle relazioni binarie (quantomeno quelle da noi esaminate) sono sempre definite mediante una quantificazione universale.

Capitolo 3

Calcolo Combinatorio

«*La Natura è un libro scritto in caratteri matematici.*»
Galileo Galilei (fisico, filosofo, astronomo e matematico, 1564-1642)

«*La scienza della matematica offre il più brillante esempio di come la pura ragione possa con successo allargare il suo campo senza l'aiuto dell'esperienza.*»
Immanuel Kant (filosofo, 1724-1804)

«*Non vi è alcuna incompatibilità tra l'esatto e il poetico.*
Il numero è nell'arte come nella scienza.
L'algebra è nell'astronomia e l'astronomia confina con la poesia.»
Victor Hugo (poeta, drammaturgo, scrittore e statista, 1802-1885)

«*Una teoria matematica non può considerarsi completa finché non sia stata resa tanto chiara da poterla spiegare al primo uomo che si incontra per strada.*»
David Hilbert (matematico, 1862-1943)

«*Il binomio di Newton è bello come la Venere di Milo, peccato che pochi se ne accorgano.*»
Fernando Pessoa (poeta e scrittore, 1888-1935)

«*Il matematico sbircia dietro le spalle di Dio per trasmettere la bellezza della Sua creazione al resto delle Sue creature.*»
Paul Erdös (matematico, 1913-1996)

3.1 Teoria

Il Calcolo Combinatorio fa parte di quella branca della matematica chiamata **Combinatorica Finita**, constituendone – come il *nomen* stesso suggerisce – la parte più computazionale e meno teorica.[1] In generale, la Combinatorica Finita ha come oggetto precipuo quello del contare gli insiemi finiti. Il panorama delle metodologie combinatoriche è ampio e variegato. Le tecniche sviluppate in quest'ambito sono volte non solo a determinare la numerosità degli insiemi finiti soddisfacenti determinate proprietà, ma anche a costruire teorie in vario modo correlate al concetto di finitezza: formule di distribuzioni finite, teoria dei grafi, serie formali, principi di conteggio, crittografia, teoria dei disegni, principi di induzione matematica, teoria classica della probabilità, teoria di Ramsey, etc.

In questo capitolo limitiamo la nostra analisi al modesto obiettivo di esaminare in dettaglio alcuni ragionamenti e formule utilizzabili al fine di contare il numero di insiemi finiti aventi determinate caratteristiche, evidenziandone altresì le applicazioni a vari problemi concreti. In sintesi, lo studio del **Calcolo Combinatorio** ha il seguente scopo:

> *Dato un insieme finito A contenente $n \in \mathbb{N}^*$ elementi, determinare il numero di "distribuzioni" che si possono ottenere selezionando k tra gli n elementi di A secondo opportune "regole".*

Al fine di rendere l'oggetto della nostra analisi più preciso, occorre naturalmente chiarire il significato dei termini virgolettati. Le **regole** secondo cui la selezione è effettuata possono riguardare:

- la *qualità*, ossia l'identità degli elementi selezionati, e/o
- l'*ordine*, ossia la posizione degli elementi selezionati.

Sulla base di tali regole, distinguiamo i seguenti tipi di **distribuzioni**:

- *disposizioni*: se nella selezione rileva sia la qualità che l'ordine;
- *permutazioni*: se nella selezione rileva soltanto l'ordine;
- *combinazioni*: se nella selezione rileva soltanto la qualità.

Inoltre tali distribuzioni possono essere:

- *semplici*: se gli elementi di A non possono mai ripetersi;

[1] Per inciso, esiste anche la *Combinatorica Infinita*, che si occupa delle proprietà e della numerosità degli insiemi infiniti, e che pertanto si avvale di strumenti e metodi propri della *Teoria Assiomatica degli Insiemi*.

- *con ripetizione*: se ogni elemento di A può essere selezionato anche più di una volta.

Nonostante la loro relativa semplicità teorica, le nozioni elementari di Calcolo Combinatorio esaminate in questo capitolo sono comunque sufficienti per risolvere tanti problemi concreti di varia natura, come si evince dall'ampia tipologia di quesiti ivi presentati. Le ultime sezioni sono dedicate ad alcuni argomenti di combinatorica leggermente più complessi; la loro trattazione – comunque limitata a semplici accenni – ha l'obiettivo di fornire al lettore un'idea (purtroppo molto vaga) del *mare magnum* di interessanti tecniche e metodologie che afferiscono al campo della Combinatorica Finita.

Nel proseguio denotiamo con A un arbitrario insieme finito avente cardinalità $n \in \mathbb{N}^*$, ossia (a meno che non sia esplicitamente definito in altro modo) $A := \{a_1, a_2, \ldots, a_n\}$. L'insieme A contiene gli n **elementi** che devono essere selezionati per formare i raggruppamenti che godono di determinate proprietà. Tali raggruppamenti sono ottenuti distribuendo gli elementi selezionati su k **posti**, ove $k \in \mathbb{N}$. Analizzeremo prima le distribuzioni semplici e poi quelle con ripetizione. Si noti che:

- nel caso delle distribuzioni semplici, il numero k di posti – che devono essere sempre "riempiti" – è limitato dal numero n di elementi, per cui si ha $k \leq n$;

- nel caso delle distribuzioni con ripetizione, il vincolo di cui sopra non ha motivo d'essere – considerato che i posti possono essere riempiti mediante ripetizioni di elementi – e dunque può anche risultare $k > n$.

Il numero naturale k può anche essere uguale a zero, ossia si possono prendere in esame anche le distribuzioni (siano esse disposizioni, combinazioni, etc.) di n elementi su 0 posti. Di tali distribuzioni ne esiste soltanto una (a prescindere dal numero n di elementi): la distribuzione vuota. Pertanto, nel proseguio esamineremo in dettaglio soltanto i casi in cui $k \geq 1$.

3.1.1 Disposizioni semplici

Le **disposizioni semplici** degli n elementi di A su k posti (o *di classe* k) sono tutti i raggruppamenti ordinati formati con k elementi distinti di A. Si noti che tali raggruppamenti sono ottenuti selezionando alcuni tra gli n elementi di A (dunque rileva la *qualità*), sono ordinati (dunque rileva l'*ordine*) e contengono elementi distinti (dunque la ripetizione non è ammessa, ossia sono *semplici*).

Ad esempio, se $A := \{a_1\}$ (ossia $n := 1$), allora le uniche disposizioni semplici sono quelle di classe 0 (ossia $k := 0$) e quelle di classe 1 (ossia $k := 1$), dovendo risultare $k \leq n = 1$. Come già osservato, l'unica disposizione di classe

0 è la disposizione vuota. Anche di disposizioni di classe 1 ne esiste solo una, ossia il singoletto $(a_1) = \{a_1\}$, visualizzabile come segue:[2]

$$\underset{1}{\lfloor a_1 \rfloor}$$

Se $A := \{a_1, a_2\}$ (ossia $n := 2$), allora possiamo considerare, oltre all'unica disposizione di classe 0 (ossia $k := 0$), le disposizioni di classe 1 (ossia $k := 1$) e quelle di classe 2 (ossia $k := 2$). Ne esistono due di classe 1 – gli elementi ordinati (singoletti invero) (a_1) e (a_2) – rappresentate graficamente da

$$\underset{1}{\lfloor a_1 \rfloor} \qquad \underset{1}{\lfloor a_2 \rfloor}$$

e due di classe 2 - le coppie ordinate (a_1, a_2) e (a_2, a_1) - rappresentate da

$$\underset{1}{\lfloor a_1 \rfloor}\underset{2}{\lfloor a_2 \rfloor} \qquad \underset{1}{\lfloor a_2 \rfloor}\underset{2}{\lfloor a_1 \rfloor}$$

Inoltre, se $A := \{a_1, a_2, a_3\}$ (ossia $n := 3$), allora possiamo considerare, oltre alla disposizione vuota, le disposizioni di classe 1, quelle di classe 2 e quelle di classe 3. Specificamente, ne esistono tre di classe 1, ossia gli elementi ordinati (a_1), (a_2) e (a_3), rappresentate da

$$\underset{1}{\lfloor a_1 \rfloor} \qquad \underset{1}{\lfloor a_2 \rfloor} \qquad \underset{1}{\lfloor a_3 \rfloor}$$

sei di classe 2, ossia le coppie ordinate (a_1, a_2), (a_1, a_3), (a_2, a_1), (a_2, a_3), (a_3, a_1) e (a_3, a_2), rappresentate da

$$\underset{1}{\lfloor a_1 \rfloor}\underset{2}{\lfloor a_2 \rfloor} \quad \underset{1}{\lfloor a_1 \rfloor}\underset{2}{\lfloor a_3 \rfloor} \quad \underset{1}{\lfloor a_2 \rfloor}\underset{2}{\lfloor a_1 \rfloor} \quad \underset{1}{\lfloor a_2 \rfloor}\underset{2}{\lfloor a_3 \rfloor} \quad \underset{1}{\lfloor a_3 \rfloor}\underset{2}{\lfloor a_1 \rfloor} \quad \underset{1}{\lfloor a_3 \rfloor}\underset{2}{\lfloor a_2 \rfloor}$$

e sei di classe 3, ossia le terne ordinate (a_1, a_2, a_3), (a_1, a_3, a_2), (a_2, a_1, a_3), (a_2, a_3, a_1), (a_3, a_1, a_2) e (a_3, a_2, a_1), rappresentate da

$$\underset{1}{\lfloor a_1 \rfloor}\underset{2}{\lfloor a_2 \rfloor}\underset{3}{\lfloor a_3 \rfloor} \quad \underset{1}{\lfloor a_1 \rfloor}\underset{2}{\lfloor a_3 \rfloor}\underset{3}{\lfloor a_2 \rfloor} \quad \underset{1}{\lfloor a_2 \rfloor}\underset{2}{\lfloor a_1 \rfloor}\underset{3}{\lfloor a_3 \rfloor} \quad \underset{1}{\lfloor a_2 \rfloor}\underset{2}{\lfloor a_3 \rfloor}\underset{3}{\lfloor a_1 \rfloor} \quad \underset{1}{\lfloor a_3 \rfloor}\underset{2}{\lfloor a_1 \rfloor}\underset{3}{\lfloor a_2 \rfloor} \quad \underset{1}{\lfloor a_3 \rfloor}\underset{2}{\lfloor a_2 \rfloor}\underset{3}{\lfloor a_1 \rfloor}$$

In generale, denotato con $D_{n,k}$ il numero di disposizioni semplici di n elementi di classe k, si ha:

Teorema 3.1. Dati $n, k \in \mathbb{N}^*$ tali che $1 \leq k \leq n$, il numero delle disposizioni semplici di n elementi di classe k è dato da

$$D_{n,k} = n(n-1)(n-2)\ldots(n-k+1).$$

[2] A rigore, il simbolo (a_1) denota l'elemento "ordinato" a_1, che è in teoria diverso dall'insieme $\{a_1\}$. Tuttavia, essendo la selezione relativa ad un solo elemento, l'ordine in cui tale selezione avviene è solo in apparenza rilevante, e dunque si ha $(a_1) = \{a_1\}$. Come vedremo, la distinzione relativa all'ordine diventa invece pregnante quando si considerino più elementi, essendo $(a_1, a_2) \neq \{a_1, a_2\} \neq (a_2, a_1)$, $(a_1, a_2, a_3) \neq \{a_1, a_2, a_3\}$, etc.

DIMOSTRAZIONE. Impostiamo la verifica dell'uguaglianza in "modalità temporale", ossia simulando la formazione di ogni raggruppamento ordinato e contando il numero di selezioni possibili ad ogni passo del processo formativo.[3] Invero, per il primo posto dobbiamo selezionare uno tra n elementi, per il secondo posto uno tra $n-1$ elementi (dato che l'elemento scelto per il primo posto non può essere ripetuto), per il terzo posto uno tra $n-2$ elementi, etc. Si noti che per l'ultimo posto, il k-imo, $k-1$ elementi sono stati già selezionati e dunque la scelta di un elemento va effettuata tra i rimanenti $n-(k-1)=n-k+1$ elementi. Graficamente:

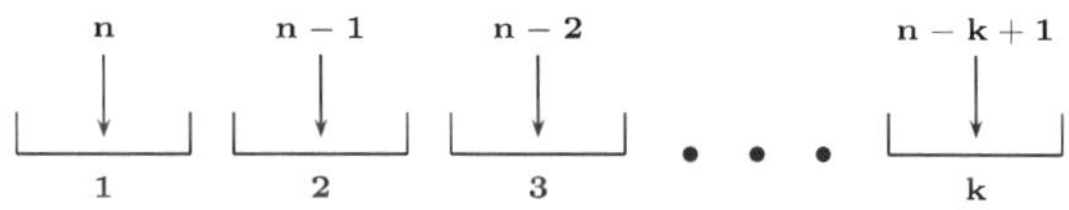

In definitiva, il numero totale di selezioni semplici e ordinate di k elementi tra gli n disponibili può effettuarsi in $n(n-1)(n-2)\dots(n-k+1)$ modi, il che prova l'asserto. □

Due casi particolari del Teorema 3.1 sono quelli ottenuti per i valori estremali di k, ossia per $k := 1$ e $k := n$ (si ricordi che $k \in \mathbb{N}^*$ è tale che $1 \leq k \leq n$).[4] Il numero di disposizioni semplici di n elementi di classe 1 e di classe n è dato, rispettivamente, da

- $D_{n,1} = n$
- $D_{n,n} = n\,(n-1)\,(n-2)\dots(n-n+1) = n\,(n-1)\,(n-2)\dots 1 = n!$

ove il simbolo $n!$ denota il fattoriale del numero naturale n, definito nella Sezione 2.1.9 del Capitolo di Insiemistica.

3.1.2 Permutazioni semplici

Le **permutazioni semplici** degli n elementi di A sono tutti i raggruppamenti ordinati formati con gli n elementi distinti di A. Tali raggruppamenti sono ottenuti selezionando tutti gli n elementi di A (dunque la qualità rileva soltanto in apparenza), sono ordinati (dunque rileva l'*ordine*) e contengono elementi distinti (dunque la ripetizione non è ammessa, ossia sono *semplici*). In altri termini, le permutazioni semplici degli n elementi di A sono le disposizioni semplici degli n elementi di A di classe n. Pertanto, denotato con P_n il numero di permutazioni semplici di n elementi, risulta:

---

[3] Come vedremo nella Sezione 3.1.8 questa dimostrazione è una semplice applicazione della cosiddetta *regola del prodotto*.

[4] Invero, sappiamo già che risulta $D_{n,0} = 1$ per ogni $n \in \mathbb{N}$, essendo la disposizione vuota (che è uguale all'insieme vuoto) l'unica disposizione di n elementi di classe 0.

Corollario 3.2. Per ogni numero naturale n, il numero delle permutazioni semplici di n elementi è dato da

$$P_n = D_{n,n} = n!.$$

Il seguente risultato, la cui dimostrazione è lasciata per esercizio al lettore, mette in relazione la nozione di corrispondenza biunivoca con quella di permutazione.

Corollario 3.3. Siano A e B due insiemi finiti aventi la stessa cardinalità $n \geq 1$. Il numero delle biiezioni da A in B è $n!$.

Per ogni numero naturale $n \geq 1$, denotiamo con S_n l'insieme delle corrispondenze biunivoche dell'insieme $\{1, 2, \ldots, n\}$ in se stesso. Si noti che $|S_n| = n!$ in forza del Corollario 3.3. Come avremo modo di vedere nel Volume II (Capitolo di Strutture Algebriche), l'insieme S_n rispetto all'operazione di composizione di funzioni[5] è un importante esempio di *gruppo* (che risulta *non abeliano* per $n \geq 3$).

CLASSE DI UNA PERMUTAZIONE. Nei casi in cui sull'insieme A sia definita una relazione di ordinamento totale $\preceq$ (e dunque la coppia $(A, \preceq)$ è un insieme totalmente ordinato), allora tra le $n!$ permutazioni di A ne esiste una in cui gli elementi sono elencati nell'ordine stabilito da $\preceq$: tale permutazione si chiama **permutazione fondamentale**. Tutte le altre permutazioni presentano delle **inversioni**, ossia esistono coppie di elementi che sono elencati nella permutazione in un ordine diverso da quello in cui appaiono nella permutazione fondamentale.

A titolo di esempio, consideriamo l'insieme $A := \{1, 2, 3\}$ dotato della naturale relazione $\leq$ di ordinamento totale, sicché $(A, \leq)$ è un insieme totalmente ordinato. Le permutazioni di A sono sei: $(1, 2, 3)$, $(1, 3, 2)$, $(2, 1, 3)$, $(2, 3, 1)$, $(3, 1, 2)$ e $(3, 2, 1)$. La permutazione fondamentale è $(1, 2, 3)$, essendo $1 < 2 < 3$. Tutte le altre permutazioni di A presentano almeno un'inversione. Ad esempio, la permutazione $(1, 3, 2)$ presenta una sola inversione rispetto alla fondamentale, in quanto le coppie $(1, 2)$ e $(1, 3)$ sono elencate nel loro ordine naturale, mentre la coppia $(3, 2)$ è elencata in ordine invertito. Analogamente, la permutazione $(3, 1, 2)$ presenta due inversioni, in quanto la coppia $(1, 2)$ è elencata nel suo ordine naturale, mentre le coppie $(3, 1)$ e $(3, 2)$ sono elencate in ordine invertito.

In generale, dato un insieme totalmente ordinato $(A, \preceq)$, le inversioni di una permutazione di A rispetto alla permutazione fondamentale si possono ottenere mediante un semplice procedimento grafico, che permette di evitare

[5] Si veda la Sezione 2.1.12 del Capitolo di Insiemistica.

il tedioso confronto di tutte le coppie di elementi di A. Tale procedimento consiste nell'elencare gli elementi della permutazione fondamentale da una parte, quelli della permutazione di cui si vuole stabilire le inversioni dall'altra ed infine tracciare gli n segmenti congiungenti gli elementi uguali: le inversioni sono rappresentate da tutti i punti di incrocio tra tali segmenti.

Ad esempio, se $(A, \leq)$ è l'insieme totalmente ordinato ove $\leq$ è la naturale relazione di ordinamento su $A := \{1, 2, 3, 4\}$, allora la permutazione $(2, 4, 1, 3)$ presenta le seguenti tre inversioni rispetto alla permutazione fondamentale $(1, 2, 3, 4)$: $(2, 1)$, $(4, 1)$ e $(4, 3)$, visualizzabili come segue:

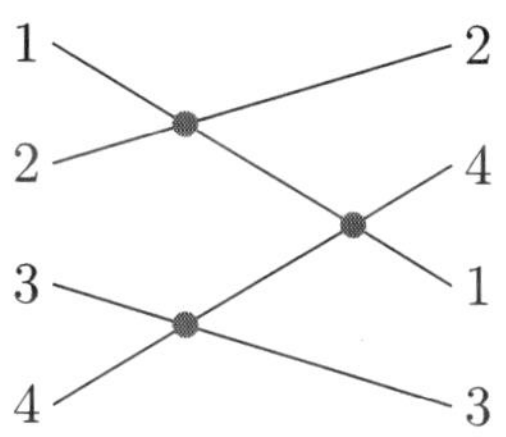

Dato un insieme finito A su cui sia definita una relazione di ordinamento totale, una permutazione di A si dice di **classe pari** (rispettivamente, di **classe dispari**) se presenta un numero pari (rispettivamente, dispari) di inversioni rispetto alla permutazione fondamentale. (Pertanto, la permutazione fondamentale è di classe pari, in quanto presenta 0 inversioni.)

Proposizione 3.4. Sia A un insieme di cardinalità $n \in \mathbb{N}^*$ su cui sia definita una relazione di ordinamento totale. Delle $n!$ permutazioni di A, $\frac{n!}{2}$ sono di classe pari e $\frac{n!}{2}$ di classe dispari.

(Idea della) Dimostrazione. Siano P e D l'insieme delle permutazioni di A di classe, rispettivamente, pari e dispari. Si verifica che la mappa f che associa ad ogni permutazione in P la permutazione in D ottenuta scambiando di posto due suoi elementi è una corrispondenza biunivoca ben definita.[6] □

Permutazioni circolari. Una categoria particolare di permutazioni è quella delle **permutazioni in linea chiusa** (o **circolari**): in tali casi l'ordine in cui gli elementi sono elencati rileva soltanto in relazione alle "adiacenze" reciproche (a destra e a sinistra), non potendosi identificare un "primo", un "secondo" o un "ultimo" elemento della permutazione circolare.[7] Pertanto, se l'insieme

---

[6] Affinché f sia "ben definita", occorre verificare il risultato preliminare (ossia il *Lemma*) per cui scambiando di posto due elementi di una permutazione essa cambia di classe.

[7] In termini più sintetici – ma decisamente più criptici – la nozione di circolarità determina un appiattimento della connotazione ordinale di una permutazione sull'adiacenza tra elementi. Ciò lascia intuire che le permutazioni circolari possano ottenersi stabilendo una relazione di equivalenza sull'insieme delle permutazioni.

A contiene $n \geq 2$ elementi, ne segue che alcune tra le $n!$ permutazioni di A saranno uguali tra loro se considerate in modalità circolare.

Ad esempio, esistono due permutazioni dell'insieme $A := \{a_1, a_2\}$, ossia le coppie ordinate (a_1, a_2) e (a_2, a_1). Tuttavia, tali permutazioni risultano tra loro indistinguibili se considerate in modalità circolare. Ne segue che esiste una sola permutazione in linea chiusa dell'insieme $A := \{a_1, a_2\}$, denotata con il simbolo $(a_1, a_2)_{\circlearrowleft}$: essa è la distribuzione circolare degli elementi a_1 e a_2 in modo che a_2 stia alla sinistra (ossia, essendo l'insieme formato da due elementi, alla destra) di a_1.[8] La seguente rappresentazione grafica dell'unica permutazione circolare dei due elementi a_1 e a_2 può risultare utile nella comprensione dell'uguaglianza $(a_1, a_2)_{\circlearrowleft} = (a_2, a_1)_{\circlearrowleft}$:

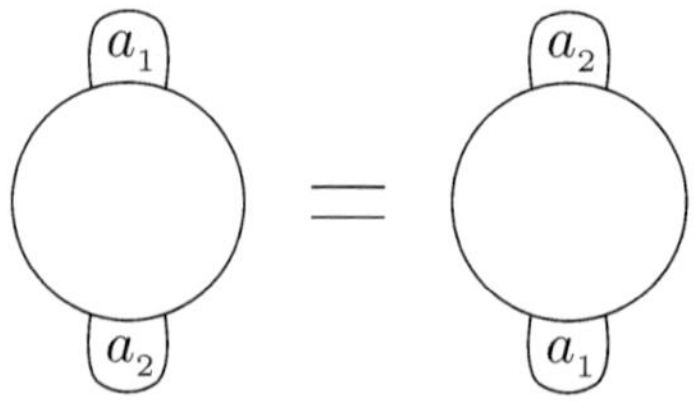

(Si pensi a due persone a_1 e a_2 che devono sedersi in due posti assegnati, simmetricamente disposti intorno ad un tavolo perfettamente circolare.)

Analogamente, sappiamo che le permutazioni dell'insieme $A := \{a_1, a_2, a_3\}$ sono sei, ossia (a_1, a_2, a_3), (a_1, a_3, a_2), (a_2, a_1, a_3), (a_2, a_3, a_1), (a_3, a_1, a_2) e (a_3, a_2, a_1). Invece, le permutazioni circolari dello stesso insieme sono soltanto due, ossia $(a_1, a_2, a_3)_{\circlearrowleft}$ e $(a_1, a_3, a_2)_{\circlearrowleft}$, graficamente rappresentate da

(Si pensi a tre persone a_1, a_2 e a_3 che devono sedersi in tre posti assegnati, disposti in modo simmetrico intorno ad un tavolo perfettamente circolare ed elencati in senso antiorario.) Si noti che valgono le uguaglianze $(a_1, a_2, a_3)_{\circlearrowleft} = (a_3, a_1, a_2)_{\circlearrowleft} = (a_2, a_3, a_1)_{\circlearrowleft}$, ossia

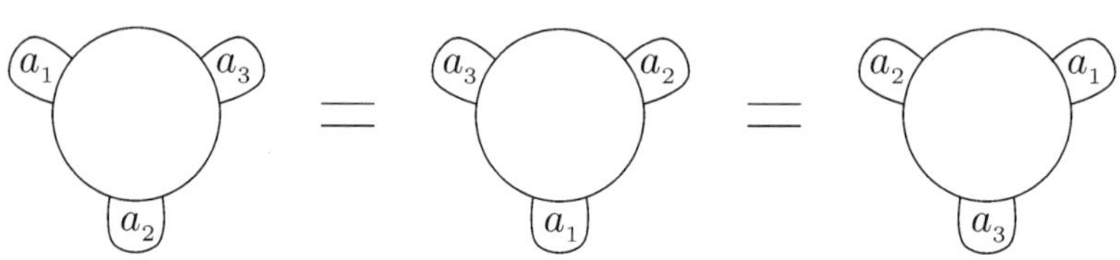

[8] Come vedremo successivamente, le permutazioni circolari non sono permutazioni nel senso classico del termine, essendo piuttosto classi di equivalenza di permutazioni.

Le uguaglianze di cui sopra dipendono dal fatto che ogni configurazione può ottenersi da ciascuna delle altre mediante una "rotazione" (nel caso in esame, di 120° o 240° o 360°). Per la medesima ragione, valgono le uguaglianze $(a_1, a_3, a_2)_{\circlearrowright} = (a_2, a_1, a_3)_{\circlearrowright} = (a_3, a_2, a_1)_{\circlearrowright}$, ossia

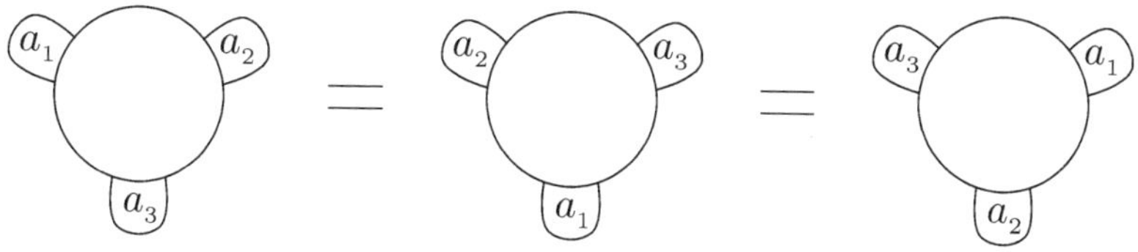

Infine, se $A := \{a_1, a_2, a_3, a_4\}$, allora le permutazioni di A sono $4! = 24$, mentre quelle circolari sono $3! = 6$, ossia $(a_1, a_2, a_3, a_4)_{\circlearrowright}$, $(a_1, a_2, a_4, a_3)_{\circlearrowright}$, $(a_1, a_3, a_2, a_4)_{\circlearrowright}$, $(a_1, a_3, a_4, a_2)_{\circlearrowright}$, $(a_1, a_4, a_2, a_3)_{\circlearrowright}$ e $(a_1, a_4, a_3, a_2)_{\circlearrowright}$. Ad esempio, la permutazione di A denotata da $(a_1, a_2, a_3, a_4)_{\circlearrowright}$ è rappresentabile graficamente dalle seguenti quattro configurazioni equivalenti,[9] ciascuna dei quali è ottenibile dalle altre mediante una rotazione (nel caso in esame, di 90° o 180° o 270° o 360°):

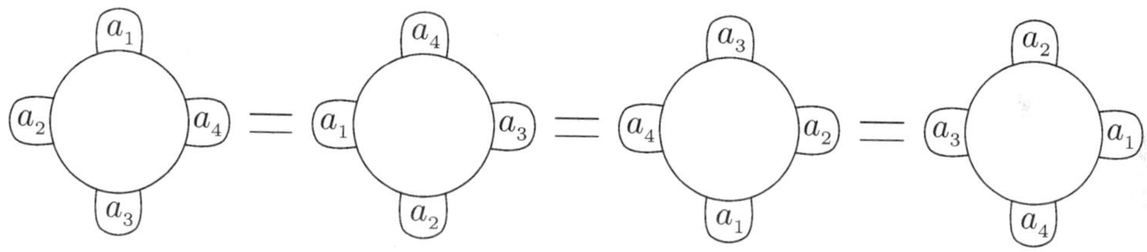

In generale, se $P_n^{(c)}$ denota il numero di permutazioni circolari di n elementi, si ha:

Teorema 3.5. Il numero delle permutazioni circolari di $n \in \mathbb{N}^*$ elementi è dato da

$$P_n^{(c)} = \frac{P_n}{n} = (n-1)!\,.$$

Dimostrazione. La dimostrazione formale dell'uguaglianza $P_n^{(c)} = P_n/n$ è la naturale generalizzazione della procedura sopra illustrata per contare le permutazioni in linea chiusa di insiemi aventi, rispettivamente, 2, 3 e 4 elementi. La sua valenza didattica è notevole, in quanto connette alcuni concetti di questo capitolo e del precedente; pertanto, ne forniamo i dettagli.

Sia $A := \{a_1, a_2, \ldots, a_n\}$ un insieme di cardinalità $n \geq 1$ e sia $\mathrm{Perm}(A)$ l'insieme delle sue permutazioni. Definiamo una relazione binaria $\circlearrowright$ su $\mathrm{Perm}(A)$

[9] Ossia, più rigorosamente, la classe di equivalenza $(a_1, a_2, a_4, a_3)_{\circlearrowright}$ è l'insieme i cui elementi sono le quattro permutazioni (a_1, a_2, a_4, a_3), (a_2, a_3, a_4, a_1), (a_3, a_4, a_1, a_2) e (a_4, a_1, a_2, a_3).

come segue: per ogni $\sigma, \tau \in \mathrm{Perm}(A)$, sia $\sigma \circlearrowright \tau$ se τ si può ottenere da σ mediante una "rotazione" dei sui elementi che rispetti le adiacenze (ossia, utilizzando una terminologia geometrica già adottata negli esempi precedenti, mediante una rotazione di un angolo avente ampiezza uguale a $\frac{k}{n}\,360°$, ove $k \in \{1, 2, \dots, n\}$). Si dimostra che $\circlearrowright$ è una relazione di equivalenza su $\mathrm{Perm}(A)$ tale che ogni classe della partizione associata contiene esattamente n elementi. (Il lettore è invitato a fare tali verifiche.) Per il Teorema 2.12 della Sezione 2.1.19 l'insieme quoziente $\mathrm{Perm}(A)/\circlearrowright$ ha cardinalità P_n/n. Poiché gli elementi di $\mathrm{Perm}(A)/\circlearrowright$ sono proprio le permutazioni circolari di A, si ottiene

$$P_n^{(c)} = |\mathrm{Perm}(A)/\circlearrowright| = \frac{P_n}{n} = \frac{n\,(n-1)\,(n-2)\,\dots\,1}{n} = (n-1)!$$

il che dimostra l'asserto. □

3.1.3 Combinazioni semplici

Le **combinazioni semplici** degli n elementi di A su k posti (o *di classe* k) sono tutti i raggruppamenti non ordinati formati con k elementi distinti di A. Si noti che tali raggruppamenti sono ottenuti selezionando alcuni tra gli n elementi di A (dunque rileva la *qualità*), non sono ordinati (dunque non rileva l'ordine) e contengono elementi distinti (dunque la ripetizione non è ammessa, ossia sono *semplici*). In altri termini, le combinazioni semplici di A sono tutti i sottoinsiemi non vuoti di A, e la classe di una combinazione è la cardinalità del sottoinsieme corrispondente.

Ad esempio, se $A := \{a_1\}$ (ossia $n := 1$), allora le uniche combinazioni semplici sono quelle di classe 0 ($k := 0$) e quelle di classe 1 ($k := 1$). Come più volte osservato, esiste una sola combinazione di classe 0, la combinazione vuota (che è uguale all'insieme vuoto). Inoltre, esiste una sola combinazione di classe 1, l'insieme A stesso.

Se $A := \{a_1, a_2\}$ (ossia $n := 2$), allora possiamo considerare le combinazioni semplici di classe 0, 1 e 2. Ne esistono due di classe 1, ossia i singoletti $\{a_1\}$ e $\{a_2\}$, ed una di classe 2, ossia l'insieme A stesso.

Inoltre, se $A := \{a_1, a_2, a_3\}$ (ossia $n := 3$), allora possiamo considerare le combinazioni di classe 0, 1, 2 e 3. Ne esistono tre di classe 1, ossia i singoletti $\{a_1\}$, $\{a_2\}$ e $\{a_3\}$, tre di classe 2, ossia gli insiemi $\{a_1, a_2\}$, $\{a_1, a_3\}$ e $\{a_2, a_3\}$, e una di classe 3, ossia l'insieme A stesso.[10]

In generale, denotato con $C_{n,k}$ il numero di combinazioni semplici di classe k, si ha:

[10] Tutte le combinazioni semplici di un insieme finito A possono essere rappresentate come un insieme parzialmente ordinato $(\mathcal{P}(A), \subseteq)$. Ad esempio, se $A := \{a_1, a_2, a_3\}$, allora una tale rappresentazione è data alla fine della Sezione 2.1.18 del Capitolo di Insiemistica.

Teorema 3.6. Dati $n, k \in \mathbb{N}^*$ tali che $1 \leq k \leq n$, il numero delle combinazioni semplici di n elementi di classe k è dato da

$$C_{n,k} = \frac{D_{n,k}}{P_k} = \frac{n(n-1)(n-2)\ldots(n-k+1)}{k!}.$$

DIMOSTRAZIONE. Siano dati $n, k \in \mathbb{N}^*$ tali che $1 \leq k \leq n$. Da ogni combinazione semplice di n elementi di classe k si possono ottenere P_k disposizioni semplici di n elementi di classe k permutandone gli elementi. Pertanto, il numero totale delle disposizioni semplici di n elementi di classe k è uguale al numero di combinazioni semplici di classe k moltiplicato per il numero di permutazioni semplici di k elementi, ossia in simboli:

$$D_{n,k} = C_{n,k} \cdot P_k .$$

Dividendo ambo i membri per $P_k \neq 0$ e utilizzando il Teorema 3.1 della Sezione 3.1.1, si ottiene l'asserto. □

Notazione. Per ogni $n, k \in \mathbb{N}$ tali che $k \leq n$, si pone

$$\binom{n}{k} := \frac{n!}{(n-k)!\,k!}.$$

Il simbolo $\binom{n}{k}$ si dice **coefficiente binomiale** e si legge "n sopra k".[11] Si noti che il coefficiente binomiale è definito anche per $k = 0$ e $n \geq 0$. In particolare, valgono le uguaglianze

$$\binom{n}{0} = \binom{n}{n} = 1$$

per ogni $n \in \mathbb{N}$, nonché le uguaglianze

$$\binom{n}{1} = \binom{n}{n-1} = n$$

per ogni $n \in \mathbb{N}^*$ (verificare!). I coefficienti binomiali sono legati al numero di combinazioni semplici dalla seguente relazione:

Corollario 3.7. Per ogni $n, k \in \mathbb{N}$ tali che $k \leq n$, si ha

$$C_{n,k} = \binom{n}{k}.$$

[11] La ragione per cui si utilizza la locuzione "coefficiente binomiale" è svelata nella Sezione 3.1.7.

DIMOSTRAZIONE. L'uguaglianza è verificata per $k = 0$ (ed n arbitrario) in quanto si ha $C_{n,0} = 1 = \binom{n}{0}$. Pertanto, assumiamo che n e k siano due qualunque numeri naturali tali che $1 \leq k \leq n$. Utilizzando il Teorema 3.6 e moltiplicando numeratore e denominatore per $(n-k)!$, si ottiene

$$\begin{aligned} C_{n,k} &= \frac{D_{n,k}}{P_k} \\ &= \frac{n\,(n-1)\,(n-2)\,\ldots\,(n-k+1)}{k!} \\ &= \frac{n\,(n-1)\,(n-2)\,\ldots\,(n-k+1)\,(n-k)!}{k!\,(n-k)!} \\ &= \frac{n!}{k!\,(n-k)!} \quad = \quad \binom{n}{k} \end{aligned}$$

che dimostra l'asserto. □

3.1.4 Disposizioni con ripetizione

Le **disposizioni con ripetizione** degli n elementi di A su k posti (o *di classe* k) sono tutti i raggruppamenti ordinati formati con k elementi, eguali o distinti, di A. Si noti che tali raggruppamenti sono ottenuti selezionando alcuni tra gli n elementi di A (dunque rileva la *qualità*), sono ordinati (dunque rileva l'*ordine*) e contengono elementi eguali o distinti (dunque ogni elemento può essere selezionato anche più volte, ossia sono *con ripetizione*). Proprio in quanto è ammessa la selezione multipla di ogni elemento di A, il numero k di posti non è limitato dal numero n di elementi.

Ad esempio, se $A := \{a_1, a_2, a_3\}$ (ossia $n := 3$), allora si possono considerare le disposizioni con ripetizione di classe 0, 1, 2, 3, 4, etc. Per $k \in \{0, 1\}$, il numero di disposizioni con ripetizione è uguale a quello delle disposizioni semplici: infatti, ne esistono una di classe 0 (la disposizione vuota, ossia l'insieme vuoto) e tre di classe 1 (gli elementi ordinati (a_1), (a_2) e (a_3)). Invece, per $k \in \{2, 3\}$, il numero di disposizioni con ripetizione è maggiore del numero di disposizioni semplici: infatti, ne esistono $3^2 = 9$ di classe 2, e $3^3 = 27$ di classe 3. Le 9 disposizioni con ripetizione di A di classe 2 sono le seguenti coppie ordinate: (a_1, a_1), (a_1, a_2), (a_1, a_3), (a_2, a_1), (a_2, a_2), (a_2, a_3), (a_3, a_1), (a_3, a_2) e (a_3, a_3). Infine, per $k \geq 4$ non esistono disposizioni semplici, mentre le disposizioni con ripetizione sono 3^k.

In generale, denotato con $D^{(\mathrm{r})}_{n,k}$ il numero di disposizioni con ripetizione di n elementi di classe k, si ha:

Teorema 3.8. Dati $n, k \in \mathbb{N}^*$, il numero delle disposizioni con ripetizione di n elementi di classe k è dato da

$$D_{n,k}^{(\mathrm{r})} = n^k .$$

DIMOSTRAZIONE. La dimostrazione dell'uguaglianza è un semplice adattamento di quella esibita per il calcolo del numero di disposizioni semplici.[12] Invero, per il primo posto dobbiamo selezionare uno tra n elementi, per il secondo posto uno tra n elementi (dato che l'elemento scelto per il primo posto può essere nuovamente selezionato), per il terzo posto uno tra n elementi, ..., per il k-imo posto uno tra n elementi. Graficamente:

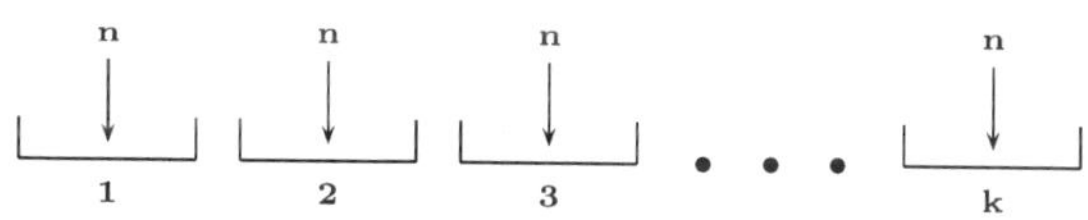

In definitiva, il numero totale di selezioni ordinate e con ripetizione può effettuarsi in $\underbrace{n \cdot n \cdot n \cdot \ldots \cdot n}_{k} = n^k$ modi, il che prova l'asserto. □

3.1.5 Permutazioni con ripetizione

Dato un insieme A avente cardinalità n, siano $r_1, r_2, \ldots, r_n$ dei numeri naturali positivi e sia $s := r_1 + r_2 + \ldots + r_n$ la loro somma. Le **permutazioni con ripetizione** degli elementi di A presi, rispettivamente, r_1 volte, r_2 volte, ..., r_n volte sono tutti i raggruppamenti formati disponendo in modo ordinato questi s elementi su s posti. Si noti che tali raggruppamenti sono ottenuti selezionando ciascun elemento di A un numero predeterminato di volte (dunque non rileva la qualità ed è ammessa la *ripetizione*) e sono ordinati (dunque rileva l'*ordine*). In altri termini, le permutazioni con ripetizione sono delle (particolari) s-uple ordinate di elementi di A.

Ad esempio, se $A := \{a_1, a_2\}$, le permutazioni con ripetizione degli elementi di A in cui a_1 è ripetuto una volta e a_2 due volte (ossia $r_1 := 1$ e $r_2 := 2$, per cui $s := r_1 + r_2 = 3$ è il numero globale degli elementi che devono essere permutati) sono 3, ossia le terne (a_1, a_2, a_2), (a_2, a_1, a_2) e (a_2, a_2, a_1). Si noti che se i tre elementi permutati fossero stati diversi, allora avremmo avuto $3! = 6$ permutazioni: specificamente, detti a_1, a_2', a_2'' i tre elementi distinti di A, allora le permutazioni di tali elementi distinti sarebbero state (a_1, a_2', a_2''), (a_1, a_2'', a_2'), (a_2', a_1, a_2''), (a_2'', a_1, a_2'), (a_2', a_2'', a_1) e (a_2'', a_2', a_1). Invece, essendo nel nostro caso gli elementi a_2' e a_2'' uguali tra loro, le 6 permutazioni diventano

[12] Anche questa dimostrazione è una facile applicazione della *regola del prodotto*, trattata nella Sezione 3.1.8.

3, in quanto sono a due a due uguali (la prima è uguale alla seconda, la terza alla quarta, la quinta alla sesta).

Similmente, le permutazioni con ripetizione degli elementi di $A := \{a_1, a_2\}$ in cui a_1 è ripetuto due volte e a_2 tre volte (ossia $r_1 := 2$ e $r_2 := 3$, per cui $s := r_1 + r_2 = 5$) sono le seguenti dieci 5-uple ordinate:

$$(a_1, a_1, a_2, a_2, a_2),\ (a_1, a_2, a_1, a_2, a_2),\ (a_1, a_2, a_2, a_1, a_2),\ (a_1, a_2, a_2, a_2, a_1),$$
$$(a_2, a_1, a_1, a_2, a_2),\ (a_2, a_1, a_2, a_1, a_2),\ (a_2, a_1, a_2, a_2, a_1),\ (a_2, a_2, a_1, a_1, a_2),$$
$$(a_2, a_2, a_1, a_2, a_1),\ (a_2, a_2, a_2, a_1, a_1).$$

Nuovamente, se i cinque elementi da permutare fossero stati diversi, allora avremmo avuto ben $5! = 120$ permutazioni. Invero, ciascuna delle 10 permutazioni sopra elencate avrebbe generato $2! \cdot 3! = 12$ permutazioni distinte, ottenute permutando tra loro gli elementi del "tipo" a_1 e quelli del "tipo" a_2; pertanto, il numero complessivo di permutazioni sarebbe stato $10 \cdot 12 = 120$. Ad esempio, detti $a_1', a_1'', a_2', a_2'', a_2'''$ i cinque elementi distinti di A, la permutazione $(a_1, a_1, a_2, a_2, a_2)$ avrebbe dato luogo alle seguenti $2! \cdot 3! = 12$ permutazioni:

$$(a_1', a_1'', a_2', a_2'', a_2'''),\ (a_1', a_1'', a_2', a_2''', a_2''),\ (a_1', a_1'', a_2'', a_2', a_2'''),\ (a_1', a_1'', a_2'', a_2''', a_2'),$$
$$(a_1', a_1'', a_2''', a_2', a_2''),\ (a_1', a_1'', a_2''', a_2'', a_2'),\ (a_1'', a_1', a_2', a_2'', a_2'''),\ (a_1'', a_1', a_2', a_2''', a_2''),$$
$$(a_1'', a_1', a_2'', a_2', a_2'''),\ (a_1'', a_1', a_2'', a_2''', a_2'),\ (a_1'', a_1', a_2''', a_2', a_2''),\ (a_1'', a_1', a_2''', a_2'', a_2').$$

Naturalmente il ragionamento è analogo per ciascuna delle 10 permutazioni con ripetizioni di cui sopra.

Denotato con $P^{(\mathrm{r})}_{r_1, r_2, \dots, r_n}$ il numero di permutazioni con ripetizione di n elementi, in cui il primo è ripetuto r_1 volte, il secondo r_2 volte, ..., l'n-imo r_n volte, si ha:

Teorema 3.9. Siano dati $n \geq 1$ numeri naturali positivi $r_1, r_2, \dots, r_n$, e sia $s := r_1 + r_2 + \ldots + r_n$ la loro somma. Il numero delle permutazioni con ripetizione di n elementi in cui il primo è ripetuto r_1 volte, il secondo r_2 volte, ..., l'n-imo r_n volte è dato da

$$P^{(\mathrm{r})}_{r_1, r_2, \dots, r_n} = \frac{s!}{r_1!\, r_2! \ldots r_n!}.$$

DIMOSTRAZIONE. La verifica dell'uguaglianza è la naturale generalizzazione del ragionamento illustrato nei precedenti esempi. Sia $A := \{a_1, a_2, \dots, a_n\}$ un arbitrario insieme di cardinalità n. Il numero di permutazioni di $s := r_1 + r_2 + \ldots + r_n$ elementi di A dei quali r_1 sono uguali ad a_1, r_2 sono uguali ad a_2, ..., r_n sono uguali ad a_n è quello delle s-uple di elementi di A in cui ciascun elemento di A si ripete un numero predeterminato di volte. Se gli s elementi fossero tutti diversi, allora il numero di permutazioni di tali elementi sarebbe $P_s = s!$. Nel caso in cui qualche elemento di A sia ripetuto più di una volta, denotiamo con $A_{r_1, r_2, \dots, r_n}$ l'insieme contenente r_1 copie distinte di a_1,

r_2 copie distinte di a_2, ..., r_n copie distinte di a_n. Formalmente, l'insieme $A_{r_1,r_2,\dots,r_n}$ è definito da

$$A_{r_1,r_2,\dots,r_n} := A_1 \cup A_2 \cup \ldots \cup A_n$$

ove A_1, A_2, ..., A_n sono gli insiemi contenenti le copie distinte degli elementi, rispettivamente, a_1, a_2, ..., a_n, ossia

$$A_1 := \{a_1^{(1)}, a_1^{(2)}, \ldots, a_1^{(r_1)}\}, \ \ldots\ , \ A_n := \{a_n^{(1)}, a_n^{(2)}, \ldots, a_n^{(r_n)}\}.$$

L'insieme $A_{r_1,r_2,\dots,r_n}$ contiene esattamente $s = r_1 + r_2 + \ldots + r_n$ elementi distinti e dunque il numero di permutazioni semplici dei suoi elementi è dato da $P_s = s!$. Si noti che ogni permutazione con ripetizione di A genera esattamente $r_1!\,r_2!\,\ldots\,r_n!$ permutazioni semplici di $A_{r_1,r_2,\dots,r_n}$, ottenute permutando tra le di loro le copie distinte di ciascun elemento di A (come già illustrato negli esempi precedenti).[13] Pertanto, si ha:

$$P_s = P^{(\mathrm{r})}_{r_1,r_2,\dots,r_n}\,(r_1!\,r_2!\,\ldots\,r_n!)$$

da cui

$$P^{(\mathrm{r})}_{r_1,r_2,\dots,r_n} = \frac{P_s}{r_1!\,r_2!\,\ldots\,r_n!} = \frac{s!}{r_1!\,r_2!\,\ldots\,r_n!}$$

come volevasi dimostrare. □

Due casi particolari del Teorema 3.9 sono di particolare interesse:

(i) $r_1 = r_2 = \ldots = r_n := 1$;

(ii) $n := 2$.

Nel caso (i), ogni elemento dell'insieme si ripete esattamente una sola volta, per cui la permutazione è semplice. In questa situazione il Teorema 3.9 si limita a fornire la formula già precedentemente ottenuta per il calcolo del numero di permutazioni semplici di un insieme. Infatti, si ha:

[13] A rigore, a questo punto avremmo dovuto procedere come segue: (1) definire un'opportuna relazione di equivalenza sull'insieme delle permutazioni semplici dell'insieme $A_{r_1,r_2,\dots,r_n}$; (2) osservare che ciascuna classe di equivalenza ha la stessa cardinalità $r_1!\,r_2!\,\ldots\,r_n!$; (3) determinare la cardinalità dell'insieme quoziente utilizzando il Teorema 2.12 della Sezione 2.1.19 del Capitolo di Insiemistica; (4) concludere che esiste una corrispondenza biunivoca tra l'insieme quoziente e l'insieme delle permutazioni con ripetizione di A. Essendo già stati sufficientemente formali, abbiamo preferito essere meno rigorosi in questa fase della dimostrazione al fine di evitare di appesantire eccessivamente il simbolismo utilizzato.

Corollario 3.10. Il numero delle permutazioni con ripetizione di n elementi in cui ciascun elemento è ripetuto una sola volta è uguale al numero di permutazioni semplici di n elementi, ossia

$$P^{(\mathrm{r})}_{\underbrace{1,\,1,\,\ldots\,,\,1}_{n}} = P_n \,.$$

DIMOSTRAZIONE. Invero, essendo in tal caso

$$s \;:=\; r_1 + r_2 + \ldots + r_n \;=\; 1 + 1 + \ldots + 1 \;=\; n$$

si ottiene

$$P^{(\mathrm{r})}_{\underbrace{1,\,1,\,\ldots\,,\,1}_{n}} \;=\; \frac{n!}{1!\,1!\,\ldots\,1!} \;=\; n! \;=\; P_n$$

utilizzando il Teorema 3.9. □

Il caso (ii), ossia quello in cui gli elementi n da permutare sono soltanto due, è decisamente più interessante. Infatti, in tal caso si ha:

Corollario 3.11. Il numero delle permutazioni con ripetizione di 2 elementi in cui il primo si ripete r_1 volte e il secondo r_2 volte è uguale al numero di combinazioni semplici di $r_1 + r_2$ elementi di classe r_1, ossia

$$P^{(\mathrm{r})}_{r_1,\, r_2} \;=\; C_{r_1 + r_2,\, r_1} \,.$$

DIMOSTRAZIONE. Invero, nel caso di due elementi che si ripetono, rispettivamente, r_1 volte ed r_2 volte, l'uguaglianza di cui nel Teorema 3.9 diventa

$$P^{(\mathrm{r})}_{r_1,\, r_2} \;=\; \frac{(r_1 + r_2)!}{r_1!\, r_2!} \;=\; \binom{r_1 + r_2}{r_1} \;=\; C_{r_1 + r_2,\, r_1}$$

il che dimostra l'asserto. □

La sorprendente uguaglianza numerica di cui nel Corollario 3.11 induce una riflessione sulle ragioni teoriche che inducono tale relazione.[14] Ragioniamo preliminarmente su un esempio concreto, per evincerne successivamente la *ratio* della suddetta uguaglianza mediante astrazione della procedura utilizzata nel caso specifico.

Dato l'insieme $A := \{a_1, a_2\}$, supponiamo di voler "leggere" ciascuna permutazione con ripetizione degli elementi di A in cui a_1 si ripete $r_1 := 2$ volte

[14] Curiosamente, si realizza in questo caso particolare un'inversione del processo logico che è naturalmente usato in matematica. Solitamente, sono le relazioni esistenti tra alcuni concetti astratti che inducono la costruzione di determinate formule a livello simbolico. Al contrario, qui è l'esistenza di una relazione numerica che porta a cercare la connessione teorica tra le relative nozioni concettuali.

ed a_2 si ripete $r_2 := 3$ volte come una combinazione semplice. (Per il Teorema 3.9, di tali permutazioni con ripetizione ne esistono $P^{(r)}_{2,3} = \frac{5!}{2!\,3!} = 10$.) Invero, ogni permutazione con ripetizione di questo tipo può essere vista come una combinazione semplice di $r_1 + r_2 = 3 + 2 = 5$ elementi distinti (i cinque posti numerati da 1 a 5) di classe $r_1 = 2$ (i posti occupati dall'elemento a_1). Ad esempio, la permutazione con ripetizione $(a_1, a_2, a_2, a_1, a_2)$ corrisponde alla combinazione semplice ottenuta selezionando (in modo non ordinato) il primo e il quarto posto tra i cinque posti disponibili.

In generale, una permutazione con ripetizione degli elementi di A in cui a_1 si ripete r_1 volte ed a_2 si ripete r_2 volte è assimilabile ad una combinazione semplice di $r_1 + r_2$ elementi (il numero totale di posti disponibili) di classe r_1 (i posti occupati dall'elemento a_1).[15] Ciò giustifica l'uguaglianza numerica di cui al punto (ii).[16] Alcune generalizzazioni dell'uguaglianza in esame sono presentate nella parte pratica: si veda la risoluzione dell'Esercizio 3.17.

3.1.6 Combinazioni con ripetizione

Le **combinazioni con ripetizione** degli n elementi di A su k posti (o *di classe* k) sono tutti i raggruppamenti non ordinati formati con k elementi, eguali o distinti, di A. Si noti che tali raggruppamenti sono ottenuti selezionando alcuni tra gli n elementi di A (dunque rileva la *qualità*), non sono ordinati (dunque non rileva l'ordine) e contengono elementi eguali o distinti (dunque ogni elemento può essere selezionato fino a k volte, ossia sono *con ripetizione*). L'ammissibilità della selezione multipla di ogni elemento implica che il numero k di posti non sia limitato dal numero n di elementi. Inoltre, osserviamo che due distinte combinazioni con ripetizione differiscono o per almeno un elemento o per il numero di ripetizioni di qualche elemento.

Al fine di rappresentare simbolicamente le combinazioni con ripetizione sussiste un problema di natura tecnica, in quanto le nozioni ausiliarie al momento disponibili sono insufficienti per tale scopo. Invero, la nozione di insieme permette la rappresentazione di una combinazione semplice, in cui l'ordine è irrilevante e la ripetizione degli elementi non è ammessa. Parimenti, la nozione di n-upla ordinata è adeguata a rappresentare una permutazione o una disposizione (semplice o con ripetizione), in quanto consente di tenere conto dell'ordine e rende possibile l'eventuale ripetizione di elementi. Viceversa, per la

[15] In termini più rigorosi, si stabilisce una corrispondenza biunivoca tra i seguenti due insiemi: (a) l'insieme delle permutazioni con ripetizione di due elementi in cui il primo si ripete r_1 volte ed il secondo r_2 volte; (b) l'insieme delle combinazioni semplici di $r_1 + r_2$ elementi di classe r_1 (o, equivalentemente, di classe r_2).

[16] Invero, il ragionamento appena presentato fornisce un'altra dimostrazione – di tenore molto più teorico – del Corollario 3.11.

rappresentazione di una combinazione con ripetizione, né la nozione di insieme né quella di n-upla ordinata sono di qualche ausilio, in quanto occorre simulare una situazione in cui l'ordine è irrilevante e la ripetizione è ammissibile. A tal fine introduciamo una nuova nozione simbolica: il multi-insieme.[17]

Un **multi-insieme (basato su A)** è un "insieme con ripetizione" ottenuto utilizzando gli elementi dell'insieme A, in cui ciascun elemento di A può comparire anche più di una volta e l'ordine in cui gli elementi sono elencati continua ad essere irrilevante. Per distinguere un multi-insieme da un insieme, lo descriviamo in modo estensivo racchiudendone gli elementi tra parentesi quadre e utilizzando l'insieme A come pedice. Ad esempio, i tre multi-insiemi basati su $A := \{a_1, a_2, a_3, a_4\}$ definiti da $[a_2, a_2, a_3]_A$, $[a_2, a_3, a_2]_A$ e $[a_3, a_2, a_2]_A$ sono uguali tra loro, in quanto contengono gli stessi elementi di A ripetuti lo stesso numero di volte. Viceversa, i due multi-insiemi $[a_2, a_2, a_3]_A$ e $[a_2, a_3, a_3]_A$ sono distinti, in quanto anche se contengono gli stessi elementi, essi sono ripetuti un numero diverso di volte. Per semplificare la notazione, nel proseguio omettiamo la menzione dell'insieme base A, in quanto esso si assume fissato *ab origine*.

Se il numero k di posti è maggiore di 1, allora le combinazioni con ripetizione degli elementi di A di classe k sono rappresentabili mediante un opportuno multi-insieme basato su A. (Tale rappresentazione non è ovviamente necessaria per i casi in cui $k \in \{0, 1\}$.) In concreto, se ad esempio $A := \{a_1, a_2, a_3\}$ (ossia $n := 3$), allora si possono considerare le combinazioni con ripetizione di classe 0, 1, 2, 3, 4, etc. Per $k \in \{0, 1\}$, il numero di combinazioni con ripetizione è uguale a quello delle combinazioni semplici: infatti, ne esistono una di classe 0 (la combinazione vuota, ossia l'insieme vuoto) e tre di classe 1 (i singoletti $\{a_1\}$, $\{a_2\}$ e $\{a_3\}$).[18] Invece, per $k \in \{2, 3\}$, il numero di combinazioni con ripetizione è maggiore del numero di combinazioni semplici: infatti, ne esistono $\binom{3+2-1}{2} = \binom{4}{2} = 6$ di classe 2, e $\binom{3+3-1}{2} = \binom{5}{2} = 10$ di classe 3. Le sei combinazioni con ripetizione dei tre elementi di A di classe 2 sono i seguenti multi-insiemi:

$$[a_1, a_1],\ [a_2, a_2],\ [a_3, a_3],\ [a_1, a_2],\ [a_1, a_3],\ [a_2, a_3].$$

Inoltre, le dieci combinazioni con ripetizione dei tre elementi di A di classe 3 sono i seguenti multi-insiemi:

[17] Tecnicamente, i multi-insiemi sono elementi di un insieme, essendo classi di equivalenza appartenenti ad un opportuno insieme quoziente. Infatti, è possibile definire una relazione di equivalenza $\mathcal{O}$ sull'insieme A^n in modo da eliminare l'*effetto ordine*, in modo analogo – *mutatis mutandis* – a quanto abbiamo fatto per definire le permutazioni circolari dalle permutazioni semplici eliminando l'effetto primo-ultimo elemento. Pertanto, un multi-insieme è formalmente una particolare classe di equivalenza dell'insieme quoziente $A^n/\mathcal{O}$.

[18] Si noti che le combinazioni con ripetizione possono essere viste come multi-insiemi anche per $k := 1$, essendo $[a] = \{\{a\}\}$ per ogni $a \in A$.

$$[a_1, a_1, a_1],\ [a_2, a_2, a_2],\ [a_3, a_3, a_3],\ [a_1, a_1, a_2],\ [a_1, a_1, a_3],$$
$$[a_1, a_2, a_2],\ [a_1, a_3, a_3],\ [a_2, a_2, a_3],\ [a_2, a_3, a_3],\ [a_1, a_2, a_3].$$

Infine, per $k \geq 4$ non esistono combinazioni semplici, mentre il numero delle combinazioni con ripetizione è dato dal coefficiente binomiale $\binom{n+k-1}{k}$. Invero, denotato con $C^{(\mathrm{r})}_{n,\,k}$ il numero di combinazioni con ripetizione di n elementi di classe k, si ha:

Teorema 3.12. Dati $n, k \in \mathbb{N}^*$, il numero delle combinazioni con ripetizione di n elementi di classe k è dato dal numero di combinazioni semplici di $n+k-1$ elementi della stessa classe k, ossia

$$C^{(\mathrm{r})}_{n,\,k} \;=\; C_{n+k-1,\,k}\,.$$

Il Teorema 3.12 si presta molto bene ad illustrare una procedura dimostrativa spesso utilizzata in matematica: verificare un determinato risultato in un caso particolare e derivare da tale verifica l'idea della dimostrazione generale mediante un processo di astrazione. Pertanto, nonostante la dimostrazione del Teorema 3.12 non sia affatto semplice, ne discutiamo i dettagli per la sua indubbia valenza didattica.

L'idea della dimostrazione consiste nello stabilire una corrispondenza biunivoca tra i seguenti due insiemi:

(i) l'insieme $\mathrm{CR}(n, k)$ delle combinazioni con ripetizione di n elementi di classe k;

(ii) l'insieme $\mathrm{CS}(n+k-1, k)$ delle combinazioni semplici di $n+k-1$ elementi di classe k.

L'uguaglianza numerica di cui nel Teorema 3.12 è una conseguenza immediata di tale corrispondenza biunivoca, avendosi

$$C^{(\mathrm{r})}_{n,\,k} \;=\; |\mathrm{CR}(n, k)| \;=\; |\mathrm{CS}(n+k-1, k)| \;=\; C_{n+k-1,\,k}\,.$$

Esaminiamo come definire la corrispondenza biunivoca nel caso particolare $n := 3$ e $k := 7$, ossia tra i due insiemi $\mathrm{CR}(3, 7)$ e $\mathrm{CS}(3 + 7 - 1, 7) = \mathrm{CS}(9, 7)$. Siano A e A' due arbitrari insiemi aventi cardinalità, rispettivamente, 3 e 9. Per semplificare la notazione (ma senza perdere in generalità), sia A l'insieme di cardinalità 3 definito da $A := \{a, b, c\}$, e sia A' il sovrainsieme di A avente cardinalità 9 definito da $A' := \{a, b, c, \boxed{2}, \boxed{3}, \boxed{4}, \boxed{5}, \boxed{6}, \boxed{7}\}$. Illustriamo la corrispondenza biunivoca tra gli insiemi $\mathrm{CR}(3, 7)$ e $\mathrm{CS}(9, 7)$ mediante alcuni esempi:

CR(3, 7)		CS(9, 7)
$[a, a, b, b, b, c, c]$	$\longleftrightarrow$	$\{a, \boxed{2}, b, \boxed{4}, \boxed{5}, c, \boxed{7}\}$
$[a, a, a, a, b, b, c]$	$\longleftrightarrow$	$\{a, \boxed{2}, \boxed{3}, \boxed{4}, b, \boxed{6}, c\}$
$[a, a, a, a, a, b, c]$	$\longleftrightarrow$	$\{a, \boxed{2}, \boxed{3}, \boxed{4}, \boxed{5}, b, c\}$
$[a, a, a, a, a, a, c]$	$\longleftrightarrow$	$\{a, \boxed{2}, \boxed{3}, \boxed{4}, \boxed{5}, \boxed{6}, c\}$
$[a, a, a, a, a, a, a]$	$\longleftrightarrow$	$\{a, \boxed{2}, \boxed{3}, \boxed{4}, \boxed{5}, \boxed{6}, \boxed{7}\}$
$[c, c, c, c, c, c, c]$	$\longleftrightarrow$	$\{c, \boxed{2}, \boxed{3}, \boxed{4}, \boxed{5}, \boxed{6}, \boxed{7}\}$

La definizione della corrispondenza dipende naturalmente dal modo in cui gli elementi dei due insiemi CR(3, 7) e CS(9, 7) sono scritti. Infatti, poiché l'ordine con cui gli elementi di un insieme e di un multi-insieme sono elencati non è rilevante, possiamo listarli nel modo più conveniente ai fini della presentazione della biiezione. Specificamente, nella colonna sinistra della tabella gli elementi di ogni multi-insieme sono elencati in **ordine lessicografico**, ossia nell'ordine utilizzato per presentare i termini di un dizionario. Nella colonna destra, gli elementi del tipo $\boxed{i}$ sono messi al posto i-imo, mentre gli altri sono elencati nel loro ordine naturale.

Il lettore è invitato a costruire la biiezione tra CR(3, 7) e CS(9, 7) traendo spunto dagli esempi di cui sopra. Questa corrispondenza biunivoca permette di dimostrare l'uguaglianza $C^{(\mathrm{r})}_{3,7} = C_{9,7}$. La dimostrazione dell'uguaglianza $C^{(\mathrm{r})}_{n,k} = C_{n+k-1,k}$ di cui nel Teorema 3.12 consiste nell'adeguare la costruzione della biiezione presentata nel caso specifico al caso generale, in cui i numeri naturali positivi n e k sono liberi di assumere un qualunque valore.[19]

*Dimostrazione del Teorema 3.12. Siano n e k due arbitrari numeri naturali positivi. Per dimostrare il risultato dobbiamo esibire una corrispondenza biunivoca tra i due insiemi CR(n, k) e CS$(n + k - 1, k)$. Si noti che per $k := 1$ il risultato è immediato, essendo $|\mathrm{CR}(n, 1)| = |\mathrm{CS}(n + 1 - 1, 1)| = n$. Pertanto, è sufficiente costruire la biiezione per $k \geq 2$.

Siano A e A^+ due arbitrari insiemi di cardinalità, rispettivamente, n e $n + k - 1$. Per semplicità di esposizione (ma senza perdere in generalità), denotiamo gli elementi di A e A^+ in un modo atto a suggerire come realizzare la biiezione, ossia

$$A := \{a_1, a_2, \dots, a_n\} \qquad \text{e} \qquad A^+ := A \cup \{\boxed{2}, \boxed{3}, \dots, \boxed{k}\}.$$

[19] Considerate le difficoltà tecniche della dimostrazione, lo studente concentrato nell'acquisizione degli strumenti necessari alla risoluzione degli esercizi può ometterne la lettura senza che ciò pregiudichi in alcun modo la sua formazione teorica. Tuttavia, poiché tale dimostrazione costituisce anche un esempio illuminante del processo di astrazione matematica, ne consigliamo vivamente un'attenta analisi a tutti i lettori che siano interessati a capire *ratio et modus* della formalizzazione simbolica.

Si noti che $|A| \geq 1$ e $|A^+| \geq |A| + 1 \geq 2$, essendo $n \geq 1$ e $k \geq 2$.

Illustriamo innanzitutto come passare da una combinazione con ripetizione ad una combinazione semplice. Sia C un elemento generico di $\mathrm{CR}(n,k)$; pertanto, C è un multi-insieme che contiene alcuni elementi di A, ciascuno dei quali è ripetuto un certo numero di volte. Poiché l'ordine in cui gli elementi di un multi-insieme sono elencati non rileva, possiamo ordinare gli elementi appartenenti a C nel modo più "conveniente" per stabilire la corrispondenza tra elementi di $\mathrm{CR}(n,k)$ e quelli di $\mathrm{CS}(n+k-1,k)$. A tal fine, costruiamo innanzitutto un ordinamento totale $\succeq$ sull'insieme A, ponendo $a_1 \succeq a_2 \succeq \ldots \succeq a_n$. Successivamente, ordiniamo gli elementi di C in modo lessicografico rispetto a $\succeq$. (Ad esempio, se $C := [a_5, a_4, a_2, a_2, a_5, a_2]$, allora C può scriversi nel seguente modo equivalente: $C = [a_2, a_2, a_2, a_4, a_5, a_5]$.) Ne segue che un'arbitraria combinazione con ripetizione $C \in \mathrm{CR}(n,k)$ si presenta come un multi-insieme del seguente tipo:

$$C = [\underbrace{a_{i_1}, a_{i_1}, \ldots, a_{i_1}}_{r_1}, \underbrace{a_{i_2}, a_{i_2}, \ldots, a_{i_2}}_{r_2}, \ldots, \underbrace{a_{i_s}, a_{i_s}, \ldots, a_{i_s}}_{r_s}]$$

ove

- $1 \leq s \leq n$ (in quanto ci sta almeno un elemento di A e non possiamo superare gli n elementi di A);
- $1 \leq i_1 < i_2 < \ldots < i_s \leq n$ (in forza dell'ordinamento $\succeq$ utilizzato);
- $r_j \geq 1$ per ogni $j \in \{1, 2, \ldots, s\}$ (in quanto listiamo soltanto gli elementi di A presenti nel multi-insieme);
- $r_j \geq 2$ per qualche $j \in \{1, 2, \ldots, s\}$ (in quanto almeno un elemento di A si deve ripetere);
- $\sum_{j=1}^{s} r_j = k$ (essendo k il numero globale di posti).

A questa combinazione con ripetizione $C \in \mathrm{CR}(n,k)$ facciamo corrispondere la seguente combinazione semplice $C^+ \in \mathrm{CS}(n+k-1,k)$:

$$C^+ = \{\underbrace{a_{i_1}, \boxed{2}, \ldots, \boxed{r_1}}_{r_1}, \underbrace{a_{i_2}, \boxed{r_1+2}, \ldots, \boxed{r_1+r_2}}_{r_2}, \ldots, \underbrace{a_{i_s}, \boxed{\sum_{j=1}^{s-1} r_j + 2}, \ldots, \boxed{n}}_{r_s}\}.$$

È abbastanza semplice verificare che questa legge dà luogo ad una funzione

$$f^+ \colon \mathrm{CR}(n,k) \to \mathrm{CS}(n+k-1,k)$$

(ben) definita da $f^+(C) := C^+$ per ogni $C \in \mathrm{CR}(n,k)$.

Viceversa, illustriamo adesso come passare da una combinazione semplice di elementi di A^+ su k posti ad una combinazione con ripetizione di elementi di A sullo stesso numero k di posti. Stabiliamo sugli insiemi A ed A^+ un ordinamento parziale (che è totale su A ma non totale su A^+), ponendo $a_1 \succeq a_2 \succeq \ldots \succeq a_n$. Sia D un generico elemento di $\mathrm{CS}(n+k-1,k)$; pertanto, D è una combinazione semplice (ossia un insieme) che contiene alcuni elementi di A ed alcuni elementi di $A^+ \setminus A$. Si noti che D contiene almeno un elemento di A (essendo k i posti da riempire e soltanto $k-1$ gli elementi del tipo $\boxed{i}$) e almeno un elemento di $A^+ \setminus A$ (essendo $k \geq 2$ per ipotesi). Nuovamente, considerato che l'ordine con cui gli elementi di un insieme sono elencati è irrilevante, possiamo ordinare gli elementi appartenenti a D nel modo a noi più "conveniente" per la presentazione della corrispondenza. A tal fine, elenchiamo gli elementi dell'insieme D nel seguente modo: collochiamo gli elementi del tipo $\boxed{i}$ al posto i-imo, mentre gli altri suoi elementi li disponiamo nei posti rimasti liberi secondo l'ordine $\succeq$. Ne segue che un'arbitraria combinazione semplice $D \in \mathrm{CS}(n+k-1,k)$ può presentarsi come un insieme del seguente tipo:

$$D = \Big\{ \underbrace{a_{i_1}, \boxed{2}, \ldots, \boxed{r_1}}_{r_1}, \underbrace{a_{i_2}, \boxed{r_1+2}, \ldots, \boxed{r_1+r_2}}_{r_2}, \ldots, \underbrace{a_{i_s}, \boxed{\textstyle\sum_{j=1}^{s-1} r_j+2}, \ldots, \boxed{n}}_{r_s} \Big\}$$

soddisfacente condizioni simili a quelle di cui sopra. Alla combinazione semplice $D \in \mathrm{CS}(n+k-1,k)$ facciamo corrispondere la combinazione con ripetizione $D^- \in \mathrm{CR}(n,k)$ definita dal seguente multi-insieme:

$$D^- = [\underbrace{a_{i_1}, a_{i_1}, \ldots, a_{i_1}}_{r_1}, \underbrace{a_{i_2}, a_{i_2}, \ldots, a_{i_2}}_{r_2}, \ldots, \underbrace{a_{i_s}, a_{i_s}, \ldots, a_{i_s}}_{r_s}] \,.$$

Nuovamente, risulta facile verificare che questa definizione determina una funzione

$$f^- \colon \mathrm{CS}(n+k-1,k) \to \mathrm{CR}(n,k)$$

(ben) definita dalla legge $f^-(D) := D^-$ per ogni $D \in \mathrm{CS}(n+k-1,k)$.

Per completare la dimostrazione, osserviamo che le due funzioni f^+ ed f^- sono l'una l'inversa dell'altra, ossia risulta

$$f^- \circ f^+ = \mathrm{id}_{\mathrm{CR}(n,k)} \quad \text{e} \quad f^+ \circ f^- = \mathrm{id}_{\mathrm{CS}(n+k-1,k)}$$

essendo per ogni $C \in \mathrm{CR}(n,k)$ e $D \in \mathrm{CS}(n+k-1,k)$

$$\begin{array}{rclclclcl} f^-(f^+(C)) & = & f^-(C^+) & = & (C^+)^- & = & C & = & \mathrm{id}_{\mathrm{CR}(n,k)}(C) \\ f^+(f^-(D)) & = & f^+(D^-) & = & (D^-)^+ & = & D & = & \mathrm{id}_{\mathrm{CS}(n+k-1,k)}(D)\,. \end{array}$$

Pertanto, in forza del Teorema 2.5 della Sezione 2.1.13 di Insiemistica, entrambe le funzioni f^+ ed f^- sono corrispondenze biunivoche. □

La seguente uguaglianza è una semplice conseguenza del Teorema 3.12:

Corollario 3.13. Dati $n, k \in \mathbb{N}^*$, il numero delle combinazioni con ripetizione di n elementi di classe k è dato da

$$C^{(\mathrm{r})}_{n,k} = \binom{n+k-1}{k} = \frac{n\,(n+1)\,(n+2)\,\ldots\,(n+k-1)}{k!}\,.$$

Dimostrazione. Per ogni coppia di numeri naturali positivi n e k, si ha:

$$\begin{aligned} C^{(\mathrm{r})}_{n,k} &= C_{n+k-1,\,k} \\ &= \binom{n+k-1}{k} \\ &= \frac{(n+k-1)!}{k!\,((n+k-1)-k)!} \\ &= \frac{(n+k-1)\,(n+k-2)\,\ldots\,(n+1)\,n\,(n-1)!}{k!\,(n-1)!} \\ &= \frac{(n+k-1)\,(n+k-2)\,\ldots\,(n+1)\,n}{k!} \\ &= \frac{n\,(n+1)\,(n+2)\,\ldots\,(n+k-1)}{k!} \end{aligned}$$

ove la prima uguaglianza è vera in forza del Teorema 3.12 e la seconda uguaglianza è una conseguenza del Corollario 3.7 della Sezione 3.1.3. □

3.1.7 Binomio di Newton

Siano a, b due arbitrari numeri reali ed n un arbitrario numero naturale. La seguente formula – dovuta a Newton[20] – permette di scrivere in modo compatto

[20] Sir **Isaac Newton** (1643-1727), fisico, matematico, astronomo, alchimista e teologo inglese, considerato uno dei più grandi ed influenti scienziati mai vissuti. Newton è noto soprattutto per aver posto le basi della meccanica classica. Nella sua magistrale opera *Philosophiae Naturalis Principia Mathematica*, Newton formulò le tre leggi del moto e di gravitazione universale (al riguardo, celeberrimo è l'aneddoto della *mela di Newton*), che dominarono la visione scientifica dell'universo fisico per i tre secoli a seguire.

lo sviluppo della potenza n-ima del binomio $(a+b)$:[21]

Teorema 3.14. *(Binomio di Newton)* Per ogni $a, b \in \mathbb{R}$ ed $n \in \mathbb{N}$, si ha:

$$(a+b)^n = \sum_{k=0}^{n} \binom{n}{k} a^{n-k} b^k .$$

DIMOSTRAZIONE. A norma di definizione di potenza di un binomio si ha:

$$\begin{aligned}
(a+b)^n &= \underbrace{(a+b)(a+b)(a+b)\dots(a+b)}_{n} \\
&= aaa...aa && + \\
&\quad baa...aa + aba...aa + aab...aa + \dots + aaa...ab && + \\
&\quad bba...aa + bab...aa + abb...aa + \dots + aaa...bb && + \\
&\quad \dots && + \\
&\quad abb...bb + bab...bb + bba...bb + \dots + bbb...ba && + \\
&\quad bbb...bb \\
\\
&= a^n && + \\
&\quad ba^{n-1} + aba^{n-2} + a^2ba^{n-3} + \dots + a^{n-1}b && + \\
&\quad b^2a^{n-2} + baba^{n-3} + ab^2a^{n-3} + \dots + a^{n-2}b^2 && + \\
&\quad \dots && + \\
&\quad ab^{n-1} + bab^{n-2} + b^2ab^{n-3} + \dots + b^{n-1}a && + \\
&\quad b^n \\
\\
&= a^nb^0 && + \\
&\quad a^{n-1}b^1 + a^{n-1}b^1 + a^{n-1}b^1 + \dots + a^{n-1}b^1 && + \\
&\quad a^{n-2}b^2 + a^{n-2}b^2 + a^{n-2}b^2 + \dots + a^{n-2}b^2 && + \\
&\quad \dots && + \\
&\quad a^1b^{n-1} + a^1b^{n-1} + a^1b^{n-1} + \dots + a^1b^{n-1} && + \\
&\quad a^0b^n \\
\\
&= p_0a^nb^0 + p_1a^{n-1}b^1 + \dots + p_ka^{n-k}b^k + \dots + p_na^0b^n
\end{aligned}$$

ove, per ogni $k \in \{0, 1, \dots, n\}$, i coefficienti p_k sono uguali al numero di permutazioni con ripetizione dei due elementi a e b presi, rispettivamente, $n-k$ volte e k volte. Si noti che risulta

$$p_k = P^{(\mathrm{r})}_{n-k,\,k} = \binom{n}{k}$$

[21] Per la definizione formale di *binomio*, *trinomio* e *polinomio*, nonché per un richiamo delle proprietà fondamentali delle *potenze*, si veda il Volume II.

in forza del Corollario 3.11 della Sezione 3.1.5, applicato per $r_1 := n - k$ e $r_2 := k$. Pertanto, si ha in conclusione:

$$(a+b)^n = \binom{n}{0} a^n + \binom{n}{1} a^{n-1} b^1 + \ldots + \binom{n}{n} b^n = \sum_{k=0}^{n} \binom{n}{k} a^{n-k} b^k$$

come volevasi dimostrare. □

Osserviamo che i coefficienti binomiali sono proprio i coefficienti degli addendi nello sviluppo del binomio $(a+b)$: ciò motiva il *nomen* loro attribuito. Si noti altresì che la formula vale anche per $a = b := 0$ e $n := 0$, in quanto si pone per definizione di potenza $0^0 := 1$. Per $n \in \{1, 2, 3\}$, il binomio di Newton restituisce le seguenti formule ben note:

- $(a+b)^1 = \sum_{k=0}^{1} \binom{1}{k} a^{1-k} b^k = a + b$
- $(a+b)^2 = \sum_{k=0}^{2} \binom{2}{k} a^{2-k} b^k = a^2 + 2ab + b^2$
- $(a+b)^3 = \sum_{k=0}^{3} \binom{3}{k} a^{3-k} b^k = a^3 + 3a^2b + 3ab^2 + b^3$.

I seguenti casi particolari del binomio di Newton, ottenuti scegliendo opportunamente i numeri reali $a, b \in \mathbb{R}$, esibiscono interessanti proprietà dei coefficienti binomiali:

Corollario 3.15. Per ogni $n \in \mathbb{N}$, si ha

(i) $\binom{n}{0} + \binom{n}{1} + \ldots + \binom{n}{n} = 2^n$

(ii) $\binom{n}{0} - \binom{n}{1} + \binom{n}{2} - \ldots + (-1)^n \binom{n}{n} = 0$.

DIMOSTRAZIONE. Applicando il Binomio di Newton per $a := 1$ e $b := 1$, si ottiene

$$2^n = (1+1)^n = \binom{n}{0} + \binom{n}{1} + \ldots + \binom{n}{n}$$

il che dimostra l'uguaglianza (i). Analogamente, un'applicazione del Binomio di Newton per $a := 1$ e $b := -1$ dà

$$0 = (1 + (-1))^n = \binom{n}{0} - \binom{n}{1} + \binom{n}{2} - \ldots + (-1)^n \binom{n}{n}$$

il che dimostra la (ii). □

Il risultato relativo allo sviluppo della potenza n-ima di un *binomio* si generalizza alla potenza n-ima di un *polinomio*. La seguente formula – dovuta a Leibniz[22] – permette di scrivere in modo compatto lo sviluppo della potenza n-ima del polinomio $(a_1 + a_2 + \ldots + a_m)$:

Teorema 3.16.* *(Formula di Leibniz)* Per ogni $n, m \in \mathbb{N}$ con $m \geq 2$, e per ogni $a_1, a_2, \ldots, a_n \in \mathbb{R}$, si ha:

$$(a_1 + a_2 + \ldots + a_m)^n = \sum \binom{n}{k_1\ k_2\ \ldots\ k_m} a_1^{k_1} a_2^{k_2} \ldots a_k^{k_m}$$

ove

- la sommatoria $\sum$ è estesa a tutti i numeri naturali $k_1, k_2, \ldots, k_m$ la cui somma valga n, ossia tali che $\sum_{i=1}^{m} k_i = n$;
- i simboli $\binom{n}{k_1\ k_2\ \ldots\ k_m}$ rappresentano il numero di permutazioni degli m elementi $a_1, a_2, \ldots, a_m$, in cui a_i si ripete k_i volte per ogni $i \in \{1, 2, \ldots, m\}$.

Si noti che il Binomio di Newton è un caso particolare della Formula di Leibniz, ottenuto per $n := 2$. La dimostrazione del Teorema 3.16 è la generalizzazione di quella del Binomio di Newton ed è lasciata al lettore come (non banale) esercizio. I numeri naturali $\binom{n}{k_1\ k_2\ \ldots\ k_m}$ che compaiono nella Formula di Leibniz sono detti per ovvie ragioni **coefficienti multinomiali**. Infine, osserviamo che il numero di addendi presenti al secondo membro della formula è dato dal coefficiente binomiale $\binom{m+n-1}{n}$.[23]

3.1.8 Regole di decomposizione

La complessità di alcuni calcoli di natura combinatorica induce ad elaborare delle strategie computazionali che semplifichino il calcolo del numero di configurazioni soddisfacenti certi requisiti. Le **regole di decomposizione** operano in tal senso, effettuando nell'ordine:

(1) una *decomposizione* del problema in sottoproblemi;

(2) un *calcolo* relativo a ciascuno dei sottoproblemi;

(3) una *ricomposizione* dei risultati parziali ottenuti.

[22] **Gottfried Wilhelm von Leibniz** (1646 -1716), filosofo, matematico, fisico, scienziato, linguista, giurista, magistrato e storico tedesco. Classico esempio di *homo universalis*, Leibniz manifestò il suo genio in campo matematico ponendo (assieme a Newton) le basi del calcolo infinitesimale ed integrale. I termini di funzione, ascissa, ordinata, tangente, corda e perpendicolare sono a lui dovuti.

[23] Perché?

In questa sezione presentiamo due principi di decomposizione: la regola del prodotto e la regola della somma.

REGOLA DEL PRODOTTO. La regola del prodotto è un principio di decomposizione utilizzabile in tutti i casi in cui le distribuzioni siano ottenute mediante diverse selezioni *indipendenti* tra loro. In tali casi il computo del numero globale delle configurazioni combinatoriche associate al problema viene effettuato – come il *nomen* stesso suggerisce – moltiplicando il numero dei casi relativi a ciascuna delle selezioni indipendenti. In termini formali, la **regola del prodotto** consta delle seguenti fasi sequenziali:

(P1) decomposizione del problema in una lista di eventi/configurazioni indipendenti;

(P2) determinazione del numero di distribuzioni relative a ciascuno degli eventi indipendenti di cui in (P1);

(P3) prodotto dei numeri ottenuti in (P2) per ottenere il numero totale delle distribuzioni.

Si noti che la regola del prodotto la abbiamo già utilizzata (menzionandola in nota) in almeno due casi, ossia nella dimostrazione dei teoremi sul numero di disposizioni semplici (Teorema 3.1 della Sezione 3.1.1) e con ripetizione (Teorema 3.8 della Sezione 3.1.4). La seguente uguaglianza tra le cardinalità di insiemi è un'altra semplice applicazione della regola del prodotto:

Proposizione 3.17. Se A e B sono due insiemi finiti, allora si ha:

$$|A \times B| = |A| \cdot |B|.$$

DIMOSTRAZIONE. Il risultato è immediato se almeno uno tra i due insiemi A e B è vuoto, essendo in tali casi uguale a zero sia il primo membro che il secondo membro.[24] Pertanto, assumiamo che A e B siano due insiemi finiti tali che $|A| = m \geq 1$ e $|B| = n \geq 1$. Gli elementi del prodotto cartesiano $A \times B$ sono tutte le coppie ordinate (a, b) tali che $a \in A$ e $b \in B$. Ne segue che la determinazione del numero globale di elementi di $A \times B$ consta delle seguenti fasi:

(P1) selezione indipendente delle due componenti di ogni coppia ordinata;

(P2) scelta di uno tra gli m elementi di A per la prima componente e di uno tra gli n elementi di B per la seconda componente;

[24] Si ricorda che $X \times \emptyset = \emptyset \times X = \emptyset$ per ogni insieme X.

(P3) prodotto dei due numeri m ed n di scelte possibili.

Pertanto, si ha:

$$|A \times B| \;=\; m \cdot n \;=\; |A| \cdot |B|$$

come volevasi. □

La Proposizione 3.17 può facilmente generalizzarsi come segue:

Corollario 3.18. Se $A_1, A_2, \ldots, A_n$ sono $n \geq 2$ insiemi finiti, allora si ha:

$$|A_1 \times A_2 \times \ldots \times A_n| \;=\; |A_1| \cdot |A_2| \cdot \ldots \cdot |A_n|\,.$$

La dimostrazione del Corollario 3.18 è la naturale estensione di quella della Proposizione 3.17 ed è lasciata al lettore per esercizio.[25]

Come ultima applicazione della regola del prodotto, consideriamo un semplice problema concreto, al fine di illustrarne la validità nella vita di tutti i giorni.

> *Problema del menu.* Un ristorante offre un menu a prezzo fisso, con un certo numero di scelte per ciascuna portata. Specificamente, il menu comprende 2 scelte per l'antipasto, 5 per il primo piatto, 4 per il secondo e 3 per il dessert. In quanti modi diversi può un avventore del ristorante costruire il proprio pasto?

La risposta alla domanda, che è $2 \cdot 5 \cdot 4 \cdot 3 = 120$ (e non $2 + 5 + 4 + 3 = 14$), segue da una facile applicazione della regola del prodotto.

Regola della somma. Il principio sottostante la regola della somma è quello della *suddivisione* di tutti i casi possibili in gruppi distinti, in modo da poter contare separatamente le distribuzioni che stanno in ciascun gruppo e successivamente sommare – donde il *nomen* – i risultati parziali così ottenuti. Più precisamente, la **regola della somma** consta delle seguenti fasi sequenziali:

(S1) formulazione di una lista esaustiva di configurazioni ammissibili e mutualmente esclusive;

(S2) determinazione del numero di distribuzioni relative a ciascuna delle configurazioni di cui in (S1);

(S3) somma dei numeri ottenuti in (S2).[26]

[25] Nella Sezione 3.1.17 presentiamo una dimostrazione per induzione del Corollario 3.18.

[26] In termini più tecnici: in (S1) si determina una partizione (ossia una relazione di equivalenza) dell'insieme delle distribuzioni possibili, in (S2) si conta il numero di elementi per ciascuna classe della partizione, e in (S3) si sommano tali numeri.

La regola della somma (come quella del prodotto) è applicata nella dimostrazione di alcuni risultati teorici: si veda, ad esempio, la verifica dell'identità di Stiefel (Teorema 3.19(ii) della Sezione 3.1.9). In questa sede forniamo altri due esempi di applicazione. Supponiamo di dover risolvere il seguente problema:

> *Problema degli interpreti.* Si deve formare una commissione di 4 interpreti madrelingua, di cui almeno uno è inglese, almeno uno francese ed almeno uno tedesco. Se si dispone di 7 candidati inglesi, 6 francesi e 5 tedeschi, quante sono le possibili commissioni di interpreti?

Innanzitutto, osserviamo che i tipi di commissioni possibili sono tre:

(1) due inglesi, un francese ed un tedesco;

(2) un inglese, due francesi ed un tedesco;

(3) un inglese, un francese e due tedeschi.

Denotiamo con M_i l'insieme delle commissioni di tipo (i), ove $i \in \{1, 2, 3\}$, e con M l'insieme di tutte le commissioni madrelingua ammissibili. Si noti che gli insiemi M_i sono a due a due disgiunti e la loro unione dà tutto M; pertanto, la famiglia $\{M_1, M_2, M_3\}$ è una partizione di M. Per la regola della somma, il numero totale di commissioni madrelingua si ottiene come segue:

(S1) $M = M_1 \uplus M_2 \uplus M_3$

(S2) $|M_1| = \binom{7}{2}\binom{6}{1}\binom{5}{1} = 630\,, \ |M_2| = \binom{7}{1}\binom{6}{2}\binom{5}{1} = 525\,, \ |M_3| = \binom{7}{1}\binom{6}{1}\binom{5}{2} = 420$

(S3) $|M| = |M_1| + |M_2| + |M_3| = 630 + 525 + 420 = 1575$

ove al passo (S2) abbiamo applicato la regola del prodotto per calcolare le cardinalità degli insiemi M_i.

Un ulteriore esempio di applicazione della regola della somma è il seguente. Sia A è un insieme di cardinalità 7 e si denoti con $\mathcal{P}_{\geq 5}(A)$ la famiglia dei sottoinsiemi di A contenenti *almeno* 5 elementi. Per determinare la cardinalità di $\mathcal{P}_{\geq 5}(A)$ si può utilizzare la regola della somma come segue. Denotati con $\mathcal{P}_5(A)$, $\mathcal{P}_6(A)$ e $\mathcal{P}_7(A)$ le famiglie dei sottoinsiemi di A contenenti, rispettivamente, 5, 6 e 7 elementi, si ottiene:

(S1) $\mathcal{P}_{\geq 5}(A) = \mathcal{P}_5(A) \uplus \mathcal{P}_6(A) \uplus \mathcal{P}_7(A)$

(S2) $|\mathcal{P}_5(A)| = \binom{7}{5} = 21\,, \ |\mathcal{P}_6(A)| = \binom{7}{6} = 7\,, \ |\mathcal{P}_7(A)| = \binom{7}{7} = 1$

(S3) $|\mathcal{P}_{\geq 5}(A)| = |\mathcal{P}_5(A)| + |\mathcal{P}_6(A)| + |\mathcal{P}_7(A)| = 21 + 7 + 1 = 29\,.$

Gli svolgimenti dei quesiti a scelta multipla di questo capitolo esibiscono svariate applicazioni delle regole di decomposizione. È comunque necessario un attento esame del problema per determinare: (i) se e come le regole di decomposizione sono utilizzabili; (ii) quale applicare tra la regola della somma e quella del prodotto. A tal fine, si raccomanda al lettore lo svolgimento di un cospicuo numero di esercizi per affinare la propria capacità nel riconoscere casi e modalità di applicazione delle regole di decomposizione.[27]

3.1.9 Identità combinatoriche/I

Un'**identità combinatorica** è un'uguaglianza numerica in cui compaiono (in genere in ambo i membri) dei coefficienti binomiali. Per rendere significative le identità combinatoriche per tutti i numeri naturali, si estende la definizione di *coefficiente binomiale* $\binom{n}{k}$ anche ai casi in cui $k > n$, ponendo

$$\binom{n}{k} \overset{\text{def}}{:=} \begin{cases} \frac{n!}{k!\,(n-k)!} & \text{se} \quad k \leq n \\ 0 & \text{se} \quad k > n\,. \end{cases}$$

per ogni $n, k \in \mathbb{N}$.

Due identità combinatoriche sono state già presentate nella Sezione 3.1.7 (Corollario 3.15). In questa sezione presentiamo altre tra le molteplici identità combinatoriche.[28] Ciascuna di esse può essere dimostrata in almeno due modi, ossia mediante un ragionamento astratto nonché con una pedissequa verifica numerica.[29] La dimostrazione numerica è spesso più semplice e rapida della dimostrazione concettuale. Tuttavia la dimostrazione concettuale ha il vantaggio di esibire esplicitamente le ragioni per cui una determinata uguaglianza numerica si verifica, il che a sua volta consente di estendere il ragionamento – *mutatis mutandis* – a casi analoghi. Al fine di illustrare modalità e valenza di ciascuna tipologia dimostrativa, presentiamo due dimostrazioni per le identità che seguono.

---

[27] Ad esempio, perché nel *problema del menu* si applica la regola del prodotto e non quella della somma?

[28] Scrive **Donald E. Knuth**, autore della famosa monografia *The Art of Computer Programming* e professore emerito di informatica presso la Stanford University, «*... quando qualcuno trova una nuova identità combinatorica, non c'è più tanta gente che si entusiasma, tranne lo scopritore.*».

[29] Invero, poiché le identità combinatoriche sono delle proprietà dei numeri naturali, esse si prestano anche ad una dimostrazione per induzione: si veda la Sezione 3.1.17.

Teorema 3.19. Per ogni $n, k \in \mathbb{N}$ tali che $k \leq k$, si ha:

(i) $\binom{n}{k} = \binom{n}{n-k}$ *(Simmetria dei coefficienti binomiali)*

(ii) $\binom{n+1}{k+1} = \binom{n}{k} + \binom{n}{k+1}$ *(Identità di Stiefel).*

Dimostrazione. Siano $n, k \in \mathbb{N}$ arbitrari numeri naturali tali che $k \leq n$.

Per dimostrare la (i), sia A un insieme (fissato) avente cardinalità n. Denotiamo con $\mathrm{CS}(n,k)$ il numero di combinazioni semplici degli n elementi di A su k posti; analogo significato ha il simbolo $\mathrm{CS}(n, n-k)$. Osserviamo che $\binom{n}{k}$ è la cardinalità dell'insieme $\mathrm{CS}(n,k)$, mentre $\binom{n}{n-k}$ è la cardinalità dell'insieme $\mathrm{CS}(n, n-k)$. Pertanto, per dimostrare l'uguaglianza richiesta è sufficiente esibire una biiezione tra i due insiemi $\mathrm{CS}(n,k)$ e $\mathrm{CS}(n, n-k)$. Poiché una combinazione $C \in \mathrm{CS}(n,k)$ è un sottoinsieme di A ottenuto selezionando k elementi di A, a questa possiamo fare corrispondere la combinazione data da $A \setminus C \in \mathrm{CS}(n, n-k)$, ossia il sottoinsieme di A contenente gli $n-k$ elementi di A precedentemente non selezionati. È facile adesso verificare che la corrispondenza $C \mapsto A \setminus C$ dà luogo ad un'applicazione biunivoca $f\colon \mathrm{CS}(n,k) \to \mathrm{CS}(n, n-k)$. Ciò dimostra l'asserto. Si osservi che l'uguaglianza (i) può anche facilmente verificarsi mediante un semplice calcolo numerico come segue:

$$\binom{n}{k} = \frac{n!}{k!\,(n-k)!} = \frac{n!}{(n-k)!\,(n-(n-k))!} = \binom{n}{n-k}.$$

Per quanto riguarda l'identità di Stiefel,[30] osserviamo innanzitutto che l'uguaglianza è banalmente verificata nel caso $k = n$, in quanto si ha

$$\binom{n+1}{n+1} = 1 = 1 + 0 = \binom{n}{n} + \binom{n}{n+1}.$$

È dunque sufficiente dimostrare la (ii) per $k < n$. Una prima dimostrazione dell'identità di Stiefel utilizza la regola della somma come segue. Sia A un arbitrario insieme avente cardinalità $n+1$ e sia $a \in A$ un suo elemento fissato (che esiste in quanto $n+1 \geq 1$). Dividiamo l'insieme $\mathrm{CS}(n+1, k+1)$ delle combinazioni degli $n+1$ elementi di A su $k+1$ posti nelle due seguenti classi:

- l'insieme $\mathcal{C}(a)$ di tutte le combinazioni che contengono l'elemento a;

[30] **Edward L. Stiefel** (1909-1978), matematico svizzero che ha inventato il *metodo coniugato di pendenza* per la soluzione numerica di particolari sistemi di equazioni lineari.

- l'insieme $\mathcal{C}'(a)$ di tutte le combinazioni che non contengono a.

Si noti che $\mathcal{C}(a)$ ha cardinalità $\binom{n}{k}$, in quanto le combinazioni in $\mathcal{C}(a)$ sono ottenute selezionando k tra i rimanenti n elementi di A (uno dei $k+1$ posti della combinazione è occupato da a). Analogamente, $\mathcal{C}'(a)$ ha cardinalità $\binom{n}{k+1}$, in quanto le combinazioni in $\mathcal{C}'(a)$ sono ottenute selezionando $k+1$ tra i rimanenti n elementi di A (visto che a non occupa alcuno dei $k+1$ posti disponibili). Si noti anche che l'ipotesi $k < n$ implica che $\mathcal{C}'(a)$ non è vuoto. Pertanto, essendo

$$\mathrm{CS}(n+1, k+1) \;=\; \mathcal{C}(a) \cup \mathcal{C}'(a)$$

con $\mathcal{C}(a) \cap \mathcal{C}'(a) = \emptyset$, si ottiene

$$\binom{n+1}{k+1} \;=\; |\mathrm{CS}(n+1,k+1)| \;=\; |\mathcal{C}(a)| + |\mathcal{C}'(a)| \;=\; \binom{n}{k} + \binom{n}{k+1}$$

ossia l'asserto. Si osservi che la sequenza di uguaglianze

$$\begin{aligned}
\binom{n}{k} + \binom{n}{k+1} &= \frac{n\,(n-1)\ldots(n-k+1)}{k\,!} + \frac{n\,(n-1)\ldots(n-k+1)\,(n-k)}{(k+1)!} \\
&= \frac{(k+1)\left[n\,(n-1)\ldots(n-k+1)\right] + n\,(n-1)\ldots(n-k+1)\,(n-k)}{(k+1)!} \\
&= \frac{\left[(k+1)+(n-k)\right]\,n\,(n-1)\ldots(n-k+1)}{(k+1)!} \\
&= \frac{(n+1)\,n\,(n-1)\ldots(n-k+1)}{(k+1)!} \\
&= \binom{n+1}{k+1}
\end{aligned}$$

fornisce una dimostrazione puramente numerica della (ii). □

Osserviamo *a latere* che l'identità di Stiefel ha senso anche nel caso in cui risulti $k > n$: infatti in tal caso si ottiene $0 = 0$ a norma di definizione di coefficiente binomiale.

La simmetria dei coefficienti binomiali ha un'interpretazione immediata. Ad esempio, se si deve scegliere una commissione d'esame composta da 5 membri e si dispone di 20 candidati, la scelta può equivalentemente farsi in $\binom{20}{5}$ modi (selezioniamo i 5 membri della commissione tra i 20 candidati) o in $\binom{20}{15}$ modi (selezioniamo i 15 candidati tra i 20 disponibili che *non* fanno parte della commissione d'esame, per cui i rimanenti 5 sono i membri scelti). Ne segue che i due numeri $\binom{20}{5}$ e $\binom{20}{15}$ sono uguali.

3.1.10 *Identità combinatoriche/II

I coefficienti binomiali $\binom{n}{k}$, con $0 \leq k \leq n$, possono essere ordinati in modo geometrico, costituendo un triangolo isoscele (infinito), il cosiddetto **triangolo di Tartaglia** (detto anche triangolo di Pascal o di Khayyàm).[31] In tale triangolo, si ha:

- per ogni $n \in \mathbb{N}$, la riga n-ima del triangolo contiene i coefficienti binomiali $\binom{n}{0}, \binom{n}{1}, \ldots, \binom{n}{n}$;
- i due lati simmetrici (infiniti) del triangolo sono formati da una successione di 1, rappresentanti i coefficienti binomiali $\binom{n}{0}$ (a sinistra) e $\binom{n}{n}$ (a destra).

Calcolando i coefficienti binomiali delle prime nove righe, il triangolo di Tartaglia si presenta come segue:

$$
\begin{array}{ccccccccccccccccc}
&&&&&&&&1&&&&&&&& \\
&&&&&&&1&&1&&&&&&& \\
&&&&&&1&&2&&1&&&&&& \\
&&&&&1&&3&&3&&1&&&&& \\
&&&&1&&4&&6&&4&&1&&&& \\
&&&1&&5&&10&&10&&5&&1&&& \\
&&1&&6&&15&&20&&15&&6&&1&& \\
&1&&7&&21&&35&&35&&21&&7&&1& \\
1&&8&&28&&56&&70&&56&&28&&8&&1 \\
\cdot&\cdot&\cdot&\cdot&\cdot&\cdot&\cdot&\cdot&\cdot&\cdot&&&&&&& \\
\cdot&\cdot&\cdot&\cdot&\cdot&\cdot&\cdot&\cdot&\cdot&\cdot&\cdot&&&&&&
\end{array}
$$

[31] La versione originale del triangolo combinatorico è dovuta al matematico italiano **Niccolò Fontana** (1499-1557), detto "*Tartaglia*" per la sua difficoltà di articolazione linguistica, dovuta alle ferite riportate da bambino durante la presa di Brescia da parte dei Francesi. Il triangolo di Tartaglia è impropriamente noto come *triangolo di Pascal*, in onore del matematico, fisico, filosofo e teologo francese **Blaise Pascal** (1623-1662), che circa un secolo dopo ne utilizzò le proprietà nei suoi studi probabilistici. È comunque verosimile che Tartaglia non sia stato il primo a dissertare dell'argomento. Invero, alcune proprietà dei coefficienti binomiali erano già note, prima che Tartaglia le pubblicasse nel suo trattato *Quesiti et Inventioni Diverse*, al matematico, astronomo, poeta e filosofo persiano **Omar Khayyàm** (1048-1131), nonché, probabilmente, ai matematici cinesi dei secoli precedenti.

Teorema 3.20. *(Proprietà del triangolo di Tartaglia)* Il triangolo di Tartaglia gode delle seguenti proprietà:

(i) la somma degli elementi della riga n-ima del triangolo è uguale a 2^{n-1};

(ii) la somma a segni alterni (partendo da sinistra con il segno $+$) degli elementi di ogni riga del triangolo è uguale a 0;

(iii) i numeri formati dalle cifre che compongono le prime 5 righe del triangolo sono, rispettivamente, le prime 5 potenze naturali di 11 (ossia $1 = 11^0$, $11 = 11^1$, $121 = 11^2$, $1331 = 11^3$, $14641 = 11^4$);

(iv) ogni elemento che non stia sui due lati simmetrici del triangolo può essere ottenuto come somma dei due numeri che stanno immediatamente sopra;

(v) la somma dei primi n elementi di una diagonale del triangolo è uguale al numero che sta alla destra dell'elemento successivo sulla stessa diagonale *(proprietà della mazza da hockey)*.

Dimostrazione. Le proprietà (i) e (ii) sono state già dimostrate utilizzando la formula per il binomio di Newton $(a+b)^n$ nei seguenti casi, rispettivamente: $a := 1$ e $b := 1$ per la (i), nonché $a := 1$ e $b := -1$ per la (ii) (Corollario 3.15 della Sezione 3.1.7).

La proprietà (iii) si ottiene ancora come applicazione del binomio di Newton per $a := 10$ e $b := 1$. (Il lettore è invitato a dimostrare la (iii) in dettaglio, nonché a giustificare il fatto che tale proprietà non vale per le potenze successive di 11.)

La proprietà (iv) non è altro che la formulazione geometrica dell'identità di Stiefel.

Infine, la proprietà (v) è un corollario del Teorema 3.21(vi) ed è lasciata al lettore per esercizio.[32] □

Geometricamente le proprietà (iv) e (v) si possono rappresentare tramite il triangolo di Tartaglia come segue:[33]

[32] Si veda la figura che segue per una rappresentazione geometrica della *proprietà della mazza da hockey*.

[33] In figura sono evidenziate in grigio alcune uguaglianze numeriche di tipo (iv) e (v). In particolare, i numeri che devono essere sommati sono in grigio chiaro, mentre il risultato dell'addizione è in grigio scuro.

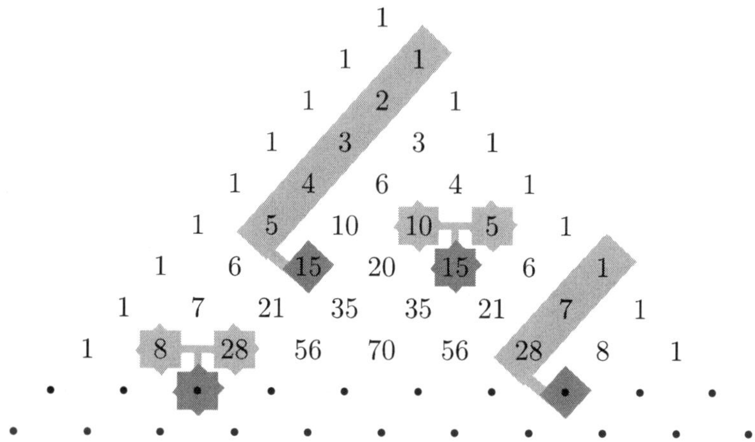

Le uguaglianze evidenziate in figura sono le seguenti:

- tipo (iv): $\binom{5}{3} + \binom{5}{4} = \binom{6}{4}$, $\binom{8}{1} + \binom{8}{2} = \binom{9}{2}$;
- tipo (v): $\binom{1}{1} + \binom{2}{1} + \binom{3}{1} + \binom{4}{1} + \binom{5}{1} = \binom{6}{2}$, $\binom{6}{6} + \binom{7}{6} + \binom{8}{6} = \binom{9}{7}$.

Chiudiamo la sezione con altre interessanti identità combinatoriche.

Teorema 3.21. Per ogni $n, m, k \in \mathbb{N}$ per cui abbiano senso i coefficienti binomiali, si ha:

(i) $k\binom{n}{k} = n\binom{n-1}{k-1}$

(ii) $\binom{n}{m}\binom{m}{k} = \binom{n}{k}\binom{n-k}{m-k}$

(iii) $\binom{n}{m}\binom{n-m}{k} = \binom{n}{k}\binom{n-k}{m}$

(iv) $\sum_{i=0}^{k}\binom{m}{i}\binom{n}{k-i} = \binom{m+n}{k}$

(v) $\sum_{i=0}^{k}\binom{m}{i}\binom{n}{k+i} = \binom{m+n}{m+k}$

(vi) $\sum_{i=0}^{n}\binom{i}{m} = \binom{n+1}{m+1}$.

DIMOSTRAZIONE.[34] Verifichiamo le indentità (i), (ii), (iii) e (iv); la dimostrazione delle identità (v) e (vi) è lasciata al lettore per (non semplice) esercizio.

Per la (i), osserviamo che l'uguaglianza è banalmente vera se $k > n$, in quanto in tal caso entrambi i membri dell'uguaglianza sono uguali a zero. Pertanto, assumiamo che sia $k \leq n$ e ragioniamo come segue. Supponiamo che si disponga di n candidati per la formazione di una commissione di k membri, tra i quali uno deve ricoprire la funzione di presidente. La costituzione della commissione può effettuarsi in due maniere che sono diverse in modalità (temporali e politiche) ma equivalenti in risultato:

(a) prima si selezionano i k membri della commissione tra gli n candidati e dopo si sceglie il presidente tra i k membri della commissione;

(b) prima si seleziona il presidente della commissione tra gli n candidati e dopo si scelgono gli altri $k-1$ membri tra gli $n-1$ candidati rimasti.

Per la regola del prodotto (verificarne l'applicabilità!), la selezione di tipo (a) può effettuarsi in $C_{n,k} \cdot C_{k,1} = \binom{n}{k}\binom{k}{1}$ modi, mentre la selezione di tipo (b) può effettuarsi in $C_{n,1} \cdot C_{n-1,k-1} = \binom{n}{1}\binom{n-1}{k-1}$ modi. La (i) si ottiene allora dalla seguente catena di uguaglianze:

$$k\binom{n}{k} = \binom{n}{k}\binom{k}{1} = \binom{n}{1}\binom{n-1}{k-1} = n\binom{n-1}{k-1}.$$

La dimostrazione della (ii) è la naturale estensione di quella della (i) al caso in cui si debba scegliere tra n candidati una commissione composta da m membri, di cui k costituiscono il consiglio di presidenza (anziché un solo presidente come nel caso (i)).

Per dimostrare la (iii), osserviamo innanzitutto che se $n < m+k$, allora l'uguaglianza è banalmente verificata, in quanto entrambi i membri sono uguali a zero. Pertanto, possiamo assumere $n \geq k+m$. In tal caso, si può ragionare nel seguente modo. Dato un insieme A di cardinalità n, supponiamo che si vogliano scegliere due sottoinsiemi disgiunti di A: un sottoinsieme B di cardinalità m ed un sottoinsieme C di cardinalità k. Tale selezione può effettuarsi in due modi equivalenti:

(a) prima si scelgono gli m elementi di B e dopo i k elementi di C;

[34] La locuzione "per cui abbiano senso i coefficienti binomiali" si intende nel senso che non si possono avere numeri negativi nei coefficienti binomiali. Pertanto, nella (i) si ha per ipotesi $n \geq 1$ e $k \geq 1$, nella (ii) si ha per ipotesi $n \geq k$ e $m \geq k$, nella (iii) si ha per ipotesi $n \geq m$ e $n \geq k$, etc.

(b) prima si scelgono i k elementi di C e dopo gli m elementi di B.

Poiché la selezione di tipo (a) può farsi in $C_{n,m} \cdot C_{n-m,k}$ modi e quella di tipo (b) in $C_{n,k} \cdot C_{n-k,m}$ modi, si ottiene

$$\binom{n}{m}\binom{n-m}{k} = C_{n,m} \cdot C_{n-m,k} = C_{n,k} \cdot C_{n-k,m} = \binom{n}{k}\binom{n-k}{m}$$

ossia la (iii).

Infine, dimostriamo la (iv). Se risulta $m+n < k$, allora il secondo membro vale zero ed al primo membro tutto gli addendi valgono zero; pertanto, l'uguaglianza è vera. Per verificare l'uguaglianza nel caso in cui sia $m+n \geq k$, supponiamo che si debba calcolare il numero di combinazioni degli $m+n$ elementi di un insieme A su k posti. Tale numero, uguale a $\binom{m+n}{k}$, può ottenersi con la seguente procedura. Suddividiamo l'insieme A in due sottoinsiemi B e C tali che $|B| = m$ e $|C| = n$. Le combinazioni degli $m+n$ elementi di A di classe k sono tutte e sole quelle che si possono ottenere selezionando un numero $i \in \{0, 1, \ldots, k\}$ di elementi da B e i rimanenti $k-i$ elementi da C, ossia 0 elementi da B e k da C, oppure 1 elemento da B e $k-1$ da C, oppure 2 elementi da B e $k-2$ da C, etc. In conclusione, si ha

$$\binom{m}{0}\binom{n}{k} + \binom{m}{1}\binom{n}{k-1} + \ldots + \binom{m}{k}\binom{n}{0} = \binom{m+n}{k}$$

ossia la (iv). □

Si invita il lettore a tentare di tradurre alcune delle suddette identità in ulteriori proprietà geometriche del triangolo di Tartaglia.

3.1.11 Formulazioni combinatoriche equivalenti/I

I problemi di calcolo combinatorio si possono presentare in varie forme tra loro equivalenti, alcune delle quali non consentono l'immediata riconoscibilità degli strumenti applicabili per la loro risoluzione. In tali casi occorre preliminarmente riformulare - ove possibile - il quesito, in modo da renderlo trattabile con le metodologie combinatoriche a disposizione.

Questa sezione e le successive tre sezioni sono integralmente dedicate alla risoluzione di alcune categorie di problemi combinatorici che devono essere in qualche modo "addomesticati" prima di essere affrontati con strumenti noti. Ad esempio, sono problemi di questo tipo quelli relativi al computo del numero delle seguenti distribuzioni di **palline** in **scatole**:

(i) palline *distinte* in scatole *distinte* (ossia (i′) funzioni tra insiemi finiti);

(ii) palline *uguali* in scatole *distinte* (ossia (ii′) equazioni a variabili naturali);

(iii) palline *distinte* in scatole *uguali*;

(iv) palline *uguali* in scatole *uguali*.

Come vedremo, dal punto di vista del computo del numero di distribuzioni, (i) e (i′) sono due formulazioni diverse dello stesso problema (calcolo del numero di opportune disposizioni con ripetizione). Analogamente, (ii) e (ii′) sono due modi differenti di presentare lo stesso problema (calcolo del numero di opportune combinazioni con ripetizione).

In questa sezione ci occupiamo delle problematiche di tipo (i) e (i′). I quesiti di tipo (ii) e (ii′), sono analizzati in dettaglio nella Sezione 3.1.12. Nella Sezione 3.1.13 esaminiamo una generalizzazione delle problematiche di tipo (ii) e (ii′) ai casi in cui ci siano dei vincoli esogeni che devono essere soddisfatti. Infine, nella Sezione 3.1.14 si risolvono alcuni problemi concreti che sono formalizzabili con gli strumenti introdotti nelle sezioni precedenti. Le problematiche di tipo (iii) e (iv) (con le loro eventuali formulazioni equivalenti) non sono affrontate in questo testo, in quanto di più complessa risoluzione.

Prima di procedere all'esame delle problematiche descritte, ricordiamo le caratteristiche astratte che gli "elementi" e i "posti" di una distribuzione combinatorica devono avere:

- ogni posto *deve* essere riempito da uno ed un solo elemento;
- ogni elemento *può* occupare uno o più posti (ma può anche non essere affatto utilizzato).

Le caratteristiche appena menzionate forniranno le linee guida per l'identificazione di ciò che fa le veci di elemento da distribuire e di ciò che invece funge da posto da occupare.

(i) PALLINE DISTINTE IN SCATOLE DISTINTE. Supponiamo di dover risolvere il seguente problema:

> *In quanti modi si possono distribuire* 7 *palline distinte in* 4 *scatole distinte?*

Per rispondere a questo quesito, immaginiamo di etichettare le sette palline con i numeri da 1 a 7 e le quattro scatole con i numeri da 1 a 4, ossia:

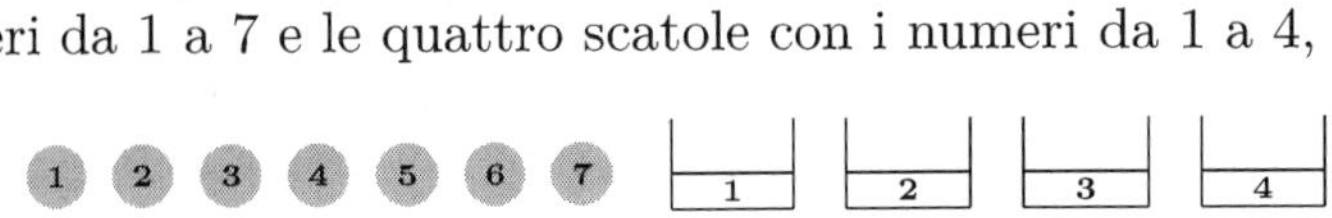

Un'istintiva percezione delle componenti del problema potrebbe indurre a tentarne la risoluzione utilizzando le associazioni mentali *palline-elementi* e *scatole-posti.* Questo approccio porterebbe a giustificare in qualche modo una risposta del tipo $D_{7,4}$ o $C_{7,4}$ o $D^{(r)}_{7,4}$ o $C^{(r)}_{7,4}$. Tuttavia, in matematica – come in tanti altri campi dello scibile – assumere *sic et simpliciter* che una mera assonanza linguistica o una apparente somiglianza funzionale possano costituire *per sé* un indice di profonde relazioni concettuali può risultare fatale.[35]

D'altra parte, la matematica presenta il vantaggio non indifferente che una formalizzazione erronea può talvolta identificarsi facilmente mediante delle esemplificazioni, cosa che fortunatamente accade nel nostro caso. Ad esempio, come potremmo mai simulare mediante il modello palline-elementi e scatole-posti la situazione in cui le palline etichettate con i numeri da $2, 4, 5$ stanno nella scatola numero 1, le palline etichettate con $1, 6, 7$ stanno nella scatola numero 3 e la pallina etichettata con 3 sta nella scatola numero 4? La seguente rappresentazione grafica di una tale situazione rende immediatamente chiaro che l'approccio intuitivo è sicuramente fuorviante:

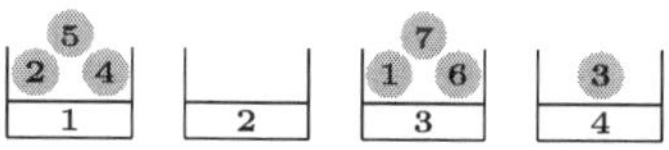

Invero, i "posti" devono sempre essere riempiti (mentre nel nostro caso il secondo posto-scatola rimarrebbe libero) ed inoltre in ogni posto ci deve stare uno ed un solo elemento (mentre nel nostro esempio sia il primo posto-scatola che il terzo posto-scatola conterrebbero più di un elemento-pallina). Questa semplice riflessione induce a scartare l'associazione mentale naturale ed a tentarne una apparentemente innaturale: *scatole-elementi* e *palline-posti.*[36] Sorprendentemente, tale identificazione permette di rappresentare senza problema l'esempio appena descritto, mettendo la scatola-elemento numero 1 nelle palline-posti $2, 4, 5$, la scatola-elemento numero 3 nelle palline-posti $1, 6, 7$, e la scatola-elemento numero 4 nella pallina-posto 3:

[35] In campo linguistico un fenomeno analogo è quello dei cosiddetti "*falsi amici*", ossia le coppie di parole in due lingue diverse che sembrano essere l'una la traduzione dell'altra, ma che viceversa hanno un significato completamente diverso nelle rispettive lingue. Si pensi, ad esempio, alle coppie di parole italiane-inglesi quali "attualmente/*actually*", "bravo/*brave*", "eventualmente/*eventually*", "fattoria/*factory*", "vacanza/*vacancy*", etc., in cui le due parole di ogni coppia sono foneticamente simili ma semanticamente diverse.

[36] Come lo scrittore scozzese Sir **Arthur Conan Doyle** (1859 -1930) farebbe in tal caso dire a **Sherlock Holmes**, famoso personaggio da lui creato: «*Analizziamo i fatti, osserviamo e vediamo quali deduzioni possiamo trarre, tenendo bene a mente che una volta eliminato l'impossibile, ciò che resta, per quanto improbabile, deve essere la verità.*».

Il lettore è invitato a provare a riprodurre mediante questo modello un'arbitraria distribuzione delle sette palline distinte nelle quattro scatole distinte. In conclusione, poiché rileva sia la qualità che l'ordine con cui i quattro elementi-scatole possono essere distribuiti sui sette posti-palline ed inoltre la ripetizione è ammissibile (invero necessaria in questo esempio), ne segue che la risposta al quesito è data da

$$D_{4,7}^{(\mathrm{r})} = 4^7 = 16384\,.$$

Generalizzando l'approccio ad un numero arbitrario (finito) di palline e di scatole, si ottiene:

Proposizione 3.22. Per ogni $n, k \in \mathbb{N}^*$, il numero di distribuzioni di k palline distinte in n scatole distinte è dato da n^k.

(i′) <u>Funzioni tra insiemi finiti</u>. Supponiamo di dover risolvere il seguente problema:

> *Quante sono le funzioni da un insieme A avente cardinalità 7 ad un insieme B avente cardinalità 4?*

In altri termini, si chiede di determinare la cardinalità dell'insieme B^A nel caso in cui $|A| = 7$ e $|B| = 4$. Si noti che, a norma di definizione di funzione, un'arbitraria mappa da A a B associa ad ogni elemento $a \in A$ uno ed un solo elemento $b \in B$. In altri termini, ogni "freccia della faretra" $a \in A$ ha esattamente le stesse caratteristiche di un posto (che *deve* essere riempito da uno ed un solo elemento), mentre ogni "punto del bersaglio" $b \in B$ ha le stesse caratteristiche di un elemento (che *può* essere utilizzato per riempire uno o più posti).

Ad esempio, se $A := \{a_1, a_2, a_3, a_4, a_5, a_6, a_7\}$ e $B := \{b_1, b_2, b_3, b_4\}$ sono arbitrari insiemi aventi cardinalità, rispettivamente, 7 e 4, allora la mappa $f\colon A \to B$ definita da $f(a_2) = f(a_4) = f(a_5) := b_1$, $f(a_1) = f(a_6) = f(a_7) := b_3$ e $f(a_3) := b_4$ può rappresentarsi come segue in termini di posti ed elementi:[37]

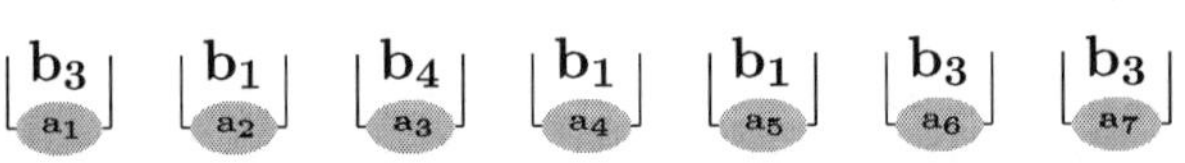

Pertanto, analogamente a quanto visto per il problema della distribuzione di 7 palline distinte in 4 scatole distinte, la risposta al quesito è

$$D_{4,7}^{(\mathrm{r})} = 4^7 = 16384\,.$$

[37] Si noti la somiglianza con la rappresentazione analoga nel caso di 7 palline distinte e 4 scatole distinte.

Generalizzando l'approccio ad arbitrarie funzioni tra insiemi finiti, si ottiene:

Teorema 3.23. Per ogni $n, k \in \mathbb{N}^*$, il numero di funzioni da un insieme A avente cardinalità k ad un insieme B avente cardinalità n è dato da n^k. In altri termini, se A e B sono arbitrari insiemi finiti, allora si ha:

$$|B^A| = |B|^{|A|}.$$

In conclusione, le due formulazioni (i) e (i′) sono versioni equivalenti del medesimo problema.

3.1.12 Formulazioni combinatoriche equivalenti/II

In questa sezione esaminiamo le problematiche di tipo (ii) e (ii′).

(ii) PALLINE UGUALI IN SCATOLE DISTINTE. Supponiamo di dover risolvere il seguente problema:

In quanti modi si possono distribuire 7 *palline uguali in* 4 *scatole distinte?*

Per rispondere a questo quesito, immaginiamo di avere sette palline uguali e quattro scatole etichettate con i numeri da 1 a 4, ossia:

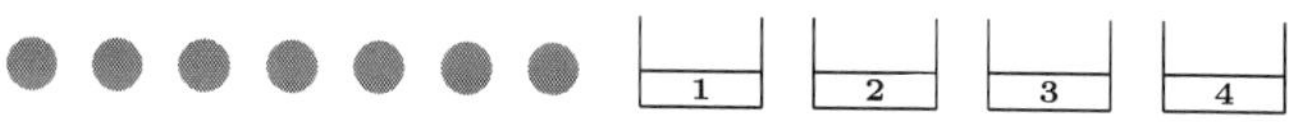

Ripercorrendo il ragionamento fatto nel caso (i) di cui nella precedente sezione (palline distinte in scatole distinte), si intuisce che l'associazione corretta per risolvere il problema è *palline-posti* e *scatole-elementi*. Ad esempio, la distribuzione in cui ci stanno tre palline nella scatola numero 1, tre palline nella scatola numero 3 e una pallina nella scatola numero 4 è rappresentabile come segue:

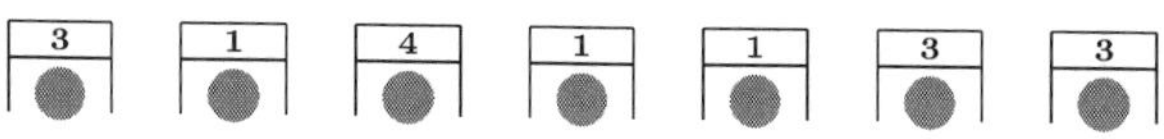

Tuttavia, al contrario di quanto capitava nel caso (i), adesso questa distribuzione è associata a varie rappresentazioni, ad esempio:

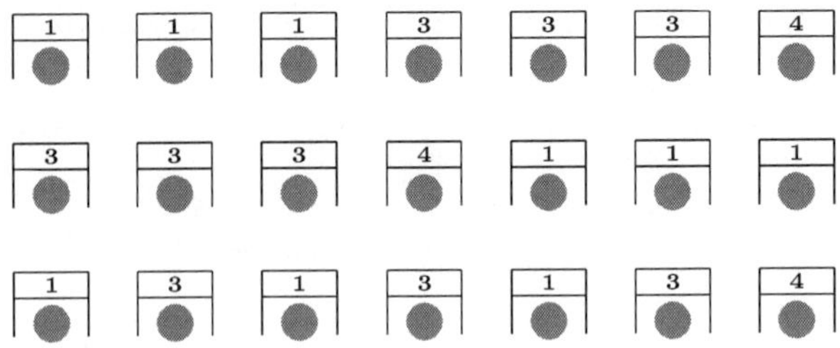

etc. (Invero, esistono $P^{(r)}_{3,3,1} = 140$ rappresentazioni associate a questa distribuzione.) Ciò capita in quanto i posti-palline sono adesso tra di loro indistinguibili, e dunque l'effetto-ordine risulta irrilevante.[38] Ne segue che la risposta al quesito è data da

$$C^{(r)}_{4,7} = \binom{4+7-1}{7} = \binom{10}{3} = 120 .$$

Generalizzando l'approccio ad un numero arbitrario (finito) di palline e di scatole, si ottiene:

Proposizione 3.24. Per ogni $n, k \in \mathbb{N}^*$, il numero di distribuzioni di k palline uguali in n scatole distinte è dato da $\binom{n+k-1}{k}$.

(ii′) EQUAZIONI A VARIABILI NATURALI. Un'**equazione a variabili naturali** (o, più semplicemente, un'**equazione naturale**) è un'uguaglianza del tipo

$$x_1 + x_2 + \ldots + x_n = k$$

ove le variabili $x_1, x_2, \ldots, x_n$, il loro numero n ed il termine noto k sono tutti numeri naturali. Una **soluzione** di un'equazione naturale è una n-upla di numeri naturali $(p_1, p_2, \ldots, p_n) \in \mathbb{N}^n$ che sostituiti ordinatamente alle variabili $x_1, x_2, \ldots, x_n$ rendono l'equazione identicamente vera, ossia:

$$p_1 + p_2 + \ldots + p_n = k .$$

Supponiamo di dover risolvere il seguente problema:

Quante sono le soluzioni dell'equazione naturale $x_1 + x_2 + x_3 + x_4 = 7$?

---

[38] In altri termini, l'indistinguibilità dei posti appiattisce la differenziazione delle distribuzioni sulla qualità degli elementi, rendendo irrilevante l'ordine in cui essi sono elencati.

Ad esempio, la quadrupla $(3, 0, 3, 1) \in \mathbb{N}^4$ è la soluzione dell'equazione data ottenuta ponendo $x_1 := 3$, $x_2 := 0$, $x_3 := 3$ e $x_4 := 1$. Si noti ogni soluzione $(p_1, p_2, p_3, p_4) \in \mathbb{N}^4$ dell'equazione è tale che ciascuna componente p_i della quadrupla soddisfa la condizione $p_i \in \{0, 1, 2, \ldots, 7\}$. Pertanto, possiamo "riscrivere" l'equazione data in termini di scatole (distinte) e palline (uguali) nel seguente modo:

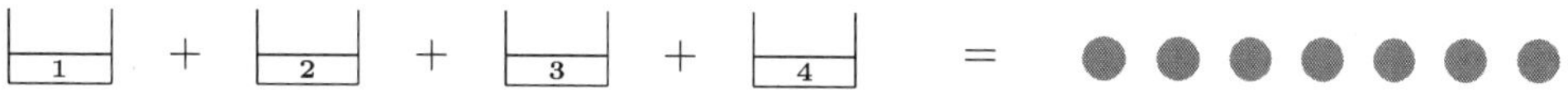

A questo punto, risulta evidente che la risposta al quesito è data da

$$C_{4,7}^{(\mathrm{r})} = \binom{4+7-1}{7} = \binom{10}{3} = 120\,.$$

Generalizzando l'approccio ad un'arbitraria equazione naturale, si ha:

Proposizione 3.25. Per ogni $n, k \in \mathbb{N}^*$, l'equazione a variabili naturali

$$x_1 + x_2 + \ldots + x_n = k$$

ha $\binom{n+k-1}{k}$ soluzioni.

3.1.13 Formulazioni combinatoriche equivalenti/III

In questa sezione esaminiamo alcune problematiche di natura combinatorica che sono legate al computo delle distribuzioni di *palline uguali* in *scatole distinte*, ossia:

(ii.a) palline uguali in scatole distinte *condizionate*;

(ii.a′) equazioni a variabili naturali *condizionate*.

Il problema di tipo (ii.a) è una generalizzazione del problema di tipo (ii) della precedente sezione ai casi in cui si impongono dei limiti minimi e/o massimi al numero di palline che ciascuna scatola può contenere. Analogamente, il problema di tipo (ii.a′) è una generalizzazione del problema di tipo (ii′) della precedente sezione ai casi in cui si impongono dei limiti minimi e/o massimi ai valori delle variabili naturali. Infine, osserviamo che (ii.a) e (ii.a′) sono a loro volta due formulazioni equivalenti della stessa problematica.

(ii.a) PALLINE UGUALI IN SCATOLE DISTINTE CONDIZIONATE. Supponiamo di dover risolvere i seguenti tre problemi:

1. *In quanti modi si possono distribuire* 17 *palline uguali in* 4 *scatole distinte, sotto le condizioni che la prima scatola contenga* almeno 1 *pallina, la seconda* almeno 2 *palline, la terza* almeno 3 *palline e la quarta* almeno 4 *palline?*

2. *In quanti modi si possono distribuire* 10 *palline uguali in* 4 *scatole distinte, sotto le condizioni che la prima contenga* al più 9 *palline e la terza* al più 8 *palline?*

3. *In quanti modi si possono distribuire* 13 *palline uguali in* 4 *scatole distinte, sotto le condizioni che la prima scatola contenga* almeno 2 *ed* al più 10 *palline, la terza* almeno 1 *pallina e la quarta* al più 9 *palline?*

Si noti che le condizioni imposte sono di tipo diverso nei tre problemi: nel primo esiste un vincolo relativo alla capacità minima di ciascuna scatola, nel secondo il vincolo è relativo alla capacità massima di alcune scatole e nel terzo i vincoli sono misti. Come vedremo, le difficoltà risolutive sono connesse soprattutto ai vincoli di capacità massima delle scatole.

Problema 1. Questo quesito si può facilmente ricondurre ad un problema di tipo (ii) (ossia distribuzioni di palline uguali in scatole distinte senza condizioni), procedendo ad una iniziale "distribuzione forzata" di palline in modo da soddisfare i vincoli richiesti. Specificamente, come primo passo della procedura risolutiva, mettiamo 1 pallina nella prima scatola, 2 nella seconda, 3 nella terza e 4 nella quarta: poiché le palline sono indistinguibili, ciò può farsi in un solo modo. A questo punto, il problema è diventato quello di distribuire le rimanenti $17 - (1 + 2 + 3 + 4) = 7$ palline indistinguibili su quattro scatole distinte che non devono soddisfare alcun vincolo di capacità minima o massima: ciò può farsi in

$$C_{4,7}^{(\mathrm{r})} = \binom{4+7-1}{7} = \binom{10}{3} = 120$$

modi. Pertanto, la risposta è 120.

Si noti che il problema è stato risolto mediante una sua riformulazione come un (diverso) problema di tipo (ii), ottenuto dopo aver soddisfatto i vincoli di capacità minima delle scatole. Generalizzando l'approccio utilizzato ad un numero arbitrario k di palline indistinguibili su n scatole distinte, ciascuna delle quali deve contenere un numero minimo m_i di palline, si ottiene:

Proposizione 3.26. Dati $n, k \in \mathbb{N}^*$, siano $m_1, m_2, \ldots, m_n$ numeri naturali tali che la loro somma m sia minore o uguale a k. Il numero di distribuzioni di k palline uguali in n scatole distinte, sotto la condizione che per ogni $i \in \{1, 2, \ldots, n\}$ la i-ima scatola contenga almeno m_i palline, è uguale a $\binom{n+k-1-m}{k-m}$.

Problema 2. In tale caso, decomponiamo il calcolo in tre fasi:

(2.a) numero delle distribuzioni di 10 palline uguali in 4 scatole distinte;

(2.b) numero delle distribuzioni inammissibili;

(2.c) numero di distribuzioni ammissibili come differenza tra (a) e (b).

In altri termini, per determinare il numero di distribuzioni "buone" (passo 2.c), prima le includiamo "tutte" (passo 2.a) e poi escludiamo quelle "cattive" (passo 2.b). Il numero globale di distribuzioni di 10 palline uguali in 4 scatole distinte è dato da

$$C_{4,10}^{(r)} = \binom{4+10-1}{10} = \binom{13}{3} = \frac{13 \cdot 12 \cdot 11}{3!} = 286 .$$

Le configurazioni inammissibili sono cinque, rappresentabili graficamente come segue:

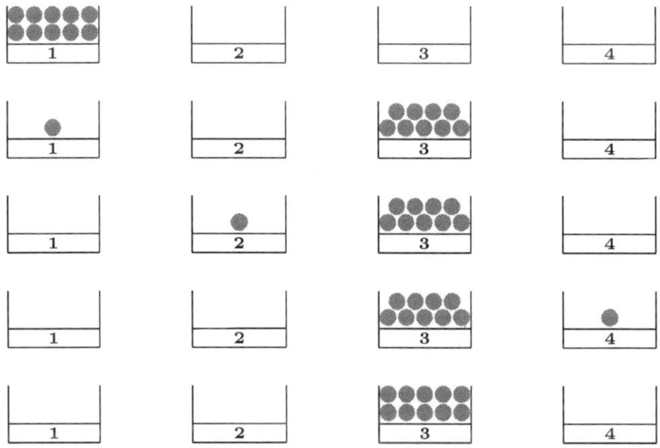

In definitiva, il numero di distribuzioni ammissibili è dato da:

$$C_{4,10}^{(r)} - 5 = 286 - 5 = 281 .$$

Si noti che l'approccio utilizzato è passibile di generalizzazione ad un numero arbitrario k di palline indistinguibili su n scatole distinte, ciascuna delle quali può contenere un numero massimo di palline. Tuttavia, la formula che determina il numero di configurazioni ammissibili nel caso generale è alquanto complessa, in quanto il calcolo delle configurazioni da escludere può essere molto articolato.

Problema 3. L'ultimo quesito è quello in cui i vincoli di capacità delle scatole sono misti (alcuni minimi, altri massimi). Esso è riconducibile al caso in cui siano presenti soltanto vincoli di capacità massima, poiché quelli di capacità minima si possono eliminare effettuando un'opportuna "distribuzione forzata" di palline nelle scatole condizionate, come già ampiamente discusso nella risoluzione del Problema 1.

Più precisamente, nel nostro caso innanzitutto distribuiamo 2 palline nella prima scatola e 1 pallina nella terza scatola: ciò può farsi in un solo modo, in quanto le palline sono indistinguibili. Successivamente, distribuiamo le rimanenti $13 - (2 + 1) = 10$ palline uguali nelle 4 scatole distinte, sotto la condizione che la prima e la quarta scatola soddisfino soltanto determinati vincoli di capacità massima: 8 per la prima scatola e 9 per la quarta. In altri termini, ci siamo ricondotti a risolvere il seguente problema equivalente:

3′. *In quanti modi si possono distribuire* 10 *palline uguali in* 4 *scatole distinte, sotto le condizioni che la prima scatola contenga* al più 8 *palline e la quarta* al più 9 *palline?*

La risposta a quest'ultimo problema la conosciamo già, è 281.

(ii.a′) EQUAZIONI A VARIABILI NATURALI CONDIZIONATE. Supponiamo di dover risolvere i seguenti problemi:

1′. *Quante sono le soluzioni dell'equazione naturale* $x_1 + x_2 + x_3 + x_4 = 17$ *sotto le condizioni* $x_1 \geq 1$, $x_2 \geq 2$, $x_3 \geq 3$ *e* $x_4 \geq 4$*?*

2′. *Quante sono le soluzioni dell'equazione naturale* $x_1 + x_2 + x_3 + x_4 = 10$ *sotto le condizioni* $x_1 \leq 9$ *e* $x_3 \leq 8$*?*

3′. *Quante sono le soluzioni dell'equazione naturale* $x_1 + x_2 + x_3 + x_4 = 13$ *sotto le condizioni* $2 \leq x_1 \leq 10$, $x_3 \geq 1$ *e* $x_4 \leq 9$*?*

È immediato osservare che i Problemi 1′, 2′ e 3′ non sono altro che riformulazioni equivalenti – in termini di equazioni naturali – dei Problemi 1, 2 e 3 appena risolti. In definitiva, tutti i problemi relativi ad equazioni naturali condizionate si possono risolvere indifferentemente usando il modello delle palline uguali in scatole distinte condizionate (e viceversa).

3.1.14 Formulazioni combinatoriche equivalenti/IV

In questa sezione presentiamo i seguenti due esempi di problemi combinatorici legati al computo delle distribuzioni condizionate di palline uguali in scatole distinte:

(a) numeri naturali condizionati;

(b) lancio di dadi distinti.

(a) NUMERI NATURALI CONDIZIONATI. Supponiamo di dover risolvere il seguente problema:

> *Quanti sono i numeri naturali di cinque cifre tali che la somma delle loro ultime tre cifre sia uguale a* 10*?*

Denotato con $C := \{0, 1, 2, \ldots, 9\}$ l'insieme delle dieci cifre, sia $c_1c_2c_3c_4c_5$ un arbitrario numero naturale di 5 cifre. Affinché il numero $c_1c_2c_3c_4c_5$ sia del tipo richiesto dal problema, le sue cifre c_i non possono assumere un qualunque valore nell'insieme C, ma devono soddisfare alcune condizioni: ad esempio, i numeri naturali 25523, 90091 e 10550 soddisfano le condizioni richieste, mentre 11422 e 07343 non le soddisfano.

Per determinare il numero totale delle configurazioni ammissibili, applichiamo la regola del prodotto come segue:

(P1) selezione indipendente della prima cifra c_1, della seconda cifra c_2 e delle ultime tre cifre $c_3c_4c_5$;

(P2) scelta di una tra le 9 cifre diverse da zero per c_1, di una tra le 10 cifre per c_2 e di tre cifre la cui somma valga 10 per $c_3c_4c_5$;

(P3) prodotto dei tre numeri di selezioni di cui in (P2).

Graficamente, la situazione è la seguente (Σ sta per "somma"):

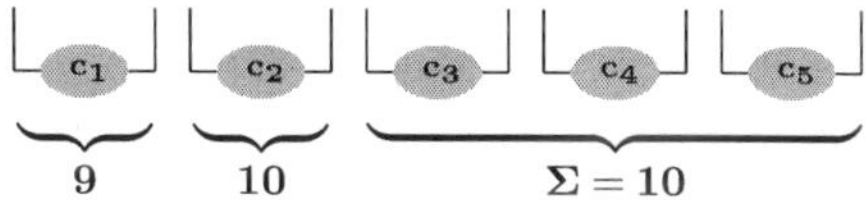

I passi (P1) e (P3) della soluzione non presentano alcuna difficoltà. Né risulta arduo determinare il numero di configurazioni ammissibili per c_1 e c_2, che è, rispettivamente:

$$D_{9,1} = 9 \qquad \text{e} \qquad D_{10,1} = 10 .$$

Il cuore del problema consiste nel determinare il numero di configurazioni ammissibili per le ultime tre cifre. A tal proposito, osserviamo che la condizione imposta si può scrivere come un'equazione a variabili naturali:

$$c_3 + c_4 + c_5 = 10 \tag{3.1}$$

ove $c_i \in C$ per ogni $i \in \{3, 4, 5\}$. Se le cifre c_3, c_4, c_5 fossero arbitrari numeri naturali, allora il numero di configurazioni ammissibili per le ultime tre cifre sarebbe uguale a quello delle soluzioni dell'equazione naturale (3.1), ossia, in forza della Proposizione 3.25 della Sezione 3.1.12,

$$C^{(r)}_{3,10} = \binom{3+10-1}{10} = \binom{12}{10} = \binom{12}{2} = \frac{12 \cdot 11}{2!} = 66\,.$$

Tuttavia, le cifre c_i non sono arbitrari numeri naturali, dovendo sottostare alla condizione $0 \le c_i \le 9$. Pertanto, dal computo di cui sopra dobbiamo togliere le seguenti tre configurazioni inammissibili:

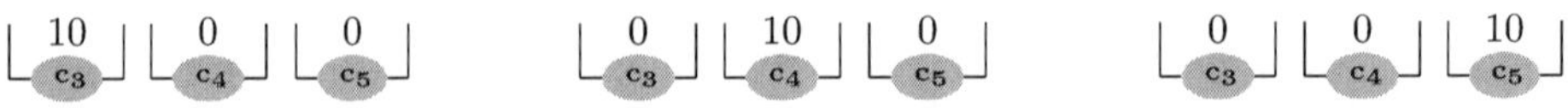

In definitiva, per la regola del prodotto, il numero totale dei casi possibili è

$$D_{9,1} \cdot D_{10,1} \cdot \left(C^{(r)}_{3,10} - 3 \right) = 9 \cdot 10 \cdot 63 = 5670\,.$$

I quesiti relativi ai numeri naturali condizionati possono assumere varie forme, più o meno complesse. Un vasto campionario di esempi di questo genere è contenuto nella parte pratica di questo capitolo.

(b) <u>LANCIO DI DADI DISTINTI</u>. Supponiamo di dover risolvere il seguente problema:

> *Quanti sono i lanci di 4 dadi distinti tali che la somma dei numeri ottenuti sia uguale a 10?*

Due esempi di lanci di 4 dadi distinti che soddisfano la condizione richiesta sono i seguenti:[39]

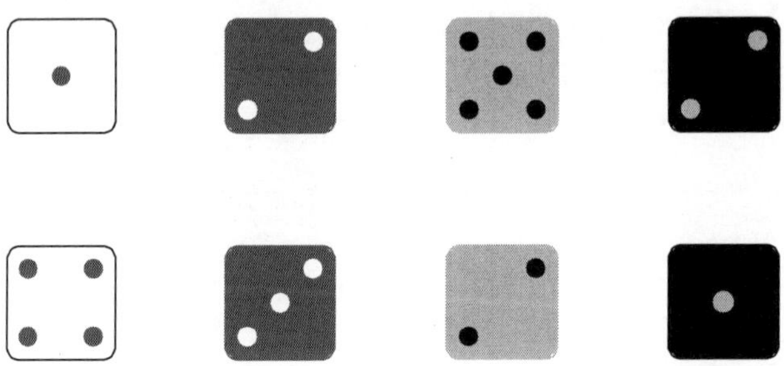

Il problema può essere riformulato in termini di distribuzioni di palline uguali in scatole distinte, condizionate da vincoli di capacità sia minima che massima:

[39] Nella figura i quattro dadi sono colorati in vario modo per suggerire che sono diversi tra loro. Il problema della determinazione del numero di lanci di dadi *uguali* è più complesso.

> *In quanti modi si possono distribuire* 10 *palline uguali in* 4 *scatole distinte, sotto la condizione che ogni scatola contenga almeno* 1 *pallina ed al più* 6 *palline?*

Effettuando la "distribuzione forzata" di 4 palline (una per scatola), quest'ultimo problema è a sua volta riformulabile in termini di distribuzione di palline uguali in scatole distinte, condizionate soltanto da vincoli di capacità massima:

> *In quanti modi si possono distribuire* 6 *palline uguali in* 4 *scatole distinte, sotto la condizione che ogni scatola contenga al più* 5 *palline?*

A questo punto un facile calcolo del numero di configurazioni totali e di quelle inammissibili permette di evincere che la risposta al quesito originario è data da:

$$C_{4,6}^{(\mathrm{r})} - 4 = \binom{4+6-1}{6} - 4 = \binom{9}{3} - 4 = 80\,.$$

Si noti che i problemi di "lancio di dadi distinti" sono in generale più complessi di quello appena presentato, in quanto richiedono un articolato calcolo del numero dei casi da "escludere" (e successivamente "includere", poi di nuovo "escludere", etc.).

3.1.15 Principio di inclusione-esclusione

In questa sezione ci occupiamo di una metodologia combinatorica di carattere generale: il principio di inclusione-esclusione. Fatta eccezione per gli ultimi due esempi, la trattazione sarà relativamente informale. Tuttavia, al fine di dare al lettore un'idea, ancorché approssimativa, della potenza di tale principio, chiuderemo la sezione con la sua (complicata) formulazione insiemistica ed un'interessante applicazione.

Il **principio di inclusione-esclusione** è una tecnica generale di conteggio del numero di configurazioni soddisfacenti alcuni vincoli dati, mediante un'*alternanza* tra fasi di inclusione ed esclusione, ossia:

(I1) inclusione di tutti i casi possibili, senza tenere conto di alcuni o di tutti i vincoli del problema (dunque ottenendo una *stima per eccesso* del numero di configurazioni ammissibili);

(E1) esclusione di quei casi in (I1) che non soddisfano i requisiti richiesti, spesso con una sovrastima dei casi da eliminare (dunque ottenendo una *stima per difetto* del numero di configurazioni ammissibili);

(I2) nuova inclusione di alcuni dei casi esclusi in (E1), a volte con una sovrastima dei casi da re-includere nel computo (dunque ottenendo una *stima per eccesso* del numero di configurazioni ammissibili);

(E2) nuova esclusione di alcuni dei casi inclusi in (I2), a volte con una sovrastima dei casi da ri-escludere dal computo (dunque ottenendo una *stima per difetto* del numero di configurazioni ammissibili);

(I3) etc.[40]

I casi più semplici in cui il principio di inclusione-esclusione può essere applicato sono quelli in cui le due fasi (I1) ed (E1) sono sufficienti per effettuare un conteggio corretto. In questa circostanza basta innanzitutto contare tutte le configurazioni possibili (fase (I1)), e successivamente escludere da tale computo quelle che non soddisfano i vincoli del problema o che sono state contate più di una volta (fase (E1)). Di seguito presentiamo due esempi di questo tipo.

<u>ESEMPIO 1: PROPRIETÀ DEI QUATTRO CARDINALI.</u>[41] Dati due insiemi finiti A e B, il problema è quello di calcolare la cardinalità della loro unione $A \cup B$, conoscendo la cardinalità dei singoli insiemi e della loro intersezione. Tale conteggio può essere effettuato nelle seguenti due fasi: (I1) sommando il numero di elementi di A ed il numero di elementi di B; (E1) sottraendo da tale numero quello degli elementi che sono stati contati due volte, ossia gli elementi che stanno in $A \cap B$. Pertanto, si ha:

$$|A \cup B| = \underbrace{(|A| + |B|)}_{\textbf{(I1)}} - \underbrace{|A \cap B|}_{\textbf{(E1)}} .$$

<u>ESEMPIO 2: NUMERI NATURALI CONDIZIONATI E LANCIO DI DADI DISTINTI.</u>[42] Queste tipologie di problemi combinatorici sono state già esaminate nelle precedenti sezioni, per cui in questa sede ci limitiamo a fornirne una chiave di lettura uniforme. Specificamente, il calcolo del numero di configurazioni soddisfacenti i vincoli del problema viene spesso effettuato in tali casi in modo indiretto: innanzitutto si determina un opportuno numero di distribuzioni che sovrastima quello richiesto (fase (I1)), e successivamente si sottrae da questo il numero dei "casi cattivi", ossia quelli la cui eliminazione permette di ottenere il numero richiesto (fase (E1)). Tuttavia, in questa versione del principio di inclusione-esclusione, la difficoltà iniziale è solo trasformata in un nuovo calcolo, quello dei casi cattivi. Purtroppo, in alcune circostanze (fortunatamente non sempre) tale calcolo risulta tanto difficile quanto un calcolo diretto della soluzione.

[40] In alcuni casi di *sviluppi in serie* di funzioni o di *calcolo delle probabilità*, tale procedimento di inclusione-esclusione si applica all'infinito.

[41] Teorema 2.8(ii) della Sezione 2.1.14 del Capitolo di Insiemistica.

[42] Si veda la Sezione 3.1.14.

A titolo di esempio, supponiamo che si debba risolvere il seguente problema:

> *Quanti sono i numeri naturali di cinque cifre tali che la somma delle loro cifre valga 11?*

Poiché un numero naturale di cinque cifre non può iniziare con la cifra 0, questo problema è equivalente a quello della distribuzione di $11-1=10$ palline-unità uguali in 5 scatole-cifre distinte, sotto la condizione che la prima scatola possa contenere al più 8 palline e le altre quattro scatole al più 9 palline.[43] Ne segue che il numero di distribuzioni che sovrastima quello richiesto (fase (I1)) è dato da $C^{(\mathrm{r})}_{5,10}$. Adesso il problema diventa quello di contare i "casi cattivi", che devono essere eliminati dal computo di cui sopra (fase (E1)). Nel caso in esame tale calcolo è relativamente semplice, essendo $5+4=9$ le configurazioni impossibili.[44] In definitiva, il numero richiesto è dato da

$$\underbrace{C^{(\mathrm{r})}_{5,10}}_{(\mathbf{I1})}-\underbrace{(5+4)}_{(\mathbf{E1})} = \binom{14}{10}-9 = 992\,.$$

Si noti che ben più intricato sarebbe stato il problema della determinazione dei casi cattivi nel caso in cui ben avessimo dovuto contare i numeri di cinque cifre la cui somma vale, ad esempio, 15. Infine, si osservi che per le considerazioni fatte nella Sezione 3.1.14, il calcolo delle configurazioni possibili di lanci di dadi distinti la cui somma è data è riconducibile ad un calcolo di numeri naturali condizionati.

Un'applicazione appena più articolata del principio di inclusione-esclusione è quella in cui il conteggio delle configurazioni viene effettuato nelle tre fasi (I1), (E1) e (I2).

<u>ESEMPIO 3: PROPRIETÀ DEGLI OTTO CARDINALI.</u>[45] Dati tre insiemi finiti A, B e C, il problema è quello di calcolare la cardinalità della loro unione $A\cup B\cup C$, conoscendo la cardinalità dei singoli insiemi, nonché quella di tutte le possibili intersezioni (a due a due ed a tre a tre). Il conteggio mediante il principio di inclusione-esclusione consta delle seguenti tre fasi:

(I1) somma del numero degli elementi dei tre insiemi A, B e C, da cui si ottiene una stima (possibilmente per eccesso) della cardinalità dell'insieme $A\cup B\cup C$;

[43] Si vedano in merito le osservazioni fatte nelle Sezioni 3.1.13 e 3.1.14.

[44] Perché?

[45] Teorema 2.8(iii) della Sezione 2.1.14 del Capitolo di Insiemistica.

(E1) sottrazione del numero degli elementi dei tre insiemi $A \cap B$, $A \cap C$ e $B \cap C$, al fine di eliminare dal conteggio tutti gli elementi che erano stati contati due volte; in tal modo si ottiene una stima (possibilmente per difetto) della cardinalità dell'insieme $A \cup B \cup C$;

(I2) somma del numero di elementi dell'insieme $A \cap B \cap C$, al fine di reintrodurre nel computo complessivo i suoi elementi, considerato che essi erano stati contati tre volte nella fase (I1) ed eliminati tre volte nella fase (E1).

In definitiva, si ottiene:

$$|A \cup B \cup C| = \underbrace{(|A| + |B| + |C|)}_{\textbf{(I1)}} - \underbrace{(|A \cap B| + |A \cap C| + |B \cap C|)}_{\textbf{(E1)}} + \underbrace{|A \cap B \cap C|}_{\textbf{(I2)}}.$$

A seguire presentiamo gli ultimi due esempi di applicazione del principio di inclusione-esclusione. Vista la loro complessità tecnica e/o concettuale, se ne può omettere la lettura. Il prossimo esempio generalizza l'approccio utilizzato negli Esempi 1 (per due insiemi) e 3 (per tre insiemi) al caso di un numero arbitrario $n \geq 2$ di insiemi finiti.

<u>*Esempio 4: inclusione-esclusione per insiemi finiti</u>. Siano dati $n \geq 2$ insiemi finiti $A_1, A_2, \ldots, A_n$. Il calcolo della cardinalità della loro unione $A_1 \cup A_2 \cup \ldots \cup A_n$ in funzione delle cardinalità dei singoli insiemi e di tutte le loro possibili intersezioni (a due a due, a tre a tre, etc.) può farsi come segue:[46]

$$|A_1 \cup \ldots \cup A_n| = \underbrace{\sum_{i=1}^{n} |A_i|}_{\textbf{(I1)}} - \underbrace{\sum_{1 \leq i < j \leq n}^{n} |A_i \cap A_j|}_{\textbf{(E1)}} + \underbrace{\sum_{1 \leq i < j < h \leq n}^{n} |A_i \cap A_j \cap A_h|}_{\textbf{(I2)}} -$$

$$\underbrace{\sum_{1 \leq i < j < h < k \leq n}^{n} |A_i \cap A_j \cap A_h \cap A_k|}_{\textbf{(E2)}} + \ldots + (-1)^{n+1} |A_1 \cap \ldots \cap A_n|.$$

Si noti che se n è dispari, allora l'ultimo addendo ha segno "+" (essendo $(-1)^{n+1} = 1$) e rappresenta la fase finale di inclusione ($\mathrm{I}_{\frac{n+1}{2}}$). Viceversa, se n è pari, allora l'ultimo addendo ha segno "−" (essendo $(-1)^{n+1} = -1$) e

[46] Si confrontino l'uguaglianza che segue e la successiva formulazione del Teorema 3.27 con l'uguaglianza di cui nel Teorema 2.8(iv) del Capitolo di Insiemistica. (Naturalmente la notazione compatta qui utilizzata è più sintetica ma anche più oscura.

rappresenta la fase finale di esclusione (E$\frac{n}{2}$). In notazione più sintetica, si ha la seguente *formulazione insiemistica* del principio di inclusione-esclusione:[47]

Teorema 3.27. Dati $n \geq 2$ insiemi finiti $A_1, A_2, \ldots, A_n$, vale le seguente uguaglianza:

$$|A_1 \cup \ldots \cup A_n| = \sum_{k=1}^{n} (-1)^{k+1} \sum_{1 \leq j_1 < \ldots < j_k \leq n} |A_{j_1} \cap \ldots \cap A_{j_k}| . \tag{3.2}$$

DIMOSTRAZIONE. Al fine di dimostrare l'uguaglianza numerica (3.2), è sufficiente verificare che ogni elemento che sta nell'unione $A_1 \cup \ldots \cup A_n$ viene contato *esattamente* una volta dalla sommatoria a secondo membro. Per ogni $k \in \{1, \ldots, n\}$, denotiamo con $N(k)$ il seguente numero:

$$N(k) := \sum_{1 \leq j_1 < \ldots < j_k \leq n} |A_{j_1} \cap \ldots \cap A_{j_k}| .$$

Il numero $N(k)$ è la somma delle cardinalità di tutte le intersezioni di esattamente k tra gli n insiemi dati. Pertanto, l'uguaglianza (3.2) può riscriversi come segue:

$$|A_1 \cup \ldots \cup A_n| = N(1) - N(2) + N(3) - \ldots + (-1)^{n+1} N(n) . \tag{3.3}$$

Supponiamo che $a \in A_1 \cup \ldots \cup A_n$ appartenga ad esattamente $m \geq 1$ tra gli n insiemi dati. Si ha:

- a è contato $\binom{m}{1} = m$ volte in $N(1)$, in quanto appartiene ad m insiemi A_j;
- a è contato $\binom{m}{2}$ volte in $N(2)$, in quanto appartiene ad $\binom{m}{2}$ coppie di insiemi distinti A_{j_1} e A_{j_2};
- in generale, a è contato $\binom{m}{k}$ volte in $N(k)$ (si ricordi che $\binom{m}{k} = 0$ se risulta $k > m$), in quanto appartiene ad $\binom{m}{k}$ famiglie composte da k insiemi $A_{j_1}, A_{j_2}, \ldots, A_{j_k}$.

Ne segue che il contributo dell'elemento generico $a \in A_1 \cup \ldots \cup A_n$ alla sommatoria presente al secondo membro dell'equazione (3.3) è dato da

$$\binom{m}{1} - \binom{m}{2} + \binom{m}{3} - \ldots + (-1)^{m+1} \binom{m}{m} = 1$$

ove l'ultima uguaglianza è una conseguenza del Corollario 3.15(ii) al Binomio di Newton. Pertanto ogni elemento dell'unione viene contato esattamente una volta, come volevasi dimostrare. □

[47] Si noti che la formula in esame ha senso anche per $n := 1$, nel qual caso essa restituisce la banale identità $|A_1| = |A_1|$.

Per finire presentiamo un'applicazione del principio di inclusione-esclusione al computo di determinati tipi di permutazioni.

*ESEMPIO 5: PERMUTAZIONI SENZA PUNTI FISSI. Si consideri il seguente problema:

> *Quattro amici vanno a giocare al casinò e consegnano i loro soprabiti al guardaroba, che rilascia i relativi scontrini. Per evitare di perderli, tutti gli scontrini sono dati ad uno dei quattro amici. Al momento di andare via dal casinò, il possessore degli scontrini li distribuisce ai suoi amici in modo casuale. Quante sono le distribuzioni di scontrini tali che a ciascuno dei quattro amici* non *venga restituito il proprio soprabito?*

Denotiamo con $A = \{a_1, a_2, a_3, a_4\}$ l'insieme dei quattro amici e con $S = \{s_1, s_2, s_3, s_4\}$ quello dei quattro soprabiti. La soluzione al problema si ottiene determinando il numero delle corrispondenze biunivoche f tra l'insieme A e l'insieme S tali che $f(a_i) \neq s_i$ per ogni $i \in \{1, 2, 3, 4\}$ (ossia f assegna ad ogni amico il soprabito di un'altro). Per il Corollario 3.3 della Sezione 3.1.2, il numero delle corrispondenze biunivoche da un insieme di n elementi ad un altro insieme di n elementi è uguale a $n!$, ossia al numero di permutazioni di un insieme di n elementi. Ne segue che, nel nostro caso, $4! = 24$ costituisce una sovrastima del numero cercato, da cui occorre sottrarre i "casi cattivi", ossia tutte quelle permutazioni che lasciano "fisso" almeno un elemento. In altri termini, se per ogni numero naturale $n \geq 1$ chiamiamo **permutazione disordinata** dell'insieme $\{1, 2, \ldots, n\}$ una sua permutazione priva di punti fissi, ossia una permutazione di $\{1, 2, \ldots, n\}$ tale che nessun $k \in \{1, 2, \ldots, n\}$ si trovi al posto k-imo, possiamo riformulare il problema del casinò in modo sintetico come segue:

> *Quante sono le permutazioni disordinate dell'insieme* $\{1, 2, 3, 4\}$*?*

Nel caso in esame non abbiamo bisogno di sottrarre i "casi cattivi" dal computo globale di permutazioni, in quanto è facile calcolare direttamente il numero di permutazioni senza punti fissi, che sono le seguenti:

$$\begin{array}{ccc} (2,1,4,3) & (2,3,4,1) & (2,4,1,3) \\ (3,1,4,2) & (3,4,1,2) & (3,4,2,1) \\ (4,1,2,3) & (4,3,1,2) & (4,3,2,1)\,. \end{array}$$

La risposta al quesito originario è dunque 9.

Tuttavia è ovvio che un calcolo diretto delle permutazioni disordinate diventa impraticabile nel caso in cui n sia un numero ben più grande di quattro.[48]

[48] Invero, già per $n := 5$ un calcolo diretto è improbo, risultando 44 il numero delle permutazioni disordinate di un insieme di 5 elementi.

Al fine di determinare una procedura risolutiva passibile di estensione al caso generale, calcoliamo i casi cattivi (ossia le permutazioni che fissano almeno un elemento) applicando la versione insiemistica del principio di inclusione-esclusione come segue. Per ogni $i \in \{1,2,3,4\}$, denotiamo con A_i l'insieme delle permutazioni dell'insieme $\{1,2,3,4\}$ che lascia fisso l'elemento "i" al suo posto.[49] Ne segue che il numero richiesto è dato da $|A_1 \cup A_2 \cup A_3 \cup A_4|$, ossia, in forza del Teorema 3.27:

$$\sum_{1\leq i\leq n} |A_i| - \sum_{1\leq i<j\leq 4} |A_i \cap A_j| + \sum_{1\leq i<j<h\leq 4} |A_i \cap A_j \cap A_h| - \sum_{1\leq i<j<h<k\leq 4} |A_i \cap A_j \cap A_h \cap A_k|.$$

Si noti che gli addendi della formula di cui sopra dipendono esclusivamente dal numero di insiemi che si intersecano, risultando[50]

- $|A_1| = |A_2| = |A_3| = |A_4| = 3!$
- $|A_1 \cap A_2| = |A_1 \cap A_3| = |A_1 \cap A_4| = |A_2 \cap A_3| = |A_2 \cap A_4| = |A_3 \cap A_4| = 2!$
- $|A_1 \cap A_2 \cap A_3| = |A_1 \cap A_2 \cap A_4| = |A_1 \cap A_3 \cap A_4| = |A_2 \cap A_3 \cap A_4| = 1!$
- $|A_1 \cap A_2 \cap A_3 \cap A_4| = 0!\,.$

Poiché la prima sommatoria ha $\binom{4}{1} = 4$ addendi, la seconda $\binom{4}{2} = 6$ addendi, la terza $\binom{4}{3} = 4$ addendi e l'ultima $\binom{4}{4} = 1$ addendo, si ottiene alfine che il numero di casi cattivi è dato da

$$|A_1 \cup A_2 \cup A_3 \cup A_4| = \binom{4}{1} 3! - \binom{4}{2} 2! + \binom{4}{3} 1! - \binom{4}{4} 0! = 15\,.$$

Pertanto, il numero delle permutazioni disordinate di un insieme di 4 elementi è uguale a $4! - 15 = 9$, come avevamo già ottenuto mediante un calcolo diretto.

Il quesito appena esaminato è un'istanza di un problematica generale, nota in letteratura con il suo appellativo anglosassone di "*hat-check problem*" (letteralmente: "problema del controllo dei cappelli") o anche "*dearangement*" (letteralmente: "scombinamento"). Due formulazioni equivalenti del problema in esame sono le seguenti:

(*) *Se n persone lasciano i loro cappelli al guardaroba, in quanti modi i cappelli possono essere restituiti sotto la condizione che nessuno riceva il proprio cappello?*

---

[49] Ad esempio, l'insieme A_3, che fissa l'elemento "3", è formato dalle 3! permutazioni $(1,2,3,4)$, $(1,4,3,2)$, $(2,1,3,4)$, $(2,4,3,1)$, $(4,1,3,2)$, $(4,2,3,1)$.

[50] Ad esempio, A_1 è ottenuto fissando l'elemento "1" e permutando gli altri tre in 3! modi; $A_2 \cap A_4$ è ottenuto fissando i due elementi "2" e "4", e permutando gli altri due in 2! modi; etc.

(**) *Quante sono le permutazioni disordinate di un insieme di n elementi?*

Per affrontare il problema nella sua formulazione astratta (**), introduciamo preliminarmente una nuova nozione. Per ogni $n \in \mathbb{N}$, il **subfattoriale** di n è il numero naturale $!n$ definito come segue:

$$!\,n \overset{\text{def}}{:=} \sum_{k=0}^{n} (-1)^k \frac{n!}{k!}\,.$$

Ad esempio, si ha $!0 = 1$, $!1 = 0$, $!2 = 1$, $!3 = 2$, $!4 = 9$, $!5 = 44$, $!6 = 265$, $!7 = 1854$, $!8 = 14833$, etc. Il seguente risultato è una conseguenza della formulazione insiemistica del principio di inclusione-esclusione:

Corollario 3.28. Esistono esattamente $!\,n$ permutazioni disordinate di n elementi.

DIMOSTRAZIONE. La verifica del risultato costituisce la naturale estensione al caso generale della discussione fatta nel caso $n = 4$; saremo dunque sintetici. Per ogni $k \in \{1, 2, \ldots, n\}$, sia A_k l'insieme delle permutazioni di $\{1, 2, \ldots, n\}$ che fissano l'elemento "k". Pertanto, il numero delle permutazioni di $\{1, 2, \ldots, n\}$ che fissano almeno un elemento è dato da $|A_1 \cup A_2 \cup \ldots \cup A_n|$. Per il Teorema 3.27, tale numero è

$$\begin{aligned}
|A_1 \cup A_2 \cup \ldots \cup A_n| &= \sum_{k=1}^{n} (-1)^{k+1} \sum_{1 \leq j_1 < \ldots < j_k \leq n} |A_{j_1} \cap \ldots \cap A_{j_k}| \\
&= \sum_{k=1}^{n} (-1)^{k+1} \binom{n}{k} (n-k)! \\
&= \sum_{k=1}^{n} (-1)^{k+1} \frac{n!}{k!}\,.
\end{aligned}$$

Ne segue che il numero delle permutazioni disordinate di $\{1, 2, \ldots, n\}$ è dato da

$$n! - \sum_{k=1}^{n} (-1)^{k+1} \frac{n!}{k!} = n! \left(1 - \sum_{k=1}^{n} \frac{(-1)^{k+1}}{k!} \right) = n! \sum_{k=0}^{n} \frac{(-1)^k}{k!} = !\,n$$

come volevasi dimostrare. □

3.1.16 *Principio della piccionaia

Il **principio della piccionaia** – meglio noto come "**pigeonhole principle**" – statuisce il seguente fatto apparentemente banale:

(PP) Si assuma che si debbano collocare alcuni piccioni in alcune piccionaie. Se i piccioni sono più numerosi delle piccionaie, allora esiste almeno una piccionaia che contiene almeno due piccioni.

Le applicazioni del (PP) sono moltissime, da semplici riformulazioni del principio ad alcune sue ingegnose e sofisticate elaborazioni formali. Una facile applicazione del (PP) è la seguente:

Proposizione 3.29. Siano A e B due insiemi finiti. Se $|A| > |B|$, allora non esiste un'applicazione iniettiva da A in B.

Dimostrazione. L'utilizzo del (PP) consente una verifica immediata della proprietà, in quanto basta identificare i "piccioni" e le "piccionaie" per applicare *sic et simpliciter* il suddetto principio. Considerato che un'arbitraria funzione $f\colon A \to B$ manda ogni elemento dell'insieme A in uno ed un solo elemento dell'insieme B, è possibile trattare gli elementi di A come piccioni e quelli di B come piccionaie. Essendoci più elementi-piccioni (in A) che elementi-piccionaie (in B), il (PP) assicura che almeno due elementi-piccioni andranno nello stesso elemento-piccionaia. Pertanto, a norma di definizione f non può essere iniettiva. □

A titolo didattico, dimostriamo un caso particolare della Proposizione 3.29 senza utilizzare il (PP), al fine di evidenziare quanto l'applicazione di tale principio possa semplificare la verifica di determinate asserzioni matematiche. (Si lascia al lettore il compito, peraltro non arduo, di riprodurre il ragionamento sottostante nel caso generale, che tra l'altro rende tale verifica decisamente più lunga e articolata.)

Specificamente, dimostriamo che un'arbitraria funzione $f\colon A \to B$ tra gli insiemi $A := \{a_1, a_2, a_3, a_4, a_5\}$ e $B := \{b_1, b_2, b_3, b_4\}$ non può essere iniettiva. Consideriamo i primi quattro elementi di A. Due sono i casi possibili: (a) esistono almeno due elementi tra a_1, a_2, a_3, a_4 aventi lo stesso corrispondente in B; (b) gli elementi a_1, a_2, a_3, a_4 hanno immagini diverse. Nel caso (a), la f non è ovviamente iniettiva. Nel caso (b), il corrispondente dell'elemento rimanente a_5 è necessariamente un elemento di B già immagine di qualche altro elemento di A, e dunque la mappa f non è iniettiva neanche in questa circostanza. Pertanto, possiamo concludere che un'arbitraria funzione tra un insieme di cinque elementi ed un insieme di quattro elementi non è mai iniettiva.

Un'applicazione decisamente meno semplice del "pigeonhole principle" è fornita dalla dimostrazione del seguente risultato:

Proposizione 3.30. Dato $n \in \mathbb{N}^*$, sia $T_{2n} := \{1, 2, 3, \ldots, 2n\}$ l'insieme dei primi $2n$ numeri naturali positivi. Se $S \subseteq T_{2n}$ è tale che $|S| = n + 1$, allora esistono due elementi distinti $p, q \in S$ tali che q è un multiplo di p.

Dimostrazione. Siano n un arbitrario numero naturale positivo, T_{2n} l'insieme dei primi $2n$ numeri naturali positivi ed S un sottoinsieme di T_{2n} avente cardinalità $n+1$. L'idea della dimostrazione consiste nel creare un'opportuna partizione di T_{2n} in n "classi-piccionaie", in modo che i numeri di ogni classe siano multipli l'uno dell'altro; pertanto, il (PP) consente di concludere che esistono due tra gli $n+1$ "elementi-piccioni" di S che stanno nella stessa classe-piccionaia, ossia sono multipli l'uno dell'altro.

Siano $P_1, P_2, \ldots, P_n$ i sottoinsiemi di T_{2n} ottenuti con il seguente procedimento. Distribuiamo gli n numeri naturali dispari di T_{2n} in insiemi diversi P_i: specificamente, mettiamo 1 in P_1, 3 in P_2, 5 in P_3, ..., $2n-1$ in P_n. Successivamente, distribuiamo tutti i numeri pari di T_{2n} negli insiemi P_i, mettendo in ciascuno di essi il doppio del numero dispari che ci sta già, poi il suo quadruplo, etc. fino a quando ciò risulti possibile. A titolo di esempio, se $n := 50$, allora i 50 sottoinsiemi P_i di T_{100} sono definiti come segue:

$$\begin{array}{lcl} P_1 & = & \{1,2,4,8,16,32,64\} \\ P_2 & = & \{3,6,12,24,48,96\} \\ P_3 & = & \{5,10,20,40,80\} \\ P_4 & = & \{7,14,28,56\} \\ P_5 & = & \{9,18,36,72\} \\ \ldots & & \\ P_{50} & = & \{99\}\,. \end{array}$$

Si noti che per ogni coppia di numeri distinti p, q in P_i, si ha che p è un multiplo di q oppure q è un multiplo di p. Poiché la famiglia $\{P_1, P_2, \ldots, P_n\}$ costituisce una partizione di T_{2n} (verificare!) e l'insieme S contiene $n+1$ elementi, allora esiste almeno un insieme-piccionaia P_i che contiene almeno due numeri-piccioni $p, q \in S$. Tali numeri $p, q \in S \cap P_i$ soddisfano la tesi. □

Infine, accenniamo ad un'altra interessante applicazione numerica del "pigeonhole principle", senza comunque fornirne una dimostrazione dettagliata.

Proposizione 3.31. Dato $n \in \mathbb{N}$, sia $(a_1, a_2, a_3, \ldots, a_{n^2}, a_{n^2+1})$ una permutazione semplice dei primi n^2+1 numeri naturali positivi. Allora esistono in tale permutazione $n+1$ elementi (non necessariamente consecutivi) che sono posti in ordine crescente oppure in ordine decrescente.

Nel caso in cui $n := 2$, la Proposizione 3.31 asserisce che una qualunque permutazione dei primi 5 numeri naturali positivi presenta 3 elementi posti in ordine crescente oppure 3 elementi posti in ordine decrescente. Ad esempio, la permutazione $(2,5,3,4,1)$ presenta sia 3 elementi posti in ordine crescente (ossia la terna ordinata $(2,3,4)$) che 3 elementi posti in ordine decrescente (ossia la terna ordinata $(5,4,1)$). Invece, la permutazione $(2,5,4,1,3)$ presenta soltanto 3 elementi posti in ordine decrescente (le terne ordinate $(5, 4, 1)$ e $(5, 4, 3)$) ma non 3 elementi posti in ordine crescente.

La dimostrazione della Proposizione 3.31 è breve, ma tutt'altro che banale: essa fa un uso ingegnoso del (PP), definendo in modo opportuno i "piccioni" e le "piccionaie". Al lettore che si volesse cimentare in un tentativo di dimostrazione si consiglia di procedere come segue.

(Idea della) Dimostrazione. Sia n un arbitrario numero naturale. Per ogni $k \in \{1, 2, \ldots, n^2 + 1\}$, si denoti con $a_k\uparrow$ (rispettivamente, con $a_k\downarrow$) il numero di elementi della più lunga sequenza crescente (rispettivamente, decrescente) che inizia da a_k. Supponiamo per assurdo che la tesi della Proposizione 3.31 sia falsa. Ne segue che per ogni $k \in \{1, 2, \ldots, n^2 + 1\}$, si ha:

$$a_k\uparrow \leq n \qquad \text{e} \qquad a_k\downarrow \leq n\,.$$

A questo punto, un'opportuna applicazione del (PP) consente di derivare una contraddizione. Pertanto, la tesi è vera. □

3.1.17 *Principio di induzione matematica

Sia $P(n)$ un'asserzione matematica formulabile per ciascun numero naturale $n \in \mathbb{N}$ (o da un certo numero naturale in poi). Ad esempio, si pensi ad una uguaglianza tra coefficienti binomiali, oppure ad una proprietà inerente la cardinalità di insiemi finiti, oppure ad una formula per computare particolari somme o prodotti. Il principio di induzione matematica è un metodo dimostrativo molto potente che consente di dimostrare l'asserzione $P(n)$ – che teoricamente andrebbe verificata per ogni numero naturale n – in un numero finito di passi, utilizzando una procedura che possiede una sorta di "memoria storica" di quanto precedentemente dimostrato. Esistono varie versioni (tra loro equivalenti) del principio di induzione matematica, una di esse è la seguente:

Teorema 3.32. *(Principio di Induzione Matematica I)* Sia A un sottoinsieme di $\mathbb{N}$ soddisfacente le seguenti proprietà:

(i) n_0 appartiene ad A;

(ii) per ogni numero naturale $n \geq n_0$, se n appartiene ad A, allora anche $n + 1$ appartiene ad A.

Allora A contiene tutti i numeri naturali maggiori o uguali a n_0. In particolare, se la (i) e la (ii) sono soddisfatte per $n_0 := 0$, allora $A = \mathbb{N}$.

La proprietà (i) si dice **passo base** dell'induzione, la (ii) **passo induttivo**. Il passo base informa che l'insieme A è non vuoto, in quanto contiene quantomeno uno specifico numero naturale n_0. Il passo induttivo è il marchingegno che dimostra che anche tutti i numeri naturali maggiori di n_0 stanno in A: esso consiste nell'assumere per ipotesi che un arbitrario numero naturale $n \geq n_0$ stia in A (la memoria storica di cui sopra) e nel verificare che ciò implica l'appartenenza ad A anche del numero successivo $n + 1$.

Un'altra formulazione del principio di induzione matematica – equivalente alla precedente, anche se apparentemente diversa – è la seguente:

Teorema 3.33. *(Principio di Induzione Matematica II)* Sia $P(n)$ una formula avente il numero naturale n tra le sue variabili. Se

(i) $P(n_0)$ è vera per un certo $n_0 \in \mathbb{N}$, e

(ii) per ogni numero naturale $n \geq n_0$, se $P(n)$ è vera, allora anche $P(n+1)$ è vera,

allora $P(n)$ è vera per ogni numero naturale $n \geq n_0$. In particolare, se la (i) e la (ii) valgono per $n_0 := 0$, allora $P(n)$ è vera per ogni $n \in \mathbb{N}$.

L'utilizzo della dimostrazione per induzione è abbastanza frequente in asserzioni matematiche di carattere combinatorio o numerico, a volte costituendo l'unico metodo dimostrativo praticabile. Nel proseguio portiamo vari esempi di asserzioni matematiche che si prestano naturalmente ad essere dimostrate per induzione.[51]

ESEMPIO 1: CARDINALITÀ DEL PRODOTTO CARTESIANO. Come già anticipato nella Sezione 3.1.8, il risultato relativo alla cardinalità del prodotto cartesiano di due insiemi può essere generalizzato ad un numero arbitrario (finito) di insiemi finiti come segue:

Proposizione 3.34. Per ogni $n \in \mathbb{N} \setminus \{0, 1\}$, la cardinalità del prodotto cartesiano degli insiemi finiti $A_1, A_2, \ldots, A_n$ è data da

$$|A_1 \times A_2 \times \ldots \times A_n| = |A_1| \cdot |A_2| \cdot \ldots \cdot |A_n| .$$

DIMOSTRAZIONE. Dimostriamo il risultato per induzione sul numero $n \geq 2$ di insiemi $A_1, A_2, \ldots, A_n$. Il passo base è stato già dimostrato nella Proposizione 3.17 della Sezione 3.1.8 utilizzando la regola del prodotto. Per il passo induttivo, assumiamo il risultato vero per $n \geq 2$ insiemi finiti (ipotesi induttiva) e lo dimostriamo per $n+1$ insiemi finiti. Siano dati $n+1$ arbitrari insiemi

[51] Un'altra dimostrazione per induzione è contenuta nella Sezione 3.1.18.

finiti $A_1, A_2, \ldots, A_n, A_{n+1}$. Si ha:

$$\begin{aligned} |A_1 \times A_2 \times \ldots \times A_n \times A_{n+1}| &= |(A_1 \times A_2 \times \ldots \times A_n) \times A_{n+1}| \\ &\overset{(1)}{=} |A_1 \times A_2 \times \ldots \times A_n| \cdot |A_{n+1}| \\ &\overset{(2)}{=} |A_1| \cdot |A_2| \cdot \ldots \cdot |A_n| \cdot |A_{n+1}| \end{aligned}$$

ove l'uguaglianza (1) segue dall'applicazione del passo base ai due insiemi $A_1 \times A_2 \times \ldots \times A_n$ e A_{n+1}, mentre l'uguaglianza (2) segue dall'applicazione dell'ipotesi induttiva agli insiemi $A_1, A_2, \ldots, A_n$. □

<u>ESEMPIO 2: SOMMA DI PROGRESSIONI</u>. Una **progressione aritmetica** è una successione (finita) di numeri in cui la differenza tra ciascun termine (tranne il primo) ed il suo precedente è un numero costante $x \in \mathbb{R}$, detto **ragione** della progressione aritmetica. Pertanto, la somma dei termini di una generica progressione aritmetica di ragione $x \in \mathbb{R}$ si presenta nella forma

$$a_0 + a_1 + \ldots + a_n \qquad \text{ove} \qquad a_{i+1} = a_i + x \quad \forall i \in \{0, 1, \ldots, n-1\}$$

ossia

$$a_0 + (a_0 + x) + (a_0 + 2x) + \ldots + (a_0 + n\,x) \;=\; n\,a_0 + x \sum_{k=0}^{n} k\,.$$

Si noti che, per ragioni tecniche, a volte si preferisce partire dal termine con indice 1 anziché da quello con indice 0, e dunque la somma dei termini di una progressione aritmetica si scrive

$$a_1 + a_2 + \ldots + a_n\,.$$

Affinché una progressione aritmetica sia completamente identificata, occorre specificare tre elementi: (i) il primo termine, (ii) l'ultimo termine e (iii) la ragione.[52] Ad esempio, la somma dei primi n numeri naturali positivi

$$1 + 2 + \ldots + n$$

[52] Una progressione aritmetica (e, più in generale, una *progressione*) può essere identificata in vari modi equivalenti. Infatti, per la sua completa descrizione è sufficiente fornire tre "informazioni" tra loro "indipendenti". Ad esempio, oltre al modo già descritto, una progressione aritmetica può essere anche identificata esibendo: (i′) il primo termine, (ii′) l'ultimo termine e (iii′) il numero di termini; oppure (i″) il primo termine, (ii″) il numero di termini e (iii″) la ragione. (Per il concetto di "informazioni indipendenti" e la sua codifica in nozioni matematiche, si veda quanto detto a proposito del rango di una matrice o delle equazioni di un sistema lineare nel Volume II.)

è la somma dei termini della progressione aritmetica avente 1 come primo termine, n come ultimo termine e 1 come ragione. Tale somma si può esprimere in forma compatta come segue:

Proposizione 3.35. Per ogni $n \in \mathbb{N}^*$, si ha

$$\sum_{k=1}^{n} k = \frac{n(n+1)}{2}.$$

DIMOSTRAZIONE. Denotata con $P(n)$ l'uguaglianza numerica della tesi, dimostriamo che $P(n)$ è vera per induzione sul numero naturale positivo n. Il passo base dell'induzione è per $n := 1$. Essendo

$$\sum_{k=1}^{1} k = 1 = \frac{1 \cdot 2}{2}$$

ne segue che $P(1)$ è vera. Per il passo induttivo, sia n un arbitrario numero naturale maggiore o eguale ad 1.[53] Assumiamo che $P(n)$ sia vera (ipotesi induttiva) e dimostriamo che tale risulta anche $P(n+1)$. In forza dell'ipotesi induttiva, si ha

$$\sum_{k=1}^{n} k = \frac{n(n+1)}{2}. \tag{3.4}$$

Per dimostrare che $P(n+1)$ è vera, dobbiamo verificare che risulta

$$\sum_{k=1}^{n+1} k = \frac{(n+1)(n+2)}{2}. \tag{3.5}$$

Invero, si ha:

$$\begin{aligned}
\sum_{k=1}^{n+1} k &= 1 + 2 + \ldots + n + (n+1) \\
&= \sum_{k=1}^{n} k + (n+1) \\
&\overset{(3.4)}{=} \frac{n(n+1)}{2} + (n+1) \\
&= \frac{n(n+1) + 2(n+1)}{2} \\
&= \frac{(n+1)(n+2)}{2}
\end{aligned}$$

[53] Deve essere $n \geq 1$ in quanto il passo base è relativo al caso $n := 1$. Sarebbe stato $n \geq 17$ se il passo base fosse stato relativo al caso $n := 17$; in quest'ultima circostanza, avremmo dimostrato la proprietà $P(n)$ per ogni $n \geq 17$.

ossia la (3.5); pertanto, $P(n+1)$ è vera. Per il Teorema 3.33, ne segue che $P(n)$ è vera per ogni $n \in \mathbb{N}^*$. Ciò completa la dimostrazione. □

La formula appena dimostrata può generalizzarsi ad una arbitraria progressione aritmetica come segue:

Proposizione 3.36. La somma dei termini di una progressione aritmetica $a_1, a_2, \ldots, a_n$ è data dalla semi-somma del primo e dell'ultimo termine moltiplicata per il numero di termini, ossia

$$\sum_{k=1}^{n} a_k = \frac{a_1 + a_n}{2} n .$$

La dimostrazione della Proposizione 3.36 si può svolgere per induzione sul numero $n \geq 1$ dei termini, in modo simile a quanto fatto per la Proposizione 3.35; vista la sua relativa semplicità, si lascia al lettore l'onere di scriverla per esteso.

Una **progressione geometrica** è una successione (finita) di numeri in cui il rapporto tra ciascun termine (tranne il primo) ed il suo precedente è un numero costante $x \in \mathbb{R}$, detto **ragione** della progressione geometrica. Pertanto, la somma dei termini di una generica progressione geometrica di ragione x si presenta nella forma

$$a + ax + ax^2 + \ldots + ax^n = a\,(x^0 + x^1 + \ldots + x^n) = a \sum_{k=0}^{n} x^k . \tag{3.6}$$

Esattamente come accade per una progressione aritmetica, affinché una progressione geometrica sia completamente identificata, occorre specificare tre elementi: (i) il primo termine, (ii) l'ultimo termine e (iii) la ragione (oppure, equivalentemente, il primo termine, la ragione ed il numero di termini). Con un procedimento per induzione analogo a quello utilizzato nella dimostrazione della Proposizione 3.35, si può verificare la seguente formula, che esprime in modo compatto la somma dei termini di progressione geometrica di $n+1$ termini avente 1 come primo termine e $x \neq 1$ come ragione:[54]

Proposizione 3.37. Per ogni $n \in \mathbb{N}$ e per ogni $x \in \mathbb{R} \setminus \{1\}$, si ha

$$\sum_{k=0}^{n} x^k = \frac{1 - x^{n+1}}{1 - x} .$$

DIMOSTRAZIONE. Sia x un arbitrario numero reale diverso da 1. Denotata con $P(n)$ l'uguaglianza numerica della tesi,[55] dimostriamo che $P(n)$ è vera per

[54] Considerata la forma (3.6) di una arbitraria progressione geometrica, la formula data nella Proposizione 3.37 ha una portata assolutamente generale.

[55] Si noti che la formula $P(n)$ dipende soltanto da n, in quanto il numero reale x è fissato.

induzione sul numero naturale n. Il passo base dell'induzione è per $n := 0$. In tal caso, si ha

$$\sum_{k=0}^{0} x^k = x^0 = 1 = \frac{1-x}{1-x} = \frac{1-x^{0+1}}{1-x}$$

e dunque $P(0)$ è vera. Per il passo induttivo, sia n un arbitrario numero naturale. Assumiamo che $P(n)$ sia vera (ipotesi induttiva) e verifichiamo che tale è anche $P(n+1)$. In forza dell'ipotesi induttiva, si ha

$$\sum_{k=0}^{n} x^k = \frac{1-x^{n+1}}{1-x}. \tag{3.7}$$

Per dimostrare che $P(n+1)$ è vera, dobbiamo verificare che risulta

$$\sum_{k=0}^{n+1} x^k = \frac{1-x^{n+2}}{1-x}. \tag{3.8}$$

Invero, si ha:

$$\begin{aligned}
\sum_{k=0}^{n+1} x^k &= x^0 + x^1 + \ldots + x^n + x^{n+1} \\
&= \sum_{k=0}^{n} x^k + x^{n+1} \\
&\overset{(3.7)}{=} \frac{1-x^{n+1}}{1-x} + x^{n+1} \\
&= \frac{1-x^{n+1}+x^{n-1}-x^{n+2}}{1-x} \\
&= \frac{1-x^{n+2}}{1-x}
\end{aligned}$$

ossia la (3.8); pertanto, $P(n+1)$ è vera. Per il Teorema 3.33, ne segue che $P(n)$ è vera per ogni $n \in \mathbb{N}$. Ciò completa la dimostrazione. □

Le proprietà che dipendono da numeri naturali sono in genere dimostrabili per induzione. Tuttavia, in alcuni casi si rende necessaria una particolare cura nella formulazione dell'asserzione matematica da dimostrare. Infatti, se l'asserzione, ancorché vera, è formulata in maniera "meno dettagliata" di quanto sarebbe possibile fare, la sua dimostrazione per induzione risulta ardua, se non addirittura impossibile. Il seguente esempio – in cui si fornisce genesi, formulazione e dimostrazione di una proprietà dei numeri naturali – dovrebbe chiarire il significato di quanto appena detto.

ESEMPIO 3: SOMMA DI NUMERI DISPARI. Consideriamo la somma dei primi numeri naturali dispari, ossia:

- 1 (il primo numero naturale dispari),
- $1+3$ (i primi due numeri naturali dispari),
- $1+3+5$ (i primi tre numeri naturali dispari),
- $1+3+5+7$ (i primi quattro numeri naturali dispari), etc.

Avendosi

- $1=1^2$,
- $1+3=4=2^2$,
- $1+3+5=9=3^2$,
- $1+3+5+7=16=4^2$, etc.

siamo naturalmente portati a formulare la seguente congettura:[56]

Proposizione 3.38. Per ogni $n \in \mathbb{N}^*$, la somma dei primi n numeri naturali dispari è un quadrato perfetto.

(TENTATIVO DI) DIMOSTRAZIONE. Al fine di dimostrare per induzione la proprietà in esame, scriviamo in modo formale l'asserzione $P(n)$ che deve essere verificata per ogni $n \in \mathbb{N}^*$:

$$\exists p \in \mathbb{N}^* \ : \ 1+3+\ldots+(2n-1) \ = \ p^2 \, .$$

Per il passo base dell'induzione, osserviamo che $P(1)$ è vera, in quanto esiste $p := 1 \in \mathbb{N}^*$ tale che $1 = p^2$.

Per il passo induttivo, sia n un arbitrario numero naturale maggiore o eguale a 1. Assumiamo che $P(n)$ sia vera (ipotesi induttiva) e dimostriamo che tale è anche $P(n+1)$, ossia

$$\exists q \in \mathbb{N}^* \ : \ 1+3+\ldots+(2n-1)+(2n+1) \ = \ q^2 \, .$$

[56] Si veda la Sezione 1.1.11 del Capitolo di Logica per una discussione informale relativa alla nozione di congettura.

Per l'ipotesi induttiva, esiste $p \in \mathbb{N}^*$ tale che

$$1 + 3 + \ldots + (2n - 1) + (2n + 1) \;=\; p^2 + (2n + 1)\,.$$

E adesso come continuiamo? Cosa ci assicura che il numero al secondo membro possa essere scritto come un quadrato perfetto? Non si vede alcun modo per completare la dimostrazione per induzione, in quanto i numeri naturali n e p non sono al momento collegati da una relazione funzionale.

Si noti che il tentativo di dimostrazione è fallito perché la congettura espressa dalla Proposizione 3.38 – anche se, come vedremo, vera – non è stata formulata in un modo appropriato, ossia in guisa che i numeri n e p fossero tra loro collegati da una relazione funzionale. Un più attento esame degli esempi di cui sopra permette di osservare che:

- il primo numero dispari (ossia **1**) è uguale a $\mathbf{1}^2$;
- la somma dei primi **2** numeri dispari (ossia 1+3) è uguale a $\mathbf{2}^2$;
- la somma dei primi **3** numeri dispari (1+3+5) è uguale a $\mathbf{3}^2$;
- la somma dei primi **4** numeri dispari (1+3+5+7) è uguale a $\mathbf{4}^2$.

Sorge allora l'idea di riformulare la Proposizione 3.38 in modo più preciso come segue:

Proposizione 3.39. Per ogni $n \in \mathbb{N}^*$, la somma dei primi n numeri naturali dispari è uguale a n^2.

DIMOSTRAZIONE. Ripercorriamo la dimostrazione della Proposizione 3.38 passo dopo passo. L'asserzione $P'(n)$ da dimostrare per ogni $n \in \mathbb{N}^*$ è adesso l'uguaglianza:

$$1 + 3 + \ldots + (2n - 1) \;=\; n^2\,.$$

Il passo base dell'induzione è immediato, avendosi $1 = 1^2$, per cui $P'(1)$ è vera. Per il passo induttivo, sia n un arbitrario numero naturale maggiore o eguale a 1. Assumiamo che $P'(n)$ sia vera (ipotesi induttiva) e dimostriamo che tale è anche $P'(n+1)$, ossia

$$1 + 3 + \ldots + (2n - 1) + (2n + 1) \;=\; (n + 1)^2\,.$$

Invero, utilizzando l'ipotesi induttiva, si ha

$$(1 + 3 + \ldots + (2n - 1)) + (2n + 1) \;=\; n^2 + (2n + 1) \;=\; (n + 1)^2$$

ossia $P'(n+1)$ è vera. Ciò completa la dimostrazione per induzione. □

Concludiamo questa sezione con un'interessante illustrazione grafica della Proposizione 3.39, che contiene in nuce l'idea della dimostrazione per induzione sopra presentata:

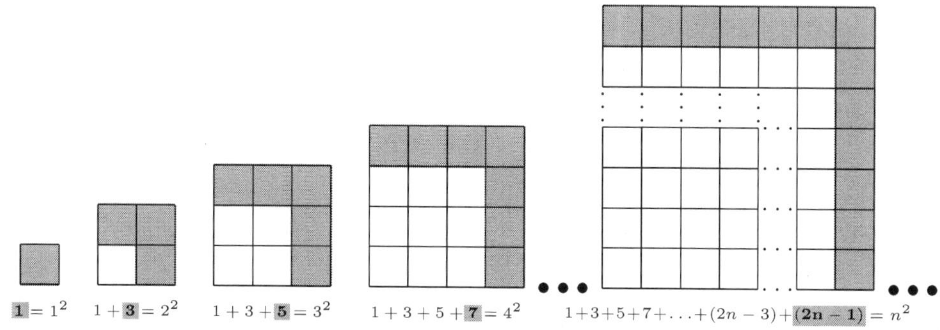

3.1.18 *Dimostrazioni combinatoriche

Il panorama delle metodologie e degli strumenti afferenti al campo della combinatorica è estremamente variegato. Per illustrarne la ricchezza, forniamo tre dimostrazioni del seguente risultato già enunciato nella Sezione 2.1.14 del Capitolo di Insiemistica:

Teorema 3.40. Per ogni insieme finito A, se $|A| = n$, allora $|\mathcal{P}(A)| = 2^n$.

Gli strumenti utilizzati nelle tre dimostrazioni del Teorema 3.40 sono diversi tra loro sia metodologicamente che concettualmente. Infatti ciascuna dimostrazione "legge" l'uguaglianza numerica da un punto di vista differente da quello delle altre dimostrazioni. Più precisamente:

- la prima dimostrazione esibisce una naturale partizione di $\mathcal{P}(A)$, e ne determina la cardinalità calcolando il numero di elementi di ciascuna classe della partizione e sommandone i risultati;
- la seconda dimostrazione "vede" l'insieme della parti di A come un opportuno insieme di funzioni, di cui si conosce la cardinalità;
- l'ultima dimostrazione utilizza il meccanismo induttivo sulla cardinalità dell'insieme A per verificare l'uguaglianza numerica di cui sopra.

<u>Dimostrazione 1</u> *(mediante regola della somma e binomio di Newton).* L'idea di questa dimostrazione è quella di applicare la regola della somma realizzando un'opportuna partizione dell'insieme $\mathcal{P}(A)$. A tal fine, per ogni $k \in \{0, 1, \ldots, n\}$, denotiamo con $\mathcal{P}_k(A)$ la famiglia dei sottoinsiemi di A aventi cardinalità k. Se $|A| = n$, allora si ha

$$\mathcal{P}(A) \quad = \quad \mathcal{P}_0(A) \cup \mathcal{P}_1(A) \cup \ldots \cup \mathcal{P}_n(A)$$

ove gli insiemi a secondo membro sono tutti non vuoti, nonché a due a due disgiunti. Ne segue che la famiglia

$$\mathcal{F} \ := \ \{\mathcal{P}_0(A), \mathcal{P}_1(A), \ldots, \mathcal{P}_n(A)\}$$

è una partizione[57] di $\mathcal{P}(A)$. Si noti che per ogni $k \in \{1, 2, \ldots, n\}$, esistono esattamente $\binom{n}{k}$ sottoinsiemi di A aventi cardinalità k, ottenuti selezionando in modo non ordinato k tra gli n elementi di A. Applicando la regola della somma, si ottiene pertanto

$$\begin{aligned} |\mathcal{P}(A)| &= |\mathcal{P}_0(A) \cup \mathcal{P}_1(A) \cup \ldots \cup \mathcal{P}_n(A)| \\ &= |\mathcal{P}_0(A)| + |\mathcal{P}_1(A)| + \ldots |\mathcal{P}_n(A)| \\ &= \binom{n}{0} + \binom{n}{1} + \ldots + \binom{n}{n} \ = \ 2^n \end{aligned}$$

ove l'ultima uguaglianza segue dal Corollario 3.15(i) al binomio di Newton (di cui nella Sezione 3.1.7). □

<u>DIMOSTRAZIONE 2</u> *(mediante corrispondenza biunivoca)*. Il risultato è immediato se $|A| = 0$, ossia se $A = \emptyset$. Infatti, in tal caso si ha $\mathcal{P}(A) = \mathcal{P}(\emptyset) = \{\emptyset\}$, e dunque $|\mathcal{P}(A)| = 1 = 2^0$, come richiesto.[58] Assumiamo pertanto che $A \ := \ \{a_1, a_2, \ldots, a_n\}$ sia un arbitrario insieme di cardinalità $n \geq 1$. Stabiliamo una corrispondenza biunivoca tra i seguenti due insiemi:

(i) l'insieme $\mathcal{P}(A)$ delle parti di A;

(ii) l'insieme $\{0, 1\}^A$ delle applicazioni da A in $\{0, 1\}$.

A tal fine, definiamo una funzione χ da $\mathcal{P}(A)$ a $\{0, 1\}^A$ assegnando ad ogni sottoinsieme B di A la sua funzione caratteristica[59] in A. Formalmente:

$$\chi \colon \mathcal{P}(A) \to \{0, 1\}^A \,, \quad \chi(B) := \chi_B \quad \forall B \in \mathcal{P}(A) \,.$$

[57] Tecnicamente, $\mathcal{F}$ è l'insieme quoziente $\mathcal{P}(A)/\mathcal{E}$, ove $\mathcal{E}$ è la relazione di equivalenza sull'insieme delle parti di A definita da $B\mathcal{E}C$ se $|B| = |C|$ per ogni $B, C \in \mathcal{P}(A)$.

[58] A rigore, non sarebbe stato necessario esaminare separatamente il caso in cui A sia l'insieme vuoto, perché il ragionamento che segue si applica anche a tale caso, esistendo una sola funzione da $\emptyset$ in $\{0, 1\}$: la mappa vuota. Tuttavia, poiché si è a suo tempo definita la nozione di funzione limitatamente alla circostanza in cui essa abbia un dominio non vuoto, al fine di evitare confusione abbiamo preferito distinguere il caso in cui A sia vuoto da quello in cui non lo sia.

[59] Per la definizione di *funzione caratteristica*, si veda la Sezione 2.1.9 del Capitolo di Insiemistica.

La funzione χ è una biiezione. Per dimostrare questa asserzione, definiamo una mappa ψ da $\{0,1\}^A$ in $\mathcal{P}(A)$ e verifichiamo che essa è l'inversa della mappa χ. Sia ψ l'applicazione che assegna ad ogni funzione $f \in \{0,1\}^A$ quel sottoinsieme B di A ottenuto selezionando tutti gli elementi di A che la f manda in 1, ossia formalmente:

$$\psi\colon \{0,1\}^A \to \mathcal{P}(A)\,, \quad \psi(f) := \{a \in A : f(a) = 1\} \quad \forall f \in \{0,1\}^A\,.$$

Si verifica facilmente che risulta

$$\psi \circ \chi \;=\; \mathrm{id}_{\mathcal{P}(A)} \quad \text{e} \quad \chi \circ \psi \;=\; \mathrm{id}_{\{0,1\}^A}$$

per cui $\chi^{-1} = \psi$ e dunque χ è una biiezione in forza del Teorema 2.5 della Sezione 2.1.13 del Capitolo di Insiemistica. Ne segue che

$$|\mathcal{P}(A)| \;=\; |\{0,1\}^A| \;=\; 2^{|A|} \;=\; 2^n$$

utilizzando il Teorema 3.23 della Sezione 3.1.11.[60] □

<u>Dimostrazione 3</u> *(mediante principio di induzione)*. Dimostriamo per induzione sulla cardinalità n di un insieme A che $|\mathcal{P}(A)| = 2^{|A|}$. Per il passo base dell'induzione, osserviamo che il risultato è vero per $n := 0$, avendosi in tal caso $A = \emptyset$ e dunque

$$|\mathcal{P}(A)| \;=\; |\mathcal{P}(\emptyset)| \;=\; |\{\emptyset\}| \;=\; 1 \;=\; 2^0 \;=\; 2^{|A|}\,.$$

Per il passo induttivo, assumiamo che il risultato sia vero per ogni insieme avente cardinalità n e lo dimostriamo per ogni insieme avente cardinalità $n+1$. Sia $A := \{a_1, a_2, \ldots, a_n, a_{n+1}\}$ un arbitrario insieme di cardinalità $n+1$. Sia inoltre A^- il sottoinsieme di A definito da $A^- := \{a_1, a_2, \ldots, a_n\}$. Si noti inoltre un generico sottoinsieme B di A può essere di due tipi:

---

[60] In *Teoria Assiomatica degli Insiemi*, ogni numero naturale (diverso da zero) è definito *per ricorsione* (ossia "ricorrendo alla definizione nei casi precedenti") come l'insieme formato dai numeri naturali che lo precedono, ossia:
- $0 \overset{\text{def}}{:=} \emptyset$,
- $n \overset{\text{def}}{:=} \{0, 1, \ldots, n-1\}$ per ogni $n \geq 1$.

Pertanto si ha, ad esempio:
- $1 := \{0\} = \{\emptyset\}$,
- $2 := \{0,1\} = \{\emptyset, \{\emptyset\}\}$,
- $3 := \{0,1,2\} = \{\emptyset, \{\emptyset\}, \{\emptyset, \{\emptyset\}\}\}$,

etc. Utilizzando questa definizione, l'insieme di tutte funzioni da A in $\{0,1\}$ si può anche indicare con 2^A, notazione spesso utilizzata su testi più avanzati. Invero, a volte la notazione 2^A è utilizzata anche per indicare l'insieme delle parti di A, proprio in forza dell'esistenza della corrispondenza biunivoca esibita nella dimostrazione.

(i) B è un sottoinsieme di A^-;

(ii) B è ottenuto da un sottoinsieme di A^- aggiungendo l'elemento a_{n+1}.

Pertanto, denotate con $\mathcal{P}_{\rm i}(A)$ e $\mathcal{P}_{\rm ii}(A)$ le famiglie dei sottoinsiemi di A di tipo, rispettivamente, (i) e (ii), vale l'uguaglianza insiemistica

$$\mathcal{P}(A) = \mathcal{P}_{\rm i}(A) \cup \mathcal{P}_{\rm ii}(A) \tag{3.9}$$

con

$$\mathcal{P}_{\rm i}(A) \cap \mathcal{P}_{\rm ii}(A) = \emptyset\,. \tag{3.10}$$

Osserviamo inoltre che i sottoinsiemi di A di tipo (ii) sono tanti quanti quelli di tipo (i), in quanto la legge $B \mapsto B \cup \{a_{n+1}\}$ per ogni $B \in \mathcal{P}_{\rm i}(A)$ definisce una biiezione tra $\mathcal{P}_{\rm i}(A)$ e $\mathcal{P}_{\rm ii}(A)$. Poiché risulta ovviamente $\mathcal{P}_{\rm i}(A) = \mathcal{P}(A^-)$, ne segue

$$|\mathcal{P}(A^-)| = |\mathcal{P}_{\rm i}(A)| = |\mathcal{P}_{\rm ii}(A)|\,. \tag{3.11}$$

Infine, essendo l'insieme A^- di cardinalità n, l'ipotesi induttiva implica che

$$|\mathcal{P}(A^-)| = 2^n\,. \tag{3.12}$$

Pertanto, si ottiene

$$\begin{aligned} |\mathcal{P}(A)| &\overset{(3.9)}{=} |\mathcal{P}_{\rm i}(A) \cup \mathcal{P}_{\rm ii}(A)| \\ &\overset{(3.10)}{=} |\mathcal{P}_{\rm i}(A)| + |\mathcal{P}_{\rm ii}(A)| \\ &\overset{(3.11)}{=} |\mathcal{P}(A^-)| + |\mathcal{P}(A^-)| \\ &\overset{(3.12)}{=} 2^n + 2^n = 2 \cdot 2^n = 2^{n+1} = 2^{|A|} \end{aligned}$$

il che dimostra l'asserto. □

Concludiamo questa sezione osservando che ciascuna delle tre dimostrazioni presentate ha una sua valenza specifica. Ad esempio, la seconda dimostrazione permette di esprimere i sottoinsiemi di A come funzioni da A in $\{0, 1\}$. In termini equivalenti, ogni sottoinsieme di A è esprimibile come un'opportuna sequenza finita di cifre 0 e 1, ove "0" sta per "no" (ossia "non appartiene"), mentre "1" sta per "sì" (ossia "appartiene"). Quest'approccio è molto utile dal punto di vista informatico, in quanto serve a "codificare" i sottoinsiemi di un insieme finito come stringhe binarie. Di tali codifiche binarie ne esistono tante (quante?): la seguente tabella ne illustra una particolarmente intuitiva per arbitrari insiemi di cardinalità 1, 2, 3 e 4:[61]

$\{a_1\}$		$\{a_1, a_2\}$		$\{a_1, a_2, a_3\}$		$\{a_1, a_2, a_3, a_4\}$	
$\emptyset$	0	$\emptyset$	00	$\emptyset$	000	$\emptyset$	0000
$\{a_1\}$	1	$\{a_1\}$	01	$\{a_1\}$	001	$\{a_1\}$	0001
		$\{a_2\}$	10	$\{a_2\}$	010	$\{a_2\}$	0010
				$\{a_3\}$	100	$\{a_3\}$	0100
						$\{a_4\}$	1000
		$\{a_1, a_2\}$	11	$\{a_1, a_2\}$	011	$\{a_1, a_2\}$	0011
				$\{a_1, a_3\}$	101	$\{a_1, a_3\}$	0101
						$\{a_1, a_4\}$	1001
				$\{a_2, a_3\}$	110	$\{a_2, a_3\}$	0110
						$\{a_2, a_4\}$	1010
						$\{a_3, a_4\}$	1100
				$\{a_1, a_2, a_3\}$	111	$\{a_1, a_2, a_3\}$	0111
						$\{a_1, a_2, a_4\}$	1011
						$\{a_1, a_3, a_4\}$	1101
						$\{a_2, a_3, a_4\}$	1110
						$\{a_1, a_2, a_3, a_4\}$	1111

La corrispondenza descritta in tabella ha il vantaggio di essere *ricorsiva*, poiché permette di ottenere la codifica dei sottoinsiemi di un insieme di cardinalità $n + 1$ utilizzando la codifica dei sottoinsiemi di un insieme di cardinalità n. Ad esempio, nella tabella di cui sopra, la codifica dei sottoinsiemi di $A_3 := \{a_1, a_2, a_3\}$ è ottenuta da quella dei sottoinsiemi di $A_2 := \{a_1, a_2\}$ come segue per ogni $B \subseteq A_3$:

- se B è anche un sottoinsieme di A_2, allora si aggiunge uno "0" iniziale alla codifica originale di B (ossia in qualità di sottoinsieme di A_2);

- se B non è un sottoinsieme di A_2 in quanto contiene l'elemento a_3, allora si aggiunge un "1" iniziale alla codifica originale di $B \setminus \{a_3\}$ (ossia in qualità di sottoinsieme di A_2).

Più rigorosamente, sia $A_n := \{a_1, a_2, \ldots, a_n\}$ un arbitrario insieme avente cardinalità $n \in \mathbb{N}^*$ ed $A_{n+1} := A_n \cup \{a_{n+1}\}$. Allora, se $f_n \colon \mathcal{P}(A_n) \to \{0,1\}^n$ è la codifica dei sottoinsiemi di A_n come n-uple ordinate di 0 e 1, ne segue che

[61] Tale codifica, pur essendo simile a quella utilizzata nella seconda dimostrazione del Teorema 3.40, se ne distingue in quanto utilizza un ordinamento *anti-lessicografico* dei sottoinsiemi dell'insieme dato.

la codifica $f_{n+1}\colon \mathcal{P}(A_{n+1}) \to \{0,1\}^{n+1}$ dei sottoinsiemi di A_{n+1} è definita per ricorsione come segue per ogni $B \subseteq A_{n+1}$:

$$f_{n+1}(B) \; := \left\{ \begin{array}{ll} (0, f_n(B)) & \text{se} \quad a_{n+1} \notin B \\ (1, f_n(B \setminus \{a_{n+1}\})) & \text{se} \quad a_{n+1} \in B\,. \end{array} \right.$$

3.2 Pratica (51)

3.2.1 Quesiti svolti (17)

ESERCIZIO 3.1. [**2**$\star$] *Siano A e B insiemi tali che $|A| = 5$, $|B| = 4$, $|A \cap B| = 2$. Quale tra le seguenti uguaglianze è* FALSA*?*

1. $C_{|A \cup B|, 5} = 21$
2. $|\mathcal{P}(A \times B)| = 2^{20}$
3. $D_{|B|,1} = 4$
4. $C^{(r)}_{|A|,2} = 12$
5. $\binom{|A|}{|B|} = 5$

ESERCIZIO 3.2. [**2**$\star$] *Quante sono le funzioni da un insieme di cardinalità 3 ad un insieme di cardinalità 4?*

1. 3^4
2. $\binom{4}{3}$
3. $3!\,4!$
4. 4^3
5. Nessuna delle altre risposte

ESERCIZIO 3.3. [**3**$\star$] *Sei amici, tre donne e tre uomini, vanno al cinema e prenotano sei posti consecutivi su una fila. In quanti modi i sei amici possono sedersi sui posti assegnati, sotto la condizione che i loro sessi siano alternati?*

1. 72
2. 88
3. 126
4. 144
5. Nessuna delle altre risposte

ESERCIZIO 3.4. [**3**$\star$] *Quanti sono i numeri naturali pari di sei cifre tali che il prodotto delle loro ultime tre cifre valga 12? (Ad esempio, 104322 e 111216 sono numeri del tipo richiesto.)*

1. 8100
2. 7200
3. 3400
4. 2300
5. Nessuna delle altre risposte

ESERCIZIO 3.5. [4⋆] *In quanti modi si possono disporre* 3 *pedine di colore diverso su una scacchiera* 3×3*, sotto la condizione che le pedine stiano su righe e colonne diverse (ossia due pedine distinte non si trovino né sulla stessa riga né sulla stessa colonna)?*

[1] $2 \cdot D_{3,3}$
[2] $(P_3)^2$
[3] $D_{3,1} \cdot D_{3,2} \cdot D_{3,3}$
[4] $D_{3,3} \cdot C_{3,3}$
[5] $3^3 - 2^3$

ESERCIZIO 3.6. [4⋆] *Sia* A *un insieme di cardinalità* 6*. Quante sono le partizioni di* A *tali che ogni classe della partizione abbia cardinalità* 2*?*

[1] 15
[2] $2^6 - 3 \cdot 2^2$
[3] $2^6 - 2^4 + 2^2$
[4] 38
[5] $6^2 - 4^2 + 2^2$

ESERCIZIO 3.7. [5⋆] *Un'agenzia di viaggi dispone di* 10 *interpreti. Tutti gli interpreti parlano almeno una lingua tra l'Inglese e il Francese,* 8 *di essi parlano l'Inglese e* 6 *il Francese. Quanti diversi gruppi di* 4 *interpreti si possono formare sotto la condizione che* esattamente 2 *di loro parlino sia l'Inglese che il Francese?*

[1] 142
[2] 90
[3] 64
[4] 48
[5] 36

ESERCIZIO 3.8. [5⋆] *Qual è il più grande tra i seguenti numeri naturali?*

[1] P_8
[2] $P^{(\mathrm{r})}_{2,1,1,2,3}$
[3] $D_{9,5}$
[4] $D^{(\mathrm{r})}_{6,4}$
[5] $C^{(\mathrm{r})}_{5,6}$

ESERCIZIO 3.9. [5⋆] *Si consideri un mazzo di carte siciliane, ossia* 40 *carte aventi* 10 *valori (asso, 2, 3, ..., 7, donna, cavallo, re) per ciascuno dei* 4 *semi (oro, mazze, spade, coppe). In quanti modi si può mescolare tale mazzo di carte in modo che le prime* 6 *carte siano dello stesso seme e risultino disposte in ordine crescente di valore?*

1. $D_{10,4} \cdot P_{34}$
2. $C_{4,1} \cdot C_{10,4} \cdot P_{34}$
3. $D_{4,1} \cdot (D_{40,34} - C_{40,34})$
4. $C_{40,6} \cdot P_6 \cdot P_{34}$
5. $D_{40,6} \cdot (P_6 + P_{34})$

ESERCIZIO 3.10. [5⋆] *Siano* A *e* B *due insiemi tali che* $|A| = 5$, $|B| = 4$ *e* $|A \cap B| = 2$. *Quanti sono i sottoinsiemi di* $A \cup B$ *che contengono* almeno *un elemento di* A*?*

1. 124
2. $5 \cdot 2^6$
3. $2^5 - 2^4 + 2$
4. $2^7 - 2^4$
5. 48

ESERCIZIO 3.11. [6⋆] *La città di Fantasilandia ha una pianta assolutamente regolare a forma di griglia quadrata, con ciascun settore di forma perfettamente circolare e le strade da settore a settore che vanno soltanto in direzione Nord-Sud ed Est-Ovest (percorribili in entrambi i versi). L'università si trova nell'esatto centro della città, mentre lo stadio è situato ad uno dei quattro vertici della pianta quadrata. Un gruppo di studenti si dà appuntamento all'università per andare allo stadio. Sapendo che la città consta di* 81 *settori, quanti sono i percorsi di* lunghezza minima *che li portano allo stadio?*

1. 25
2. 40
3. 55
4. 70
5. 85

ESERCIZIO 3.12. [6⋆] *In quanti modi si possono sistemare* 4 *pedine (*3 *bianche e* 1 *nera) su una scacchiera* 4×4, *sotto la condizione che le pedine stiano su colonne diverse?*

1. $4^3 \cdot 3^2$

[2] 4^5
[3] $3^3 \cdot 4!$
[4] $4^4 \cdot 3!$
[5] $3! \cdot 4!$

ESERCIZIO 3.13. [**7**$\star$] *Siano* $a_1, a_2, \ldots, a_{16}$ *sedici squadre di calcio che devono giocare le partite degli ottavi di finale della* "World Cup"*. In quanti modi possono effettuarsi gli accoppiamenti per le otto partite? (Ad esempio,* a_1a_{16}*,* a_2a_{15}*,* a_3a_{14}*,* a_4a_{13}*,* a_5a_{12}*,* a_6a_{11}*,* a_7a_{10}*,* a_8a_9 *è un accoppiamento possibile.)*

[1] $\frac{16!}{2^8}$
[2] $16! - 8!\,2^8$
[3] $1 \cdot 3 \cdot 5 \cdot 7 \cdot 9 \cdot 11 \cdot 13 \cdot 15$
[4] $2^8\,\frac{16!}{8!}$
[5] Nessuna delle altre risposte

ESERCIZIO 3.14. [**7**$\star$] *Sia* A *un insieme di cardinalità* 8*. Quante sono le relazioni di equivalenza* $\mathcal{R}$ *su* A *tali che l'insieme quoziente* $A/\mathcal{R}$ *abbia cardinalità* 2*?*

[1] 127
[2] 112
[3] 98
[4] 69
[5] 46

ESERCIZIO 3.15. [**8**$\star$] *Quanti sono i numeri naturali di cinque cifre tali che la prima e l'ultima cifra siano uguali e la somma delle loro cinque cifre valga* 14*? (Ad esempio,* 23612, 50405 *e* 70007 *sono numeri del tipo richiesto.)*

[1] 67
[2] 231
[3] 526
[4] 948
[5] 1492

ESERCIZIO 3.16. [**9**$\star$] *Sia data una scacchiera di dimensione* $m \times m$*, e* $n = r_1 + r_2 + \ldots + r_k$ *pedine aventi* k *colori distinti, ove* $1 \leq k \leq n \leq m$*. Si assuma che tra le* n *pedine,* r_1 *siano del primo colore,* r_2 *del secondo colore,*

…, r_k del k-imo colore. In quanti modi è possibile disporre le n pedine sulla scacchiera $m \times m$, sotto la condizione che le pedine stiano su colonne diverse?

1. $m^m - \frac{n!}{r_1! \dots r_k!} m^{m-n}$
2. $m^n - \binom{m}{m-n} \frac{n!}{r_1! \dots r_k!}$
3. $n^m \binom{m}{r_1} \binom{m}{r_2} \cdots \binom{m}{r_k}$
4. $\frac{m^n \, m!}{(m-n)! \, r_1! \dots r_k!}$
5. Nessuna delle altre risposte

ESERCIZIO 3.17.* [**9**⋆] *Per ogni $n \in \mathbb{N}$, si definisca il* ***semi-fattoriale*** *di* n per ricorsione[62] *come segue:*

$$n!! \quad := \quad \begin{cases} 1 & per \quad n \in \{0,1\} \\ n \cdot (n-2)!! & per \quad n \in \mathbb{N} \setminus \{0,1\}. \end{cases}$$

Fissato un numero naturale $n \geq 1$, quale tra le seguenti formule NON *dà come risultato* $(2n-1)!!$ *? (Nelle risposte il simbolo $\prod_{k=1}^{n}$ si legge "produttoria (ossia prodotto) con $k \in \mathbb{N}$ che varia da 1 a n".)*

1. $\prod_{k=1}^{n} C_{2k,\,2} \,/\, n!$
2. $P^{(\mathrm{r})}_{\underbrace{2,\,2,\,\dots,\,2}_{n}} \,/\, n!$
3. $\prod_{k=1}^{n} C^{(\mathrm{r})}_{k-1,\,2} \,/\, n!$
4. $\prod_{k=1}^{n} P^{(\mathrm{r})}_{2k-2,\,2} \,/\, n!$
5. Nessuna delle altre risposte

[62] Per la nozione di *definizione per ricorsione*, si veda la Sezione 3.1.18 (la parte finale, nonché la Nota 59).

3.2.2 Quesiti non svolti (34)

ESERCIZIO 3.18. [**2**⋆] *Siano A e B due insiemi tali che $|A| = 6$, $|A \cup B| = 8$ e $|A \cap B| = 4$. Quale tra le seguenti asserzioni è* FALSA*?*

1. $|\mathcal{P}(B)| = 64$
2. $|\mathcal{P}(A \setminus B)| = |\mathcal{P}(B \setminus A)|$
3. $|A \times B| = 36$
4. $D_{|A \cup B|,|A|} \leq 7!$
5. $C_{|B|,|A \cap B|} = 15$

ESERCIZIO 3.19. [**3**⋆] *Quanti sono i numeri naturali di tre cifre aventi al più due cifre uguali?* [SUGGERIMENTO]

1. 900
2. 873
3. 784
4. 741
5. Nessuna delle altre risposte

ESERCIZIO 3.20. [**3**⋆] *In quanti modi cinque bagnanti b_1, b_2, b_3, b_4, b_5 possono sedersi su cinque sedie a sdraio distinte s_1, s_2, s_3, s_4, s_5 sotto la condizione che il bagnante b_1 non possa sedersi sulla sdraio s_1?* [SUGGERIMENTO]

1. $5^5 - 4^4$
2. $5! - 4!$
3. $D_{5,4} - 4$
4. $D_{5,4} + D_{4,4}$
5. Nessuna delle altre risposte

ESERCIZIO 3.21. [**3**⋆] *Quanti sono i numeri naturali di sei cifre tali che il prodotto delle prime tre cifre valga 9? (Ad esempio, i numeri 133516 e 191322 soddisfano l'enunciato del problema.)* [SUGGERIMENTO]

1. $D^{(r)}_{10,6} - D^{(r)}_{10,3}$
2. $P^{(r)}_{2,1} + P^{(r)}_{2,1} + D^{(r)}_{10,3}$
3. 6000
4. $D^{(r)}_{10,6} - (P^{(r)}_{2,1} + P^{(r)}_{2,1})\, D^{(r)}_{10,3}$
5. 300

ESERCIZIO 3.22. [4⋆] *Quante colonne di* 13 *elementi si possono formare utilizzando i simboli dell'insieme* $\{1, x, 2\}$ *sotto la condizione che ogni colonna contenga* esattamente *un simbolo "*x*" ed* almeno *un simbolo "1"?*

- [1] $3^{12} - 2^{12} + 1$
- [2] $12\,(13^2 - 13)$
- [3] $3^{13} - 2^{13} + 2^{12}$
- [4] $13^2 - 12^2$
- [5] $13\,(2^{12} - 1)$

ESERCIZIO 3.23. [4⋆] *Alle signore* a_1, a_2, a_3, a_4, b_1, b_2, b_3, b_4, *che viaggiano su uno stesso aereo, la compagnia di volo ha assegnato* 4 *posti consecutivi sulla seconda fila e* 4 *posti consecutivi sulla terza fila, sul lato destro dell'aereo (dunque con due soli posti vicino al finestrino). In quanti modi diversi possono sedersi le otto donne, sotto le condizioni che* a_1, a_2, a_3, a_4 *stiano nella stessa fila e* b_4 *sia seduta vicino al finestrino?* [SUGGERIMENTO]

- [1] $(4! + 4!)\,/\,2$
- [2] 288
- [3] 124
- [4] $3!\,4!$
- [5] Nessuna delle altre risposte

ESERCIZIO 3.24. [4⋆] *In quanti modi possono disporsi* 8 *donne e* 4 *uomini su tre file verticali distinte della stessa lunghezza, sotto la condizione che in testa alle tre file ci stiano* 3 *donne e in coda* 3 *uomini?* [SUGGERIMENTO]

- [1] $C^{(r)}_{8,9} \cdot C^{(r)}_{4,9} \cdot P_3 \cdot P_3$
- [2] $D_{8,3} \cdot D_{4,3} \cdot P_6$
- [3] $C_{8,3} \cdot C_{4,3} \cdot P_3 \cdot P_3 + C_{5,3} \cdot C_{4,3} \cdot P_5$
- [4] $C_{12,6} \cdot P_6 \cdot P_6$
- [5] $C_{8,3} \cdot C_{4,3} \cdot P_{12}$

ESERCIZIO 3.25. [4⋆] *Siano* A, B, C *e* D *quattro insiemi tali che* $|\mathcal{P}(A)| = 64$, $|\mathcal{P}(B)| = 32$, $|\mathcal{P}(C)| = 2$ *e* $|\mathcal{P}(D)| = 1$. *Quale delle seguenti asserzioni è* FALSA*?*

- [1] $|\mathcal{P}(A \times D)| = 1$
- [2] A ha 38 sottoinsiemi di cardinalità ≥ 3
- [3] $D = \emptyset$
- [4] se $|A \cap C| = 1$, allora $C \subseteq A$
- [5] B ha 26 sottoinsiemi di cardinalità ≤ 3

ESERCIZIO 3.26. [4⋆] *Una prova d'esame consiste di sei domande con risposte del tipo "V" (vero) oppure "F" (falso). Quante sono le possibili sequenze di risposte tali che ci siano almeno tre "V" e al più due "F"?* [SUGGERIMENTO]

1. 56
2. 48
3. 34
4. 28
5. 22

ESERCIZIO 3.27. [4⋆] *Siano date quattro coppie di bambini gemelli. In quanti modi gli otto bambini possono formare un girotondo, sotto la condizione che i gemelli di* ogni *coppia si prendano per mano?* [SUGGERIMENTO]

1. 120
2. 94
3. 72
4. 48
5. 36

ESERCIZIO 3.28. [4⋆] *Sia dato l'insieme* $A = \{a_1, a_2, a_3, a_4, a_5, a_6, a_7\}$ *ed il suo sottoinsieme* $B = \{a_1, a_2, a_3, a_4\}$*. Quanti sono i possibili sottoinsiemi* C *di* A *tali che* $|B \cap C| = 2$*?*

1. 24
2. 32
3. 36
4. 48
5. 54

ESERCIZIO 3.29.* [5⋆][63] *Data una matrice* A *di tipo* 4×6*, un "cammino" da* a_{11} *ad* a_{46} *è una successione finita di elementi della matrice tale che:*

- *il primo elemento è* a_{11}
- *l'ultimo elemento è* a_{46}
- *ogni elemento diverso dal primo si trova o immediatamente alla destra o immediatamente sotto l'elemento precedente.*

[63] Nozioni richieste: Volume II (Matrici)

(Ad esempio, la successione $a_{11}, a_{12}, a_{13}, a_{23}, a_{24}, a_{34}, a_{35}, a_{36}, a_{46}$ *è un cammino da* a_{11} *ad* a_{46}*.) Quanti sono i possibili cammini da* a_{11} *ad* a_{46}*?* [SUGGERIMENTO]

[1] 125
[2] 98
[3] 70
[4] 56
[5] 32

ESERCIZIO 3.30. [5⋆] *Quanti sono i numeri naturali di cinque cifre soddisfacenti le seguenti tre condizioni:*

- sono dispari

- sono uguali se letti da sinistra verso destra e da destra verso sinistra

- sono tali che la somma delle loro cinque cifre sia un numero dispari?

(Ad esempio, tali sono i numeri 14341 *e* 39793*.)* [SUGGERIMENTO]

[1] $5\,(D_{10,3} - D_{10,2})$
[2] $(D_{5,1}\, D_{10,2})\,/\,2$
[3] 250
[4] $D_{5,2}\,(D_{5,1} + D_{5,1})$
[5] 400

ESERCIZIO 3.31. [5⋆] *Quanti sono i numeri naturali di quattro cifre* $c_1c_2c_3c_4$ *maggiori di* 8000 *e tali che* $c_1 = c_2 + c_3 + c_4$ *(ossia la somma delle ultime tre cifre è uguale alla prima cifra)? (Ad esempio, i numeri* 8233 *e* 9090 *soddisfano l'enunciato del problema.)*

[1] 220
[2] 138
[3] 100
[4] 84
[5] 62

ESERCIZIO 3.32. [5⋆] *Quanti sono i numeri* dispari *di quattro cifre maggiori di* 6000 *e tali che la somma delle loro ultime tre cifre sia uguale a* 11*? (Ad esempio,* 6371 *e* 9227 *sono numeri soddisfacenti le condizioni descritte.)* [SUGGERIMENTO]

[1] 160
[2] 132

[3] 128
[4] 96
[5] 72

ESERCIZIO 3.33. [**5**$\star$] *Un pittore vuole dipingere le* 6 *stanze di un attico,* 3 *con un colore,* 2 *con un altro colore e* 1 *con un terzo colore. Se il pittore dispone di* 6 *colori diversi, in quanti modi può dipingere le stanze?* [SUGGERIMENTO]

[1] $D_{6,3} \cdot P^{(\mathrm{r})}_{3,2,1}$
[2] 1200
[3] $(D_{6,3})^2 \cdot C_{3,2}$
[4] 660
[5] Nessuna delle altre risposte

ESERCIZIO 3.34. [**5**$\star$] *Quanti sono i numeri naturali di sei cifre tali che il prodotto delle prime tre cifre valga* 16 *e la somma delle ultime tre valga* 8*? (Ad esempio, i numeri* 242350 *e* 812224 *soddisfano le condizioni del testo.)*

[1] 380
[2] 540
[3] 860
[4] 1230
[5] Nessuna delle altre risposte

ESERCIZIO 3.35. [**5**$\star$] *Quanti sono i numeri naturali* pari *di sette cifre che sono* palindromi *(ossia uguali se letti da sinistra verso destra e da destra verso sinistra) e tali che la somma delle loro tre cifre centrali valga* 5*? (Ad esempio, tali sono i numeri* 2313132 *e* 8021208*.)* [SUGGERIMENTO]

[1] 90
[2] 120
[3] 340
[4] 760
[5] 1230

ESERCIZIO 3.36. [**5**$\star$] *Quanti anagrammi della parola* "matematica" *sono tali che non ci siano due vocali adiacenti? (Ad esempio,* "ametamitac" *e* "metamitaca" *sono due anagrammi soddisfacenti le condizioni richieste.)*

[1] 3600
[2] 2400

3 1200
4 860
5 440

ESERCIZIO 3.37. [5⋆] *Qual è il più grande tra i seguenti numeri naturali?* [SUGGERIMENTO]

1 $C_{4,9}^{(r)}$
2 $P_{4,4,4}^{(r)}$
3 $D_{9,6}$
4 $C_{14,7}$
5 $D_{7,7}^{(r)}$

ESERCIZIO 3.38. [5⋆] *Siano A e B due insiemi tali che $|A| = 4$, $|B| = 3$ e $|A \cap B| = 1$. Quanti sono i sottoinsiemi di $A \cup B$ che contengono* almeno *un elemento di A ed* almeno *un elemento di B (non necessariamente distinti)?* [SUGGERIMENTO]

1 115
2 78
3 53
4 34
5 26

ESERCIZIO 3.39. [5⋆] *Siano dati tre tavoli circolari di diverso colore (verde, bianco e rosso), ciascuno da quattro posti. In quanti diversi modi 6 uomini e 6 donne possono sedersi attorno ai tre tavoli, sotto la condizione che al tavolo verde si siedono solo uomini, a quello bianco 2 uomini e 2 donne, ed a quello rosso solo donne?* [SUGGERIMENTO]

1 $D_{6,2} \cdot D_{6,2} \cdot P_4^{(c)} \cdot P_4^{(c)} \cdot P_4^{(c)}$
2 $(C_{6,4})^2 \cdot (3!)^3$
3 $(D_{6,2} + D_{6,2}) \cdot (3!)^3$
4 $6 \cdot C_{6,4} \cdot P_4^{(c)}$
5 Nessuna delle altre risposte

ESERCIZIO 3.40. [6⋆] *Quanti sono i numeri naturali di 5 cifre $c_1c_2c_3c_4c_5$ tali che $|c_1 - c_2| \leq 2$ e il prodotto $c_3 \cdot c_4 \cdot c_5$ delle loro ultime tre cifre sia un numero pari?* [SUGGERIMENTO]

1. $41 \cdot 875$
2. $38 \cdot 925$
3. $32 \cdot 845$
4. $27 \cdot 765$
5. Nessuna delle altre risposte

ESERCIZIO 3.41. [**6**$\star$] *Siano dati* 6 *piatti grezzi di* 3 *forme diverse,* 2 *di ogni forma. Se si dispone di* 4 *colori distinti, in quanti modi si possono dipingere i* 6 *piatti, sotto la condizione che piatti della stessa forma abbiano colori diversi e almeno* 3 *dei* 4 *colori siano utilizzati?* [SUGGERIMENTO]

1. 78
2. 94
3. 126
4. 162
5. 210

ESERCIZIO 3.42. [**6**$\star$] *Siano A e B due insiemi tali che* $|\mathcal{P}(A)| = 2^9$, $|\mathcal{P}(B)| = 2^5$ *e* $|\mathcal{P}(A \cup B)| = 2^{10}$. *Quanti sono i sottoinsiemi di $A \cup B$ aventi cardinalità minore o uguale a* 5 *e contenenti* esattamente 2 *elementi di B?* [SUGGERIMENTO]

1. 128
2. 156
3. 260
4. 320
5. 344

ESERCIZIO 3.43. [**6**$\star$] *In quanti modi possono disporsi* 3 *pedine, di cui* 2 *bianche ed* 1 *nera, su una scacchiera* 5×5 *sotto la condizione che non ci siano* 2 *pedine che stanno sulla stessa riga o sulla stessa colonna (ossia le* 3 *pedine stanno su righe e colonne diverse)?* [SUGGERIMENTO]

1. 1800
2. 960
3. 630
4. 420
5. 350

ESERCIZIO 3.44. [**6**⋆] *Sia dato un mazzo di* 28 *carte francesi, suddivise in sette valori (A, K, Q, J,* 10, 9, 8*) e quattro semi (cuori, quadri, fiori, picche). Quante sono le possibili mani di* 5 *carte contenenti* esattamente *una coppia con lo stesso valore? (Ad esempio, la mano formata da J di cuori, J di picche, A di fiori,* 10 *di quadri e* 8 *di picche soddisfa le condizioni richieste.)* [SUGGERIMENTO]

[1] $4^4 \cdot 42$
[2] $\frac{4^3 \cdot 7!}{3!}$
[3] $6 \cdot 4^3 \cdot 7!$
[4] $4^3 \frac{10 \cdot 6!}{3!}$
[5] $7! - 10 \cdot 4^3$

ESERCIZIO 3.45. [**6**⋆] *Si deve comporre un pacco natalizio del peso di* 10 *kg. Si dispone di* 5 *bottiglie di spumante (di marche diverse) del peso di* 2 *kg cadauno,* 4 *confezioni di panettoni (di marche diverse) del peso di* 3 *kg cadauno,* 3 *confezioni di dolciumi (di marche diverse) del peso di* 5 *kg cadauno. In quanti modi è possibile comporre il pacco natalizio? (Si noti che il pacco può essere composto soltanto da spumanti, oppure soltanto da spumanti e panettoni, etc.)* [SUGGERIMENTO]

[1] 145
[2] 124
[3] 88
[4] 65
[5] 42

ESERCIZIO 3.46. [**6**⋆] *In quanti modi si possono disporre* 8 *palline uguali in* 6 *scatole distinte, in modo tale che ogni scatola contenga al più* 2 *palline?* [SUGGERIMENTO]

[1] 45
[2] 60
[3] 75
[4] 90
[5] 115

ESERCIZIO 3.47. [**7**⋆] *In quanti modi si possono disporre* 18 *biglie uguali in* 4 *urne distinte, in modo tale che ogni urna contenga un numero* pari *di biglie non superiore a* 10*?* [SUGGERIMENTO]

[1] 75

2 110
3 125
4 140
5 185

ESERCIZIO 3.48. [**7**$\star$] *Quante sono le soluzioni del sistema*[64]

$$\begin{cases} n_1 + n_2 + n_3 + n_4 + n_5 + n_6 = 16 \\ n_1 + n_2 + n_3 = 8 \\ n_5 \leq 5 \\ n_6 \leq 7 \end{cases}$$

ove $n_1, n_2, n_3, n_4, n_5, n_6$ *sono numeri interi non negativi?* [SUGGERIMENTO]

1 $90 \cdot 12$
2 $C^{(\mathrm{r})}_{6,16} - C^{(\mathrm{r})}_{3,8} + 7 \cdot 12$
3 $45 \cdot 38$
4 $C^{(\mathrm{r})}_{8,4}(C^{(\mathrm{r})}_{8,4} - 7)$
5 Nessuna delle altre risposte

ESERCIZIO 3.49. [**7**$\star$] *Un esame scritto è composto da* 10 *esercizi, di cui* 6 *da un punto e* 4 *da due punti. Il punteggio assegnato è pieno (ossia uno o due punti, a seconda del tipo di quesito) se la risposta è giusta, mentre è* 0 *se la risposta è sbagliata. Quante sono le risposte possibili che consentono di totalizzare un punteggio maggiore o uguale a* 10*?* [SUGGERIMENTO]

1 246
2 151
3 94
4 77
5 52

ESERCIZIO 3.50. [**8**$\star$] *Quante sono le applicazioni suriettive da un insieme di* 4 *elementi ad un insieme di* 3 *elementi?* [SUGGERIMENTO]

1 24

[64] Un *sistema* di m equazioni in n incognite è un insieme di equazioni che devono essere simultaneamente soddisfatte. Pertanto, le sue soluzioni (se ne esistono) sono delle n-uple di numeri reali (nel caso dell'esercizio, 6-uple di numeri naturali) tali che sostituendo ordinatamente tali numeri alle incognite si ottengano delle identità. Si veda il Volume II, Capitolo di Sistemi Lineari.

[2] 36
[3] 48
[4] 62
[5] 76

ESERCIZIO 3.51. [**9**⋆] *Sei coppie sposate di ballerini di tango vanno a ballare in "milonga". In quanti modi i* 6 *uomini possono ballare con le* 6 *donne, sotto la condizione che nessuna coppia danzante sia formata da marito e moglie?* [SUGGERIMENTO]

[1] 265
[2] 320
[3] 435
[4] 580
[5] 645

3.2.3 Svolgimenti

RISPOSTA 3.1. [**2**$\star$] La risposta corretta (FALSA) è la $\boxed{4}$. Infatti, essendo

$$|A \cup B| = |A| + |B| + |A \cap B| = 5 + 4 - 2 = 7$$

si ottiene:

$\boxed{1}$ $C_{|A \cup B|,5} = C_{7,5} = \binom{7}{5} = \binom{7}{2} = \frac{7 \cdot 6}{2!} = 21$

$\boxed{2}$ $|\mathcal{P}(A \times B)| = 2^{|A \times B|} = 2^{|A| \cdot |B|} = 2^{20}$

$\boxed{3}$ $D_{|B|,1} = D_{4,1} = 4$

$\boxed{4}$ $C^{(r)}_{|A|,2} = C^{(r)}_{5,2} = \binom{5+2-1}{2} = \mathbf{15}$

$\boxed{5}$ $\binom{|A|}{|B|} = \binom{5}{4} = \binom{5}{1} = 5.$

RISPOSTA 3.2. [**2**$\star$] Questo esercizio è un'immediata applicazione del Teorema 3.23 della Sezione 3.1.11:

> *Il numero di funzioni da un insieme finito A ad un insieme finito B è uguale a $|B|^{|A|}$.*

Pertanto, il numero di funzioni da un insieme di 3 elementi ad un insieme di 4 elementi è $\mathbf{4^3}$, ossia la risposta corretta è la $\boxed{4}$.

Volendo verificare nel caso specifico la correttezza della risposta data senza ricorrere al Teorema 3.23, si dovrebbe ragionare nel seguente modo. Siano $A := \{a_1, a_2, a_3\}$ e $B := \{b_1, b_2, b_3, b_4\}$ due arbitrari insiemi di cardinalità, rispettivamente, 3 e 4. Si verifica che ogni funzione da A in B è "rappresentabile" come una disposizione con ripetizione di 4 elementi (quelli di B) di classe 3 (i tre elementi di A). Il seguente esempio suggerisce le modalità di rappresentazione: le disposizioni

$$\underbrace{\lfloor\, b_3 \,\rfloor}_{a_1}\ \underbrace{\lfloor\, b_2 \,\rfloor}_{a_2}\ \underbrace{\lfloor\, b_2 \,\rfloor}_{a_3} \qquad \text{e} \qquad \underbrace{\lfloor\, b_2 \,\rfloor}_{a_1}\ \underbrace{\lfloor\, b_1 \,\rfloor}_{a_2}\ \underbrace{\lfloor\, b_3 \,\rfloor}_{a_3}$$

corrispondono, rispettivamente, alle funzioni $f\colon A \to B$ e $g\colon A \to B$ definite da

$$a_1 \overset{f}{\mapsto} b_3 \quad a_2 \overset{f}{\mapsto} b_2 \quad a_3 \overset{f}{\mapsto} b_2 \qquad \text{e} \qquad a_1 \overset{g}{\mapsto} b_2 \quad a_2 \overset{g}{\mapsto} b_1 \quad a_3 \overset{g}{\mapsto} b_3.$$

Si noti che il tentativo di rappresentare una funzione da A in B come una distribuzione (di qualunque tipo) di 3 elementi (quelli di A) di classe 4 (i 4 elementi di B) fallisce sul nascere: ad esempio, come si potrebbe mai rappresentare in tal modo le funzioni f e g di cui sopra? In definitiva, l'insieme B^A delle funzioni da A in B ha cardinalità uguale al numero di disposizioni con ripetizione di 4 elementi di classe 3, ossia

$$|B^A| = D^{(r)}_{|B|,|A|} = D^{(r)}_{4,3} = \mathbf{4^3}\,.$$

RISPOSTA 3.3. [**3**$\star$] Denotiamo con $D := \{d_1, d_2, d_3\}$ e $U := \{u_1, u_2, u_3\}$ gli insiemi, rispettivamente, delle donne e degli uomini. Esempi di configurazioni ammissibili sono le 6-uple $(d_1, u_1, d_2, u_2, d_3, u_3)$, $(d_1, u_3, d_2, u_2, d_3, u_1)$ e $(u_2, d_3, u_1, d_2, u_3, d_1)$. I due seguenti tipi di configurazioni costituiscono una lista esaustiva di casi mutualmente esclusivi:

$$\underline{d_{i_1}}\ \underline{u_{j_1}}\ \underline{d_{i_2}}\ \underline{u_{j_2}}\ \underline{d_{i_3}}\ \underline{u_{j_3}} \qquad\qquad \underline{u_{j_1}}\ \underline{d_{i_1}}\ \underline{u_{j_2}}\ \underline{d_{i_2}}\ \underline{u_{j_3}}\ \underline{d_{i_3}}$$

ove (i_1, i_2, i_3) e (j_1, j_2, j_3) sono due permutazioni della terna $(1, 2, 3)$. Ad esempio, l'ultimo dei tre esempi considerati sopra è una configurazione del secondo tipo, con $(i_1, i_2, i_3) = (3, 2, 1)$ e $(j_1, j_2, j_3) = (2, 1, 3)$.

Per quanto riguarda la prima configurazione, le tre donne possono sedersi nei posti loro assegnati in P_3 modi. Analogamente, i tre uomini possono sedersi nei posti loro assegnati in P_3 modi. Pertanto, per la regola del prodotto, il numero di configurazioni del primo tipo è pari a

$$P_3 \cdot P_3 = 3! \cdot 3! = 36.$$

Con un ragionamento simmetrico, si determina agevolmente che il numero di configurazioni del secondo tipo è pari a

$$P_3 \cdot P_3 = 3! \cdot 3! = 36.$$

In forza della regola della somma, il numero di configurazioni possibili è pertanto pari a

$$P_3 \cdot P_3 + P_3 \cdot P_3 = \mathbf{72}.$$

RISPOSTA 3.4. [**3**$\star$] Per quanto detto nella soluzione del quesito presentato nella Sezione 3.1.14, il quesito si può interpretare graficamente nel seguente modo (ove il simbolo "Π" sta per "*produttoria*", ossia prodotto):

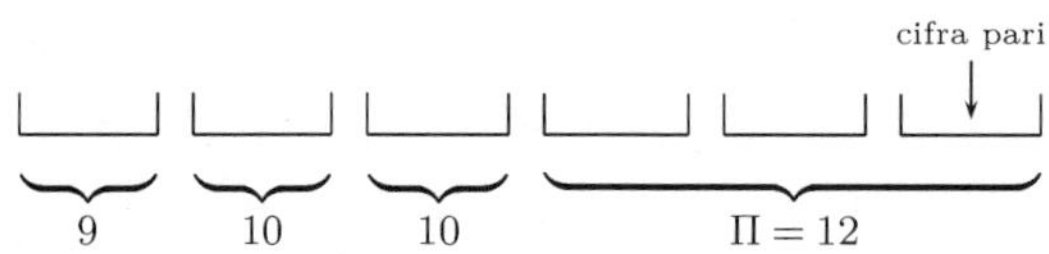

Le uniche configurazioni possibili delle ultime tre cifre che rispettano i vincoli del quesito sono otto: 322, 232, 216, 126, 612, 162, 314, 134. Per la regola del prodotto, il numero richiesto è pertanto

$$9 \cdot 10 \cdot 10 \cdot 8 \;=\; \mathbf{7200}.$$

RISPOSTA 3.5. [4⋆] Per determinare il numero delle configurazioni in esame, occorre:

(i) scegliere le colonne e le righe su cui sistemare le pedine;

(ii) scegliere i colori delle pedine da mettere nei posti di cui al punto (i);

(iii) combinare opportunamente le selezioni di cui ai punti (i) e (ii).

Se le pedine fossero tutte dello stesso colore, allora potremmo disporle sulla scacchiera in $P_3 = 3! = 6$ modi, ossia graficamente:

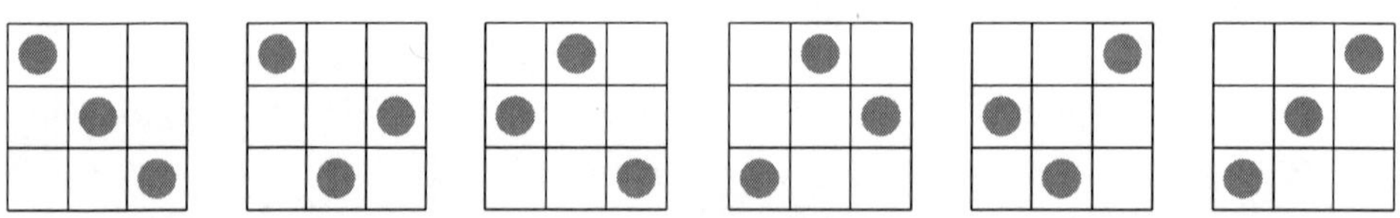

(Si noti che tale ragionamento è uguale a quello relativo alla definizione di determinante di una matrice quadrata di ordine 3, di cui si tratta nel Capitolo di Matrici del Volume II.) Tuttavia, essendo le pedine di 3 colori diversi, ciascuna delle P_3 configurazioni di cui sopra genera a sua volta P_3 nuove configurazioni, ottenute permutando i 3 colori. Per esempio, la prima configurazione monocromatica a sinistra da luogo alle seguenti 6 configurazioni multicromatiche:

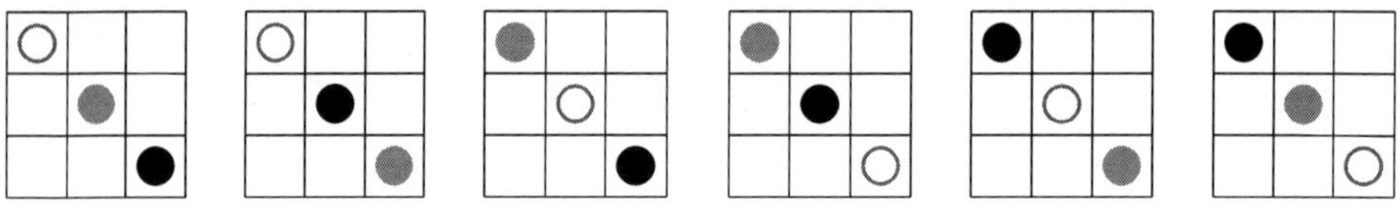

In definitiva, applicando la regola del prodotto, il numero globale delle configurazioni è dato da

$$P_3 \cdot P_3 \;=\; 3! \cdot 3! \;=\; \mathbf{36}.$$

Un approccio alternativo (più diretto e semplice, ma in qualche misura meno generale) al problema è il seguente. Si consideri una pedina tra le tre disponibili. Essa può essere posizionata in una qualsiasi delle $3^2 = 9$ caselle della scacchiera. Ne segue che una delle altre due pedine può occupare una qualsiasi delle $2^2 = 4$ caselle rimanenti, ottenute dopo aver eliminato la riga e la colonna ove la prima pedina è stata posizionata. Infine l'ultima pedina non può che occupare l'unica casella rimasta disponibile dopo aver eliminato anche la riga e la colonna della seconda pedina. In definitiva, per la regola del prodotto, il numero complessivo di configurazioni ammissibili è dato da

$$9 \cdot 4 \cdot 1 = \mathbf{36}.$$

RISPOSTA 3.6. [4★] Le partizioni di A in 3 classi tali che ogni classe abbia cardinalità 2 sono del "tipo" $\{\{\cdot,\cdot\},\{\cdot,\cdot\},\{\cdot,\cdot\}\}$, ossia graficamente:

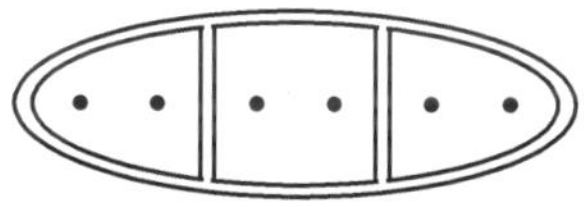

Per determinare il numero delle configurazioni in esame, occorre innanzitutto:

(i) scegliere 2 tra i 6 elementi di A

(ii) scegliere altri 2 tra i rimanenti 4 elementi di A

(iii) scegliere altri 2 tra i rimanenti 2 elementi di A.

Poiché l'ordine in cui vengono selezionati gli elementi di ogni coppia non è rilevante e gli elementi non possono ovviamente ripetersi, ne segue che la scelta (i) può farsi in $C_{6,2}$ modi, la scelta (ii) in $C_{4,2}$ modi e la scelta (iii) in $C_{2,2} = 1$ modo. Per la regola del prodotto, il numero complessivo di configurazioni dovrebbe pertanto essere dato da:

$$C_{6,2} \cdot C_{4,2} \cdot C_{2,2} = \binom{6}{2} \cdot \binom{4}{2} \cdot \binom{2}{2} = 15 \cdot 6 \cdot 1 = 90.$$

Tuttavia, a dispetto dell'apparente correttezza del ragionamento, tale risposta è errata (per eccesso). La ragione è che essa conta ciascuna configurazione più di una volta. Ad esempio, se $A := \{a,b,c,d,e,f\}$, la partizione di A data da $\{\{a,b\},\{c,d\},\{e,f\}\}$ è contata ben 6 volte, potendosi ottenere mediante le selezioni (i)-(iii) nei seguenti modi:

(1) prima la coppia $\{a,b\}$, poi la coppia $\{c,d\}$ ed infine la coppia $\{e,f\}$

(2) prima la coppia $\{a,b\}$, poi la coppia $\{e,f\}$ ed infine la coppia $\{c,d\}$

(3) prima la coppia $\{c,d\}$, poi la coppia $\{a,b\}$ ed infine la coppia $\{e,f\}$

(4) prima la coppia $\{c,d\}$, poi la coppia $\{e,f\}$ ed infine la coppia $\{a,b\}$

(5) prima la coppia $\{e,f\}$, poi la coppia $\{a,b\}$ ed infine la coppia $\{c,d\}$

(6) prima la coppia $\{e,f\}$, poi la coppia $\{c,d\}$ ed infine la coppia $\{a,b\}$.

La stessa cosa accade per tutte le altre partizioni di A che siano formate da 3 sottoinsiemi di cardinalità 2. Invero, ai fine del conteggio del numero ammissibile di configurazioni, l'ordine in cui selezioniamo le 3 coppie di elementi di A non è rilevante, mentre il tipo di computo sopra effettuato ne tiene erroneamente conto. Dobbiamo pertanto dividere il numero prima ottenuto per le permutazioni di classe 3 (le 3 coppie scelte), eliminando così "l'effetto ordine". In definitiva, la risposta esatta è la $\boxed{1}$, essendo[65]

$$\frac{C_{6,2}\cdot C_{4,2}\cdot C_{2,2}}{P_3} = \frac{90}{6} = \mathbf{15}.$$

RISPOSTA 3.7. [5⋆] Denotato con I l'insieme degli interpreti che parlano l'Inglese e con F quello degli interpreti che parlano il Francese, si ha

$$|I\cap F| = |I|+|F|-|I\cup F| = 8+6-10 = 4$$

ossia graficamente:

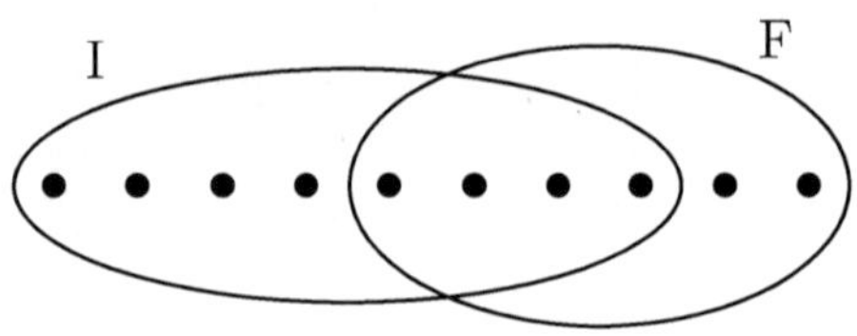

Per il vincolo imposto nel testo, il gruppo di 4 interpreti deve constare di

(i) 2 interpreti che parlano sia l'Inglese che il Francese

[65] Il lettore attento osserverà che il ragionamento sopra presentato non è tanto immediato da giustificare la valutazione relativamente bassa di difficoltà pari a [4⋆]. La ragione per cui tale quesito è stato valutato in tal modo è che la risposta può ottenersi in base ad un pedissequo conteggio del numero di partizioni dell'insieme A in due classi. Naturalmente, se l'insieme A fosse stato, ad esempio, di cardinalità 10, allora il computo delle configurazioni ammissibili sarebbe certamente stato più arduo, e conseguentemente la valutazione di difficoltà dell'esercizio sarebbe stata maggiore.

(ii) 2 interpreti che parlano soltanto l'Inglese o soltanto il Francese.

Per scegliere gli interpreti del tipo (i) si può attingere da un insieme di 4 elementi (quelli di $I \cap F$), mentre per scegliere quelli del tipo (ii) si può attingere da un insieme di 6 elementi (quelli di $(I \cup F) \setminus (I \cap F)$). Graficamente, la situazione è la seguente:

$$\underbrace{\sqcup\!\!\sqcup \quad \sqcup\!\!\sqcup}_{\text{4 elementi}} \quad \underbrace{\sqcup\!\!\sqcup \quad \sqcup\!\!\sqcup}_{\text{6 elementi}}$$

Poiché l'ordine in cui scelta degli elementi viene effettuata non rileva e la loro ripetizione non è ovviamente ammissibile, una semplice applicazione della regola del prodotto permette di ottenere il numero complessivo dei casi possibili come segue:

$$C_{4,2} \cdot C_{6,2} = 6 \cdot 15 = \mathbf{90}.$$

A latere osserviamo che la relativa semplicità del quesito dipende dalla presenza nel testo dell'avverbio "esattamente". Infatti, se al suo posto ci fosse stato scritto "almeno", la determinazione della soluzione del problema sarebbe diventata decisamente meno semplice: si veda l'Esercizio 3.10.

RISPOSTA 3.8. [**5**$\star$] Si ha:

$$P^{(\mathrm{r})}_{2,1,1,2,3} = \frac{9!}{2! \cdot 1! \cdot 1! \cdot 2! \cdot 3!} = \frac{9 \cdot 8 \cdot 7 \cdot 6 \cdot 5 \cdot 4 \cdot 3 \cdot 2}{4 \cdot 3 \cdot 2} = 9 \cdot 8 \cdot 7 \cdot 6 \cdot 5$$

nonché

$$C^{(\mathrm{r})}_{5,6} = \binom{5+6-1}{6} = \binom{10}{6} = \binom{10}{4} = \frac{10 \cdot 9 \cdot 8 \cdot 7}{4!} = 10 \cdot 7 \cdot 3\,.$$

Scrivendo le cinque risposte in sequenza come segue

$$\begin{array}{llllll}
\boxed{1} & P_8 & = & 8 \cdot 7 \cdot 6 \cdot 5 \cdot 4 \cdot 3 \cdot 2 & = & 8 \cdot 7 \cdot 6 \cdot 5 \cdot 24 \\
\boxed{2} & P^{(\mathrm{r})}_{2,1,1,2,3} & = & 9 \cdot 8 \cdot 7 \cdot 6 \cdot 5 & = & 8 \cdot 7 \cdot 6 \cdot 5 \cdot 9 \\
\boxed{3} & D_{9,5} & = & 9 \cdot 8 \cdot 7 \cdot 6 \cdot 5 & = & 8 \cdot 7 \cdot 6 \cdot 5 \cdot 9 \\
\boxed{4} & D^{(\mathrm{r})}_{6,4} & = & 6 \cdot 6 \cdot 6 \cdot 6 & = & 6 \cdot 6 \cdot 6 \cdot 3 \cdot 2 \\
\boxed{5} & C^{(\mathrm{r})}_{5,6} & = & 7 \cdot 5 \cdot 3 \cdot 2 & < & 6 \cdot 6 \cdot 5 \cdot 3 \cdot 2
\end{array}$$

e confrontando i singoli fattori, si ottiene $\boxed{1} > \boxed{2} = \boxed{3} > \boxed{4} > \boxed{5}$. Pertanto la risposta corretta è la $\boxed{1}$.

RISPOSTA 3.9. [**5**$\star$] La seguente rappresentazione grafica risulta utile ai fini della risoluzione del quesito:

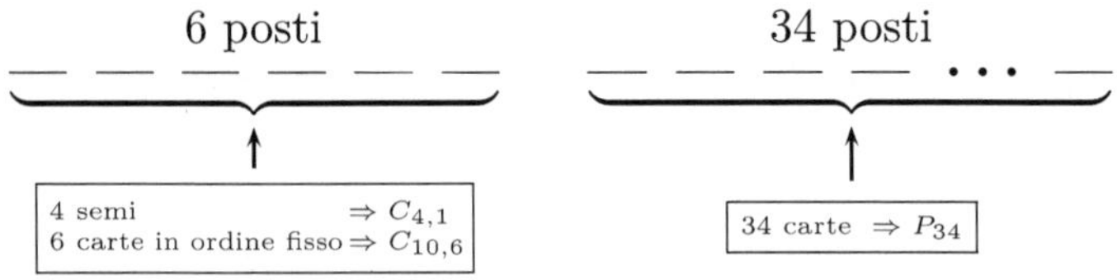

Le prime 6 carte devono essere dello stesso seme (su 4 disponibili) e scelte tra le 10 carte di quel seme. Essendo l'ordine già fissato *a priori* (in questo caso crescente), per la regola del prodotto la selezione delle prime 6 carte può effettuarsi in $C_{4,1} \cdot C_{10,6}$ modi. Le rimanenti 34 carte possono essere disposte sui 34 posti disponibili in modo arbitrario, per cui tale selezione può farsi in P_{34} modi. Per la regola del prodotto di eventi indipendenti, il numero complessivo dei casi è pertanto

$$C_{4,1} \cdot C_{10,6} \cdot P_{34} \;=\; \mathbf{C_{4,1} \cdot C_{10,4} \cdot P_{34}}.$$

RISPOSTA 3.10. [**5**$\star$] Il numero dei sottoinsiemi di $A \cup B$ che contengono *almeno* un elemento di A si può ottenere come differenza tra il numero globale dei casi e il numero dei casi "cattivi"; più precisamente, il numero cercato risulta dalla differenza di:

- numero totale dei sottoinsiemi di $A \cup B$ (uguale a $|\mathcal{P}(A \cup B)|$), e
- numero dei sottoinsiemi di $A \cup B$ che non contengono alcun elemento di A (uguale a $|\mathcal{P}(B \setminus A)|$).

Essendo

$$|A \cup B| \;=\; |A| + |B| - |A \cap B| \;=\; 5 + 4 - 2 \;=\; 7$$

nonché

$$|B \setminus A| \;=\; |B| - |A \cap B| \;=\; 4 - 2 \;=\; 2$$

ossia, con un diagramma di Eulero-Venn

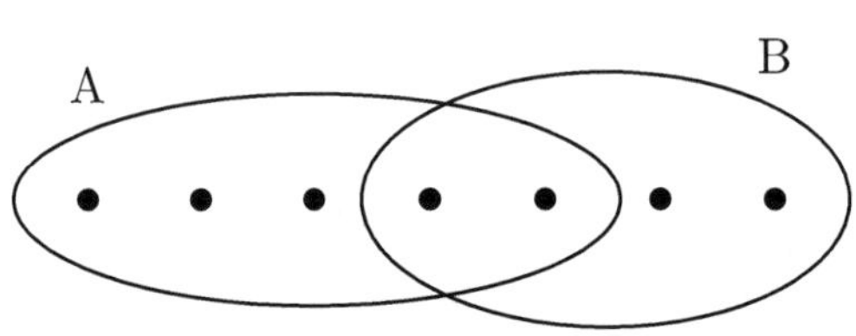

ne segue che il numero richiesto è dato da

$$|\mathcal{P}(A \cup B)| - |\mathcal{P}(B \setminus A)| = 2^{|A \cup B|} - 2^{|B \setminus A|} = 2^7 - 2^2 = 128 - 4 = \mathbf{124}.$$

Si noti che la risposta si può anche scrivere come segue:

$$2^7 - 2^2 = 2^2(2^5 - 1).$$

Questa lettura alternativa del risultato[66] suggerisce un modo più diretto – anche se forse meno semplice – in cui determinare la risposta corretta. Infatti, un sottoinsieme di $A \cup B$ che contenga almeno un elemento di A si ottiene dall'unione dei seguenti insiemi:

- un qualunque sottoinsieme non vuoto di A
- un qualunque sottoinsieme di $B \setminus A$.

Poiché gli insiemi del primo tipo sono

$$|\mathcal{P}(A) \setminus \{\emptyset\}| = 2^{|A|} - 1$$

e quelli del secondo tipo sono

$$|\mathcal{P}(B \setminus A)| = 2^{|B \setminus A|}$$

per la regola del prodotto (verificarne l'applicabilità!) il numero richiesto è

$$2^{|B \setminus A|} \cdot \left(2^{|A|} - 1\right) = 2^2(2^5 - 1) = \mathbf{124}.$$

RISPOSTA 3.11. [6⋆] Per interpretare correttamente il quesito, costruiamo una figura quadrata che riproduce la pianta di Fantasilandia. A tal fine, osserviamo innanzitutto che la posizione dell'università è fissa (trovandosi nell'esatto centro della pianta quadrata), mentre possiamo assumere senza perdere in generalità che lo stadio sia situato nel settore estremo di Sud-Est. (Il ragionamento è assolutamente analogo nel caso in cui lo stadio sia situato in uno degli altri tre vertici della pianta quadrata.) La pianta di Fantasilandia può allora rappresentarsi come una griglia con 9 righe e 9 colonne, avente 9×9 settori-punti, l'università nella posizione $(5,5)$ e lo stadio nella posizione $(9,9)$:[67]

[66] Si confronti quest'approccio con quanto detto nella Nota 14 di cui nella Sezione 3.1.5.

[67] La posizione (m,n) sta per m-ima riga ed n-ima colonna, ove le 9 righe sono numerate dall'alto verso il basso e le 9 colonne da sinistra verso destra. Pertanto, lo stadio si trova nella posizione $(9,9)$, ossia nona riga e nona colonna. (Si confronti questa identificazione del settore mediante due "coordinate" con la discussione iniziale fatta nel Capitolo di Matrici, Volume II.)

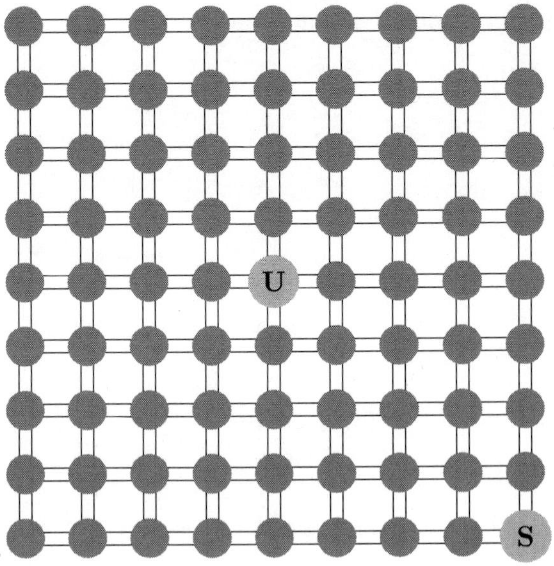

Si noti inoltre che affinché un percorso sia di *minima lunghezza*,[68] gli unici movimenti possibili sono del tipo "$\downarrow$" (ossia Nord verso Sud) e del tipo "$\rightarrow$" (ossia Ovest verso Est), in quanto un qualunque movimento del tipo "$\uparrow$" o del tipo "$\leftarrow$" allungherebbe il tragitto. È immediato adesso osservare che per andare dall'università allo stadio con un percorso di minima lunghezza, si possono combinare in qualunque modo 4 movimenti del tipo "$\downarrow$" e 4 movimenti del tipo "$\rightarrow$". Pertanto, il numero di tragitti "efficienti" è dato dal numero di permutazioni con ripetizione di due elementi (i movimenti "$\downarrow$" e "$\rightarrow$"), ciascuno dei quali è ripetuto 4 volte, ossia:

$$P_{4,4}^{(\mathrm{r})} = \frac{8!}{4! \cdot 4!} = \frac{8 \cdot 7 \cdot 6 \cdot 5 \cdot 4!}{4! \cdot 4!} = \mathbf{70}\,.$$

RISPOSTA 3.12. [**6**$\star$] Per determinare il numero delle configurazioni richieste, occorre:

(i) scegliere le colonne e le righe su cui sistemare le pedine;

(ii) scegliere i colori delle pedine da mettere nei posti di cui al punto (i);

(iii) combinare opportunamente le selezioni di cui ai punti (i) e (ii).

[68] A tal proposito, si veda la definizione di *distanza di Manhattan* di cui nella Sezione 4.1.6 del Capitolo di Insiemi Numerici.

La selezione di cui al punto (i) può effettuarsi in

$$D^{(r)}_{4,4} = 4^4$$

modi. Infatti, il loro numero è uguale a quello di tutte le funzioni dall'insieme $C := \{c_1, c_2, c_3, c_4\}$ delle colonne della scacchiera (che devono essere distinte) all'insieme $R := \{r_1, r_2, r_3, r_4\}$ delle righe della scacchiera (che possono essere anche ripetute): tale numero è $|R|^{|C|} = 4^4$ per quanto visto nell'Esercizio 3.2. Ad esempio, la disposizione delle pedine illustrata nella figura sottostante è lecita, in quanto le posizioni occupate (r_3, c_1), (r_4, c_2), (r_2, c_3), (r_4, c_4) si trovano su colonne distinte:

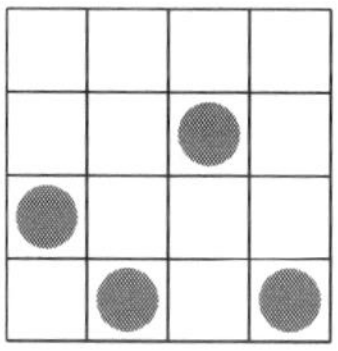

Tale disposizione corrisponde alla funzione $f\colon C \to R$ definita da $f(c_1) := r_3$, $f(c_2) := r_4$, $f(c_3) := r_2$, $f(c_4) := r_4$.

La selezione di cui al punto (ii) può effettuarsi in

$$P^{(r)}_{3,1} = \frac{4!}{3!1!} = 4$$

modi. Infatti, il loro numero è uguale a quello delle permutazioni con ripetizione di due elementi (i colori B e N), in cui il primo si ripete tre volte e il secondo una volta. Ad esempio, se le pedine sono disposte come nella figura precedente e la scelta (ordinata) dei colori è, rispettivamente, NBBB, BNBB, BBNB e BBBN, allora le corrispondenti sistemazioni sono le seguenti:

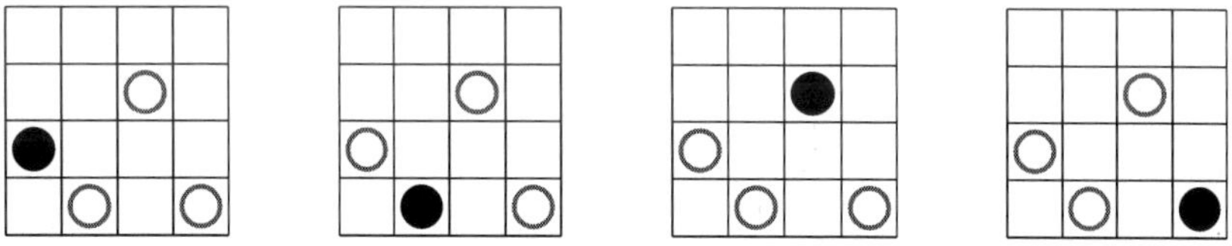

Infine, trattandosi di eventi indipendenti, per computare il numero globale dei casi, applichiamo il principio del prodotto al numero di selezioni di cui in (i) e (ii), ottenendo:

$$D^{(r)}_{4,4} \cdot P^{(r)}_{3,1} = 4^4 \cdot 4 = \mathbf{4^5}.$$

Un modo alternativo (in questo caso più semplice e diretto) per risolvere il quesito è il seguente. Consideriamo innanzitutto la pedina nera. Tale pedina può occupare una qualunque posizione della scacchiera, per cui può disporsi in $4^2 = 16$ modi. Le tre pedine bianche dovranno dunque occupare le tre colonne rimanenti (visto che una è stata occupata dalla pedina nera), il che può farsi in 4^3 modi (si veda il ragionamento fatto nel paragrafo precedente). In conclusione, applicando la regola del prodotto, il numero globale di configurazioni è dato da

$$4^2 \cdot 4^3 = \mathbf{4^5}.$$

RISPOSTA 3.13. [**7**$\star$] Questo quesito non è *per sé* tanto complesso da meritare una valutazione di [7$\star$]. Tuttavia, ciò che in questo caso ne causa un aumento di difficoltà è, come vedremo, la scelta della risposta giusta tra quelle presentate.

Per determinare il numero degli accoppiamenti possibili di sedici squadre $a_1, \ldots, a_{16}$ che devono disputare otto partite, utilizziamo due approcci:

(i) "sequenziale";

(ii) "partite-elementi su squadre-posti".

(i) L'approccio "sequenziale" lo abbiamo già visto, anche se in una forma apparentemente diversa. Infatti, nell'Esercizio 3.6 si chiede di determinare il numero di partizioni di un insieme di 6 elementi in classi di cardinalità 2. La risposta è data dalla seguente formula:

$$\frac{C_{6,2} \cdot C_{4,2} \cdot C_{2,2}}{P_3}.$$

(Si veda la risoluzione dell'Esercizio 3.6 per la giustificazione della risposta.) Il nostro problema è analogo, in quanto si tratta di determinare il numero totale di partizioni di un insieme di 16 elementi (le squadre di calcio) in classi di cardinalità 2 (le partite). Pertanto, la formula risolutiva è

$$\frac{C_{16,2} \cdot C_{14,2} \cdot C_{12,2} \cdot C_{10,2} \cdot C_{8,2} \cdot C_{6,2} \cdot C_{4,2} \cdot C_{2,2}}{P_8}$$

ossia

$$\frac{\binom{\mathbf{16}}{\mathbf{2}}\binom{\mathbf{14}}{\mathbf{2}}\binom{\mathbf{12}}{\mathbf{2}}\binom{\mathbf{10}}{\mathbf{2}}\binom{\mathbf{8}}{\mathbf{2}}\binom{\mathbf{6}}{\mathbf{2}}\binom{\mathbf{4}}{\mathbf{2}}\binom{\mathbf{2}}{\mathbf{2}}}{\mathbf{8!}}. \tag{3.13}$$

(ii) L'approccio "partite-elementi su squadre-posti" è più sofisticato di quello "sequenziale", in quanto non altrettanto naturale. In questo caso occorre pensare alle partite come ad otto elementi distinti $p_1, \ldots, p_8$, ciascuno dei quali ripetuto esattamente due volte, che devono essere distribuiti su sedici posti, rappresentati dalle squadre $a_1, \ldots, a_{16}$. Il numero totale di distribuzioni possibili di tali 8 elementi, ciascuno dei quali ripetuto due volte, è dato da

$$P^{(\mathrm{r})}_{2,2,2,2,2,2,2,2} = \frac{16!}{(2!)^8}.$$

Come nell'approccio (i), occorre poi dividere il numero di cui sopra per le permutazioni di 8 elementi, in quanto le partite sono giocate contemporaneamente.[69] In definitiva, il numero delle configurazioni possibili di accoppiamenti delle 16 squadre è dato da è

$$\boldsymbol{\frac{16!}{2^8\, 8!}}. \tag{3.14}$$

Ovviamente i due numeri che appaiono in (3.13) e in (3.14) sono uguali, anche se sono presentati in modo diverso. Poiché nessuna delle prime 4 risposte sembra corrispondere al risultato trovato, si potrebbe essere indotti a ritenere che la risposta $\boxed{5}$ (ossia "Nessuna delle altre") sia quella corretta. Viceversa, un'attenta rielaborazione del risultato, scritto nella forma (3.13) o nella forma (3.14), produce una sorprendente semplificazione. Ad esempio, dalla (3.14) si ottiene:

$$\frac{16!}{2^8\, 8!} = \frac{16 \cdot 15 \cdot 14 \cdot 13 \cdot 12 \cdot 11 \cdot 10 \cdot 9}{2 \cdot 2 \cdot 2 \cdot 2 \cdot 2 \cdot 2 \cdot 2 \cdot 2} = \mathbf{15 \cdot 13 \cdot 11 \cdot 9 \cdot 7 \cdot 5 \cdot 3 \cdot 1}.$$

(Il lettore è invitato a operare un'analoga semplificazione del numero (3.13) per ottenere il medesimo risultato.) Pertanto, la risposta esatta è la $\boxed{3}$.

RISPOSTA 3.14. [7⋆] Risolviamo innanzitutto l'esercizio nel caso (più semplice da un punto di vista meramente computazionale) in cui l'insieme A abbia cardinalità 6. Come si vedrà, la soluzione presentata contiene già tutti gli elementi necessari per estendere il ragionamento al caso in cui $|A| = 8$.

Per il Teorema 2.11 della Sezione 2.1.19, esiste una corrispondenza biunivoca tra l'insieme delle relazioni di equivalenza su A e l'insieme delle partizioni di A. Pertanto il quesito può riformularsi come segue:

> *Quante sono le partizioni di un insieme di cardinalità* 6 *contenenti esattamente* 2 *classi?*

Gli unici tipi di partizioni di un insieme di 6 elementi in 2 classi sono i seguenti I, II e III:

---

[69] Pertanto, non si distingue, ad esempio, tra le due seguenti configurazioni di partite:
(a) p_1p_1, p_2p_2, p_3p_3, p_4p_4, p_5p_5, p_6p_6, p_7p_7, p_8p_8, e
(b) p_2p_2, p_1p_1, p_3p_3, p_4p_4, p_5p_5, p_8p_8, p_7p_7, p_6p_6
poiché entrambe le configurazioni corrispondono allo stesso accoppiamento tra squadre, ossia a_1a_2, a_3a_4, a_5a_6, a_7a_8, a_9a_{10}, $a_{11}a_{12}$, $a_{13}a_{14}$, $a_{15}a_{16}$.

I II III

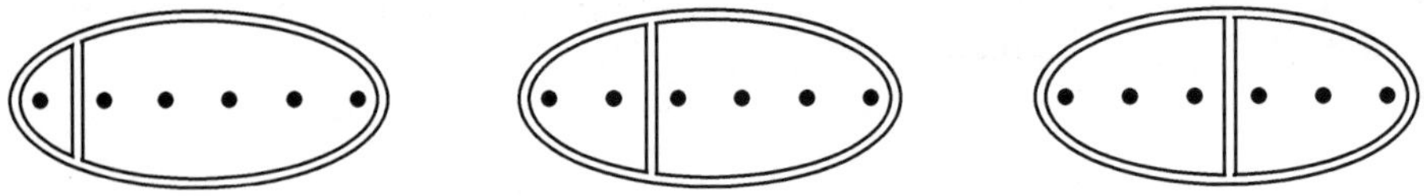

Si noti che i tipi di partizioni IV e V strutturati nel seguente modo

IV V

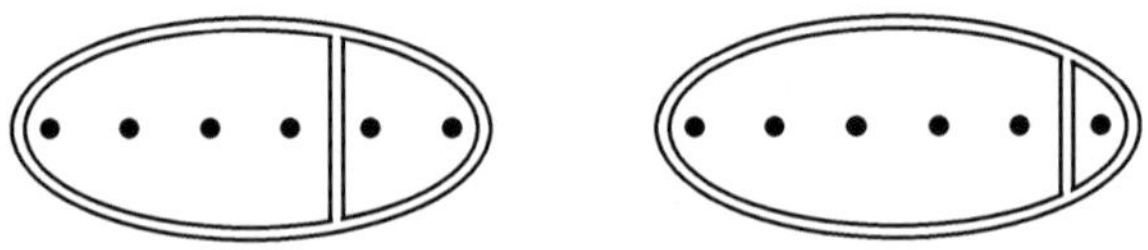

non costituiscono ulteriori tipi di partizioni. Infatti, considerato che l'ordine con cui gli elementi di un insieme vengono elencati non rileva (si veda la Sezione 2.1.1 del Capitolo di Insiemistica), le partizioni di tipo IV sono invero di tipo II, mentre le partizioni di tipo V sono di tipo I. Ad esempio, se $A := \{a, b, c, d, e, f\}$, allora la partizione di tipo IV data da $\{\{a, b, d, f\}, \{c, e\}\}$ è stata già contata tra quelle di tipo II, essendo uguale a $\{\{c, e\}, \{a, b, d, f\}\}$. In definitiva, i tipi I, II e III costituiscono una lista esaustiva di casi mutualmente esclusivi di partizioni di A in esattamente 2 classi. Pertanto, per la regola della somma, basta contare il numero delle partizioni di tipo I, II e III, per poi sommare i risultati così ottenuti.

Il numero di partizioni di tipo I si ottiene scegliendo tra i 6 elementi disponibili quello che sta nella classe con un solo elemento (e mettendo i 5 elementi rimanenti nell'altra classe). Pertanto, tale numero è dato da

$$C_{6,1} \cdot C_{5,5} \;=\; 6 \cdot 1 \;=\; 6.$$

Ad esempio, se $A := \{a, b, c, d, e, f\}$, allora le 6 partizioni di tal fatta sono le seguenti:

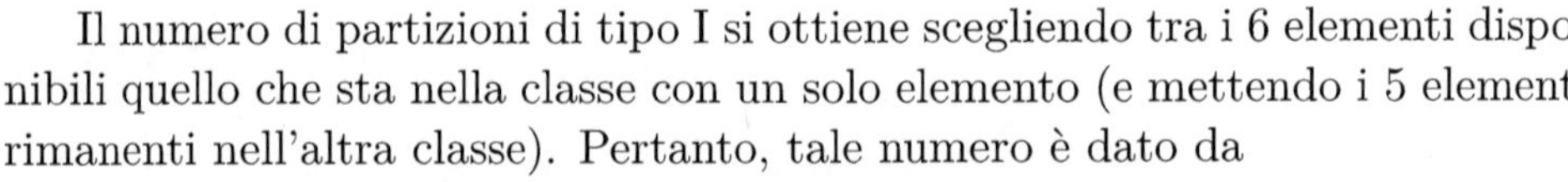

(ove i puntini rappresentano tutti gli elementi rimanenti).

Analogamente, le partizioni del secondo tipo sono date da

$$C_{6,2} \cdot C_{4,4} \;=\; 15 \cdot 1 \;=\; 15.$$

Particolare attenzione va posta nel contare le partizioni di tipo III, che *non* sono (come sarebbe naturale attendersi) $C_{6,3} \cdot C_{3,3} = 20 \cdot 1 = 20$. Infatti, così facendo si finirebbe per contare due volte la stessa partizione. Ad esempio, se $A := \{a, b, c, d, e, f\}$, allora la partizione $\{\{a, c, e\}, \{b, d, f\}\}$ sarebbe contata due volte, ossia: (i) quando si scelgono gli elementi a, c, e per la prima classe e gli elementi b, d, f per la seconda; (ii) quando si scelgono gli elementi b, d, f per la prima classe e gli elementi a, c, e per la seconda. La duplicazione è dovuta al fatto che in questo caso le classi hanno la stessa cardinalità. (Per rendersi conto della ragione per cui è necessario dividere il risultato per 2, il lettore è invitato a determinare tutte le partizioni di tipo III nel caso in cui si abbia $A := \{a, b, c, d, e, f\}$.) Ne segue che il numero di partizioni di tipo III è dato da

$$\frac{C_{6,3}}{2!} \cdot C_{3,3} = 10 \cdot 1 = 10.$$

Si noti che si è diviso $C_{6,3}$ per 2! anziché per 2, e ciò al fine di suggerire come si dovrebbe procedere in casi più complessi (ad esempio, nel caso in cui le partizioni contengano più di 2 classi).

Concludendo, per la regola della somma il numero globale di partizioni in due classi di un insieme A avente cardinalità 6 è dato da

$$C_{6,1} + C_{6,2} + \frac{C_{6,3}}{2} = 6 + 15 + \frac{20}{2} = 31.$$

Risulta adesso abbastanza agevole estendere il ragionamento al caso in cui A abbia cardinalità 8. Infatti, il numero di partizioni in due classi è dato in questo caso da

$$C_{8,1} + C_{8,2} + C_{8,3} + \frac{C_{8,4}}{2} = 8 + 28 + 56 + \frac{70}{2} = \mathbf{127}.$$

Il lettore attento potrebbe aver notato la seguente "strana coincidenza":

- per $|A| = 6$, la risposta è $2^{6-1} - 1 = 31$;
- per $|A| = 8$, la risposta è $2^{8-1} - 1 = 127$.

Il dubbio che possa trattarsi di mera coincidenza è presto fugato da un calcolo relativo al caso in cui l'insieme A abbia cardinalità 7, avendosi[70]

$$C_{7,1} + C_{7,2} + C_{7,3} = 7 + 21 + 35 = 63 = 2^{7-1} - 1.$$

Siamo pertanto naturalmente portati a formulare la seguente **congettura**:

> *Per ogni insieme A avente cardinalità $n \geq 2$, il numero di partizioni di A in esattamente due classi è dato da $2^{n-1} - 1$.*

[70] Attenzione al fatto che in questo caso le due classi della partizione non hanno mai la stessa cardinalità, in quanto $|A| = 7$ è dispari.

Si lascia al lettore il compito di dimostrare (in modo rigoroso) o smentire (mediante presentazione di un controesempio) la suddetta congettura.

RISPOSTA 3.15. [8⋆] La difficoltà di questo quesito è principalmente di carattere computazionale (e parzialmente di natura teorica). L'approccio più naturale al problema consiste nella sua decomposizione in fasi sequenziali come segue:

(i) formulazione di una lista esaustiva di configurazioni numeriche ammissibili che siano mutualmente esclusive;

(ii) determinazione del numero di distribuzioni relative a ciascuna di tali configurazioni;

(iii) applicazione della regola della somma per ottenere il numero globale dei casi possibili.

(i) Le configurazioni mutualmente esclusive che esauriscono tutta la casistica sono 7, essendo quelle del tipo

$$\underline{\quad i \quad}\ \ \underbrace{\underline{\qquad}\ \ \underline{\qquad}\ \ \underline{\qquad}}_{\Sigma\,=\,14-2i}\ \ \underline{\quad i \quad}$$

ove $i \in \{1, 2, \ldots, 7\}$. Pertanto, denotati con A l'insieme dei numeri naturali che soddisfano i vincoli imposti dal problema e con A_i le classi dei numeri naturali in A che cominciano e finiscono con i, ove $i \in \{1, 2, \ldots, 7\}$, si ha

$$A \;=\; A_1 \cup A_2 \cup \ldots \cup A_7\,.$$

Ne segue che, essendo le classi A_i a due a due disgiunte, il numero globale dei casi ammissibili sarà dato da

$$|A| \;=\; |A_1| + |A_2| + \ldots + |A_7|\,.$$

(ii) Il numero di distribuzioni relativo a ciascuna delle 7 classi in esame si ottiene riformulando opportunamente il problema come segue:

(*) *Per ogni* $i \in \{1, 2, \ldots, 7\}$, *calcolare il numero di distribuzioni di* $14 - 2i$ *palline (uguali) in* 3 *scatole (distinte), sotto la condizione che ciascuna scatola possa contenere al più* 9 *palline.*

Il problema (*) è abbastanza semplice qualora risulti $i \geq 3$. Infatti, in questi casi il numero di palline da distribuire nelle 3 scatole è inferiore a 10 e dunque il vincolo non ha alcun effetto. Ne segue che per $i \in \{3,4,5,6,7\}$ (ossia per le classi A_3, A_4, A_5, A_6, A_7), il numero delle distribuzioni ammissibili è dato da

$$|A_i| \;=\; C^{(r)}_{3,14-2i} \;=\; \binom{3+14-2i-1}{14-2i} \;=\; \binom{16-2i}{2} \;=\; \frac{(16-2i)(15-2i)}{2!}$$

ossia $|A_3| = 45$, $|A_4| = 28$, $|A_5| = 15$, $|A_6| = 6$, $|A_7| = 1$. Nel caso $i = 2$ (classe A_2), il problema (*) diventa quello di determinare il numero di casi in cui le palline da distribuire nelle 3 scatole siano $14 - 2 \cdot 2 = 10$. Questo problema è stato già affrontato nell'esempio sui numeri naturali condizionati presentato nella Sezione 3.1.14, in cui abbiamo determinato che il numero dei casi possibili è

$$|A_2| \;=\; C^{(r)}_{3,10} - 3 \;=\; 66 - 3 \;=\; 63.$$

La configurazione più articolata da esaminare è quella relativa al valore $i = 1$ (ossia i casi dei numeri appartenenti alla classe A_1). In tale situazione le palline da distribuire sono $14 - 2 = 12$, e dunque la condizione che ciascuna scatola possa contenere al più 9 palline porta all'esclusione di tanti casi. Più precisamente, i seguenti casi sono inammissibili:

(a) 12 palline in una scatola e 0 in ciascuna delle altre due;

(b) 11 palline in una scatola, 1 in un'altra e 0 nella rimanente;

(c) 10 palline in una scatola, 2 in un'altra e 0 nella rimanente;

(d) 10 palline in una scatola e 1 in ciascuna delle altre due.

Si lascia al lettore la verifica che i casi del tipo (a) sono 3, quelli del tipo (b) sono 3!, quelli del tipo (c) sono 3!, e quelli del tipo (d) sono 3. Ne segue che per $i = 1$ i casi ammissibili sono

$$|A_1| \;=\; C^{(r)}_{3,12} - (3 + 3! + 3! + 3) \;=\; \binom{3+12-1}{12} - 18 \;=\; \binom{14}{2} - 18 \;=\; 73.$$

(iii) In conclusione, per la regola della somma il numero globale dei casi possibili è dato da

$$|A| \;=\; \left(C^{(r)}_{3,12} - 18\right) + \left(C^{(r)}_{3,10} - 3\right) + C^{(r)}_{3,8} + C^{(r)}_{3,6} + C^{(r)}_{3,4} + C^{(r)}_{3,2} + C^{(r)}_{3,0} \;=\; \mathbf{231}.$$

A latere osserviamo che la notevole lunghezza nonché la non indifferente complessità del procedimento risolutivo avrebbero potuto suggerire una valutazione di difficoltà del quesito uguale a [9⋆]. La valutazione uguale a [8⋆] è motivata da un elemento accessorio, costituito dalla relativa semplicità delle risposte, il cui ordine di grandezza permette di scartare quattro di esse mediante un ragionamento di tipo *approssimato* (ossia mediante disuguaglianze). Invero, ai fini della determinazione dell'unica risposta corretta, sarebbe sufficiente operare come segue:

(A) effettuare una partizione dei casi possibili nelle classi $A_1, A_2, \ldots, A_7$;

(B) osservare che $|A_1| \geq |A_2| \geq \ldots \geq |A_7|$;

(C) determinare $|A_1|$.

(Si lascia al lettore la giustificazione dell'osservazione (B), peraltro non difficile alla luce della riformulazione (*) sopra evidenziata. L'unica disuguaglianza che richiede una certa attenzione è $|A_2| \leq |A_1|$, per la quale si dovrebbe teoricamente esibire una mappa iniettiva $f\colon A_2 \hookrightarrow A_1$, ma che comunque risulta abbastanza intuitiva: si veda la Sezione 3.1.16 sul "*pigeonhole principle*".) Infatti, alla luce delle osservazioni (A), (B) e (C), si ha:

$$73 = |A_1| \leq |A| \leq 7 \cdot |A_1| = 7 \cdot 73 = 511$$

da cui segue $73 \leq |A| \leq 511$. L'unica risposta tra quelle date che soddisfa le suddette disuguaglianze è la $\boxed{2}$.

RISPOSTA 3.16. [9⋆] Questo quesito costituisce la naturale estensione dell'Esercizio 3.12 al caso generale. Vista la sua difficoltà, lo risolviamo innanzitutto in un caso specifico (comunque più complicato di quello esaminato nell'Esercizio 3.12). Successivamente, applichiamo un procedimento di astrazione matematica per ricavare dal caso particolare la formula risolutiva del caso generale.

Supponiamo di dover determinare il numero di configurazioni ammissibili nella seguente circostanza:

- scacchiera 17×17 ($m := 17$)
- 10 pedine di 4 colori diversi, denotati con c_1, c_2, c_3, c_4 ($n := 10$ e $k := 4$)
- 1 pedina di colore c_1, 2 pedine di colore c_2, 3 pedine di colore c_3, 4 pedine di colore c_4 ($r_1 := 1$, $r_2 := 2$, $r_3 := 3$, $r_4 := 4$).

Determiniamo il numero di distribuzioni delle 10 pedine sulla scacchiera quadrata di ordine 17, sotto la condizione che le pedine stiano in colonne diverse, in tre modi (apparentemente) diversi; naturalmente il risultato è il medesimo in ciascuno dei tre modi. Si osservi che delle 17 colonne disponibili, 10 sono occupate dalle pedine, mentre 7 rimangono libere. Tutti e tre gli approcci presentati utilizzano un classico ragionamento di tipo sequenziale più volte visto nella risoluzione degli esercizi di questo capitolo, ragionamento che si conclude sempre con un'applicazione della regola del prodotto. Le formule, che si presentano nella forma di un prodotto di 4 fattori, sono le seguenti (in basso si fornisce la spiegazione per ciascuno dei fattori):

(1)	$C_{17,7}$	$\cdot$	$17 \cdot 10$	$\cdot$	17^9	$\cdot$	$P^{(r)}_{2,3,4}$
	scelta delle 7 colonne libere tra le 17 disponibili		posizioni possibili per la pedina di colore c_1 nelle colonne residue		posizioni possibili per le rimanenti 9 pedine nelle colonne residue		distinzione delle 9 pedine in base ai loro colori c_2, c_3, c_4

(2)	17^2	$\cdot$	$C_{16,7}$	$\cdot$	17^9	$\cdot$	$P^{(r)}_{2,3,4}$
	posizioni possibili per la pedina di colore c_1 sulla scacchiera 17×17		scelta delle 7 colonne libere tra le 16 residue		posizioni possibili per le rimanenti 9 pedine nelle colonne residue		distinzione delle 9 pedine in base ai loro colori c_2, c_3, c_4

(3)	$C_{17,7}$	$\cdot$	17^{10}	$\cdot$	$P^{(r)}_{1,2,3,4}$
	scelta delle 7 colonne libere tra le 17 disponibili		posizioni possibili per le 10 pedine nelle 10 colonne residue		distinzione delle 10 pedine in base ai loro colori c_1, c_2, c_3, c_4

Astraendo l'approccio (3) nel caso generale,[71] il numero di configurazioni ammissibili si ottiene come segue:

$C_{m,m-n}$	$\cdot$	m^n	$\cdot$	$P^{(r)}_{r_1,\dots,r_k}$
scelta delle $m-n$ colonne libere tra le m disponibili		posizioni possibili per le n pedine nelle n colonne residue		distinzione delle n pedine in base ai loro colori $c_1, \dots, c_k$

ossia

$$\binom{m}{m-n} m^n \frac{n!}{r_1! \dots r_k!} = \frac{m!\, m^n\, n!}{(m-n)!\, n!\, r_1! \dots r_k!} = \frac{\mathbf{m!\, m^n}}{\mathbf{(m-n)!\, r_1! \dots r_k!}}.$$

Pertanto la risposta corretta è la $\boxed{4}$.

---

[71] Analogo risultato si ottiene astraendo gli altri due approcci.

RISPOSTA 3.17. * [**9**$\star$] Calcoliamo innanzitutto il numero $n!!$ per alcuni numeri naturali:

- $0!! = 1!! = 1$
- $2!! = 2 \cdot 1 = 2$
- $3!! = 3 \cdot 1 = 3$
- $4!! = 4 \cdot 2 = 8$
- $5!! = 5 \cdot 3 \cdot 1 = 15$
- $6!! = 6 \cdot 4 \cdot 2 = 48$
- $7!! = 7 \cdot 5 \cdot 3 \cdot 1 = 105$
- $8!! = 8 \cdot 6 \cdot 4 \cdot 2 = 384$

etc. Più in generale, si ha per ogni $n \geq 2$:

- $n!! = n \cdot (n-2) \cdot \ldots \cdot 4 \cdot 2$ se n è pari
- $n!! = n \cdot (n-2) \cdot \ldots \cdot 3 \cdot 1$ se n è dispari.

Il fattoriale e il semi-fattoriale sono legati tra loro come segue:[72]

Proposizione 3.41. Per ogni $n \in \mathbb{N}$ si ha:

$$n! \;=\; n!!\,(n-1)!! \;=\; \frac{(2n)!!}{2^n}\,.$$

Tornando al quesito iniziale, dobbiamo pertanto determinare quale tra le formule $\boxed{1}$-$\boxed{4}$ *non* dà il seguente risultato:

$$(2n-1)!! \;=\; (2n-1) \cdot (2n-3) \cdot \ldots \cdot 3 \cdot 1\,.$$

Sviluppando la formula $\boxed{1}$, si ottiene:

$$\begin{aligned}
\frac{\prod_{k=1}^{n} C_{2k,\,2}}{n!} &= \frac{\binom{2n}{2}\binom{2n-2}{2}\cdots\binom{4}{2}\binom{2}{2}}{n!} \\
&= \frac{\frac{2n(2n-1)}{2}\,\frac{(2n-2)(2n-3)}{2}\cdots\frac{2\cdot 1}{2}}{n!} \\
&= \frac{(2n)!}{2^n\,n!} \stackrel{(*)}{=} \frac{(2n)!!\,(2n-1)!!}{(2n)!!} = (2n-1)!!
\end{aligned}$$

[72] La dimostrazione della Proposizione 3.41 è lasciata come esercizio.

ove l'uguaglianza marcata con un asterisco è una conseguenza della Proposizione 3.41. Sviluppando la formula $\boxed{2}$, si ottiene:

$$\frac{P^{(\mathrm{r})}_{2,2,\ldots,2}}{n!} = \frac{\dfrac{(2n)!}{(2!)^n}}{n!} = \frac{(2n)!}{2^n\, n!} = (2n-1)!!\,.$$

Inoltre, risultando per ogni $k \in \mathbb{N}^*$

$$C^{(\mathrm{r})}_{3,\,2k-2} = C_{3+(2k-2)-1,\,2k-2} = C_{2k,\,2k-2} = C_{2k,\,2}$$

in forza dei Teoremi 3.12 e 3.19(i), ne segue che la formula $\boxed{3}$ si può riscrivere come segue:

$$\frac{\prod_{k=1}^{n} C^{(\mathrm{r})}_{3,\,2k-2}}{n!} = \frac{\prod_{k=1}^{n} C_{2k,\,2}}{n!} = (2n-1)!!\,.$$

Infine, poiché si ha $P^{(\mathrm{r})}_{2k-2,\,2} = C_{2k,\,2}$ per ogni $k \in \mathbb{N}^*$, ne segue che la formula $\boxed{4}$ si riscrive come segue:

$$\frac{\prod_{k=1}^{n} P^{(\mathrm{r})}_{2k-2,\,2}}{n!} = \frac{\prod_{k=1}^{n} C_{2k,\,2}}{n!} = (2n-1)!!\,.$$

Essendo le quattro formule $\boxed{1}$-$\boxed{4}$ tutte uguali a $(2n-1)!!$, la risposta esatta è la $\boxed{5}$.

A latere osserviamo che le quattro formule $\boxed{1}$-$\boxed{4}$, che costituiscono modi equivalenti di scrivere il semi-fattoriale di un numero dispari, sono a loro volta passibili di un'interpretazione concettuale. In altri termini, le uguaglianze numeriche da noi verificate mediante un pedissequo conteggio possono anche essere giustificate/interpretate con un ragionamento puramente astratto. Lasciamo al lettore tale onere. A tal proposito può risultare utile una rilettura delle soluzioni dell'Esercizio 3.6 (partizioni di un insieme avente sei elementi in classi di cardinalità due) e dell'Esercizio 3.13 (ottavi di finale della *World Cup*), in quanto essi sono dei casi particolari di questo problema.

3.2.4 Suggerimenti

3.18.

3.19. Si applichi il principio di inclusione-esclusione, facendo la differenza tra il numero totale dei casi e quello dei casi "cattivi".

3.20. Si legga ciascuna assegnazione di bagnanti alle sdraio come una corrispondenza biunivoca, e successivamente si eliminino le configurazioni inammissibili.

3.21. Si veda la risoluzione dell'Esercizio 3.4.

3.22.

3.23. Si veda la risoluzione dell'Esercizio 3.3.

3.24. Si effettuino innanzitutto le scelte relative alla testa ed alla coda delle file, prestando attenzione al fatto che le file sono distinte.

3.25.

3.26. Si applichi la regola della somma, determinando i tre tipi di configurazioni possibili.

3.27. Si considerino le coppie di gemelli come elementi, facendo attenzione al fatto che l'ordine rileva all'interno di ciascuna coppia.

3.28.

3.29. Si veda la risoluzione dell'Esercizio 3.11.

3.30. Come deve essere la cifra centrale?

3.31.

3.32. Si applichi la regola della somma per il conteggio delle configurazioni possibili relativamente alle ultime tre cifre.

3.33. Si faccia attenzione al fatto che nella scelta dei colori l'ordine è rilevante.

3.34.

3.35. Il conteggio delle configurazioni possibili per le tre cifre centrali è immediato.

3.36.

3.37. Si scrivano le risposte come prodotti di numeri e si confrontino tra loro, come già fatto nella risoluzione dell'Esercizio 3.8.

3.38. Si può affrontare il problema sia con la regola della somma che con il principio di inclusione-esclusione. Si veda anche la risoluzione dell'Esercizio 3.10.

3.39. Si computino innanzitutto le configurazioni possibili per i posti al tavolo bianco.

3.40. Per il calcolo delle configurazioni relative alle prime due cifre, si proceda ad un computo diretto. Per il calcolo delle configurazioni relative alle ultime tre cifre, si utilizzi il principio di inclusione-esclusione. Si applichi successivamente la regola del prodotto.

3.41. Come si sarebbe ragionato nel caso in cui i colori disponibili fossero stati soltanto 2? Nel problema in esame (ossia con 4 colori disponibili), si elimini dal computo delle distribuzioni di un certo tipo quelle che utilizzano soltanto 2 colori.

3.42. Si selezionino prima i due elementi di B e successivamente quelli di $A \setminus B$, utilizzando opportunamente la regola della somma.

3.43. Si vedano le risoluzioni degli Esercizi 3.5, 3.12 e 3.16.

3.44. Si applichi la regola del prodotto e si rielabori opportunamente il risultato.

3.45. A meno dell'ordine, le configurazioni possibili di pacchi natalizi da 10 kg sono soltanto quattro. Calcolato il numero di distribuzioni relativo a ciascuna configurazione, si applichi la regola della somma.

3.46. A meno dell'ordine, le configurazioni possibili di 8 palline in 6 scatole aventi capienza limitata a 2 palline sono soltanto tre. Calcolato il numero di distribuzioni relativo a ciascuna configurazione, si applichi la regola della somma.

3.47. Si considerino come elementi le coppie di biglie, e si faccia la differenza tra il numero totale dei casi e quello dei casi "cattivi".

3.48. Si vedano le Sezioni 3.1.12, 3.1.13 e 3.1.14, in cui si tratta ampiamente della risoluzione di equazioni a variabili naturali.

3.49. Si considerino tutte le possibili combinazioni di risposte che danno un punteggio di 10, 11, 12, 13 e 14 (di computo non breve). Successivamente si applichi la regola della somma.

3.50. Determinato il numero di tutte le funzioni da un insieme di 4 elementi ad un insieme di 3 elementi, si sottragga da questo il numero di funzioni non suriettive (il cui calcolo richiede un'applicazione non banale della regola della somma). Si noti che l'Esercizio 3.50 può naturalmente generalizzarsi come segue:

(*) *Qual è il numero di funzioni suriettive da un insieme di m elementi ad un insieme di n elementi?*

Quest'ultimo problema è piuttosto complesso, in quanto richiede la definizione per ricorsione dei cosiddetti *numeri di Stirling di seconda specie* $S(m, n)$, che contano il numero di partizioni di insieme di m elementi in n classi. Si dimostra che la soluzione del problema (*) è data dal numero $n!\,S(m, n)$, ottenuto mediante un'opportuna (non facile) applicazione del principio di inclusione-esclusione.

3.51. Si veda la Sezione 3.1.15 sul principio di inclusione-esclusione.

Capitolo 4

Insiemi Numerici

«*Trascurare la matematica è un'offesa al sapere, poiché chi la ignora non può conoscere le altre scienze o le cose del mondo.*»
Roger Bacon (alias *Doctor Mirabilis*, filosofo, scienziato, teologo e alchimista, 1214-1294)

«*Alcuni vedono la poesia nei miei quadri. Io ci vedo soltanto scienza.*»
George-Pierre Seurat (pittore, 1859-1891)

«*Un merito della matematica che pochi oseranno negare: dice in poche parole molto più di tutte le altre scienze.*
La formula $e^{i\pi} + 1 = 0$ *esprime un mondo di pensieri, di verità, di poesia, e dello spirito religioso* "Dio fa geometria in eterno".»
David Eugene Smith (matematico, educatore ed editore, 1860-1944)

«*Nel campo della matematica, se trovo un nuovo approccio a un problema, ci può essere sempre un altro matematico che sostiene di aver trovato una soluzione migliore, o semplicemente più elegante.*
Negli scacchi se qualcuno sostiene di essere più bravo di me, gli posso sempre dare scaccomatto.»
Emanuel Lasker (scacchista e matematico, 1868-1941)

«*Secondo alcuni autorevoli testi di aeronautica, il calabrone non può volare, a causa della forma e del peso del proprio corpo in rapporto alla superficie alare.*
Ma il calabrone non lo sa e perciò continua a volare.»
Igor Ivanovich Sikorsky (pioniere dell'aviazione, 1889-1972)

4.1 Teoria

Gli insiemi numerici sono – come il *nomen* suggerisce – insiemi i cui elementi sono numeri *reali*. L'analisi di alcune caratteristiche peculiari degli insiemi numerici afferisce a quella branca della matematica che si occupa dello studio dei cosiddetti *spazi metrici* e, più in generale, degli *spazi topologici*.[1] Ad esempio, tra le nozioni esaminate in questo capitolo, le seguenti possono invero definirsi in un contesto molto più ampio ed astratto di quello in cui operiamo:

- intorno di un punto;
- punto di accumulazione, punto di frontiera, punto interno, punto esterno;
- derivato, frontiera, interno e chiusura di un insieme;
- insiemi connessi;
- insiemi compatti.

Viceversa, altre nozioni qui esaminate sono trattabili soltanto in un ambito più ristretto, in quanto richiedono maggiore "struttura" dell'insieme analizzato: ad esempio, una codifica dei concetti di *lunghezza* o di *ordinamento*, oppure l'esistenza di particolari *operazioni* (addizione, moltiplicazione, moltiplicazione per uno "scalare", etc.). Tra queste ultime ricordiamo le seguenti nozioni:

- insieme limitato inferiormente e/o superiormente;
- estremo inferiore ed estremo superiore;
- intervalli;
- insiemi convessi;
- insiemi separati e contigui.

In questo capitolo definiamo le nozioni sopra citate nel caso particolare in cui lo spazio di riferimento sia l'insieme $\mathbb{R}$ dei numeri reali.[2] Alcune loro generalizzazioni sono trattate nelle ultime due sezioni, nonché nel Volume II.

[1] Ogni spazio metrico genera in modo naturale uno spazio topologico, mentre non ogni spazio topologico si può rendere metrico (ossia, come si dice tecnicamente, è *metrizzabile*): in questo senso, la nozione di spazio topologico è più generale di quella di spazio metrico. Un accenno alle nozioni di spazio metrico e di spazio topologico è dato nelle ultime due sezioni di questo capitolo.

[2] Più precisamente, utilizzando la terminologia introdotta nelle ultime due sezioni di questo capitolo, trattiamo il caso in cui lo spazio topologico di riferimento sia l'insieme dei numeri reali dotato della topologia indotta dalla usuale metrica euclidea.

È opportuno enfatizzare che la trattazione delle nozioni sopra elencate è possibile soltanto grazie alle caratteristiche del nostro "ambiente di riferimento": l'insieme dei numeri reali. Al fine di dare al lettore un'idea delle peculiarità di questo ambiente, elenchiamo di seguito alcune delle proprietà ordinali, algebriche e topologiche di cui gode:

- $(\mathbb{R}, \leq)$ è un *insieme totalmente ordinato*;[3]
- $(\mathbb{R}, \|\cdot\|)$ è uno *spazio vettoriale reale normato* con la norma del valore assoluto;[4]
- $(\mathbb{R}, d)$, ove d è la *metrica euclidea* indotta dalla norma del valore assoluto, è uno *spazio metrico completo*;[5]
- $(\mathbb{R}, \tau)$, ove τ è la *topologia indotta dall'ordinamento* $\leq$, è uno spazio topologico la cui topologia coincide con quella indotta della metrica euclidea;[6]
- $(\mathbb{R}, +, \cdot)$ è un *campo*,[7] invero $(\mathbb{R}, +, \cdot, \leq)$ è un *campo archimedeo completo ordinato e separabile.*

4.1.1 Estremi di insiemi numerici

Un **insieme numerico** è, per definizione, un arbitrario sottoinsieme di $\mathbb{R}$. Un insieme numerico $X \subseteq \mathbb{R}$ si dice:

- **limitato superiormente** se esiste $k \in \mathbb{R}$ tale che per ogni $x \in X$ si ha $x \leq k$;
- **limitato inferiormente** se esiste $k \in \mathbb{R}$ tale che per ogni $x \in X$ si ha $x \geq k$;
- **limitato** se è limitato sia inferiormente che superiormente.

L'insieme vuoto è per definizione limitato. Informalmente, un insieme numerico X è limitato superiormente (rispettivamente, inferiormente) se esiste un elemento k dell'universo $\mathbb{R}$ più grande (rispettivamente, più piccolo) di tutti gli elementi di X. Pertanto, il concetto di limitatezza di un insieme numerico è significativo in virtù del fatto che $\mathbb{R}$ è dotato di una struttura che permette

[3] Si veda la Sezione 2.1.18 del Capitolo di Insiemistica.

[4] Si veda il Volume II, Capitolo di Elementi di Metrica e Capitolo di Strutture Algebriche.

[5] Si vedano le Sezioni 4.1.1 e 4.1.6 di questo volume, nonché il Volume II.

[6] Si veda la Sezione 4.1.7.

[7] Si veda il Volume II, Capitolo di Strutture Algebriche.

la codifica delle nozioni di "più grande" e "più piccolo", ossia in quanto $(\mathbb{R}, \leq)$ è un insieme totalmente ordinato.

Nel caso in cui X sia limitato superiormente, ogni $k \in \mathbb{R}$ che risulti maggiore o uguale ad ogni elemento di X si dice **maggiorante** di X. Dualmente, nel caso in cui X sia limitato inferiormente, ogni $k \in \mathbb{R}$ che risulti minore o uguale ad ogni elemento di X si dice si dice **minorante** di X. Si noti che se X è superiormente limitato, allora esistono infiniti maggioranti di X (e, dualmente, se è inferiormente limitato, allora esistono infiniti minoranti).

Ad esempio, siano X e Y gli insiemi numerici definiti come segue:

$$X := \{x \in \mathbb{R} : -56 < x \leq 8.7\} \quad \text{e} \quad Y := \{-34\} \cup \mathbb{N}\,.$$

Esempi di minoranti di X sono i numeri $-78.3\overline{67}$ e -3000, mentre esempi di maggioranti di X sono i numeri 8.7 e $47456.\overline{3}$. Analogamente, i numeri -34 e $-123.\overline{98}$ sono esempi di minoranti di Y, mentre non esistono maggioranti di Y in quanto Y non è limitato superiormente.

Se $X \subseteq \mathbb{R}$ è limitato superiormente, allora si attribuisce una valenza particolare ad uno dei suoi maggioranti, quello più piccolo di tutti: tale elemento si chiama **estremo superiore** di X e si denota con $\mathbf{sup\,X}$. In altri termini, l'estremo superiore di un insieme numerico limitato superiormente è il *minimo dei maggioranti.*[8] Il numero reale $\sup X$ può appartenere o non appartenere all'insieme X: nel caso in cui si abbia $\sup X \in X$, allora $\sup X$ *è* il massimo di X, denotato con $\mathbf{max\,X}$. Pertanto, $\max X$ è quell'elemento dell'insieme numerico X tale che $x \leq \max X$ per ogni $x \in X$. Nel caso in cui X non sia superiormente limitato, si pone per definizione $\sup X := +\infty$.[9]

Dualmente, se $X \subseteq \mathbb{R}$ è limitato inferiormente, allora si attribuisce una valenza particolare ad uno dei suoi minoranti, in questo caso il più grande di tutti: tale elemento si dice **estremo inferiore** di X e si denota con $\mathbf{inf\,X}$. In altri termini, l'estremo inferiore di un insieme numerico limitato inferiormente è il *massimo dei minoranti.* Come già accadeva nel caso dell'estremo superiore, il numero reale $\inf X$ può appartenere o non appartenere all'insieme X: nel

[8] Le nozioni di *minimo* e *massimo* sono state definite nel caso generale di un insieme parzialmente ordinato nella Sezione 2.1.18 del Capitolo di Insiemistica. A tal proposito, ricordiamo che se $(A, \leq)$ è un insieme parzialmente ordinato, allora il *minimo di* A, denotato con $\min A$, è quell'elemento di A tale che $\min A \leq a$ per ogni $a \in A$; dualmente, il *massimo di* A, denotato con $\max A$, è quell'elemento di A tale che $a \leq \max A$ per ogni $a \in A$. Naturalmente tali nozioni si applicano al caso di $(\mathbb{R}, \leq)$ nonché ad un qualunque suo sottoinsieme, visto che trattasi di insiemi parzialmente ordinati (invero, ancor di più, essendo insiemi totalmente ordinati).

[9] Si ricorda che $-\infty$ e $+\infty$ sono i due simboli (*non* numeri) utilizzati per estendere l'ordinamento " $\leq$ " dei numeri reali, ponendo per definizione $-\infty < r < +\infty$ per ogni $r \in \mathbb{R}$: si veda la parte finale della Sezione 2.1.5 del Capitolo di Insiemistica (ed in particolare la Nota 11).

caso in cui si abbia $\inf X \in X$, allora $\inf X$ *è* il minimo di X, denotato con $\mathbf{min\,X}$. Pertanto, $\min X$ è quell'elemento dell'insieme numerico X tale che $\min X \leq x$ per ogni $x \in X$. Nel caso in cui X non sia inferiormente limitato, si pone per definizione $\inf X := -\infty$.

Ad esempio, si ha:

Insieme	inf	sup	min	max
$\{x \in \mathbb{R} : -2 \leq x \leq 39\}$	-2	39	-2	39
$\{x \in \mathbb{Q} : x^2 < 2\}$	$-\sqrt{2}$	$\sqrt{2}$	$\nexists$	$\nexists$
$\{x \in \mathbb{Z} : x \leq -3\}$	$-\infty$	-3	$\nexists$	-3
$\{x \in \mathbb{N} : x \geq 7\}$	7	$+\infty$	7	$\nexists$
$\mathbb{R}$	$-\infty$	$+\infty$	$\nexists$	$\nexists$
$\mathbb{Q}$	$-\infty$	$+\infty$	$\nexists$	$\nexists$
$\mathbb{Z}$	$-\infty$	$+\infty$	$\nexists$	$\nexists$
$\mathbb{N}$	0	$+\infty$	0	$\nexists$

Si noti che il minimo e il massimo dell'insieme $\{x \in \mathbb{Q} : -\sqrt{2} \leq x \leq \sqrt{2}\}$ non esistono, in quanto $\pm\sqrt{2}$ sono numeri irrazionali (cfr. Proposizione 2.2 della Sezione 2.1.6 del Capitolo di Insiemistica) e dunque non appartengono all'insieme dato.

Si osservi che abbiamo definito l'estremo superiore $\sup X$ di un insieme numerico superiormente limitato $X \subseteq \mathbb{R}$ come il "minimo dei maggioranti". Questa definizione abbisogna di una giustificazione formale, in quanto *a priori* nulla assicura che tale minimo esista sempre. Per facilitare la comprensione della suddetta asserzione, consideriamo l'insieme

$$X := \{x \in \mathbb{Q} : -\sqrt{2} \leq x \leq \sqrt{2}\} = \{x \in \mathbb{Q} : x^2 \leq 2\}$$

già esaminato nel precedente esempio. Tuttavia, a differenza di quanto fatto prima, si "veda" l'insieme X non come sottoinsieme di $\mathbb{R}$, bensì come sottoinsieme di $\mathbb{Q}$: in altri termini, consideriamo X come immerso nell'universo "ristretto" dei numeri razionali. Il problema è che adesso – al contrario di quanto accadeva quando X era considerato come sottoinsieme di $\mathbb{R}$ – l'insieme X non possiede un estremo superiore *in* $\mathbb{Q}$, in quanto l'unico numero che potrebbe teoricamente ricoprire questo ruolo è $\sqrt{2}$, che però non è nemmeno candidabile[10] perché non appartiene all'universo $\mathbb{Q}$. Pertanto, come conse-

[10] In matematica – come sempre accade in situazioni in cui le *regole del gioco* non lasciano spazio a libertà interpretative – la nozione di "candidabilità" è ben definita, in quanto ben definito risulta l'universo "oggettivo" di appartenenza. Viceversa, in circostanze basate su un *giudizio di merito*, tale nozione di "candidabilità" non è sempre ben definita, in quanto l'universo "soggettivo" di appartenenza è spesso passibile di inopinate contrazioni o espansioni soggette alla convenienza interpretativa degli utilizzatori finali: si pensi, ad esempio, all'universo delle persone oneste.

guenza di quest'esempio, la nozione di estremo superiore (ed, analogamente, quella di estremo inferiore) non sarebbe ben definita se lavorassimo in $\mathbb{Q}$ come ambiente di riferimento.

Le definizioni di estremo superiore ed estremo inferiore sono invece significative nel caso degli insiemi numerici, ossia nel caso in cui si lavori in $\mathbb{R}$ come ambiente di riferimento. La ragione per cui le cose vanno bene in $\mathbb{R}$ è che l'insieme dei numeri reali soddisfa il cosiddetto **assioma di completezza di Dedekind**[11] (detto anche **assioma di continuità**):

(*) *ogni insieme non vuoto $X \subseteq \mathbb{R}$ che sia superiormente limitato possiede l'estremo superiore in $\mathbb{R}$*

ossia, in altri termini, se esiste un maggiorante di X, allora esiste anche il minimo di tali maggioranti. Si noti che l'assioma di completezza di Dedekind può essere equivalentemente formulato in $\mathbb{R}$ come segue:

(**) *ogni insieme non vuoto $X \subseteq \mathbb{R}$ che sia inferiormente limitato possiede l'estremo inferiore in $\mathbb{R}$*

ossia se esiste un minorante di X, allora esiste anche il massimo di tali minoranti. In conclusione, in $\mathbb{R}$ valgono contemporaneamente la proprietà (*) e la proprietà (**).

Si osservi che, in forza dell'esempio precedentemente illustrato, l'insieme $\mathbb{Q}$ non gode della proprietà di completezza di Dedekind, ossia esistono sottoinsiemi di $\mathbb{Q}$ che, pur essendo superiormente limitati in $\mathbb{Q}$, non possiedono estremo superiore in $\mathbb{Q}$ (ed, analogamente, esistono sottoinsiemi di $\mathbb{Q}$ che sono inferiormente limitati in $\mathbb{Q}$ ma non possiedono estremo inferiore in $\mathbb{Q}$). La proprietà di completezza[12] di $\mathbb{R}$ rende più semplice la trattazione di alcuni argomenti, ed è questa la ragione per cui in questo capitolo concentreremo la nostra attenzione sui sottoinsiemi dei numeri reali. Tuttavia, nelle ultime due sezioni di questo capitolo tratteremo alcune delle nozioni introdotte per gli insiemi numerici in ambienti più generali, in cui si prescinde dalla proprietà di completezza secondo Dedekind.

[11] **Julius W.R. Dedekind** (1831-1916), matematico tedesco. Ultimo degli allievi di Gauss, nonché amico di Dirichlet e Cantor, Dedekind ha dato importanti contributi alla teoria dei numeri ed alla formalizzazione del concetto di infinito.

[12] Invero esiste un'altro tipo di *completezza* di cui $\mathbb{R}$ gode, che è quella definita nell'ambito degli *spazi metrici* ("ogni successione di Cauchy è convergente"): ne parleremo estesamente nel Volume II.

L'estremo superiore (rispettivamente, l'estremo inferiore) di un insieme numerico limitato superiormente (rispettivamente, limitato inferiormente) può essere caratterizzato[13] come segue:

Teorema 4.1. Sia X un insieme numerico limitato superiormente ed a un numero reale. Si ha:

$$\sup X = a \quad \Leftrightarrow \quad \begin{cases} (1) & \forall x \in X \; (x \leq a) \\ (2) & \forall \varepsilon > 0 \; \exists x' \in X \; (x' > a - \varepsilon) \, . \end{cases}$$

Teorema 4.2. Sia X un insieme numerico limitato inferiormente e b un numero reale. Si ha:

$$\inf X = b \quad \Leftrightarrow \quad \begin{cases} (1) & \forall x \in X \; (x \geq b) \\ (2) & \forall \varepsilon > 0 \; \exists x'' \in X \; (x'' < b + \varepsilon) \, . \end{cases}$$

I Teoremi 4.1 e 4.2 costituiscono la formalizzazione simbolica delle proprietà, rispettivamente, dell'estremo superiore e dell'estremo inferiore. Nel caso del Teorema 4.1, la proprietà (1) asserisce che $\sup X$ è un maggiorante di X, risultando $x \leq \sup X$ per ogni $x \in X$. La proprietà (2) asserisce che non esiste un maggiorante più piccolo di $\sup X$, in quanto non appena decurtiamo $\sup X$ di un'arbitraria quantità positiva ε, arcorché piccola, si riesce sempre a trovare un elemento $x' \in X$ che è maggiore di $\sup X - \varepsilon$ (e dunque per ogni $\varepsilon > 0$, il numero $\sup X - \varepsilon$ non è un maggiorante di X). Analogo significato ha il Teorema 4.2.

Il seguente semplice risultato mette in relazione gli estremi inferiori e superiori di due insiemi numerici che siano contenuti l'uno nell'altro.

Corollario 4.3. Siano X e Y due insiemi numerici tali che $Y \subseteq X$. Si ha:

$$\inf X \leq \inf Y \leq \sup Y \leq \sup X \, .$$

L'ordinamento di $\mathbb{R}$ consente anche di definire opportune nozioni di "separazione" e "contiguità" dei suoi sottoinsiemi. Due insiemi numerici X e Y si dicono **separati** se per ogni $x \in X$ e per ogni $y \in Y$, si ha $x \leq y$. In tal caso, X si dice l'**insieme inferiore** e Y l'**insieme superiore**. Due insiemi numerici separati X e Y, con X insieme inferiore e Y insieme superiore, si dicono **contigui** se risulta $\sup X = \inf Y$. In termini informali, due insiemi separati e contigui si trovano da bande opposte (sono separati) ma si toccano (sono contigui).

[13] "Caratterizzare" l'estremo superiore di un insieme numerico X vuol dire che il $\sup X$ gode delle proprietà elencate, nonché, viceversa, se un numero reale gode di tali proprietà allora è il $\sup X$: si veda la Sezione 1.1.5 del Capitolo di Logica.

Ad esempio, i due insiemi numerici X e Y definiti da

$$X := \{x \in \mathbb{R} : x < 3\} \quad \text{e} \quad Y := \{y \in \mathbb{N} : y \geq 7\}$$

sono separati, con X insieme inferiore e Y insieme superiore, ma non risultano contigui, essendo $\sup X = 3 < 7 = \inf Y = \min Y$. I due insiemi numerici W e Z definiti da

$$W := \{w \in \mathbb{R} : -8 < w < 0\} \cup \{w \in \mathbb{Z} : w \leq 5\} \quad \text{e} \quad Z := \{z \in \mathbb{R} : z > 5\}$$

sono separati, con W insieme inferiore e Z insieme superiore, nonché contigui, essendo $\max W = \sup W = 5 = \inf Z$.

La contiguità di due insiemi separati può caratterizzarsi come segue:

Teorema 4.4. Due insiemi numerici separati X e Y sono contigui se e solo se per ogni $\varepsilon > 0$ esistono $x_0 \in X$ e $y_0 \in Y$ tali che $|y_0 - x_0| < \varepsilon$.

Il precedente risultato è di facile interpretazione: due insiemi che siano già separati risultano anche contigui se e solo se i due insiemi contengono elementi la cui distanza sia arbitrariamente piccola.

4.1.2 Intervalli e intorni

I sottoinsiemi di $\mathbb{R}$ contenenti tutti i numeri compresi tra il loro estremo inferiore ed il loro estremo superiore si dicono **intervalli**. Ad esempio, gli insiemi numerici

$$X := \{x \in \mathbb{R} : 2 \leq x < 3\}, \quad Y := \{y \in \mathbb{R} : y \leq 4.5\}, \quad Z := \{x \in \mathbb{R} : x > 1\}$$

sono intervalli. Per ogni $a, b \in \mathbb{R}$ tali che $a \leq b$, si definiscono i seguenti **intervalli limitati**:

Intervalli limitati	Definizione
$[a, b]$	$\{x \in \mathbb{R} : a \leq x \leq b\}$
$]a, b[$	$\{x \in \mathbb{R} : a < x < b\}$
$[a, b[$	$\{x \in \mathbb{R} : a \leq x < b\}$
$]a, b]$	$\{x \in \mathbb{R} : a < x \leq b\}$

L'intervallo $[a, b]$ si dice intervallo **chiuso** di estremi a e b; dualmente, l'intervallo $]a, b[$ si dice intervallo **aperto** di estremi a e b.[14] Si noti che se $a = b$, allora l'intervallo aperto di estremi a e b è l'insieme vuoto, mentre quello chiuso è il singoletto $\{a\}$: ad esempio, $]4, 4[= \emptyset$ e $[4, 4] = \{4\}$. Inoltre, per ogni $a \in \mathbb{R}$, si definiscono i seguenti **intervalli non limitati**:

[14] La ragione per cui gli intervalli del tipo $[a, b]$ e $]a, b[$ sono detti, rispettivamente, "chiusi" e "aperti" è intuitiva, tuttavia essa sarà formalmente chiarita nella Sezione 4.1.3.

Intervalli non limitati	Definizione
$[a, +\infty[$	$\{x \in \mathbb{R} : x \geq a\}$
$]a, +\infty[$	$\{x \in \mathbb{R} : x > a\}$
$]-\infty, a]$	$\{x \in \mathbb{R} : x \leq a\}$
$]-\infty, a[$	$\{x \in \mathbb{R} : x < a\}$

Il primo ed il terzo tipo di intervalli non limitati sono detti **chiusi**, il secondo e il quarto **aperti**.[15] Utilizzando la notazione introdotta, gli intervalli X, Y e Z sopra definiti si denotano con $X := [2, 3[$, $Y :=]-\infty, 4.5]$ e $Z :=]1, +\infty[$. Si noti che l'insieme dei numeri reali può rappresentarsi nella forma di un intervallo non limitato (degenere), essendo $\mathbb{R} =]-\infty, +\infty[$.

Gli intervalli si possono rappresentare geometricamente sulla "retta reale" con un tratto continuo.[16] Ad esempio, una rappresentazione geometrica degli insiemi X, Y e Z è la seguente:[17]

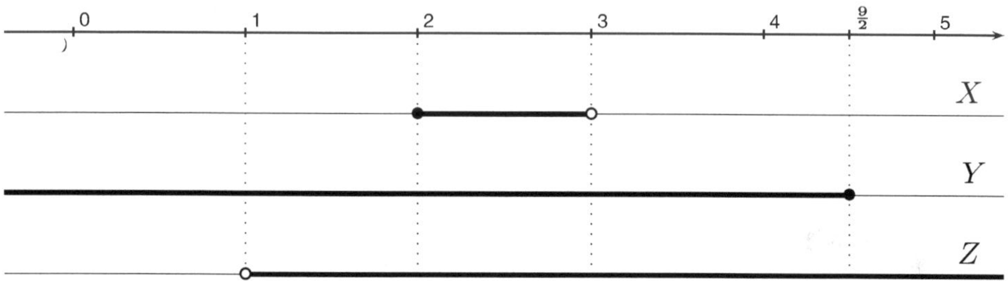

La nozione di intervallo consente di definire quella di intorno circolare di un numero reale x_0: esso è un qualunque intervallo aperto avente x_0 come suo punto medio. Formalmente, dati $x_0 \in \mathbb{R}$ e $\delta > 0$, dicesi **intorno circolare di centro x_0 e raggio δ** l'intervallo aperto

$$I_\delta(x_0) :=]x_0 - \delta, x_0 + \delta[\, .$$

Inoltre, si definiscono i seguenti intorni:

$$\begin{aligned} I_\delta^+(x_0) &:= [x_0, x_0 + \delta[\\ I_\delta^-(x_0) &:=]x_0 - \delta, x_0] \\ I_\delta^*(x_0) &:=]x_0 - \delta, x_0 + \delta[\setminus \{x_0\} \end{aligned}$$

[15] Si veda la nota precedente.

[16] Come vedremo nel Volume II (Capitolo di Elementi di Metrica e Rette nel Piano), esiste una corrispondenza biunivoca tra l'ente geometrico "insieme dei punti di una retta nel piano" e l'ente numerico "insieme dei numeri reali". Pertanto, si usa la locuzione "retta reale" al fine di evidenziare l'utilizzo dell'ente geometrico per la rappresentazione dell'ente numerico (e viceversa).

[17] Si usa il cerchio pieno in corrispondenza di un numero reale x per enfatizzare che $x \in X$, mentre si usa il cerchio vuoto per evidenziare che $x \notin X$.

detti, rispettivamente, **intorno destro**, **sinistro** ed **asteriscato** di centro x_0 e raggio δ. La seguente figura fornisce una rappresentazione geometrica di alcuni intervalli che sono intorni del punto $2 \in \mathbb{R}$:

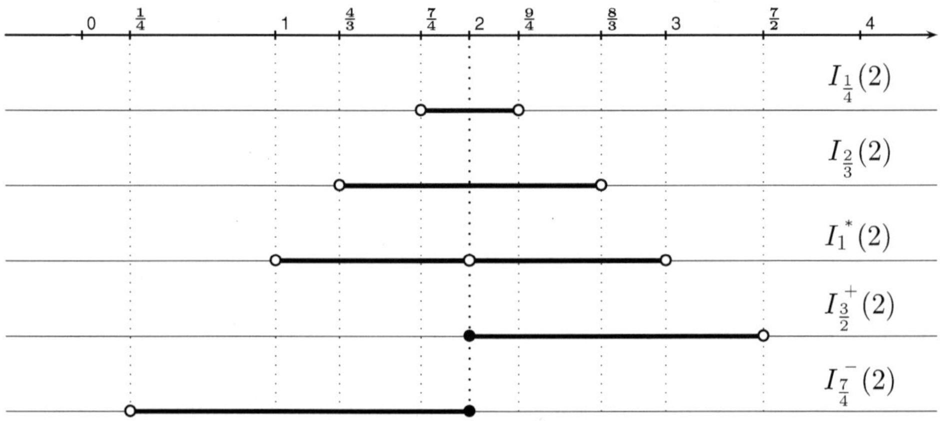

Si noti che spesso si parla semplicemente di *un* intorno di x_0, senza precisarne il tipo e il raggio: in tal caso si intende un intorno circolare avente un raggio non specificato. La nozione d'intorno codifica la "vicinanza" al numero reale x_0 in termini del raggio δ dell'intorno.[18] Le nozioni introdotte nella prossima sezione – punto di accumulazione, di frontiera, interno, esterno, isolato – caratterizzano la "posizione" di un punto rispetto ad un insieme numerico sulla base di ciò che accade "vicino" al punto: esse sono pertanto definite in termini di intorni di un punto.[19]

Per ragioni di convenienza, si introducono anche le nozioni di intorni dei simboli $-\infty$ e $+\infty$. Formalmente, per ogni $k > 0$, si definiscono, rispettivamente, l'intorno di $-\infty$ e l'intorno di $+\infty$ aventi raggio $k > 0$ come segue:[20]

$$I_k(-\infty) :=]-\infty, -k[\qquad \text{e} \qquad I_k(+\infty) :=]k, +\infty[\,.$$

[18] Tale codifica numerica è possibile solo in quanto $\mathbb{R}$ è uno spazio metrico. Invero, per gli spazi topologici, la nozione di intorno di un punto è definita in astratto e non in modo numerico: si veda la Sezione 4.1.7.

[19] Sono moltissime le nozioni matematiche che vengono definite in termini di intorni. Una delle più importanti è certamente la nozione di *limite*, che codifica un processo infinito di approssimazione ad un numero reale (o ad uno dei simboli $-\infty$ e $+\infty$): ne tratteremo estesamente nel Volumi II e III.

[20] Tale definizione è controintuitiva, in quanto più grande è il raggio $k > 0$, più piccolo è l'intorno di $\pm\infty$ (ossia l'opposto di quello che ci si aspetterebbe). Tuttavia, essendo la nozione appena introdotta sufficiente per i nostri obiettivi, ne evitiamo un'accurata disamina.

4.1.3 Frontiera, derivato, interno e chiusura

Sia dato un insieme $X \subseteq \mathbb{R}$. Un numero reale x_0 (non necessariamente appartenente ad X) si dice:

- **punto interno** a X se *esiste* un intorno di x_0 interamente contenuto in X; in simboli: $\exists\delta > 0\,(I_\delta(x_0) \subseteq X)$;
- **punto esterno** a X se *esiste* un intorno di x_0 interamente contenuto nel complemento di X; in simboli: $\exists\delta > 0\,(I_\delta(x_0) \subseteq \mathbb{R} \setminus X)$;
- **punto di frontiera** per X (o di X) se non è né interno né esterno, o, equivalentemente, se *ogni* intorno di x_0 contiene sia punti di X che punti non in X; in simboli: $\forall\delta > 0\,((I_\delta(x_0) \cap X \neq \emptyset) \wedge (I_\delta(x_0) \cap (\mathbb{R} \setminus X) \neq \emptyset))$;[21]
- **punto di accumulazione** per X (o di X) se *ogni* intorno di x_0 contiene punti di X diversi da x_0; in simboli: $\forall\delta > 0\,(I^*_\delta(x_0) \cap X \neq \emptyset)$;[22]
- **punto isolato** di X se sta in X e non è di accumulazione per X.

Nonostante la loro apparente complessità formale, le definizioni appena date sono del tutto naturali. Ad esempio, un punto x_0 è interno ad un insieme X se non solo appartiene ad X, ma si riesce anche a trovare una sua "approssimazione" (ossia un suo intorno), ancorché piccola, completamente contenuta in X. Dualmente, un punto è esterno ad un insieme se non solo non appartiene ad X, ma esiste anche una sua approssimazione che sta completamente fuori da X. Usando una semplice analogia, una persona è interna ad una stanza se si trova dentro la stanza ed esiste una sorta di alone attorno a lei che sta ancora nella stanza; dualmente, una persona è esterna ad una stanza se ne sta fuori assieme ad un alone attorno a lei.[23]

[21] Contrariamente a quanto si fa in altri testi, preferiamo – coerentemente con i nostri fini didattici – parlare di punti di frontiera *per* X anziché di punti di frontiera *di* X, proprio al fine di suggerire che tali punti non appartengono necessariamente all'insieme X.

[22] Si veda la nota precedente.

[23] Forse il seguente esempio calcistico risulterà più efficace per alcuni lettori. A norma di regolamento, un gol è considerato valido soltanto se il pallone abbia "completamente oltrepassato" la linea di porta, ossia nel caso in cui esso stia dentro la porta e non tocchi la linea di porta (altrimenti pallone e linea di porta avrebbero un punto a comune, cosa non ammessa). Pertanto, affinché il gol possa essere convalidato, deve esistere un alone attorno al pallone tale che pallone ed alone abbiano superato la linea di porta qualora "proiettati" sul campo di gioco, ossia visti in due dimensioni, anziché in tre: in altri termini, la proiezione del pallone sul campo di gioco deve essere "interna" alla parte di campo delimitata dalla porta. (I tifosi del Milan non avranno probabilmente bisogno di questa lunga dissertazione per riconoscere la validità del famigerato "gol fantasma" – con un intorno del pallone avente un raggio di quasi un metro dentro la porta – segnato contro la Juventus nella stagione calcistica 2011-2012.)

Ad esempio, 3 è un punto interno all'intervallo $[2,7]$, in quanto esiste $\delta := \frac{1}{2}$ tale che $I_\delta(3) =]3-\frac{1}{2}, 3+\frac{1}{2}[\subseteq [2,7]$. Il numero 3 è anche interno all'intervallo $]2.987, 4]$, in quanto esiste $\delta := 0.001$ tale che $I_\delta(3) \subseteq]2.987, 4]$. Viceversa, 3 non è interno né all'intervallo $[3, 45]$ né all'insieme $\mathbb{Z}$, in quanto non esiste un intorno circolare di 3 integralmente contenuto in tali insiemi numerici.

Un punto è di frontiera se una sua arbitraria approssimazione interseca sia X che il suo complemento. (Si pensi ad una persona che stia esattamente all'ingresso di una stanza: in un suo arbitrario intorno, ci stanno punti dentro la stanza e punti al di fuori.) Si noti che un punto di frontiera per X può appartenere o non appartenere all'insieme X. Formalmente, la *ratio* della definizione di punto di frontiera è riconducibile alla seguente catena di equivalenze logiche:[24]

$$x_0 \text{ non è né interno né esterno} \iff$$

$$\neg\Big[\exists\alpha \in \mathbb{R}^+ \Big(I_\alpha(x_0) \subseteq X\Big)\Big] \ \wedge\ \neg\Big[\exists\beta \in \mathbb{R}^+ \Big(I_\beta(x_0) \subseteq (\mathbb{R}\setminus X)\Big)\Big] \iff$$

$$\forall\delta \in \mathbb{R}^+ \Big(I_\delta(x_0) \nsubseteq X\Big) \ \wedge\ \forall\delta \in \mathbb{R}^+ \Big(I_\delta(x_0) \nsubseteq (\mathbb{R}\setminus X)\Big) \iff$$

$$\forall\delta \in \mathbb{R}^+ \Big(I_\delta(x_0) \cap (\mathbb{R}\setminus X) \neq \emptyset\Big) \ \wedge\ \forall\delta \in \mathbb{R}^+ \Big(I_\delta(x_0) \cap X \neq \emptyset\Big) \iff$$

$$\forall\delta \in \mathbb{R}^+ \Big[\Big(I_\delta(x_0) \cap \mathbb{R}\setminus X \neq \emptyset\Big) \ \wedge\ \Big(I_\delta(x_0) \cap X \neq \emptyset\Big)\Big].$$

Ad esempio, 3 è un punto di frontiera per i seguenti insiemi numerici: (i) $[-4, 3]$; (ii) $]3, +\infty[$; (iii) $\mathbb{Z}$; (iv) $[1, 2] \cup \{3\}$; (v) $\mathbb{R} \setminus \{3\}$. Infatti, in ciascuno di questi cinque casi, comunque si prenda un intorno di 3, esistono in tale intorno sia punti appartenenti all'insieme considerato che punti che non vi appartengono. (Si noti che 3 appartiene ad alcuni di tali insiemi ma non ad altri.) Viceversa, 3 non è punto di frontiera per i seguenti insiemi numerici: (i) $[2, 4]$; (ii) $[0, 3] \cup]3, 17]$; (iii) $\mathbb{N} \setminus \{3\}$. (Verificare!)

La ragione che giustifica la definizione di punto di accumulazione – nozione fondamentale per l'*Analisi Matematica* – è appena più sottile. Intuitivamente, $x_0 \in \mathbb{R}$ è un punto di accumulazione per $X \subseteq \mathbb{R}$ se attorno ad x_0 si "addensano" i punti di X. Pertanto, sembrerebbe naturale formalizzare il concetto di punto di accumulazione richiedendo che una qualunque approssimazione, ancorché piccola, di x_0 contenga punti dell'insieme X. La definizione data richiede invece che un qualunque intorno di x_0 *privato del suo centro* contenga punti

[24] Si vedano le Sezioni 1.1.7 e 1.1.8 del Capitolo di Logica, in particolare la Proposizione 1.2 ed il Corollario 1.5.

di X. La ragione di tale scelta è la necessità di evitare la circostanza che ogni punto di X sia automaticamente di accumulazione per X, dato che in un qualunque intorno di un punto ci sta sempre il suo centro. In altri termini, poiché la mera appartenenza di x_0 ad X è assolutamente irrilevante affinché x_0 sia un punto di accumulazione per X, il "test di addensamento" richiede che in ogni intorno di x_0 ci siano punti di X *diversi da* x_0.

Per esempio, è abbastanza semplice verificare che 3 è un punto di accumulazione per i seguenti insiemi numerici: (i) $[1,4]$; (ii) $\{3-\frac{1}{n} : n \in \mathbb{N}^*\}$; (iii) $]3,45]$; (iv) $\mathbb{R} \setminus \{3\}$. Infatti, in ciascuno dei quattro esempi precedenti, un qualunque intorno circolare di 3 contiene sempre punti dei suddetti insiemi distinti da 3. Viceversa, 3 non è punto di accumulazione per i seguenti insiemi numerici: (i) $]-\infty,2] \cup \{3\}$; (ii) $[0,2.998[$; (iii) $\mathbb{N}$. Infatti, in ciascuno di questi tre casi, si riesce sempre a trovare un intorno di 3 che non contiene alcun punto dell'insieme diverso da 3. (Ad esempio, per l'intervallo $[0,2.998[$, si prenda l'intorno circolare di 3 avente raggio 0.001, ossia l'intervallo aperto $]2.999,3.001[$: esso non contiene alcun punto di $[0,2998[$ diverso da 3.)

I due risultati che seguono (Teoremi 4.5 e 4.6) forniscono informazioni relative ai punti di accumulazione di particolari insiemi numerici, ossia:

a) sottoinsiemi finiti di $\mathbb{R}$;

b) sottoinsiemi infiniti e limitati di $\mathbb{R}$.

Al fine di facilitare la comprensione del contenuto di tali risultati, occorre introdurre la nozione di distanza in $\mathbb{R}$ (caso particolare della nozione di distanza in uno spazio metrico: si veda la Sezione 4.1.6). Dati $x,y \in \mathbb{R}$, si definisce **distanza** tra x e y il numero reale non negativo $|x-y|$. Si noti che la distanza tra due numeri reali distinti è un numero reale strettamente positivo. (Ad esempio, la distanza tra -2 e 1 è 3, mentre quella tra 9 e -8 è 17.)

Teorema 4.5. Un insieme numerico finito non ha punti di accumulazione.

DIMOSTRAZIONE. Il risultato è immediato se X è vuoto, essendo in quanto $\emptyset$ non può avere punti di accumulazione a norma di definizione. Sia pertanto $X := \{x_1, x_2, \dots x_n\} \subseteq \mathbb{R}$ un insieme finito di cardinalità $n \geq 1$. Verifichiamo che un arbitrario $x \in \mathbb{R}$ non è un punto di accumulazione per X. Sia A l'insieme numerico definito da

$$A := \{|x-x_1|, |x-x_2|, \dots, |x-x_n|\} \subseteq \mathbb{R}_0^+$$

e si ponga $\delta := \min(A \setminus \{0\})$.[25] (Si noti che A contiene lo zero se e solo se x appartiene ad X.) Risulta semplice verificare che l'intorno $I_\delta^*(x)$ non contiene

[25] Tale minimo esiste in quanto A è un sottoinsieme finito di un insieme totalmente ordinato.

punti di X. Pertanto, x non è un punto di accumulazione per X, da cui, in forza dell'arbitrarietà di $x \in \mathbb{R}$, si ottiene l'asserto. $\square$

Teorema 4.6. (*Teorema di Bolzano - Weierstrass*) Un insieme numerico infinito e limitato ha almeno un punto di accumulazione.

Espresso in termini informali, il Teorema di Bolzano - Weierstrass[26] statuisce una condizione abbastanza naturale: ogni insieme X di numeri reali che contenga "tanti" elementi (ossia X è infinito) distribuiti su uno spazio "ristretto" (ossia X è limitato) si deve pur addensare da qualche parte (ossia DX è non vuoto).

I particolari punti associati ad un insieme numerico X possono raggrupparsi per formare nuovi insiemi numerici associati ad X. In particolare, si definiscono i seguenti insiemi:

- $FX := \{\text{punti di frontiera per } X\}$, detto **frontiera** di X;
- $DX := \{\text{punti di accumulazione per } X\}$, detto **derivato** di X;
- $\overset{\circ}{X} := \{\text{punti interni di } X\}$, detto **interno** di X;
- $\overline{X} := X \cup FX = X \cup DX$, detto **chiusura** di X.[27]

La seguente catena di inclusioni è un'immediata conseguenza delle definizioni di interno e chiusura di un insieme $X \subseteq \mathbb{R}$:

$$\overset{\circ}{X} \subseteq X \subseteq \overline{X}\,.$$

Il calcolo di frontiera, derivato, interno e chiusura di un insieme numerico X è semplice nel caso in cui X sia un intervallo oppure un insieme finito, essendo:

[26] **Bernard P.J.N. Bolzano** (1781-1848), logico, matematico, filosofo, prete cattolico di origine boema e madrelingua tedesca. La fama di Bolzano è soprattutto dovuta alla sua opera enciclopedica "*Teoria della Scienza*", un lavoro in quattro volumi sulla filosofia della scienza, la logica, l'epistemologia e la pedagogia scientifica. **Karl T.W. Weierstrass** (1815-1897), matematico tedesco. Considerato il "padre dell'analisi moderna", Weierstrass diede una definizione rigorosa del concetto di *limite* e utilizzò tale definizione (assieme a quella di *uniforme convergenza*) per dimostrare teoremi fondamentali dell'analisi, quali il *Teorema del valore intermedio* (per cui tuttavia Bolzano aveva già dato una dimostrazione corretta) e il *Teorema di Heine-Borel*.

[27] Si dimostra che per ogni insieme numerico X (e, più in generale, per ogni sottoinsieme X di uno spazio topologico), si ha $X \cup FX = X \cup DX$. Pertanto, la definizione di chiusura di X ha senso.

Insieme X	*Frontiera*	*Derivato*	*Interno*	*Chiusura*
Intervallo	Estremi	Interv. chiuso	Interv. aperto	Interv. chiuso
Insieme finito	X	$\emptyset$	$\emptyset$	X

Ad esempio, risulta:

Insieme X	FX	DX	$\overset{\circ}{X}$	$\overline{X}$
$\emptyset$	$\emptyset$	$\emptyset$	$\emptyset$	$\emptyset$
$[2,7.8[$	$\{2,7.8\}$	$[2,7.8]$	$]2,7.8[$	$[2,7.8]$
$]5,+\infty[$	$\{5\}$	$[5,+\infty[$	$]5,+\infty[$	$[5,+\infty[$
$]-\infty,0]$	$\{0\}$	$]-\infty,0]$	$]-\infty,0[$	$]-\infty,0]$
$\mathbb{R}$	$\emptyset$	$\mathbb{R}$	$\mathbb{R}$	$\mathbb{R}$
$\{5,12,20.\overline{12}\}$	$\{5,12,20.\overline{12}\}$	$\emptyset$	$\emptyset$	$\{5,12,20.\overline{12}\}$

Infine, si definiscono in generale le nozioni di insieme numerico aperto e chiuso come segue per ogni $X \subseteq \mathbb{R}$:

- X è **aperto** (in $\mathbb{R}$) se $X = \overset{\circ}{X}$, ossia se tutti i suoi punti sono interni;
- X è **chiuso** (in $\mathbb{R}$) se $X = \overline{X}$, ossia se $FX \subseteq X$ oppure $DX \subseteq X$.

Si dimostra che $\overset{\circ}{X}$ è il più grande insieme *aperto contenuto in* X, nonché, dualmente, $\overline{X}$ è il più piccolo insieme *chiuso contenente* X. Si noti inoltre che ogni "intervallo aperto" (limitato o non) è un "insieme aperto" in $\mathbb{R}$, ed ogni "intervallo chiuso" (limitato o non) è un "insieme chiuso" in $\mathbb{R}$: ciò giustifica il *nomen* a suo tempo attribuito ai suddetti intervalli. Si osservi inoltre che esistono insiemi aperti (rispettivamente, chiusi) in $\mathbb{R}$ che non sono intervalli aperti (rispettivamente, intervalli chiusi). Ad esempio, i seguenti insiemi sono aperti:

$$\emptyset\,, \quad]2,7.31[\,, \quad]-\infty,\pi[\,, \quad]2.\overline{3},+\infty[\,, \quad]2,3.5[\,\cup\,]6,7[\,\cup\,]17,+\infty[\,, \quad \mathbb{R}\,.$$

(Si noti che tutti i suddetti insiemi, tranne il penultimo, sono intervalli aperti, mentre il penultimo è un'unione finita di intervalli aperti.) Le tipologie di insiemi chiusi sono più complicate. Ad esempio, i seguenti insiemi sono chiusi:

$$\emptyset\,, \quad [2,7.31]\,, \quad]-\infty,\pi]\,, \quad [2.\overline{3},+\infty[\,, \quad \left\{\frac{2}{n+3} : n \in \mathbb{N}\right\} \cup \{0\}\,, \quad \mathbb{R}\,.$$

Si noti che, a dispetto della notazione, i due intervalli $]-\infty,\pi]$ e $[2.\overline{3},+\infty[$ sono chiusi, in quanto contengono il loro unico punto di frontiera (rispettivamente, π e $2.\overline{3}$). Inoltre, l'insieme $\left\{\frac{2}{n+3} : n \in \mathbb{N}\right\} \cup \{0\}$ è chiuso, poiché contiene il suo unico punto di accumulazione, ossia 0. Il seguente risultato fornisce una descrizione completa dei insiemi numerici aperti e chiusi:

Teorema 4.7. Per ogni insieme $X \subseteq \mathbb{R}$, si ha:

(i) X è aperto se e solo se X è unione di intervalli aperti;

(ii) X è chiuso se e solo se $\mathbb{R} \setminus X$ è aperto.

Si verifica che i due soli insiemi numerici che sono contemporaneamente aperti e chiusi sono i sottoinsiemi impropri di $\mathbb{R}$, ossia $\emptyset$ e $\mathbb{R}$. I sottoinsiemi *propri* di $\mathbb{R}$ sono (i) soltanto aperti, oppure (ii) soltanto chiusi, oppure (iii) né chiusi né aperti.[28]

4.1.4 Un esempio

Siano dati i seguenti insiemi numerici:

$$X := \left\{2 + \frac{3}{n+2} \; : \; n \in \mathbb{N}\right\}$$

$$Y := \left\{2 - \frac{3}{n^2} \; : \; n \in \mathbb{N}^*\right\} \cup [1, 2] \, .$$

Calcoliamo derivato, frontiera, interno, chiusura, estremo inferiore, estremo superiore, etc. degli insiemi X, Y e $X \cup Y$, traendone successivamente alcune conclusioni. Cominciamo con una rappresentazione grafica degli insiemi in esame:

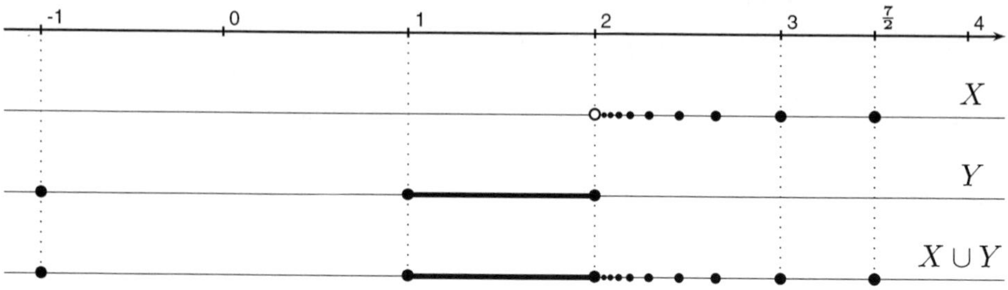

L'insieme X è formato da una "successione" di punti ($2 + \frac{3}{2}$, 3, $2 + \frac{3}{4}$, $2 + \frac{3}{5}$, etc.) che si dirige verso 2 decrescendo (ossia, in termini più tecnici,

[28] Osserviamo che in un generale spazio topologico la famiglia degli insiemi che sono contemporaneamente aperti e chiusi contiene sempre i sottoinsiemi impropri dello spazio, ma può contenere anche altri insiemi, al contrario di quanto capita in $\mathbb{R}$. Gli spazi topologici X in cui gli unici insiemi aperti-e-chiusi sono soltanto $\emptyset$ e X si dicono *connessi*: si veda la Sezione 4.1.7. Pertanto $\mathbb{R}$ è connesso.

è "monotòna decrescente" e "converge" a 2 dalla destra). Formalmente, una **successione** è una funzione avente $\mathbb{N}$ come dominio (o, più in generale, un sottoinsieme infinito di $\mathbb{N}$) ed a valori in $\mathbb{R}$. Spesso una successione $f\colon \mathbb{N} \to \mathbb{R}$ si identifica (impropriamente) con il suo codominio $\{f(n) : n \in \mathbb{N}\}$: se adottiamo questa convenzione, l'insieme X *è* una successione.[29]

A sua volta, l'insieme Y è formato da una successione crescente di punti (-1, $2-\frac{3}{4}$, $2-\frac{1}{3}$, $2-\frac{3}{16}$, etc.) che converge a 2 dalla sinistra, unita con l'intervallo chiuso di estremi 1 e 2. Si noti che tuttavia tutti gli elementi di Y appartenenti alla successione $\left\{2-\frac{3}{n^2} : n \in \mathbb{N}^*\right\}$ sono "assorbiti" dall'intervallo $[1,2]$, con la sola eccezione del numero -1 (ottenuto per $n := 1$). Si ha:

Insieme	Derivato	Frontiera	Interno	Chiusura	inf	sup	min	max
X	$\{2\}$	$X \cup \{2\}$	$\emptyset$	$X \cup \{2\}$	2	$\frac{7}{2}$	$\nexists$	$\frac{7}{2}$
Y	$[1,2]$	$\{-1,1,2\}$	$]1,2[$	Y	-1	2	-1	2
$X \cup Y$	$[1,2]$	$\{-1,1,2\} \cup X$	$]1,2[$	$X \cup Y$	-1	$\frac{7}{2}$	-1	$\frac{7}{2}$

Si noti che:

- 2 è sia un punto di accumulazione per X che un punto di frontiera per X, anche se non appartiene ad X;
- tutti i punti di X sono isolati e di frontiera;
- X non possiede punti interni;
- X ha un massimo ($=\frac{7}{2}$) ma non un minimo (essendo $\inf X = 2 \notin X$);
- Y e $X \cup Y$ hanno gli stessi punti di accumulazione, essendo $DY = D(X \cup Y) = [1,2]$;
- Y e $X \cup Y$ hanno gli stessi punti interni, essendo $\overset{\circ}{Y} = X \overset{\circ}{\cup} Y =]1,2[$;
- Y ha solo tre punti di frontiera, mentre $X \cup Y$ ne ha infiniti, essendo $F(X \cup Y) = FY \cup X$;
- Y e $X \cup Y$ hanno sia un minimo ($\min Y = \min(X \cup Y) = -1$) che un massimo ($\max Y = 2$, $\max(X \cup Y) = \frac{7}{2}$).

Ne segue:

[29] La nozione di successione sarà trattata per esteso nel Volume II, assieme a quelle di *monotonia*, *crescenza*, *decrescenza*, *convergenza* e *divergenza*. Più in generale, tutte queste nozioni saranno definite per una funzione reale di una variabile reale nel Volume III.

- X, Y e $X \cup Y$ non sono aperti, risultando, rispettivamente, $\overset{\circ}{X} \neq X$, $\overset{\circ}{Y} \neq Y$ e $\mathrm{Int}(X \cup Y) \neq X \cup Y$ (ove la notazione $\mathrm{Int}(X \cup Y)$ sta per "interno di $X \cup Y$");
- X non è chiuso, essendo $\overline{X} \neq X$ (ossia, equivalentemente, $DX \nsubseteq X$ oppure $FX \nsubseteq X$);
- Y è chiuso, risultando $\overline{Y} = Y$ (ossia, equivalentemente, $DY \subseteq Y$ oppure $FY \subseteq Y$);
- $X \cup Y$ è chiuso, risultando $\overline{X \cup Y} = X \cup Y$ (ossia, equivalentemente, $D(X \cup Y) \subseteq X \cup Y$ oppure $F(X \cup Y) \subseteq X \cup Y$);
- X, Y e $X \cup Y$ sono insiemi infiniti e limitati (e dunque, in accordo con il Teorema di Bolzano-Weierstrass, hanno almeno un punto di accumulazione, cosa che abbiamo già verificato);
- X e Y sono separati (con X insieme superiore e Y insieme inferiore) e contigui, essendo $\sup Y = 2 = \inf X$.

4.1.5 Insiemi convessi e connessi

Per ogni $a, b \in \mathbb{R}$, il **segmento** di estremi a e b (o congiungente a e b) è l'insieme

$$S(a,b) \overset{\text{def}}{:=} \{\lambda a + (1-\lambda)b \,:\, \lambda \in [0,1]\} \subseteq \mathbb{R}\,.$$

Si noti che per $\lambda := 0$ si ottiene il punto b, per $\lambda := 1$ si ottiene il punto a, mentre per $\lambda := \frac{1}{2}$ si ottiene il punto di mezzo dell'intervallo avente a e b come estremi. In generale, è relativamente semplice verificare che ad ogni $\lambda \in [0,1]$ corrisponde un punto dell'intervallo $[a,b]$ (se $a \leq b$) oppure $[b,a]$ (se $b \leq a$): ne segue che il segmento $S(a,b)$ coincide con l'intervallo $[a,b]$ o $[b,a]$. Un insieme numerico $C \subseteq \mathbb{R}$ si dice **convesso** se $S(a,b) \subseteq C$ per ogni $a, b \in C$. Si dimostra il seguente risultato:

Teorema 4.8. Un insieme numerico è convesso se e solo se è un intervallo.

Il Teorema 4.8 potrebbe indurre il lettore a chiedersi per quale motivo si sia introdotta la nozione di insieme convesso, considerato che in $\mathbb{R}$ essa coincide perfettamente con la nozione di intervallo, e dunque appare come un'inutile duplicazione. Invero, la ragione della distinzione è dovuta alla profonda differenza concettuale tra le due nozioni: la nozione di intervallo è basata sull'esistenza di un ordinamento in $\mathbb{R}$ (ossia sul fatto che $(\mathbb{R}, \leq)$ sia un insieme ordinato), mentre quella di insieme convesso richiede che su $\mathbb{R}$ siano definite opportune operazioni di addizione e moltiplicazione (ossia, in termini più tecnici, richiede che $(\mathbb{R}, +, \cdot)$ sia uno spazio vettoriale reale). Alla luce di questa discussione, il Teorema 4.8 acquisisce una pregnanza notevole, in quanto mette in stretta relazione due nozioni la cui genesi è completamente differente.

Infatti, come ci si dovrebbe naturalmente aspettare in forza della loro differente natura, le due nozioni di intervallo e di insieme convesso assumono una connotazione completamente diversa non appena ci allontaniamo dall'ambiente "ovattato" dei numeri reali. A titolo di esempio, consideriamo un ambiente relativamente simile a $\mathbb{R}$: il *piano reale*, ossia[30] l'insieme $\mathbb{R}^2$ delle coppie ordinate di numeri reali. A dispetto dall'apparente somiglianza tra la retta reale ed il piano reale, in $\mathbb{R}^2$ la nozione di intervallo non è nemmeno definibile in generale, mentre quella di insieme convesso assume delle caratteristiche geometriche precise.

Specificamente, osserviamo innanzitutto su $\mathbb{R}^2$ non esiste un "ordinamento naturale": pertanto, essendo la nozione di intervallo basata sull'esistenza di un ordinamento, essa non può definirsi in $\mathbb{R}^2$ (a meno di non dotare $\mathbb{R}^2$ di un qualche ordinamento, quale, ad esempio, quello *lessicografico*[31] o quello *Paretiano*[32]).

Viceversa, è possibile definire la nozione di insieme convesso riproducendo quanto già fatto su $\mathbb{R}$, ossia sfruttando il fatto che $\mathbb{R}^2$ è uno *spazio vettoriale su* $\mathbb{R}$. A tal fine, introduciamo preliminarmente le seguenti due operazioni:[33]

(i) *moltiplicazione di uno scalare* $\lambda \in \mathbb{R}$ *per un vettore* $\mathbf{a} \in \mathbb{R}^2$;

(ii) *somma di due vettori* $\mathbf{a}, \mathbf{b} \in \mathbb{R}^2$.

Formalmente, per ogni $\lambda \in \mathbb{R}$ e per ogni $\mathbf{a} = (a_1, a_2), \mathbf{b} = (b_1, b_2) \in \mathbb{R}^2$, definiamo

(i) $\lambda \mathbf{a} = \lambda(a_1, a_2) \stackrel{\text{def}}{:=} (\lambda a_1, \lambda a_2)$

[30] Così come si fa per la retta reale e l'insieme $\mathbb{R}$ dei numeri reali, si stabilisce una corrispondenza biunivoca tra il piano reale ("ente geometrico") e l'insieme $\mathbb{R}^2$ ("ente algebrico"): si consulti il Volume II.

[31] Si veda l'Esercizio 2.40 del Capitolo di Insiemistica ed il relativo suggerimento, nonché la dimostrazione del Teorema 3.12 relativo al numero di combinazioni con ripetizione di cui nel Capitolo di Calcolo Combinatorio.

[32] L'*ordinamento Paretiano* su $\mathbb{R}^2$ è definito da $(x_1, x_2) \preceq_{\text{par}} (y_1, y_2)$ se $x_1 \leq y_1$ e $x_2 \leq y_2$, ove $(x_1, x_2), (y_1, y_2) \in \mathbb{R}^2$. In termini geometrici, ossia considerando gli elementi di $\mathbb{R}^2$ come punti di un piano reale su cui sia stato fissato un *sistema di riferimento cartesiano ortogonale*, un punto (x_1, x_2) precede un punto (y_1, y_2) nell'ordinamento Paretiano se (x_1, x_2) si trova in basso a sinistra rispetto a (y_1, y_2). Si veda anche l'Esercizio 2.29 del Capitolo di Insiemistica ed il relativo suggerimento.

[33] Per un'ampia discussione sull'argomento, si vedano i capitoli del Volume II relativi a matrici, rette nel piano e strutture algebriche.

(ii) $\mathbf{a}+\mathbf{b} = (a_1,a_2)+(b_1,b_2) \overset{\text{def}}{:=} (a_1+b_1,a_2+b_2)\,.$

A questo punto siamo nella condizione di definire il **segmento** avente estremi **a** e **b** esattamente come abbiamo fatto per i segmenti in $\mathbb{R}$, ossia

$$S(\mathbf{a},\mathbf{b}) \overset{\text{def}}{:=} \{\lambda\mathbf{a}+(1-\lambda)\mathbf{b} \,:\, \lambda\in[0,1]\} \subseteq \mathbb{R}^2\,.$$

Un segmento del piano reale è rappresentabile geometricamente (si veda la figura sottostante, prima immagine a sinistra) proprio come un tratto finito di retta, donde il nome.

Analogamente a quanto fatto in $\mathbb{R}$, diciamo un insieme $C\subseteq\mathbb{R}^2$ **convesso** se per ogni coppia di punti in C, il segmento che li congiunge è interamente contenuto in C. La tipologia di insiemi convessi di $\mathbb{R}^2$ è molto più variegata di quella degli insiemi convessi di $\mathbb{R}$: segmenti, cerchi, quadrati, rettangoli, triangoli, etc. Le seguenti figure geometriche sono esempi di insiemi convessi del piano reale:

Si noti che il "bordo" (ossia, più precisamente, la *frontiera*) di ogni figura convessa sopra raffigurata può indifferentemente essere inclusa nell'insieme od esclusa dall'insieme, senza che ciò ne intacchi la convessità.[34]

Al contrario, i seguenti sottoinsiemi di $\mathbb{R}^2$ non sono convessi, in quanto esistono due loro punti tali che il segmento che li congiunge non si trovi interamente dentro gli insiemi:[35]

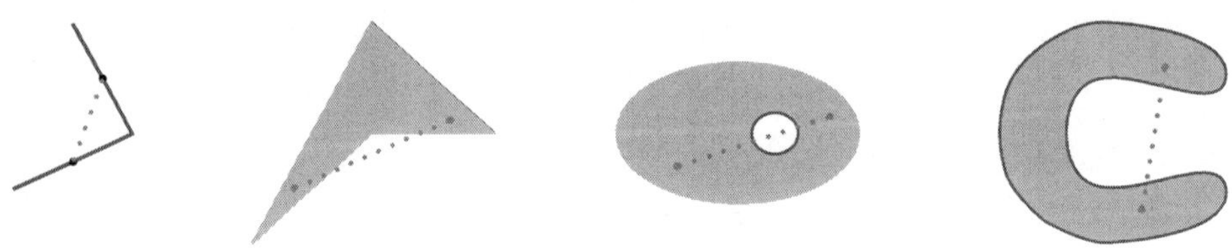

[34] Nella figura ogni insieme convesso è rappresentato mediante un'area in colore grigio, con la frontiera in colore più scuro nel caso in cui essa faccia parte (totalmente o parzialmente) dell'insieme.

[35] Il segmento che dimostra la non-convessità di un insieme è rappresentato in figura mediante una linea punteggiata.

Si noti che tutti gli esempi di sottoinsiemi di $\mathbb{R}^2$ sopra raffigurati sono formati da "un solo pezzo": sottoinsiemi di questo tipo si dicono **connessi**.[36] Viceversa, il sottoinsieme di $\mathbb{R}^2$ rappresentato dalla zona ombreggiata nella figura sottostante non è connesso, in quanto composto da "più pezzi" (quattro pezzi, di cui uno con un buco in mezzo):

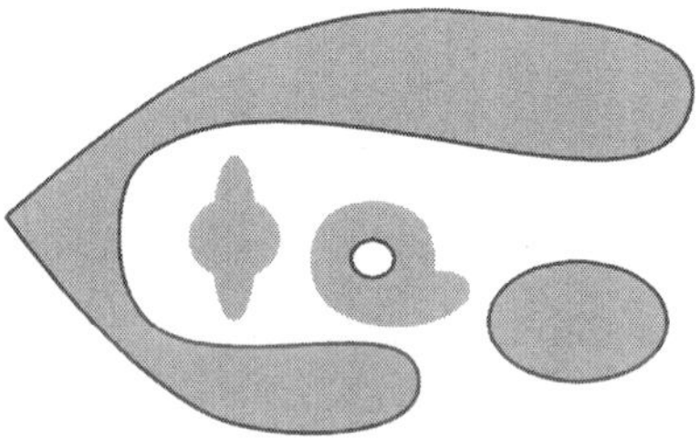

La relazione tra insiemi convessi ed insiemi connessi di $\mathbb{R}^2$ è la seguente:

Proposizione 4.9. Ogni sottoinsieme convesso di $\mathbb{R}^2$ è anche connesso, ma il viceversa non vale.

DIMOSTRAZIONE. Sia $X \subseteq \mathbb{R}^2$ un insieme convesso, e supponiamo per assurdo che non sia connesso. Pertanto X è composto da più "pezzi", siano X_1 e X_2 due di essi. Il segmento congiungente un punto $x_1 \in X_1$ ad un punto $x_2 \in X_2$ non è integralmente contenuto in X, il che contraddice la sua convessità. Ne segue che X deve essere connesso.

Viceversa, se X è connesso, esso non è necessariamente convesso: i quattro insiemi rappresentati in una figura precedente (la spezzata in due segmenti, il quadrilatero avente un angolo interno ottuso, l'ellisse con un buco al centro e la figura a forma di "ferro di cavallo") sono esempi di insiemi connessi ma non convessi. □

La tipologia degli insiemi connessi la ritroviamo anche in $\mathbb{R}$, ove sono definiti allo stesso modo (informale) di $\mathbb{R}^2$. Ad esempio, i seguenti insiemi numerici sono connessi:

$$\emptyset\,, \quad \{3\}\,, \quad [-1,4[\,, \quad [3,7]\,, \quad]-4.18,\pi[\,, \quad [3,+\infty[\,, \quad \mathbb{R}\,;$$

viceversa, i seguenti insiemi numerici non sono connessi:

$$\{2,5,7\}\,, \quad [2,3[\,\cup\,[4,5]\,, \quad]-\infty,3]\cup\{5\}\,, \quad \mathbb{N}\,, \quad \mathbb{Z}\,, \quad \mathbb{Q}\,.$$

[36] Poiché una definizione precisa di *insieme connesso* (e di *insieme connesso per cammini*) richiederebbe varie nozioni topologiche preliminari, rimandiamo alla Sezione 4.1.7 per una trattazione formale dell'argomento.

Tuttavia, come già accadeva per gli insiemi convessi, le peculiarità dell'insieme dei numeri reali finiscono per nascondere totalmente la natura della nozione di connessione. Infatti, vale il seguente risultato (che raffina il Teorema 4.8):

Teorema 4.10. Un insieme numerico è connesso se e solo se è convesso se e solo se è un intervallo.

4.1.6 *Spazi metrici

La nozione di *metrica* su un insieme traduce in termini numerici il concetto di "vicinanza binaria", ossia tra coppie di punti.[37] Gli ingredienti di uno spazio metrico sono:

- un insieme non vuoto X su cui si intende stabilire tale nozione binaria di vicinanza;
- una mappa d definita su $X \times X$ che associa ad ogni coppia ordinata di punti di X un numero reale non negativo, rappresentante la loro distanza.

Formalmente, dato un arbitrario insieme non vuoto X, una **distanza** (o **metrica**) su X è una funzione $d\colon X \times X \to \mathbb{R}$ soddisfacente le seguenti proprietà:

(M1) $d(x,y) = 0$ se e solo se $x = y$;

(M2) $d(x,y) = d(y,x)$ per ogni $x, y \in X$;

(M3) $d(x,z) \leq d(x,y) + d(y,z)$ per ogni $x, y, z \in X$.

In tal caso, la coppia (X, d) si dice uno **spazio metrico**.

Si osservi che la definizione di spazio metrico è – come di consueto in matematica – assolutamente astratta, nel senso che essa si limita ad identificare gli assiomi (ossia le "proprietà naturali") che devono essere soddisfatti dalla mappa $d\colon X \times X \to \mathbb{R}$, senza precisare in alcun modo l'identità dell'insieme X, né tantomeno dare una, ancorché generica, tipologia delle leggi che la definiscono.

In particolare, la proprietà (M1) statuisce che la distanza tra due punti dello spazio vale zero se i punti sono coincidenti, ed è diversa da zero se i punti sono distinti. La proprietà (M2) è detta **simmetrica**, in quanto asserisce che la distanza tra due punti dello spazio non dipende dal punto da cui si "inizia a

[37] Useremo spesso il termine "punto" al posto di "elemento" al fine di suggerire una possibile connotazione geometrica della nozione di metrica.

misurare". Infine, la proprietà (M3) è detta **triangolare**, in quanto riproduce in un ambiente astratto la seguente ben nota proprietà dei triangoli: dato un qualunque triangolo nel piano, la lunghezza di ogni suo lato è minore della somma delle lunghezze degli altri due lati.

La seguente analogia fornisce una visualizzazione concreta dell'idea di spazio metrico. Si supponga che in una città la distanza tra due quartieri sia misurata tramite la minima lunghezza del percorso tra di essi. Pertanto, tale distanza è nulla soltanto nel caso in cui i due quartieri siano uguali, ossia l'assioma (M1) è verificato. Inoltre, in forza dell'assioma (M2), tutte le strade devono essere a doppio senso di circolazione. Infine, l'assioma (M3) richiede che percorsi alternativi tra due quartieri (ossia passanti da altri quartieri) non costituiscano delle scorciatoie.[38]

Abbiamo già detto che una metrica associa ad ogni coppia di elementi di X un numero reale non negativo. Tuttavia, gli assiomi (M1)-(M3) nulla asseriscono circa la non-negatività della distanza. Invero, questa è una conseguenza immediata degli assiomi di spazio metrico, come il seguente risultato statuisce:

Proposizione 4.11. Sia (X, d) uno spazio metrico. Per ogni $x, y \in X$, si ha $d(x, y) \geq 0$.

DIMOSTRAZIONE. Siano $x, y \in X$. Applicando gli assiomi (M1) e (M2), nonché (M3) nel caso $z := x$, si ottiene

$$0 \overset{(M1)}{=} d(x,x) \overset{(M3)}{\leq} d(x,y) + d(y,x) \overset{(M2)}{=} d(x,y) + d(x,y) = 2\,d(x,y)$$

da cui segue $d(x, y) \geq 0$. □

La nozione di intorno – nonché tutte le nozioni conseguenti di punto di frontiera, di accumulazione, interno, esterno ad un insieme – si definisce in modo naturale sulla base della nozione di distanza come segue. Sia $x_0 \in X$ un punto dello spazio metrico (X, d) e δ un numero reale positivo. Dicesi **intorno di x_0 di raggio δ** nello spazio metrico (X, d) il seguente sottoinsieme di X:[39]

$$I_d(x_0, \delta) := \{x \in X : d(x, x_0) < \delta\}.$$

[38] Si noti che la nozione di metrica è riferita a coppie di elementi di X, e pertanto prescinde completamente delle caratteristiche intrinseche dei singoli elementi. Ciò distingue la metrica da altre nozioni, quali, ad esempio, quelle di *norma* e di *topologia*, che viceversa predicano dei singoli elementi di X.

[39] Solitamente, in uno spazio metrico (X, d), l'intorno di $x_0 \in X$ avente raggio $\delta > 0$ si dice *palla aperta* di centro x_0 e raggio δ, e si denota con $B(x_0, \delta)$. Tuttavia, per motivi puramente didattici, abbiamo preferito continuare ad usare la denominazione di "intorno" anziché quella più suggestiva di "palla aperta".

Pertanto, nell'intorno di x_0 di raggio δ ci stanno tutti e soli i punti dello spazio metrico (X, d) che distano da x_0 meno di δ. In altri termini, come già capitava in $\mathbb{R}$, la nozione di intorno di un punto codifica matematicamente il concetto di "vicinanza" o di "approssimazione" al punto in esame. Infatti, in un generico intorno di x_0 si trovano quei punti dello spazio che sono sufficientemente vicini ad x_0: il raggio δ dell'intorno rende preciso il termine "sufficientemente".[40]

Effettuata la codifica della nozione di intorno di un punto in un generico spazio metrico (X, d), risulta adesso possibile definire in tale ambiente anche le nozioni di punto interno, esterno, di frontiera e di accumulazione per un sottoinsieme Y di X. Dati $Y \subseteq X$ e $x_0 \in X$, diciamo che x_0 è:

- un **punto interno** ad Y se esiste un intorno di x_0 interamente contenuto in Y;
- un **punto esterno** ad Y se esiste un intorno di x_0 interamente contenuto in $X \setminus Y$;
- un **punto di frontiera** per Y se ogni intorno di x_0 contiene sia punti di Y che punti di $X \setminus Y$;
- un **punto di accumulazione** per Y se ogni intorno di x_0 contiene punti di Y distinti da x_0;
- un **punto isolato** di Y se sta in Y e non è di accumulazione per Y.

Analogamente, si definiscono per ogni spazio metrico (X, d) le altre nozioni a suo tempo introdotte per gli insiemi numerici, ossia per ogni $Y \subseteq X$:

- $FY := \{\text{punti di frontiera per } Y\}$, detto **frontiera** di Y;
- $DY := \{\text{punti di accumulazione per } Y\}$, detto **derivato** di Y;
- $\overset{\circ}{Y} := \{\text{punti interni di } Y\}$, detto **interno** di Y;
- $\overline{Y} := Y \cup FY = Y \cup DY$, detto **chiusura** di Y.[41]

Come già accadeva per gli insiemi numerici, osserviamo che la seguente catena di inclusioni è banalmente verificata in uno spazio metrico (X, d) per ogni $Y \subseteq X$:

$$\overset{\circ}{Y} \subseteq Y \subseteq \overline{Y}.$$

[40] Si noti che si è utilizzata una nozione relativa a coppie di punti (la distanza) per definire una nozione relativa ai singoli punti (l'intorno).

[41] Si dimostra che per ogni sottoinsieme Y di (X, d), si ha $Y \cup FY = Y \cup DY$.

Anche le nozioni di insieme aperto ed insieme chiuso in uno spazio metrico sono definite come per gli insiemi numerici, ossia per ogni sottoinsieme Y di uno spazio metrico (X, d):

- Y è **aperto** in (X, d) se $Y = \overset{\circ}{Y}$, ossia se tutti i punti di Y sono interni a Y;
- Y è **chiuso** in (X, d) se $Y = \overline{Y}$, ossia se $DY \subseteq Y$ oppure $FY \subseteq Y$.

In uno generico spazio metrico gli insiemi aperti e gli insiemi chiusi sono caratterizzabili nel seguente modo:

Teorema 4.12. Sia (X, d) uno spazio metrico. Per ogni $Y \subseteq X$, si ha:

(i) Y è aperto se e solo se Y è unione di intorni;

(ii) Y è chiuso se e solo se $X \setminus Y$ è aperto.

Terminiamo questa sezione con alcuni esempi di spazi metrici, al fine di illustrare la naturalezza della nozione di distanza. Si avverte il lettore che gli esempi presentati in questa sede sono essenzialmente limitati all'ambiente dei numeri reali o ad una sua potenza finita. Nei Volumi II, III e IV – disponendo di un maggior numero di nozioni matematiche propedeutiche – illustreremo esempi di tipo diverso, tra cui: spazi metrici di grafi connessi, spazi metrici di matrici ad elementi reali (e, più in generale, ad elementi in un campo algebrico), spazi metrici di stringhe finite di caratteri, spazi metrici di funzioni limitate oppure continue, spazi metrici in cui la distanza è indotta da una norma oppure da un prodotto scalare, etc.

<u>Esempio 1: metrica discreta</u>. Se X è un qualsiasi insieme non vuoto, allora su di esso si può sempre definire una metrica che "separa" allo stesso modo ("discreto") tutti le coppie di punti distinti di X. Tale distanza, che prende il nome di **metrica discreta** su X, è la mappa $d_1 \colon X \times X \to \mathbb{R}$ definita come segue per ogni $(x, y) \in X \times X$:

$$d_1(x, y) := \begin{cases} 0 & \text{se} \quad x = y \\ 1 & \text{se} \quad x \neq y. \end{cases}$$

È immediato verificare che la funzione d_1 verifica gli assiomi (M1)-(M3). Più in generale, per ogni $k > 0$ è possibile definire una metrica $d_k \colon X \times X \to \mathbb{R}$ che si comporta come la metrica discreta (ottenuta nel caso particolare $k := 1$), assegnando a ciascuna coppia di punti distinti di X la stessa distanza $k > 0$, ossia per ogni $(x, y) \in X \times X$:

$$d_k(x,y) := \begin{cases} 0 & \text{se} \quad x = y \\ k & \text{se} \quad x \neq y. \end{cases}$$

La verifica che (X, d_k) è uno spazio metrico è semplice. Si osservi per ogni $x \in (X, d_k)$, esiste un intorno di x contenente soltanto l'elemento x, ad esempio $I_{d_k}(x, \frac{k}{2})$. Ne segue che tutti i singoletti $\{x\}$ dello spazio discreto (X, d_k) sono insiemi contemporaneamente aperti e chiusi.

ESEMPIO 2: METRICA EUCLIDEA SU $\mathbb{R}$. Se X è l'insieme $\mathbb{R}$ dei numeri reali, allora su di esso si definisce la cosiddetta **metrica euclidea**,[42] in cui la distanza tra due numeri reali è data dalla loro differenza presa in valore assoluto. Formalmente,[43] la metrica euclidea su $\mathbb{R}$ è la mappa $d_E \colon \mathbb{R} \times \mathbb{R} \to \mathbb{R}$ definita da

$$d_E(x,y) := |x - y|$$

per ogni $x, y \in \mathbb{R}$. Si verifica facilmente che $(\mathbb{R}, d_E)$ è uno spazio metrico, in quanto gli assiomi (M1)-(M3) sono soddisfatti in virtù delle proprietà del valore assoluto; infatti, per ogni $x, y, z \in \mathbb{R}$, si ha:

- $|x - x| = 0 \;\Leftrightarrow\; x = 0$
- $|x - y| = |y - x|$
- $|x - z| \leq |x - y| + |y - z|$.

I sottoinsiemi dello spazio metrico $(\mathbb{R}, d_E)$ sono proprio gli insiemi numerici trattati in questo capitolo. Invero, per ogni $x \in (\mathbb{R}, d_E)$ e $\delta > 0$, l'intorno $I_{d_E}(x, \delta)$ secondo la metrica euclidea è uguale all'intorno $I_\delta(x)$ definito nella Sezione 4.1.2. Ne segue che tutte le relative nozioni di interno, frontiera, derivato, chiusura, etc. coincidono con quelle a suo tempo definite.

ESEMPIO 3: METRICHE SU $\mathbb{R}^2$. Sul quadrato cartesiano di $\mathbb{R}$ si possono definire in modo naturale alcune metriche particolari, che sono "derivate" dalla metrica euclidea su $\mathbb{R}$.

[42] **Euclide** (323 A.C.-286 A.C.), celebre matematico greco. Giovane discepolo di Platone, Euclide è universalmente riconosciuto come il più grande matematico della storia antica. La sua opera *Elementi* rappresenta una pietra miliare della Geometria.

[43] Come vedremo nel Volume II, la metrica euclidea su $\mathbb{R}$ gode di particolari proprietà, anche in virtù del fatto che è *indotta da una norma* (il valore assoluto in questo caso). La nozione di *norma*, che codifica numericamente il concetto di "lunghezza" (di un vettore), viene definita sotto la condizione che l'insieme di riferimento sia dotato di una struttura algebrica di *spazio vettoriale*. Nel nostro caso, $\mathbb{R}$ è uno spazio vettoriale su se stesso e la norma del valore assoluto induce la metrica euclidea.

- La **distanza di Manhattan**[44] misura la distanza tra due punti del piano reale mediante la somma delle distanze euclidee in $\mathbb{R}$ delle rispettive coordinate. La metrica di Manhattan $d_M \colon \mathbb{R}^2 \times \mathbb{R}^2 \to \mathbb{R}$ è definita formalmente come segue per ogni $\mathbf{x} = (x_1, x_2), \mathbf{y} = (y_1, y_2) \in \mathbb{R}^2$:

$$d_M(\mathbf{x}, \mathbf{y}) \; := \; |x_1 - x_2| + |y_1 - y_2| \; = \; d_E(x_1, x_2) + d_E(y_1, y_2)$$

  ove d_E è la metrica euclidea su $\mathbb{R}$. La verifica che la coppia $(\mathbb{R}^2, d_M)$ soddisfa gli assiomi (M1)-(M3) di spazio metrico è semplice, essendo una conseguenza di alcune proprietà del valore assoluto. (Si invita il lettore a fare tale verifica, prestando particolare attenzione alla disuguaglianza triangolare.) Si noti che nella distanza di Manhattan l'intorno del punto $\mathbf{x} \in \mathbb{R}^2$ di raggio $\delta > 0$ è un quadrato del piano ruotato di $45°$, avente centro in $\mathbf{x}$ e diagonale di lunghezza 2δ.[45]

- La **distanza di Chebyshev**[46] (detta anche **distanza scacchistica**[47]) misura la distanza tra due punti del piano reale mediante il massimo tra le distanze euclidee in $\mathbb{R}$ delle singole coordinate. Formalmente, la metrica di Chebyshev $d_C \colon \mathbb{R}^2 \times \mathbb{R}^2 \to \mathbb{R}$ è definita come segue per ogni $\mathbf{x} = (x_1, x_2), \mathbf{y} = (y_1, y_2) \in \mathbb{R}^2$:

$$d_C(\mathbf{x}, \mathbf{y}) \; := \; \max\{|x_1 - x_2|, |y_1 - y_2|\} \; = \; \max\{d_E(x_1, x_2), d_E(y_1, y_2)\}$$

  ove d_E è la metrica euclidea su $\mathbb{R}$. La verifica che la coppia $(\mathbb{R}^2, d_C)$ soddisfa gli assiomi (M1)-(M3) di spazio metrico è facile (ed è lasciata al

[44] Il *nomen* di questa metrica discende dal fatto che la pianta della città di Manhattan è estremamente regolare, con una griglia di strade che la divide in blocchi rettangolari. Pertanto – astraendone le caratteristiche – si assume che per andare da un punto della città ad un altro, un qualunque percorso sia composto esclusivamente da tratti orizzontali e/o verticali. Si veda anche l'Esercizio 3.29 (Fantasilandia) del Capitolo di Calcolo Combinatorio, in cui per calcolare il numero di percorsi di minima distanza dall'università allo stadio si deve preliminarmente calcolare la distanza di Manhattan tra di essi.

[45] Si veda il Volume II (Capitolo di Elementi di Metrica e Rette nel Piano) per una rappresentazione geometrica di tale intorno in un *sistema di riferimento cartesiano ortogonale*.

[46] **Pafnutij L. Chebyshev** (1821-1894), matematico e statistico russo. Chebyshev è considerato uno dei padri fondatori della grande scuola matematica russa. Nell'ambito della probabilità e della statistica, il suo nome è soprattutto legato alla famosa *disuguaglianza di Bienaymé-Chebyshev*.

[47] Tale nome deriva da una versione "discreta" della distanza di Chebyshev, visualizzata su una scacchiera 8×8. Specificamente, nel gioco degli *scacchi* per andare da una casella ad un'altra il *re* può muoversi in orizzontale, in verticale ed in diagonale. Il numero di mosse necessarie al re per arrivare su una determinata casella della scacchiera è misurato proprio dalla distanza di Chebyshev tra la casella su cui si trova e quella su cui deve arrivare.

lettore come esercizio). Si noti che nella distanza di Chebyshev l'intorno del punto $\mathbf{x} \in \mathbb{R}^2$ di raggio $\delta > 0$ è un quadrato del piano, avente centro in $\mathbf{x}$ e lato di lunghezza 2δ.[48]

- La **metrica euclidea su** $\mathbb{R}^2$ è la naturale estensione della metrica euclidea su $\mathbb{R}$. Essa definisce la distanza tra due punti del piano reale in modo tale che l'intorno di $\mathbf{x} \in \mathbb{R}^2$ di raggio $\delta := 1$ sia proprio il cerchio del piano reale avente centro in $\mathbf{x}$ e raggio di lunghezza 1. Formalmente, la metrica euclidea $d_E \colon \mathbb{R}^2 \times \mathbb{R}^2 \to \mathbb{R}$ su $\mathbb{R}^2$ è definita come segue per ogni $\mathbf{x} = (x_1, x_2), \mathbf{y} = (y_1, y_2) \in \mathbb{R}^2$:

$$d_E(\mathbf{x}, \mathbf{y}) := \sqrt{(x_1 - x_2)^2 + (y_1 - y_2)^2}\,.$$

  Le seguenti osservazioni in merito alla distanza euclidea in $\mathbb{R}^2$ dovrebbero aiutare a comprendere la *ratio* della definizione.

  – Se i due punti $\mathbf{x}, \mathbf{y} \in \mathbb{R}^2$ sono uguali, ossia $x_1 = x_2$ e $y_1 = y_2$, allora si ha

$$d_E(\mathbf{x}, \mathbf{y}) = \sqrt{0} = 0\,.$$

    Viceversa, se $d_E(\mathbf{x}, \mathbf{y}) = 0$, allora si verifica abbastanza facilmente (ed il lettore è invitato a farlo) che risulta $x_1 = x_2$ e $y_1 = y_2$, ossia $\mathbf{x} = \mathbf{y}$. In altri termini, per ogni $\mathbf{x}, \mathbf{y} \in \mathbb{R}^2$, si ha $\mathbf{x} = \mathbf{y}$ se e solo se $d_E(\mathbf{x}, \mathbf{y}) = 0$: ciò verifica l'assioma (M1).

  – Se $\mathbf{x}, \mathbf{y} \in \mathbb{R}^2$ hanno la seconda componente uguale, ossia $y_1 = y_2$, allora si ha

$$d_E(\mathbf{x}, \mathbf{y}) = \sqrt{(x_1 - x_2)^2} = |x_1 - x_2| = d_E(x_1, x_2)$$

    ove $d_E(x_1, x_2)$ denota la distanza euclidea *in* $\mathbb{R}$ tra i due numeri reali x_1 e x_2. In termini geometrici, fissato sul piano reale un *sistema di riferimento cartesiano ortogonale*,[49] la distanza tra due punti del piano che stanno su una "retta orizzontale" coincide con la loro distanza euclidea su tale retta. Similmente, se $\mathbf{x}, \mathbf{y} \in \mathbb{R}^2$ hanno la prima componente uguale, ossia $x_1 = x_2$, allora si ha

$$d_E(\mathbf{x}, \mathbf{y}) = \sqrt{(y_1 - y_2)^2} = |y_1 - y_2| = d_E(y_1, y_2).$$

    In termini geometrici, fissato sul piano reale un sistema di riferimento cartesiano ortogonale, la distanza tra due punti del piano

[48] Si confronti tale fatto con la rappresentazione geometrica dello stesso intorno secondo la distanza di Manhattan. Si veda anche la Nota 45.

[49] Si veda il Volume II, Capitolo di Elementi di Metrica e Rette nel Piano.

che stanno su una "retta verticale" coincide con la loro distanza euclidea su tale retta.

- Infine, se entrambe le componenti di $\mathbf{x}, \mathbf{y} \in \mathbb{R}^2$ sono distinte, ossia $x_1 \neq x_2$ e $y_1 \neq y_2$, allora la loro distanza si ottiene mediante il *Teorema di Pitagora*, calcolando la lunghezza dell'ipotenusa del triangolo rettangolo avente i due cateti di lunghezza, rispettivamente, $|x_1 - x_2|$ e $|y_1 - y_2|$.

Si noti che mentre la verifica dell'assioma di simmetria (M2) è immediata, viceversa quella della disuguaglianza triangolare (M3) non è banale, richiedendo alcuni calcoli.

ESEMPIO 4: METRICA EUCLIDEA SU $\mathbb{R}^n$. La distanza euclidea già definita su $\mathbb{R}$ e su $\mathbb{R}^2$ si estende in modo naturale all'insieme $\mathbb{R}^n$ delle n-uple di numeri reali, ove n è un qualunque numero naturale positivo. Specificamente, fissato $n \in \mathbb{N}^*$, si definisce la **metrica euclidea** $d_E \colon \mathbb{R}^n \times \mathbb{R}^n \to \mathbb{R}$ **su** $\mathbb{R}^n$ come segue per ogni $\mathbf{x} = (x_1, x_2, \ldots, x_n)$ e $\mathbf{y} = (y_1, y_2, \ldots, y_n)$ in $\mathbb{R}^n$:

$$d_E(\mathbf{x}, \mathbf{y}) := \sqrt{(x_1 - x_2)^2 + (y_1 - y_2)^2 + \ldots + (x_n - y_n)^2}\,.$$

La verifica degli assiomi (M1) e (M2) è facile, quella dell'assioma (M3) è tutt'altro che immediata. Si noti che, come prevedibile, per $n := 1$ si ottiene la metrica euclidea su $\mathbb{R}$, mentre per $n := 2$ si ottiene la metrica euclidea su $\mathbb{R}^2$. Inoltre, nel caso $n := 3$, la metrica euclidea su $\mathbb{R}^3$ codifica la naturale distanza tra due punti dello spazio a tre dimensioni; in particolare, l'intorno di $\mathbf{x} \in \mathbb{R}^3$ di raggio $\delta := 1$ è proprio la sfera dello spazio (privata della sua superficie) avente centro in $\mathbf{x}$ e raggio di lunghezza 1.

4.1.7 *Spazi topologici

La nozione di *topologia* su un insieme codifica un concetto di "vicinanza unaria", relativo ai singoli punti di un insieme. Gli ingredienti di uno spazio topologico sono:

- un insieme non vuoto X su cui si intende stabilire tale nozione unaria di vicinanza;
- una famiglia di sottoinsiemi di X che contiene gli intorni di tutti i punti di X e soddisfa alcune "proprietà di chiusura" rispetto alle operazioni insiemistiche di unione ed intersezione.

Si noti che, al contrario del concetto di vicinanza binaria in uno spazio metrico, quello di vicinanza unaria in uno spazio topologico *non* richiede una codifica numerica. Data la sua astrattezza, la nozione di spazio topologico si presenta alquanto criptica ad una prima analisi, e la comprensione delle ragioni concettuali e tecniche che ne determinano la definizione necessita sia di una notevole visione d'insieme che di una certa esperienza matematica. Pertanto, in questa sede ci limitiamo ad alcuni brevi cenni di carattere generale sull'argomento; il lettore interessato ne può approfondire la trattazione in testi specializzati.[50]

Formalmente, una **topologia** su un insieme non vuoto X è una famiglia τ di sottoinsiemi di X soddisfacente le seguenti proprietà:

(T1) $\emptyset$ e X appartengono a τ;

(T2) l'unione di un numero arbitrario di elementi di τ è un elemento di τ;

(T3) l'intersezione di un numero finito di elementi di τ è un elemento di τ.

Se la famiglia $\tau \subseteq \mathcal{P}(X)$ soddisfa gli assiomi (T1)-(T3), allora la coppia (X, τ) si dice uno **spazio topologico**; in tal caso, i sottoinsiemi di X che appartengono alla famiglia τ si dicono **aperti** in (X, τ). Gli assiomi di spazio topologico possono dunque riformularsi come segue in termini di insiemi aperti: (T1) l'insieme vuoto e l'intero spazio sono aperti; (T2) l'unione arbitraria di insiemi aperti è un insieme aperto; (T3) l'intersezione finita di insiemi aperti è un insieme aperto.

I sottoinsiemi di X il cui complemento è aperto in (X, τ) si dicono **chiusi** in (X, τ), ossia $Y \subseteq X$ è chiuso in X se e solo se $X \setminus Y$ è aperto in X; denotiamo[51] con $\mathcal{F}$ la famiglia degli insiemi chiusi in (X, τ).[52] Si noti che, a norma di definizione, i sottoinsiemi impropri di X sono contemporaneamente aperti e chiusi (ma non sono necessariamente gli unici sottoinsiemi di X che soddisfano questa proprietà). Una conseguenza diretta degli assiomi di spazio topologico è la seguente:

[50] Esistono svariati testi relativamente elementari di topologia, ad esempio: James R. Munkres, *Topology*, Second Edition, Prentice Hall, 2000.

[51] L'uso della lettera $\mathcal{F}$, iniziale del termine francese "fermé" (chiuso), ha ragioni storiche.

[52] Ne segue che in ogni spazio topologico (X, τ) esiste una corrispondenza biunivoca tra la famiglia degli aperti τ e la famiglia dei chiusi $\mathcal{F}$. Invero, la funzione $\varphi \colon \tau \to \mathcal{F}$, definita da $\varphi(U) := X \setminus U$ per ogni $U \in \tau$, è una biiezione: si veda la risoluzione dell'Esercizio 2.13 del Capitolo di Insiemistica.

Teorema 4.13. Sia (X, τ) uno spazio topologico. La famiglia $\mathcal{F}$ degli insiemi chiusi soddisfa le seguenti proprietà:

(F1) $\emptyset$ e X appartengono a $\mathcal{F}$;

(F2) l'intersezione di un numero arbitrario di elementi di $\mathcal{F}$ è ancora un elemento di $\mathcal{F}$;

(F3) l'unione di un numero finito di elementi di $\mathcal{F}$ è un elemento di $\mathcal{F}$.

DIMOSTRAZIONE. Verifichiamo che la proprietà (Fi), con $i \in \{1, 2, 3\}$, segue dall'assioma (Ti) di topologia e dalla definizione di insieme chiuso (come complemento di un insieme aperto). Innanzitutto, si ha:

$$\begin{array}{lcccl} (\mathrm{T1}) & \Longrightarrow & \emptyset \in \tau & \stackrel{\text{def}}{\Longrightarrow} & X \setminus \emptyset = X \in \mathcal{F} \\ (\mathrm{T1}) & \Longrightarrow & X \in \tau & \stackrel{\text{def}}{\Longrightarrow} & X \setminus X = \emptyset \in \mathcal{F} \end{array}$$

per cui la (F1) è verificata. Per dimostrare le proprietà (F2) e (F3), utilizziamo le seguenti generalizzazioni delle due *leggi di De Morgan* (Teorema 2.1(vii)-(viii) del Capitolo di Insiemistica) ad un numero arbitrario di insiemi:

(*) *Per ogni famiglia $\{A_i : i \in I\}$ di sottoinsiemi di un insieme X, si ha:*

$$X \setminus \bigcup_{i\in I} A_i = \bigcap_{i\in I}(X \setminus A_i)$$

$$X \setminus \bigcap_{i\in I} A_i = \bigcup_{i\in I}(X \setminus A_i)$$

Pertanto, se $\{F_i : i \in I\}$ è una famiglia di insiemi chiusi, allora si ottiene la seguente catena di implicazioni

$$\begin{array}{rcl} \forall i \in I\ (F_i \in \mathcal{F}) & \stackrel{\text{def}}{\Longrightarrow} & \forall i \in I\ (X \setminus F_i \in \tau) \\ & \stackrel{(\mathrm{T2})}{\Longrightarrow} & \bigcup_{i\in I}(X \setminus F_i) \in \tau \\ & \stackrel{(*)}{\Longrightarrow} & X \setminus \bigcap_{i\in I} F_i \in \tau \\ & \stackrel{\text{def}}{\Longrightarrow} & \bigcap_{i\in I} F_i \in \mathcal{F} \end{array}$$

e dunque la proprietà (F2) è verificata. La verifica della proprietà (F3) è simile a quella della (F2), ed è lasciata al lettore come esercizio. □

Il livello di astrazione proprio della definizione di spazio topologico è ancora più accentuato di quello associato alla definizione di spazio metrico, in quanto non appare per nulla evidente la *ratio* degli assiomi (T1)-(T3). Invero, la proprietà (T1) si limita a statuire che i sottoinsiemi impropri di X sono aperti, la (T2) è la "proprietà di chiusura" di τ rispetto all'unione arbitraria di suoi elementi, mentre la (T3) è la "proprietà di chiusura" di τ rispetto all'intersezione finita di suoi elementi. Un'analisi superficiale potrebbe pertanto indurre a ritenere che tali assiomi non siano adatti a codificare il concetto di vicinanza ad un punto.

Forse inaspettatamente, tale codifica può invece farsi in modo naturale come segue: dati uno spazio topologico (X, τ) ed uno suo punto $x \in X$, dicesi **intorno** di x un qualunque insieme aperto $U \in \tau$ tale che $x \in U$. In altri termini, le "approssimazioni topologiche" di un punto $x \in X$ sono tutti e soli i sottoinsiemi aperti di X che contengono x; denotiamo con $\tau(x)$ la famiglia la famiglia degli intorni di x. Si noti che, al contrario di quanto capitava in uno spazio metrico, un intorno di un punto di uno spazio topologico non è definito in termini numerici, in quanto non è identificabile mediante la misura del suo raggio.

Introdotta in modo formale la nozione di intorno, risulta adesso possibile definire in uno spazio topologico (X, τ) anche le conseguenti nozioni di "punti notevoli" per un arbitrario sottoinsieme Y di X, esattamente come è stato fatto per uno spazio metrico. Ad esempio, $x_0 \in X$ è un **punto di accumulazione** per $Y \subseteq X$ se in ogni intorno U di x_0 esistono punti di Y distinti da x_0, ossia in simboli:

$$\forall U \in \tau(x_0) \quad Y \cap (U \setminus \{x_0\}) \neq \emptyset\,.$$

Le definizioni di **punto di frontiera**, **interno**, **esterno** e **isolato** di $Y \subseteq X$ sono uguali a quelle date per uno spazio metrico; altrettanto dicasi per le definizioni degli insiemi "indotti" da Y, ossia la **frontiera** FY, il **derivato** DY, l'**interno** $\overset{\circ}{Y}$ e la **chiusura** $\overline{Y}$.

Un'apparente differenza tra le definizioni preliminari date in ambiente metrico e quelle date in ambiente topologico è relativa agli insiemi aperti e gli insiemi chiusi. Infatti, come abbiamo già visto, un sottoinsieme Y di uno spazio metrico (X, d) si *definisce* aperto se $Y = \overset{\circ}{Y}$ e si *definisce* chiuso se $Y = \overline{Y}$. In altri termini la verifica delle proprietà di apertura e/o chiusura di un sottoinsieme Y di uno spazio metrico è demandata al confronto tra l'insieme stesso, il suo sottoinsieme $\overset{\circ}{Y}$ ed il suo sovrainsieme $\overline{Y}$. Al contrario, in uno spazio topologico la famiglia τ degli insiemi aperti è data *ab origine* mediante la topologia, mentre la famiglia $\mathcal{F}$ degli insiemi chiusi è ottenuta calcolando il complemento in X di tutti gli insiemi aperti. Nondimeno - come ci si dovrebbe sempre aspettare in matematica - la differenza è solo apparente, in quanto quelle che in ambiente metrico erano le definizioni di insieme aperto ed insieme chiuso diventano adesso una conseguenza delle analoghe definizioni date in ambiente topologico. Infatti, gli insiemi aperti e chiusi di uno spazio topologico si possono *caratterizzare* come segue:[53]

[53] Si noti il curioso "scambio" tra definizioni e caratterizzazioni nel passaggio da uno spa-

Teorema 4.14. Sia (X, τ) uno spazio topologico. Per ogni $Y \subseteq X$, si ha:

(i) Y è aperto se e solo se $Y = \overset{\circ}{Y}$;

(ii) Y è chiuso se e solo se $Y = \overline{Y}$.

Come già capitava per gli spazi metrici, si verifica facilmente che per ogni $Y \subseteq X$, si ha la catena di inclusioni $\overset{\circ}{Y} \subseteq Y \subseteq \overline{Y}$. Inoltre, $\overset{\circ}{Y}$ è il più grande insieme aperto contenuto in Y, e, dualmente, $\overline{Y}$ è il più piccolo insieme chiuso contenente Y.

TOPOLOGIE INDOTTE. Il concetto di **struttura indotta** è un fenomeno ubiquo in matematica. L'ambiente topologico non costituisce un'eccezione a questa regola. Volendo semplificare, sono essenzialmente due i processi che generano topologie su un insieme, classificabili come segue:

(I) *passaggio alla sottostruttura*: in tal caso l'*input* è dato da uno spazio topologico (X, τ) ed un insieme $Y \subseteq X$, mentre l'*output* è un nuovo spazio topologico (Y, τ_Y);

(II) *creazione di struttura da struttura*: in tal caso l'*input* è dato da una struttura metrica (X, d) o da una struttura ordinata $(X, \preceq)$, mentre l'*output* è uno spazio topologico (X, τ) la cui topologia è indotta dalla metrica d o dall'ordinamento $\preceq$.

Il più naturale esempio di topologia indotta è quello di tipo (I). Dato uno spazio topologico (X, τ) ed un insieme $Y \subseteq X$, dicesi **topologia relativa** a Y la famiglia $\tau_Y \subseteq \mathcal{P}(Y)$ i cui elementi sono la "traccia" in Y degli elementi di τ, ossia formalmente:

$$\tau_Y := \{U \cap Y : U \in \tau\}.$$

È semplice verificare che τ_Y merita la qualifica di topologia, in quanto soddisfa gli assiomi (T1)-(T3). La coppia (Y, τ_Y) si dice un **sottospazio topologico** di (X, τ).[54]

---

zio metrico ad uno spazio topologico: la caratterizzazione degli insiemi aperti e chiusi di uno spazio metrico (Teorema 4.12) coincide con la definizione data per gli spazi topologici, e, viceversa, la caratterizzazione degli insiemi aperti e chiusi di uno spazio topologico (Teorema 4.14) coincide con la definizione data per gli spazi metrici.

[54] Nel Volume II vedremo che tale processo di passaggio alla sottostruttura è assolutamente generale: si hanno infatti *sottospazi metrici* di uno spazio metrico, *sottogruppi* di un gruppo, *sottoanelli* di un anello, *sottospazi vettoriali* di uno spazio vettoriale, *sottocampi* di un campo, etc. Tuttavia, mentre in alcuni casi tale passaggio è "automatico" in quanto basta prendere i geni della struttura madre e trasferirli *sic et simpliciter* nella struttura derivata (come ad

Per quanto riguarda i processi di tipo (II), una metrica d oppure un ordinamento totale $\preceq$ su X inducono, rispettivamente, la topologia metrica τ_d e la topologia ordinata $\tau_\preceq$ come segue. Data una distanza d su un insieme X, si definisce **topologia indotta dalla metrica** d la famiglia τ_d i cui elementi sono tutti e soli i sottoinsiemi di X che si possono scrivere come unione arbitraria di *intorni* dello spazio metrico (X,d).[55] Pertanto, un insieme $U \subseteq X$ sta in τ_d se e solo se U è unione di un numero arbitrario di insiemi del tipo $I_d(x,\delta)$, ove $x \in X$ e $\delta > 0$. In particolare, tutti gli intorni dei punti dello spazio metrico (X,d) diventano insiemi aperti dello spazio topologico (X,τ_d).

Analogamente, se $\preceq$ è un ordinamento totale su X, allora la **topologia indotta dall'ordinamento** $\preceq$ su X è definita come la famiglia $\tau_\preceq$ i cui elementi sono tutti e soli i sottoinsiemi di X che si possono scrivere come unione arbitraria di *intervalli aperti* dell'insieme linearmente ordinato $(X,\preceq)$.[56] Specificamente, un insieme $U \subseteq X$ sta in $\tau_\preceq$ se e solo se U è unione di un numero arbitrario di insiemi dei seguenti tre tipi:

- $[x_{\min}, y[$,
- $]x, y[$,
- $]x, x_{\max}]$,

ove $x_{\min}$ e $x_{\max}$ sono, rispettivamente, il minimo e il massimo di X (se esistono). In particolare, tutti gli intervalli aperti della catena $(X,\preceq)$ diventano insiemi aperti dello spazio topologico $(X,\tau_\preceq)$.

PROPRIETÀ. A seguire illustriamo brevemente tre importanti proprietà di cui gli spazi topologici possono godere: *connessione*, *compattezza* e *metrizzabilità*. La nostra analisi sarà breve e superficiale, avendo l'unico obiettivo di suggerire la ricchezza del panorama topologico.

L'assioma (T1) e la proprietà (C1) implicano che i sottoinsiemi impropri di uno spazio topologico sono contemporaneamente aperti e chiusi. Se essi sono gli unici sottoinsiemi di tal fatta, ossia se risulta $\tau \cap \mathcal{F} = \{\emptyset, X\}$, allora lo spazio topologico (X,τ) si dice **connesso**. Intuitivamente, uno spazio topologico è connesso se non si può suddividere in "pezzi aperti".[57]

Un **ricoprimento aperto** di uno spazio topologico (X,τ) è una famiglia $\mathcal{R} \subseteq \tau$ di insiemi aperti che "ricopre" X, ossia la cui unione è uguale ad X. Lo

esempio accade nel caso degli spazi topologici e metrici), in altri casi è necessaria una verifica di correttezza del passaggio alla sottostruttura (come nel caso dei gruppi). Ne discuteremo nel Volume II.

[55] In termini più tecnici, la famiglia degli intorni è una *base* per la topologia indotta dalla metrica.

[56] In termini più tecnici, la famiglia degli intervalli aperti è una *base* per la topologia indotta dall'ordinamento.

[57] Si veda la discussione fatta a proposito degli insiemi connessi nella Sezione 4.1.6.

spazio (X, τ) si dice **compatto** se ogni ricoprimento aperto ammette un sottoricoprimento finito.[58] Intuitivamente, uno spazio topologico *non* è compatto se la topologia contiene "troppi" (ossia tali che essi formino un ricoprimento) insiemi aperti "piccoli" (ossia tali che soltanto un numero infinito di essi possa ricoprire tutto X). Ne segue che uno spazio topologico è compatto se ogni suo ricoprimento mediante insiemi aperti non è "eccessivamente raffinato", poiché in caso contrario non lo potremmo "sfoltire" ottenendo da esso un ricoprimento finito. Una conseguenza immediata della definizione di compattezza è la seguente:

Proposizione 4.15. Uno spazio topologico finito è compatto.

DIMOSTRAZIONE. Sia (X, τ) uno spazio topologico finito e sia $\mathcal{R}$ un suo ricoprimento aperto. La catena di inclusioni $\mathcal{R} \subseteq \tau \subseteq \mathcal{P}(X)$ e la finitezza di $\mathcal{P}(X)$ implicano che $\mathcal{R}$ è un insieme finito, per cui possiamo selezionare $\mathcal{R}$ stesso come suo sottoricoprimento finito. Ne segue che X è compatto a norma di definizione. □

Abbiamo già detto che ogni metrica su un insieme induce naturalmente una topologia sullo stesso insieme. Il viceversa non vale, nel senso che una topologia su un insieme *non* induce naturalmente una metrica sullo stesso insieme. Tuttavia, se (X, τ) è uno spazio topologico, allora può accadere che la sua topologia τ si possa "leggere" come la topologia indotta da una certa metrica d su X; in altri termini, esiste una metrica d su X tale che $\tau = \tau_d$. Se ciò accade, allora lo spazio topologico (X, τ) si dice **metrizzabile**. Si avverte il lettore che se (X, τ) è uno spazio topologico metrizzabile e d è una metrica che induce τ, allora può accadere che esista un'altra metrica d^* su X diversa da d che induce τ, ossia tale che $\tau_{d^*} = \tau_d$: in tal caso d e d^* si dicono **metriche topologicamente equivalenti**. A tal proposito, vale il seguente importante risultato che enfatizza nuovamente le peculiarità dell'insieme dei numeri reali:[59]

Teorema 4.16. Tutte le metriche su $\mathbb{R}^n$ sono topologicamente equivalenti.

In conclusione, la nozione di spazio topologico è più generale (oltre che più astratta) della nozione di spazio metrico nel seguente senso:

- ogni spazio metrico (X, d) diventa automaticamente uno spazio topologico (X, τ_d), dotando l'insieme X della topologia τ_d indotta dalla metrica d;

[58] Un *sottoricoprimento* di un ricoprimento è un suo sottoinsieme avente la proprietà che l'unione dei suoi elementi continua a ricoprire tutto X.

[59] Naturalmente, ogni metrica è considerata topologicamente equivalente a se stessa; in tal modo si ottiene una relazione di equivalenza sulla famiglia delle metriche su un insieme fissato X.

- viceversa, ogni spazio topologico (X, τ) non è automaticamente uno spazio metrico, in quanto può non esistere una metrica d che induce τ; se tale metrica esiste, allora lo spazio topologico è metrizzabile.

Similmente a quanto fatto nella sezione precedente, terminiamo questa sezione con alcuni esempi di spazi topologici.

<u>ESEMPIO 1: TOPOLOGIA INDISCRETA E DISCRETA</u>. Dato un insieme non vuoto X, su esso possono definirsi due *topologie estremali*:

- la topologia minimale $\tau^{-} := \{\emptyset, X\}$, ossia il piccolo sottoinsieme di $\mathcal{P}(X)$ che verifica gli assiomi (T1)-(T3), detta **topologia indiscreta**;
- la topologia massimale $\tau^{+} := \mathcal{P}(X)$, ossia il grande sottoinsieme di $\mathcal{P}(X)$ che verifica gli assiomi (T1)-(T3), detta **topologia discreta**.

Si noti che nel caso in cui X abbia almeno due elementi, le due topologie estremali sono distinte. È abbastanza semplice verificare che la topologia indiscreta non è metrizzabile (se $|X| > 1$), in quanto una qualunque funzione $d \colon X \times X \to \mathbb{R}$ che dovesse indurre τ^{-} non potrebbe soddisfare l'assioma (M1) di spazio metrico.[60] Al contrario, come il nome stesso suggerisce, la topologia discreta τ^{+} su X è metrizzabile, essendo indotta proprio dalla metrica discreta d_1 su X.[61] Si osservi infine che tutte le metriche d_k assimilabili alla metrica discreta d_1 (definite nell'Esempio 1 della Sezione di Spazi Metrici) sono topologicamente equivalenti tra loro, in quanto inducono la topologia discreta.

<u>ESEMPIO 2: TOPOLOGIE SU UN INSIEME DI CARDINALITÀ DUE</u>. Su un arbitrario insieme $X := \{a, b\}$ avente cardinalità due, è possibile definire le seguenti quattro topologie:

- la topologia indiscreta $\tau^{-} := \{\emptyset, X\}$;
- la topologia $\tau^{a} := \{\emptyset, \{a\}, X\}$;
- la topologia $\tau^{b} := \{\emptyset, \{b\}, X\}$;
- la topologia discreta $\tau^{+} := \{\emptyset, \{a\}, \{b\}, X\}$.

Graficamente, le quattro topologie in esame si possono rappresentare come segue:

---

[60] Perché?

[61] Perché?

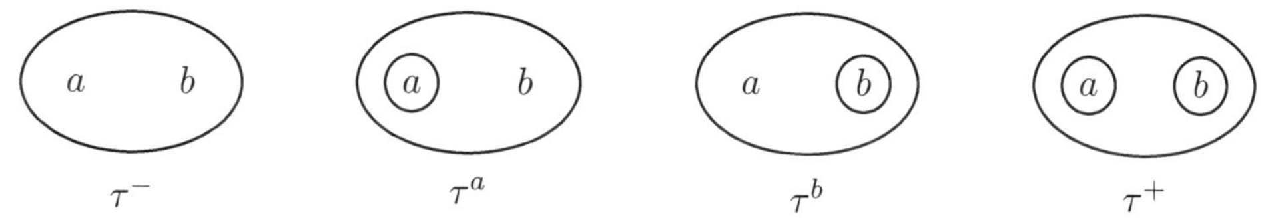

Si noti che è possibile stabilire una corrispondenza biunivoca tra le topologie τ^a e τ^b che "scambia i ruoli" di a e b.[62] Inoltre, osserviamo che l'unica topologia metrizzabile tra le quattro di cui sopra è quella discreta. Invero, vale in generale il seguente risultato, la cui (non difficile) dimostrazione è lasciata al lettore come esercizio:

Proposizione 4.17. Una topologia su un insieme finito è metrizzabile se e solo se è discreta.

Infine, denotata con $\text{Top}(X)$ la famiglia delle topologie su $X = \{a, b\}$, si verifica immediatamente che la coppia $(\text{Top}(X), \subseteq)$ è un insieme parzialmente ordinato, rappresentabile come segue:[63]

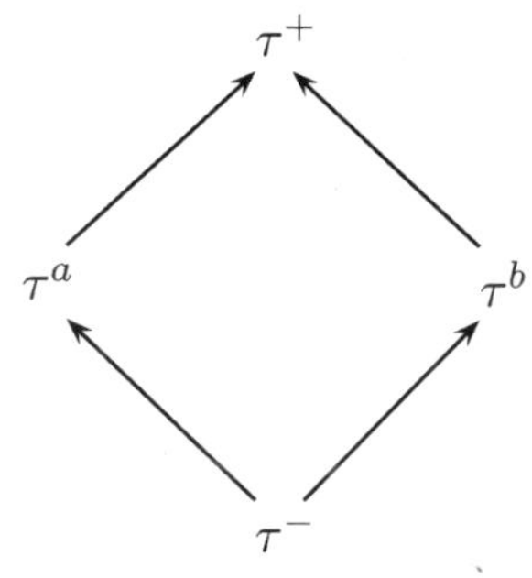

Esempio 3: topologie su un insieme di cardinalità tre. Dato un arbitrario insieme $X := \{a, b, c\}$ di cardinalità tre, su di esso è possibile definire 29 topologie distinte, tra le quali le seguenti 9 sono rilevanti (in quanto le altre 20 sono ricavabili da queste "scambiando i ruoli" dei singoli punti):[64]

(1) la topologia indiscreta $\{\emptyset, X\}$;

---

[62] Tecnicamente, si dice che i due spazi topologici (X, τ^a) e (X, τ^b) sono *omeomorfi*. Tratteremo della nozione di *omeomorfismo* tra spazi topologici nei Volumi III e IV, dopo avere introdotto la nozione preliminare di continuità di una funzione.

[63] Si veda la Sezione 2.1.18 del Capitolo di Insiemistica.

[64] Più precisamente, su un insieme di cardinalità tre esistono *esattamente* 9 topologie *a meno di omeomorfismi*, ossia considerando equivalenti gli spazi topologici omeomorfi tra loro: si veda la Nota 62.

(2) la topologia $\{\emptyset, \{a\}, X\}$;

(3) la topologia $\{\emptyset, \{a,b\}, X\}$;

(4) la topologia $\{\emptyset, \{a\}, \{b,c\}, X\}$;

(5) la topologia $\{\emptyset, \{a\}, \{a,b\}, X\}$;

(6) la topologia $\{\emptyset, \{a\}, \{a,b\}, \{a,c\}, X\}$;

(7) la topologia $\{\emptyset, \{a\}, \{b\}, \{a,b\}, X\}$;

(8) la topologia $\{\emptyset, \{a\}, \{b\}, \{a,b\}, \{a,c\}, X\}$;

(9) la topologia discreta $\mathcal{P}(X)$.

La verifica degli assiomi (T1)-(T3) per ciascuno dei nove sottoinsiemi di $\mathcal{P}(X)$ sopra definiti è semplice. Il numero totale delle topologie su X si ottiene permutando il ruolo degli elementi $a, b, c \in X$. Invero, esistono

- $\binom{3}{0} = 1$ topologia del tipo (1)
- $\binom{3}{1} = 3$ topologie del tipo (2)
- $\binom{3}{2} = 3$ topologie del tipo (3)
- $\binom{3}{1} = 3$ topologie del tipo (4)
- $\binom{3}{1}\binom{2}{1} = 6$ topologie del tipo (5)
- $\binom{3}{1} = 3$ topologie del tipo (6)
- $\binom{3}{2} = 3$ topologie del tipo (7)
- $\binom{3}{2}\binom{2}{1} = 6$ topologie del tipo (8)
- $\binom{3}{3} = 1$ topologia del tipo (9)

ossia, in totale, $1 + 3 + 3 + 3 + 6 + 3 + 3 + 6 + 1 = 29$ topologie su X.

<u>Esempio 4: topologie su $\mathbb{R}$</u>. La **topologia euclidea** su $\mathbb{R}$ è quella indotta dalla metrica euclidea d_E su $\mathbb{R}$, ossia quella i cui elementi sono unioni arbitrarie di intorni. Poiché in forza del Teorema 4.16 tutte le metriche su $\mathbb{R}$ (e, più in generale, su $\mathbb{R}^n$ per ogni $n \geq 1$) inducono la stessa topologia, ne segue che la topologia euclidea su $\mathbb{R}$ è l'unica topologia metrizzabile su $\mathbb{R}$. Inoltre, tale topologia coincide con quella indotta dall'ordinamento usuale $\leq$ dei numeri reali, ossia quella i cui elementi sono unioni arbitrarie di intervalli aperti; in altri termini, vale l'uguaglianza $\tau_{d_E} = \tau_{\leq}$. I sottospazi dello spazio topologico $(\mathbb{R}, \tau_{d_E})$ godono delle seguenti proprietà:

- $Y \subseteq \mathbb{R}$ è connesso se e solo se è un intervallo;
- $Y \subseteq \mathbb{R}$ è compatto se e solo se è un insieme chiuso e limitato.

In particolare, $(\mathbb{R}, \tau_{d_E})$ è connesso (in quanto è un intervallo), ma non è compatto (in quanto non è limitato).

Esistono altre topologie interessanti su $\mathbb{R}$ (tutte non metrizzabili per il Teorema 4.16). Una di queste è la **topologia del limite inferiore** τ_{li}, i cui elementi sono unioni arbitrarie di intervalli semiaperti del tipo $[x, y[\subseteq \mathbb{R}$. Lo spazio topologico $(\mathbb{R}, \tau_{li})$ gode delle seguenti proprietà:

- la topologia del limite inferiore è *più fine* di quella euclidea, ossia vale l'inclusione stretta $\tau_{\leq} \subsetneq \tau_{li}$;
- ogni intervallo $[x, y[$ in $(\mathbb{R}, \tau_{li})$ è contemporaneamente aperto e chiuso.

In particolare, $(\mathbb{R}, \tau_{li})$ non è né connesso né compatto.

4.2 Pratica (24)

4.2.1 Quesiti svolti (8)

ESERCIZIO 4.1. [4⋆] *Sia dato il seguente insieme numerico:*

$$X := \{0\} \cup \left\{1 - \frac{2}{n+3} \ : \ n \in \mathbb{N}\right\} \cup [1,3].$$

Quale delle seguenti asserzioni è VERA*?*

[1] FX è un insieme non limitato;
[2] X ha un numero finito di punti isolati
[3] DX è un insieme finito
[4] $\mathring{X} =]0,3[$
[5] $X \setminus \{0\}$ è un insieme chiuso

ESERCIZIO 4.2. [4⋆] *Sia dato il seguente insieme numerico:*

$$X := [0,1] \cup \left\{2 + \frac{1}{n^3+1} \ : \ n \in \mathbb{N}\right\}.$$

Quale delle seguenti asserzioni è VERA*?*

[1] $\frac{5}{2}$ è un punto interno ad X
[2] Tutti i punti di frontiera di X sono punti isolati di X;
[3] $X \cup \{2\}$ non è un insieme chiuso
[4] FX è un insieme limitato avente un punto di accumulazione
[5] $DX \subseteq X$

ESERCIZIO 4.3. [5⋆] *Siano dati i seguenti insiemi numerici:*

$$X :=]1,3] \cup \left\{4 + \frac{1}{n^2+1} \ : \ n \in \mathbb{N}\right\}$$

$$Y := \mathbb{Z} \cup [0,1].$$

Quale delle seguenti asserzioni è VERA?

[1] $\mathring{X}$ è un intervallo limitato avente un numero infinito di punti isolati
[2] Y è un insieme chiuso avente un numero infinito di punti di accumulazione
[3] $FY \neq \mathbb{Z}$
[4] $D(X \cup Y)$ è un intervallo limitato
[5] Nessuna delle altre risposte

ESERCIZIO 4.4. [5⋆] *Siano dati i seguenti insiemi numerici:*

$$X := \left\{1 - \frac{1}{n+2} : n \in \mathbb{N}\right\}$$

$$Y := [1,2] \cup \mathbb{Z}\,.$$

Quale delle seguenti asserzioni è FALSA*?*

[1] X è infinito e limitato, avente un minimo ma non un massimo
[2] $X \cup Y$ non è un insieme chiuso
[3] FY è un insieme infinito, non limitato e senza punti di accumulazione
[4] $D(X \cup Y) = DY = [1,2]$
[5] $F(X \cup Y) = X \cup FY$

ESERCIZIO 4.5. [5⋆] *Siano dati i seguenti insiemi numerici:*

$$X := \left\{1 + \frac{1}{z^2+1} : z \in \mathbb{Z}\right\}$$

$$Y := [0,1]$$

$$W := X \cup Y\,.$$

Quale delle seguenti asserzioni è VERA*?*

[1] X e Y sono separati, ma non contigui
[2] W non è un insieme chiuso
[3] $DX \setminus DY \neq \emptyset$
[4] $FW = FX \cup \{0\}$
[5] $D(DW) \neq DW$

ESERCIZIO 4.6. [5⋆] *Siano dati i seguenti insiemi numerici:*

$$X := \left\{(-1)^n \frac{n+2}{n+1} : n \in \mathbb{N}\right\}$$

$$Y := [-1,1] \setminus \{0\}\,.$$

Quale delle seguenti asserzioni è VERA*?*

[1] X ha al più un punto di accumulazione
[2] $\mathring{Y}$ è un intervallo limitato
[3] $X \cup DY$ non è un insieme chiuso

4 $FY \subseteq FX$
5 Nessuna delle altre risposte
Risposta corretta: 5

ESERCIZIO 4.7. [**6**$\star$] *Sia dato il seguente insieme numerico:*

$$X :=]2,3] \cup \left\{3 + \frac{1}{n^2+1} : n \in \mathbb{N}\right\} \cup \mathbb{Z}\,.$$

Quale delle seguenti asserzioni è FALSA*?*

1 X è un insieme chiuso
2 l'insieme $D(DX)$ ha un massimo e un minimo
3 $|F(DX)| = 2$
4 l'insieme $D(FX)$ non ha un massimo
5 $D(F(DX))$ è uguale all'insieme vuoto

ESERCIZIO 4.8. [**6**$\star$] *Siano dati i seguenti insiemi numerici:*

$$\begin{aligned} X &:= \left\{1 + \frac{1}{n+2} : n \in \mathbb{N}\right\} \cup \{3\} \\ Y &:= [0,1[\cup [2,4] \\ Z &:= X \cup Y \\ W &:= X \cap Y. \end{aligned}$$

Quale delle seguenti asserzioni è FALSA*?*

1 Z non è chiuso
2 $DW = \emptyset$
3 $|DY| > |FY| = 4$
4 $|F(DX)| = 1$
5 $F(FW) \neq W$

4.2.2 Quesiti non svolti (16)

ESERCIZIO 4.9. [**3**$\star$] *Sia dato il seguente insieme numerico:*

$$X := \left\{5 + \frac{3}{n-1} \ : \ n \in \mathbb{N} \setminus \{0,1\}\right\}.$$

Quale tra le seguenti asserzioni è VERA*?*

1. $\overset{\circ}{X} \subseteq DX$
2. X è chiuso, ma non aperto
3. X ha un massimo e un minimo
4. $FX \neq \overline{X}$
5. Nessuna delle altre risposte

ESERCIZIO 4.10. [**3**$\star$] *Sia dato il seguente insieme numerico:*

$$X := [-1,0] \cup \left\{\frac{3}{n+1} \ : \ n \in \mathbb{N}\right\}.$$

Quale delle seguenti asserzioni è VERA*?*

1. Il derivato di X è un intervallo chiuso
2. Non tutti i punti di frontiera di X appartengono ad X
3. X non è un insieme chiuso
4. X contiene soltanto un numero finito di punti isolati
5. Nessuna delle altre risposte

ESERCIZIO 4.11. [**4**$\star$] *Sia dato il seguente insieme numerico:*

$$X := \mathbb{Z} \cup [-1,1[\cup \left\{\frac{7}{2}\right\}.$$

Quale delle seguenti asserzioni è FALSA*?*

1. X ha infiniti punti isolati ed infiniti punti di accumulazione
2. X è chiuso
3. $\frac{33}{44}$ è un punto interno ad X
4. X non è limitato né inferiormente né superiormente
5. $D(FX) \neq \emptyset$

ESERCIZIO 4.12. [4⋆] *Siano dati i seguenti insiemi numerici:*

$$X := \left\{ \left(\frac{1}{4}\right)^n : n \in \mathbb{N} \right\}$$

$$Y := [1,3].$$

Quale delle seguenti asserzioni è VERA*?*

1. $X \cap Y$ è un insieme chiuso
2. X ha un punto interno
3. $D(X \cup Y) \subseteq X \cup Y$
4. $FX \subseteq X$
5. l'insieme dei punti isolati di $X \cup Y$ è finito

ESERCIZIO 4.13. [4⋆] *Sia dato il seguente insieme numerico:*

$$X := \left]-\infty, 0\right[\cup \mathbb{N}.$$

Quale delle seguenti asserzioni è VERA*?*

1. 45 è un punto di frontiera non isolato di X
2. $D(DX) \neq DX$
3. X è un insieme chiuso
4. $D(FX) \neq \emptyset$
5. Nessuna delle altre risposte

ESERCIZIO 4.14. [5⋆] *Siano dati i seguenti insiemi numerici:*

$$X := \left\{ \frac{2}{n+4} : n \in \mathbb{N} \right\}$$

$$Y := \left\{ \frac{1}{2} + \frac{1}{n+1} : n \in \mathbb{N} \right\}.$$

Quale delle seguenti asserzioni è FALSA*?*

1. X e Y sono separati e contigui
2. Tutti i punti di X sono di frontiera
3. Tutti i punti di Y sono isolati
4. L'insieme $Y \setminus X$ non ha punti di accumulazione
5. $X \cup Y \cup \{0\}$ è chiuso

ESERCIZIO 4.15. [**5**$\star$] *Siano dati i seguenti insiemi numerici:*

$$X := \left\{\frac{1}{2^n} : n \in \mathbb{N}\right\}$$

$$Y := \{2^z : z \in \mathbb{Z}\} .$$

Quale delle seguenti asserzioni è FALSA*?* [SUGGERIMENTO]

[1] $X \subseteq Y$
[2] Y non ha né minimo né massimo
[3] $\inf X = \inf Y$
[4] Tutti i punti di Y sono isolati
[5] $X \cap Y$ non ha punti di accumulazione

ESERCIZIO 4.16. [**5**$\star$] *Siano dati i seguenti insiemi numerici:*

$$X := \left\{1 + \frac{3}{n+2} : n \in \mathbb{N}\right\} \cup [0, 1]$$

$$Y :=]3, 5] \cup \{n \in \mathbb{N} : n \geq 6\} .$$

Quale delle seguenti asserzioni è FALSA*?*

[1] X e Y sono separati ma non contigui
[2] X ha infiniti punti isolati ed infiniti punti di accumulazione
[3] Y ha infiniti punti di frontiera ed infiniti punti interni
[4] $\overline{Y} = Y \cup \{3\}$
[5] X non è chiuso

ESERCIZIO 4.17. [**5**$\star$] *Sia dato il seguente insieme numerico:*

$$X := \left(\left]-\infty, -\frac{3}{2}\right[\cap \mathbb{Z}\right) \cup \left\{\frac{2n+4}{n+1} + 1 : n \in \mathbb{N}\right\}.$$

Quale delle seguenti asserzioni è FALSA*?* [SUGGERIMENTO]

[1] Tutti i punti di X sono isolati
[2] DX è un insieme finito
[3] $D(FX) = \emptyset$
[4] X non ha minoranti
[5] $FX \neq X$

ESERCIZIO 4.18. [**5**$\star$] *Siano dati i seguenti insiemi numerici:*

$$X := [0,1[\, \cup \left\{4 - \frac{1}{n+1} \ : \ n \in \mathbb{N}\right\}$$

$$Y := [1,3[\,.$$

Quale delle seguenti asserzioni è VERA*?*

1. X e Y sono separati e contigui
2. $DX \setminus FX = \emptyset$
3. $FX \setminus DX = \emptyset$
4. X non ha punti isolati
5. Nessuna delle altre risposte

ESERCIZIO 4.19. [**6**$\star$] *Sia dato il seguente insieme numerico:*

$$X := \left\{(-1)^n + \frac{1}{n^2+1} \ : \ n \in \mathbb{N}\right\}.$$

Quale delle seguenti asserzioni è VERA*?* [SUGGERIMENTO]

1. $X \cup \{-1, 1\}$ non è un insieme chiuso
2. $FX \subseteq X$
3. $D\big(X \cap \,]-\infty, -\frac{1}{4}[\big) \neq \emptyset$
4. $D(DX) \neq \emptyset$
5. FX ha esattamente un punto di accumulazione

ESERCIZIO 4.20. [**6**$\star$] *Sia dato il seguente insieme numerico:*

$$X := \left\{\left(\frac{1}{2}\right)^{2z+1} \ : \ z \in \mathbb{Z}\right\} \cup (\mathbb{Z} \setminus \mathbb{N}).$$

Quale delle seguenti asserzioni è FALSA*?* [SUGGERIMENTO]

1. $|DX| = 1$
2. Tutti i punti di X sono isolati
3. X non è inferiormente limitato
4. X è superiormente limitato
5. X non è chiuso

ESERCIZIO 4.21. [**6**$\star$] *Siano dati i seguenti insiemi numerici:*

$$X := \left\{1 + \left(\frac{1}{2}\right)^n : n \in \mathbb{N}\right\}$$

$$Y := \left\{2 + \frac{1}{n+1} : n \in \mathbb{N}\right\}.$$

Quale delle seguenti asserzioni è VERA*?* [SUGGERIMENTO]

- [1] X e Y sono insiemi separati ma non contigui
- [2] $F(X \cup Y) \neq \overline{X \cup Y}$
- [3] $X \cup Y$ ha almeno un punto interno
- [4] $D(X \cup Y) = DX \cup DY$
- [5] $\overline{X \cap Y} = \overline{X} \cap \overline{Y}$

ESERCIZIO 4.22. [**6**$\star$] *Siano dati i seguenti insiemi numerici:*

$$X :=]0, 6[$$

$$Y := \left\{\frac{1}{2^{n-2}} : n \in \mathbb{N}\right\}.$$

Quale delle seguenti asserzioni è FALSA*?* [SUGGERIMENTO]

- [1] $D(FY) \neq F(DY)$
- [2] $X \cup Y$ è un insieme aperto
- [3] $DX \subseteq \overline{X}$
- [4] 4 è un punto isolato di Y
- [5] $DX \cup DY = D(X \cup Y)$

ESERCIZIO 4.23. [**7**$\star$] *Siano dati i seguenti insiemi numerici:*

$$X := \left\{\frac{1}{z} : z \in \mathbb{Z} \setminus \{0\}\right\}$$

$$Y := \left\{\frac{1}{2^z} : z \in \mathbb{Z}\right\}$$

$$W := X \cap Y$$

$$Z := X \cup Y.$$

Quale delle seguenti asserzioni è FALSA*?* [SUGGERIMENTO]

1 FZ è inferiormente limitato ma non superiormente limitato
2 $D(FW) = \emptyset$
3 $|DX| = |DY| = |DW| = |DZ| = 1 < |FX \cap FY|$
4 X è un insieme limitato avente massimo e minimo
5 Y non ha né minimo né massimo

ESERCIZIO 4.24. [**7**$\star$] *Siano dati i seguenti insiemi numerici:*

$$X := \left\{1 + \frac{1}{z} : z \in \mathbb{Z} \setminus \{0\}\right\} \cup \mathbb{Z} \setminus \mathbb{N}$$

$$Y := \left\{1 + \frac{1}{z^2} : z \in \mathbb{Z} \setminus \{0\}\right\} \cup \mathbb{Z} \setminus \mathbb{N}.$$

Quale delle seguenti asserzioni è FALSA*?* [SUGGERIMENTO]

1 $\overline{Y} \subseteq \overline{X}$
2 $\exists y \in Y \ \forall x \in X \ (x < y)$
3 $\forall y \in Y \ \exists x \in X \ (x < y)$
4 $\forall x \in X \ \exists y \in Y \ (x < y)$
5 $\exists x \in X \ \forall y \in Y \ (x < y)$

4.2.3 Svolgimenti

RISPOSTA 4.1. [4⋆] L'insieme X può rappresentarsi graficamente come segue:

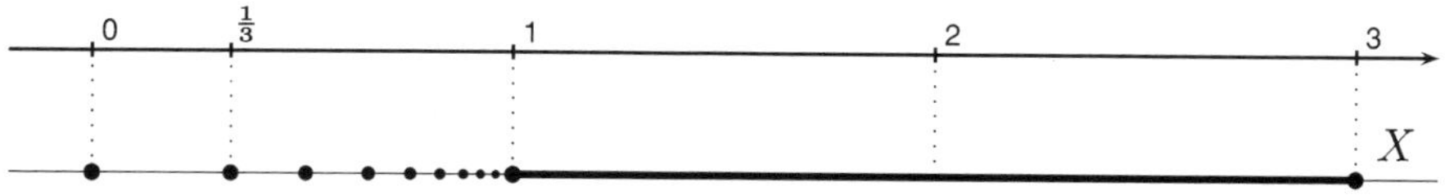

Si ha:

DX	FX	$\overset{\circ}{X}$	$\overline{X}$
$[1,3]$	$\{1-\frac{2}{n+3} : n \in \mathbb{N}\} \cup \{0,1,3\}$	$]1,3[$	X

Ne segue:

- FX è un insieme infinito e limitato;
- X ha un numero infinito di punti isolati, ossia tutti quelli dell'insieme $\{0\} \cup \left\{1-\frac{2}{n+3} : n \in \mathbb{N}\right\}$;
- DX è un insieme infinito e limitato;
- $\overset{\circ}{X}$ è un insieme infinito e limitato;
- X è un insieme chiuso, essendo $X = \overline{X}$ (equivalentemente, $DX \subseteq X$ oppure $FX \subseteq X$);
- $X \setminus \{0\}$ è un insieme chiuso, essendo $D(X \setminus \{0\}) = [1,3] \subseteq X \setminus \{0\}$.

Pertanto, la risposta corretta (VERA) è la $\boxed{5}$.

RISPOSTA 4.2. [4⋆] L'insieme X può rappresentarsi graficamente come segue:

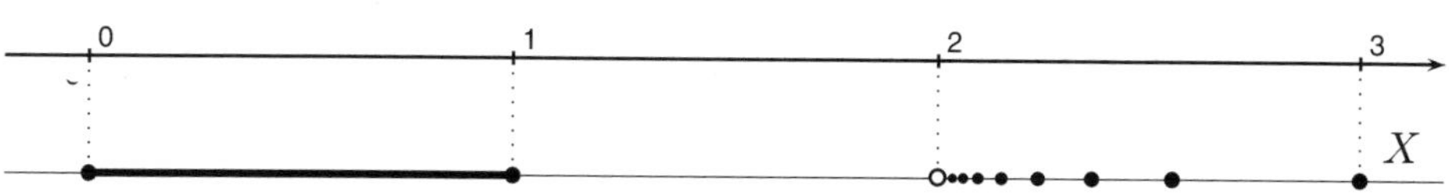

Si ha:

DX	FX	$\overset{\circ}{X}$	$\overline{X}$
$[0,1]\cup\{2\}$	$\{0,1,2\}\cup\left\{2+\frac{1}{n^3+1}\ :\ n\in\mathbb{N}\right\}$	$]0,1[$	$X\cup\{2\}$

Ne segue:

- $\frac{5}{2}$ è un punto di X (ottenuto per $n := 1$), ma non è interno ad X essendo $\frac{5}{2}\notin \overset{\circ}{X}$;
- DX non è contenuto in X, in quanto $2\in DX\setminus X$;
- FX è un insieme infinito e limitato, avente 2 come unico punto di accumulazione; inoltre, si noti che 2 è anche un punto di frontiera di X, ma non un punto isolato di X (in quanto non sta in X);
- X non è un insieme chiuso, essendo $\overline{X} = X\cup\{2\}$ (equivalentemente, esistono punti di accumulazione di X che non stanno in X, oppure esistono punti di frontiera di X che non appartengono ad X);
- poiché la chiusura di un insieme è *sempre* un insieme chiuso, l'insieme $X\cup\{2\} = \overline{X}$ è chiuso.

Pertanto, la risposta corretta (VERA) è la $\boxed{4}$.

RISPOSTA 4.3. [**5**$\star$] Gli insiemi X, Y e $X\cup Y$ possono rappresentarsi graficamente come segue:

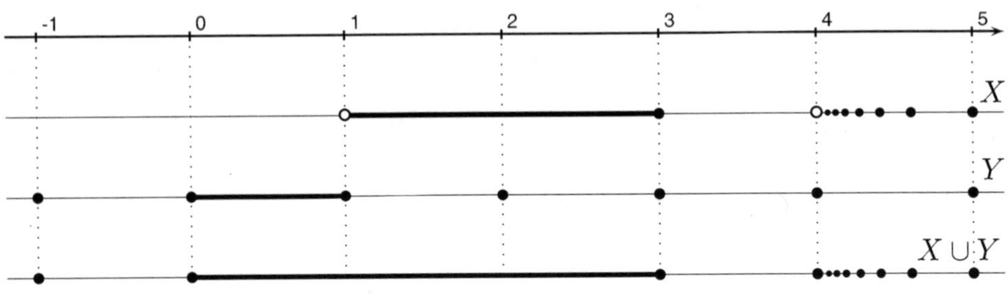

(Si noti che la figura è necessariamente imprecisa, in quanto gli insiemi Y e $X\cup Y$ si estendono all'infinito sia a destra che a sinistra, essendo non limitati superiormente e inferiormente.) Posto

$$W := \left\{4+\frac{1}{n^2+1}\ :\ n\in\mathbb{N}\right\}$$

si ha:

Insieme	Derivato	Frontiera	Interno	Chiusura
X	$[1,3] \cup \{4\}$	$\{1,3,4\} \cup W$	$]1,3[$	$X \cup \{1,4\}$
Y	$[0,1]$	$\mathbb{Z}$	$]0,1[$	Y
$X \cup Y$	$[0,3] \cup \{4\}$	$\mathbb{Z} \cup W \setminus \{1,2\}$	$]0,3[$	$X \cup Y$

Ne segue:

- $\overset{\circ}{X} =]1,3[$ è un intervallo aperto e limitato, privo di punti isolati;
- Y è un insieme chiuso, essendo $Y = \overline{Y}$ (equivalentemente, $DY \subseteq Y$ o $FY \subseteq Y$); inoltre, Y ha un numero infinito di punti di accumulazione, essendo $DY = [0,1]$;
- $D(X \cup Y) = [0,3] \cup \{4\}$ è un insieme infinito e limitato, ma non è un intervallo.

Pertanto, la risposta corretta (VERA) è la $\boxed{2}$.

RISPOSTA 4.4. [5⋆] Gli insiemi X, Y e $X \cup Y$ possono rappresentarsi graficamente come segue:

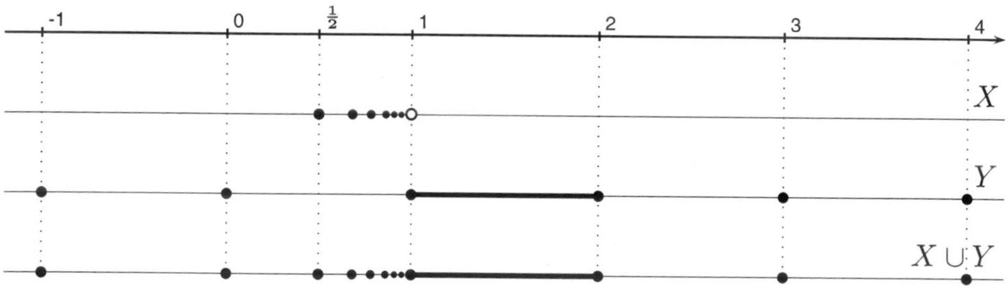

(Si noti che la figura è necessariamente imprecisa, in quanto gli insiemi Y e $X \cup Y$ si estendono all'infinito sia a destra che a sinistra, contenendo l'insieme $\mathbb{Z}$ dei numeri interi relativi.) Si ha:

Insieme	Derivato	Frontiera	Interno	Chiusura	inf	sup	min	max
X	$\{1\}$	$X \cup \{1\}$	$\emptyset$	$X \cup \{1\}$	$\frac{1}{2}$	1	$\frac{1}{2}$	$\nexists$
Y	$[1,2]$	$\mathbb{Z}$	$]1,2[$	Y	$-\infty$	$+\infty$	$\nexists$	$\nexists$
$X \cup Y$	$[1,2]$	$X \cup \mathbb{Z}$	$]1,2[$	$X \cup Y$	$-\infty$	$+\infty$	$\nexists$	$\nexists$

Ne segue:

- X è un insieme infinito e limitato, con $\min X = \frac{1}{2}$ (ottenuto per $n := 0$) e $\sup X = 1$ (X non ha massimo);
- $X \cup Y$ è chiuso, essendo $X \cup Y = X \cup \mathbb{Z} = \overline{X \cup Y}$ (equivalentemente, $X \cup Y$ contiene tutti i suoi punti di accumulazione, nonché tutti i suoi punti di frontiera);
- $FY = \mathbb{Z}$ è un insieme infinito, non limitato e senza punti di accumulazione (essendo $D\mathbb{Z} = \emptyset$);
- $D(X \cup Y) = [1, 2] = DY$;
- $F(X \cup Y) = X \cup \mathbb{Z} = X \cup FY$.

Pertanto, la risposta corretta (FALSA) è la $\boxed{2}$.

RISPOSTA 4.5. [5⋆] Si noti che essendo $n^2 = (-n)^2$ per ogni $n \in \mathbb{N}$, si ha

$$X := \left\{1 + \frac{1}{z^2+1} : z \in \mathbb{Z}\right\} = \left\{1 + \frac{1}{n^2+1} : n \in \mathbb{N}\right\}.$$

Ne segue che gli insiemi numerici X, Y e $W := X \cup Y$ possono rappresentarsi graficamente come segue:

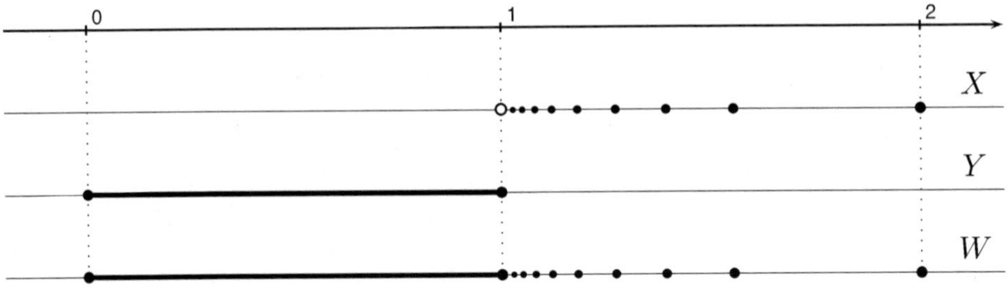

Si ha:

Insieme	Derivato	Frontiera	Interno	Chiusura	inf	sup	min	max
X	$\{1\}$	$X \cup \{1\}$	$\emptyset$	$X \cup \{1\}$	1	2	$\nexists$	2
Y	$[0, 1]$	$\{0, 1\}$	$]0, 1[$	Y	0	1	0	1
W	$[0, 1]$	$X \cup \{0, 1\}$	$]0, 1[$	W	0	2	0	2

Ne segue:

- X e Y sono separati, con X insieme superiore e Y insieme inferiore; inoltre, essi sono anche contigui, essendo $\sup Y = 1 = \inf X$;

- W è un insieme chiuso, in quanto $DW \subseteq W$ (equivalentemente, $FW \subseteq W$ oppure $W = \overline{W}$);
- $DX \setminus DY = \{1\} \setminus [0,1] = \emptyset$;
- $FW = X \cup \{0,1\} = FX \cup \{0\}$;
- $D(DW) = D[0,1] = [0,1] = DW$.

Pertanto, la risposta corretta (VERA) è la $\boxed{4}$.

RISPOSTA 4.6. [5$\star$] Si noti che l'insieme X ha un comportamento "alternante" tra valori positivi (per n pari) e negativi (per n dispari): 2, $-\frac{3}{2}$, $\frac{4}{3}$, $-\frac{5}{4}$, $\frac{6}{5}$, $-\frac{7}{6}$, etc. Graficamente, i due insiemi X e Y possono rappresentarsi come segue:

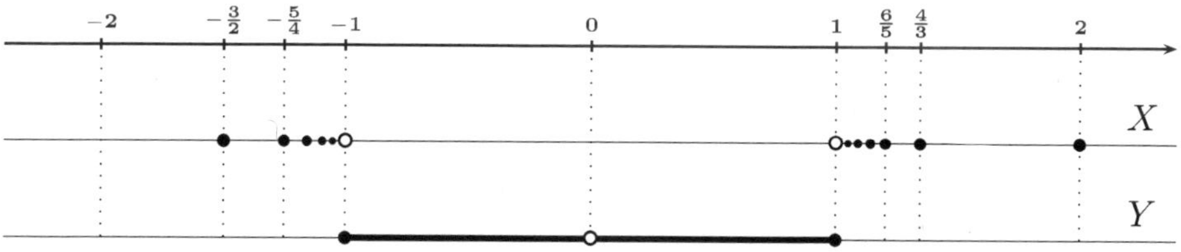

Si ha:

Insieme	Derivato	Frontiera	Interno	Chiusura	min	max
X	$\{-1,1\}$	$X \cup \{-1,1\}$	$\emptyset$	$X \cup \{-1,1\}$	$-\frac{3}{2}$	2
Y	$[-1,1]$	$\{-1,0,1\}$	$]-1,0[\cup]0,1[$	$Y \cup \{0\}$	-1	1

Ne segue:

- X ha esattamente due punti di accumulazione;
- l'interno di Y è limitato ma non è un intervallo aperto, bensì l'unione di due intervalli aperti;
- $X \cup DY$ è uguale all'insieme $X \cup Y \cup \{0\}$, che è chiuso in quanto contiene tutti i suoi punti di accumulazione;
- $0 \in FY \setminus FX$.

Pertanto, la risposta corretta (VERA) è la $\boxed{5}$.

RISPOSTA 4.7. [6⋆] L'insieme X può rappresentarsi come segue:

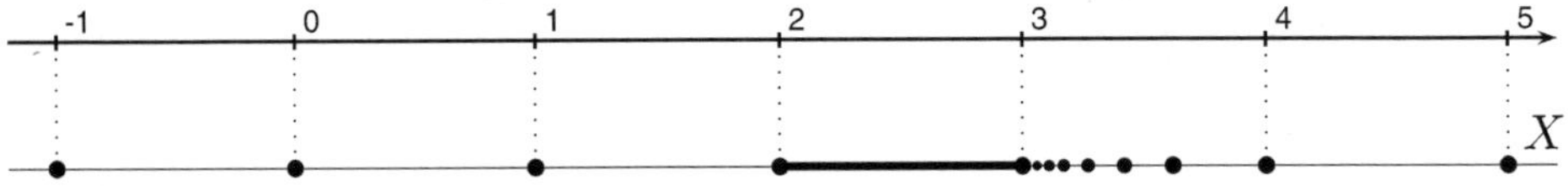

Si noti che X si estende all'infinito sia a destra che a sinistra, in quanto contiene l'insieme $\mathbb{Z}$ dei numeri interi relativi. Si ha:

DX	FX	$\overset{\circ}{X}$	$\overline{X}$	$D(DX)$	$D(FX)$	$F(DX)$	$D(F(DX)$
$[2,3]$	$\mathbb{Z} \cup \{3 + \frac{1}{n^2+1} : n \in \mathbb{N}\}$	$]2,3[$	X	$[2,3]$	$\{3\}$	$\{2,3\}$	$\emptyset$

Ne segue:

- X è un insieme chiuso, essendo $X = \overline{X}$;
- $D(DX) = D[2,3] = [2,3]$ ha sia un minimo (2) che un massimo (3);
- $F(DX) = F[2,3] = \{2,3\}$;
- $D(FX)$ contiene soltanto l'elemento 3, che è contemporaneamente il suo minimo e il suo massimo;
- $D(F(DX)) = D(F[2,3]) = D\{2,3\} = \emptyset$, ove l'ultima uguaglianza segue dal fatto che un insieme finito non ha punti di accumulazione in forza del Teorema 4.5.

Pertanto, la risposta corretta (FALSA) è la $\boxed{4}$.

RISPOSTA 4.8. [6⋆] Si ha:

$$\begin{aligned} Z &= X \cup Y = [0,1[\cup \left\{1 + \tfrac{1}{n+2} : n \in \mathbb{N}\right\} \cup [2,4] \\ W &= X \cap Y = \{3\}. \end{aligned}$$

Pertanto, gli insiemi X, Y, Z e W possono rappresentarsi come segue:

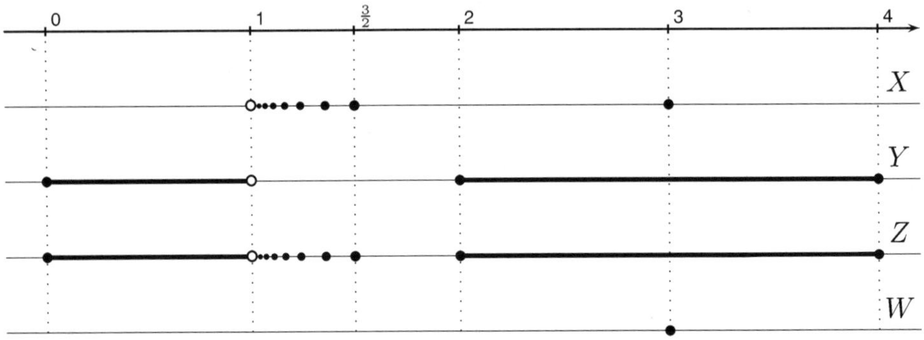

Si ha:

Insieme	Derivato	Frontiera	Interno	Chiusura
X	$\{1\}$	$X \cup \{1\}$	$\emptyset$	$X \cup \{1\}$
Y	$[0,1] \cup [2,4]$	$\{0,1,2,4\}$	$]0,1[\cup]2,4[$	$[0,1] \cup [2,4]$
Z	$[0,1] \cup [2,4]$	$\{0,1,2,4\} \cup P$	$]0,1[\cup]2,4[$	$Z \cup \{1\}$
W	$\emptyset$	$\{3\}$	$\emptyset$	$\{3\}$

Ne segue:

- X, Y e Z non sono chiusi, a causa del numero 1 (che non appartiene a tali insiemi pur essendo di accumulazione per ciascuno di essi);
- W è chiuso e non ha punti di accumulazione; inoltre, l'unico punto di W è un punto isolato e di frontiera (invero, ogni insieme finito ha queste caratteristiche);
- il derivato di Y è un insieme infinito, mentre la frontiera di Y contiene esattamente 4 elementi;
- essendo $DX = \{1\}$, l'insieme $F(DX)$ è uguale a $\{1\}$;
- $F(FW) = F(F\{3\}) = F\{3\} = \{3\} = W$.

Pertanto, la risposta corretta (FALSA) è la $\boxed{5}$.

4.2.4 Suggerimenti

4.9.

4.10.

4.11.

4.12.

4.13.

4.14. Tutti i punti di una successione sono isolati e di frontiera.

4.15. $2^{-n} = \left(\frac{1}{2}\right)^n$ per ogni $n \in \mathbb{N}$.

4.16.

4.17. X è unione di un insieme di numeri negativi non limitato inferiormente ed un insieme di numeri positivi avente un massimo.

4.18.

4.19. L'insieme X può decomporsi in due sottoinsiemi Y e Z tali che Y è formato da una successione di numeri positivi decrescenti verso 1, mentre Z è formato da una successione di numeri negativi decrescenti verso -1.

4.20. Quanto vale $\left(\frac{1}{2}\right)^{2z+1}$ qualora l'esponente sia negativo?

4.21. X e Y sono due successioni decrescenti tali che $\sup X = \inf Y$.

4.22. Y è formato da una successione di punti contenuti in X.

4.23. Gli elementi di Y aventi esponente positivo sono contenuti in X, mentre quelli con esponente negativo sono del tipo 2^n con $n \in \mathbb{N}$.

4.24. Per determinare la verità della $\boxed{1}$ occorre un attento calcolo di X e Y. La risposta $\boxed{3}$ si legge come segue: comunque si prenda un elemento $y \in Y$, esiste sempre un elemento $x \in X$ che risulta minore di y. Le risposte $\boxed{2}$, $\boxed{4}$ e $\boxed{5}$ "sembrano" simili alla $\boxed{3}$, ma ne differiscono o perché scambiano il ruolo di X e Y o perché l'ordine dei quantificatori è invertito: come si leggono?

Risposte ad esercizi non svolti

Capitolo 1

1.6 4 **1.7** 3 **1.8** 2 **1.9** 2 **1.10** 5 **1.11** 4
1.12 5 **1.13** 4 **1.14** 3 **1.15** 2

Capitolo 2

2.17 5 **2.18** 2 **2.19** 3 **2.20** 4 **2.21** 2 **2.22** 5
2.23 1 **2.24** 3 **2.25** 2 **2.26** 4 **2.27** 5 **2.28** 3
2.29 2 **2.30** 5 **2.31** 5 **2.32** 5 **2.33** 3 **2.34** 4
2.35 3 **2.36** 5 **2.37** 2 **2.38** 2 **2.39** 2 **2.40** 2
2.41 5 **2.42** 5 **2.43** 4 **2.44** 1 **2.45** 4 **2.46** 1
2.47 5 **2.48** 3

Capitolo 3

3.18 4 **3.19** 5 **3.20** 2 **3.21** 3 **3.22** 5 **3.23** 2
3.24 2 **3.25** 2 **3.26** 5 **3.27** 4 **3.28** 4 **3.29** 4
3.30 3 **3.31** 3 **3.32** 2 **3.33** 1 **3.34** 2 **3.35** 2
3.36 3 **3.37** 5 **3.38** 3 **3.39** 2 **3.40** 1 **3.41** 5
3.42 3 **3.43** 1 **3.44** 2 **3.45** 2 **3.46** 4 **3.47** 4
3.48 3 **3.49** 2 **3.50** 2 **3.51** 1

Capitolo 4

4.9 1 **4.10** 1 **4.11** 5 **4.12** 1 **4.13** 3 **4.14** 4
4.15 5 **4.16** 5 **4.17** 3 **4.18** 5 **4.19** 3 **4.20** 4
4.21 4 **4.22** 1 **4.23** 2 **4.24** 5

Indice analitico

Finito di stampare nel mese di luglio 2017
nella Stampatre s.r.l. di Torino
Via Bologna, 220